重金属污染修复：危害与技术

REMEDIATION OF HEAVY METALS IN THE ENVIRONMENT

Jiaping Paul Chen，Lawrence K. Wang，Yung-Tse Hung 等 著

吴文卫 周丹丹 段怡君 等 译

科学出版社

北 京

图字：01-2018-9079 号

内 容 简 介

本书介绍重金属污染修复过程中的环境污染源、重金属特性、控制技术、设备创新、处理成本和未来技术发展趋势等内容；阐述目前重要的污染控制措施、方法、技术及对区域和全球的影响；重点关注环境中的有毒重金属的处理处置净化技术，讨论铅、铬、镉、锌、铜、镍、铁和汞等金属的重要性。具体涵盖的内容有：环境中铜、锌、银、钼和稀土元素的毒性、来源及控制；环境中砷的来源、特征和处理技术；环境中钡的毒性、来源和控制；环境中硒、镍、铍的毒性、来源和控制；纳米生物修复技术——纳米技术在生物修复中的应用；低成本吸附剂对重金属的去除；硫化物沉淀法处理重金属废物；新型纳米复合材料混合基质膜吸附去除水中砷。书中对重金属的环境污染源、废物特性、控制技术、管理策略、设施创新、过程选择、成本评估、历史案例、污水处置和未来废物处理的趋势进行了深入的探讨。

本书可作为环境保护、重金属污染治理与修复、土壤污染防治与修复等专业和领域的科研、教学及管理人员的参考用书。

图书在版编目（CIP）数据

重金属污染修复：危害与技术/（新加坡）陈家平等著；吴文卫等译. —北京：科学出版社，2020.7

书名原文：Remediation of Heavy Metals in the Environment

ISBN 978-7-03-065621-6

Ⅰ. ①重… Ⅱ. ①陈… ②吴… Ⅲ. ①重金属污染－修复－研究 Ⅳ. ①X5

中国版本图书馆 CIP 数据核字（2020）第 115781 号

责任编辑：吉正霞 程雷星/责任校对：杨 赛
责任印制：彭 超/封面设计：图阅盛世

科 学 出 版 社 出版
北京东黄城根北街 16 号
邮政编码：100717
http：//www.sciencep.com

武汉市首壹印务有限公司印刷
科学出版社发行 各地新华书店经销
*

2020 年 7 月第 一 版 开本：787×1092 1/16
2020 年 7 月第一次印刷 印张：15
字数：381000

定价：98.00 元

（如有印装质量问题，我社负责调换）

Remediation of heavy metals in the environment/ Authored by Jiaping Paul Chen, Lawrence K. Wang, Yung-Tse Hung, Nazih K. Shammas, and Mu-Hao Sung Wang / ISBN:978-1-4665-1001-2.

译　者　序

本书是根据 *REMEDIATION OF HEAVY METALS IN THE ENVIRONMENT*《重金属污染修复》（节选）翻译的，是一本关于重金属污染修复方面的专著，其余部分将作为另一本专著出版。针对当前中国在实施重金属污染治理与生态修复过程中正在经历的“过度”或“牵强”等问题，需要深刻理解“heavy metal”和“remediation”真正的含义。

首先是关于“heavy metal”，即重金属，指密度在 $4.5g/cm^3$ 以上的金属或原子量在 40 以上的金属。因其具有毒性、持久性和生物蓄积性，故被环境工作者高度关注。但也不用谈“重”色变，本书解读了部分重金属的来源、毒性及控制技术，告诉我们面临的关键问题是什么，我们如何预防，灾害发生前我们可以做什么。

其次是理解“remediation”，即修复，强调人为地、主动地通过各种手段对污染物质能量的清除过程。英译有“矫正”之义，即重金属污染修复应关注可否达到可持续安全利用的条件，具体应做到什么“度”。

以上为译者在阅读原著及工作中的领悟和感受。而目前国内相关专业教育尚不成熟，尤其是缺乏一些基础性、系统性又具备指导实践工作的书籍，因此引进国外重金属污染修复方面的书籍意义重大。为此，译者从众多的重金属污染治理方面书籍中甄选并向科学出版社推荐了 *REMEDIATION OF HEAVY METALS IN THE ENVIRONMENT*，由其购入版权，并考虑阅读者的不同需求，将该书英文版分成两个部分，然后组织团队一起将其翻译出版。

译者尽可能清晰地阐述有关重金属污染修复方面最前沿的认知，并希望本书能为从事重金属污染防治的科研、管理和环保工作等人员提供他们需要的信息。

云南省生态环境科学研究院吴文卫、段怡君等及昆明理工大学环境科学与工程学院周丹丹等不遗余力，历经选著、翻译及定稿一年有余，终于将本书付梓出版。全书付梓出版前分三个阶段：第一阶段英汉直译并意译；第二阶段专业词汇的修正和汉语表达的提升；第三阶段全书的统一审校。全部过程有 7 位同仁参与，他们对本书翻译的贡献如下表所示。

译著章节	原著章节	第一阶段	第二阶段	第三阶段
第 1 章	第一章	吴文卫、卢颖钰	吴文卫 周丹丹 段怡君 陈柯臻 吴咪娜	吴文卫 周丹丹 段怡君
第 2 章	第八章	段怡君		
第 3 章	第十四章	付君哲、段怡君		
第 4 章	第十五章	付君哲、陈柯臻		
第 5 章	第二章	吴文卫、卢颖钰		

续表

<table>
<tr><th>译著章节</th><th>原著章节</th><th>第一阶段</th><th>第二阶段</th><th>第三阶段</th></tr>
<tr><td>第 6 章</td><td>第五章</td><td>周丹丹</td><td rowspan="3">吴文卫
周丹丹
段怡君
陈柯臻
吴咪娜</td><td rowspan="3">吴文卫
周丹丹
段怡君</td></tr>
<tr><td>第 7 章</td><td>第六章</td><td>段怡君</td></tr>
<tr><td>第 8 章</td><td>第十二章</td><td>付君哲、陈柯臻</td></tr>
</table>

限于译者的学识水平和中英文表达的差异，书中难免存在不当之处，敬请读者不吝赐教。

吴文卫

2019 年 10 月

原 书 序

通常将原子量在40以上的金属元素都定义为重金属。重金属在元素形态上应具备电、热传导等基本性质。通常用“双刃剑”这个词来形容重金属的重要性和环境风险，因为它们既是有用的资源，又会对人类造成有害的影响。

值得注意的是，一些重金属对微生物、植物、动物和人类而言是必不可少的。缺少它们，生物的生长和功能可能会受到影响。另外，几乎所有的重金属都在工业生产过程中发挥了作用，其中有些产品每天都在使用，如液晶显示器和智能手机。

然而，重金属以离子形式过量存在时对人类有害。重金属的一个重要特点是，它们是不可降解的，这使得处理被它们污染的废水和场地变得更加困难。因此，监测、了解和控制环境中的重金属浓度很有必要。

由于风险隐患是缓慢积累的，而不是急性的，被重金属污染的环境通常不能立刻被识别和处理。一些历史性的事件，包括造成严重汞中毒的水俣病和由贫铀引起的海湾战争综合征主要是由重金属对人类健康的影响造成的。目前人们对场地污染和废水的净化处理已经付出了巨大的努力。然而，要建立一个无重金属隐患的社会，还需要做更多的工作。例如，一些自来水公司仍然使用铅水管，使得铅溶解于自来水中。另外，在电子产品生产或化学产品回收过程中，产生几种剧毒重金属并释放至环境中。

近年来，美国一些城市自来水中含铅量高引起了公众的极大关注。例如，密歇根的弗林特有6000～12000名儿童连续几个月饮用高铅自来水，附近区域连续数月检测到超标13000倍的含铅自来水，却没有官方的告知。该事件可能需要斥资超过2亿美元用于医疗、基础设施升级和更换自来水管道，这就是所谓的弗林特水危机。

我们面临的关键问题是什么？我们该如何预防？灾害发生前我们可以做什么？这些对于环保专业人士是相当重要的，政府官员、教育人员和社会公众也应当更新认知，并补充重金属对环境影响的知识和经验。

我们很高兴与泰勒•弗朗西斯出版集团（Taylor & Francis Group）和CRC出版社一起出版了工业危险废弃物处理系列丛书，同时，得到了来自不同国家、从事相关专业研究的众多专家的支持，包括环境科学家、工程师和教育人员。涵盖重金属环境领域的知识，涉及面广并汇集各方努力，是为了遴选最前沿和最完整的信息。

《重金属污染修复》涵盖了最新的重金属知识。其中，第一章和第十五章强调重金属的毒性、来源和治理方法，如铜、镍和锌。第二章介绍纳米生物修复技术。第三章阐述了污水处理厂中反冲洗水及明矾污泥的再利用。第四章详细介绍重金属土地污染修复的技术。第五章介绍一系列的低成本吸收剂。第六章和第十一章介绍含重金属废物的处理。第七章介绍垃圾焚烧残渣中镉的稳定化。第八章、第九章和第十二章介绍处理砷和铬的技术。电子垃圾是一个紧迫的环境问题，第十章介绍其处理和循环利用的技术方法。第十三章和第十四章讨论摄影废物处理和钡的废水污染处理技术。

本书可作为环境、法律、化工、公众卫生工程和科学等相关专业人士学习和实践的参考用书，政府机构和非政府机构也可以从本书中发现有价值的信息，探索、跟踪、复制、改进特定的工业危险废物处理技术并管理好现行的体系。

编辑组和作者向为本书提供支持和鼓励的人员表示感谢。同时作者的家人、同事和学生也为撰写此书提供了很好的支持。Taylor & Francis Group 出版社资深编辑 Joseph Clements 为团队提供了多年强大的支持。没有大家的鼓励不可能完成此著作。

Jiaping Paul Chen，Singapore
Lawrence K. Wang，New York
Mu-Hao Sung Wang，New York
Yung-Tse Hung，Ohio
Nazih K. Shammas，California

目　录

第1章　环境中铜、锌、银、钼和稀土元素的毒性、来源及控制

目前有超过20种重金属毒素对人体健康有害，暴露的个体会经历不同的行为、生理和认知变化，这取决于毒素的类型和个体暴露的程度。本章介绍环境中铜、锌、银、钼及稀土元素（rare earth elements，REEs）的毒性、来源和控制技术。

1.1　引　　言

有毒物质通常对人和动物的健康产生有害影响。一些化学物质在利用过程中一旦超过特定浓度就会成为有毒物质，而物质的毒性取决于其引起的不良效果及程度。暴露通常有吸入、摄入或直接接触等形式，长期接触（慢性）和短期接触（急性）都可能对生命健康产生暂时或持久的不良影响。随着金属被人们大量使用，微量金属会被逐渐释放到空气和水体环境中。当环境中重金属毒性达到一定浓度后，会使个体的行为、生理及认知发生改变。微量金属对人类与动物的过度暴露影响已有相关的研究和报道[1-100]。大多数研究针对人类、陆生和水生动植物，通过使用有毒物质的浓度设定其限值。有毒物质浓度超过上限值或者个体在有毒物质环境中暴露时间过长都会使研究对象表现出肠道和神经的不良反应，甚至死亡。

本章重点讨论铜、锌、银、钼和稀土元素的毒性、来源、环境问题及相应的控制技术[100-105]。

1.2　铜

1.2.1　铜及其化合物

铜是一种有延展性的浅红褐色金属元素，由符号Cu表示，在元素周期表中原子序数为29、原子量为64。无论是单质铜还是铜化合物，其矿藏都非常广泛，在岩石、土壤、水和沉积物中都有发现。无论是纯矿床还是复合矿床，铜都广泛存在于岩石中。由于人类活动的影响，在城市垃圾焚烧点、金属冶炼厂、铸造厂和发电厂等特定的场所均能找到铜。铜在自然界中以硫酸铜和氧化铜的形态广泛分布（表1.1）。它可以与锌、锡等金属结合形成黄铜、青铜等合金。

表1.1　环境中铜的浓度及分布

分布	浓度/ppm
地壳	50
土壤	2～250

续表

分布	浓度/ppm
铜加工设施	7000
植物体（干重）	10

资料来源：美国环境保护署. 环境生物检测产品公司环境技术鉴定报告. 华盛顿特区，2006. EPA/600/R-06/071 和 NTIS PB2006-113524。

注：1ppm 表示 10^{-6}。

1.2.2 铜的特性

常温下铜是一种固体金属，具有良好的导电性和导热性。铜与水、硫化物、氨或氯化物不发生反应，暴露在空气中与氧气发生缓慢反应生成深棕色氧化铜薄膜。目前发现有 29 种铜的同位素，质量数从 52 到 80 不等，自然界中 ^{63}Cu 和 ^{65}Cu 稳定存在，而 ^{63}Cu 占比最多（69%）。

1.2.3 铜的生产

世界上约 35%的铜产自智利，11%产自美国，其余部分来自印度尼西亚、俄罗斯、秘鲁、赞比亚、中国、波兰和刚果民主共和国。铜矿石常以硫化态的形式从大型露天矿中开采出来。

1.2.4 铜的应用

铜及其化合物常被广泛用于生产电导体、电线、板材、管道及其配件、硬币、炊具和其他金属制品。铜化合物可以作为杀菌剂广泛应用于农业领域，铜可以被用于水处理技术，尤其是去除藻类。铜的其他应用还包括生产防腐木材、制革和纺织品，同时其也是陶瓷、釉料和玻璃制品中的重要成分。铜化合物还可以在费林试剂测定还原糖时起作用。

1.2.5 铜毒性及相关危害

铜是动植物生长代谢必需微量元素之一。但是高浓度的铜会对动植物体产生毒害，对动物健康状况和植物的生长发育造成不良影响。

1. 暴露途径

铜污染来源分为人为污染源和自然污染源，其中人为污染源包括采矿、冶炼、焚烧和水处理过程，而自然污染源为风雨侵蚀和火山喷发。动物通过吸入被污染的空气、摄入污水和食物、皮肤接触等方式遭受铜污染。铜在植物叶子和茎的沉积及植物根系吸收污染土壤中水分而使植物遭受铜污染。

2. 铜的毒性

铜的毒性取决于其形成氧化态过程中接受和提供电子的能力。人和动物摄入铜或铜化合物会有胃肠道溃疡和出血、急性溶血和血红蛋白尿、肝坏死、肾病、心动过速和呼吸急促，以及头晕、头痛、抽搐、嗜睡和昏迷等对中枢神经系统产生影响的急性中毒表现。

近年来，通过对铜中毒事故案例的分析，研究了铜中毒对受害生物体的影响，如表 1.2 所示。

表 1.2　铜的慢性毒性对人和动物健康的影响

健康影响	对象	参考文献
急性溶血性贫血	人类、绵羊	[4]
月经停止和骨关节炎	人类	[5]
神经系统异常	老鼠	[6, 7]
抑制胚胎发育	女性	[8, 9]
内源性氧化反应增强导致 DNA 损伤	人类	[10, 11]

铜在水体中的生物利用率高于其他环境介质，特别是在食物中，铜的生物利用率取决于其溶解度及其存在的复合物类型。铜复合物通常会抑制生物体对铜的吸收。慢性铜中毒通常会导致人体肝脏病变及相关疾病（表 1.3），如威尔逊氏症、肝脏和肾脏疾病。威尔逊氏症是急性铜中毒而导致肝脏疾病。

表 1.3　口腔接触（摄食）引起的急性铜中毒

暴露情况	健康反应	暴露量测量值/(mg/L)	参考文献
43 个个体在酒店中的单点源接触	急性疾病	4.0～70	[15]
5 个个体摄入较多含铜的水	腹部症状	＞1.3	[16]
60 个经济状况不佳的成年女性	肠胃反应	≥3	
	无症状	＞5	[17]

与人类饮食中的铜浓度标准相比，铜在生物体内的毒性研究较少，主要研究铜代谢或慢性毒性对生理、生化和病理方面的影响。因此，在动物身上显示出的急性铜中毒水平并不能作为人体急性铜中毒的标准。铜的最大污染物浓度目标值（maximum contaminant level goal，MCLG）为 1.3mg/L，该浓度下的人体表现为肠胃症状。国际化学品安全规划署（International Programme on Chemical Safety，IPCS）规定人体每日铜的摄入上限值为 2～3mg，这一规定已被世界卫生组织（World Health Organization，WHO）接受。表 1.4 显示了不同环境中铜对人体影响的上限值。

表 1.4　铜在环境释放和人体暴露中的上限值

媒介	对象	浓度	负责机构
湖泊及溪流	水生有机物	1.0ppm	US EPA
饮用水	人类	1.3ppm	US EPA
工作室空气	人类（工人）	0.2mg/m^3（铜烟）	OSHA
		1.0mg/m^3（铜粉）	OSHA
工作场所空气	工人	0.1mg/m^3（铜烟）	NIOSH
		1.0mg/m^3（铜雾）	NIOSH

续表

媒介	对象	浓度	负责机构
饮食（RDA）	成年人	0.9mg/d	NAIM
饮食（RDA）	哺乳期妇女	1.3mg/d	NAIM
饮食（RDA）	儿童（0～3 岁）	0.34mg/d	NAIM
饮食（RDA）	儿童（4～8 岁）	0.44mg/d	NAIM

资料来源：铜的影响. 达特茅斯学院，新罕布什尔州汉诺威. 2015. http://www.dartmouth.edu/。

注：US EPA—美国环境保护署①；OSHA—职业安全与健康管理局②；NIOSH—职业安全与健康研究所③；NAIM—国家医学院④。

1.2.6 铜与其他元素的相互作用

二价阳离子如铜、镉、钴、铅与硫分子结合性能不同，会影响其与金属硫蛋白的反应。然而，不同金属阳离子与硫蛋白之间存在竞争作用，这种竞争通常会导致这些元素与其他元素的浓度之间具有相互调节的作用。铜与其他元素相互作用的影响如表 1.5 所示。许多二价阳离子，如铜、镉、钴、铅和锌，由于不同的结合性能而影响金属硫蛋白的合成。

表 1.5 铜与其他基本元素相互作用的影响

结合方式	影响	参考文献
锌、铜	诱导肠金属硫蛋白合成从而导致铜的不良吸收	[18]
	女性红细胞超氧化物歧化酶减少	[19]
钼、铜	铜摄取量减少，引发毒性	[5, 20]
铁、铜	肠道铜吸收减少	[3, 21]
二价锡、铜	肠道铜吸收减少	[3, 22]
硒、铜	受试大鼠的肝脏和组织学无明显变化	[23, 24]

1.3 锌

1.3.1 锌及其化合物

锌是地壳中最常见的元素之一，存在于空气、土壤、水及所有食物中。纯锌呈蓝白色且有光泽。在工业方面，锌被广泛用作钢铁和其他金属的涂层来防止金属生锈或被腐蚀，这一过程称为电镀。锌与其他金属结合形成如黄铜、青铜等合金。在美国，锌铜合金还被用于制作货币。此外，锌也被用于制作干电池。

锌可与其他元素结合形成化合物，如锌与氯、氧、硫等元素结合形成氯化锌、氧化锌及硫化锌。自然环境中锌矿石中的锌通常以硫化锌的形式存在。硫化锌和氧化锌常被用于制造白色油漆、陶瓷等产品。锌进入空气、水和土壤的途径有自然过程和人类活动两种方式。人类活动主要有采矿、选矿、钢铁生产、煤炭和废物燃烧，这导致环境中锌含量增加。河流中锌的来源有锌和其他金属制造、锌化学工业废液、生活废水及土壤中锌的流失。土壤中锌含量的增加主要是金属制造业产生的锌废料和电力设施的煤灰。大气中锌主要以细小的颗粒存在，这些微粒最终沉降于地表和水体中。在湖泊和河流等水体中，锌可能以沉积物、溶解物或者微小悬浮颗粒等形式存在。锌可以直接从水中获取或通过摄食进入鱼类体内。由于土壤类型的不同，来自危废场所的锌可能会渗入土壤中导致地下水污染。动物可以通过进食或饮用含锌的水而摄取锌。

1.3.2　锌的特性

自然界中没有游离态的锌，但其可以从矿石中被提炼出来。锌的熔点和沸点分别为419.5℃和908℃，易与硫化物和氧化物共价结合并表现出两性特征。锌暴露于空气中可以形成氧化锌，从而在其他金属表面形成一层氧化锌薄膜且具有防腐性。无氧条件下，锌与硫化物结合形成硫化锌。此外，锌会影响人或植物体内细胞膜的稳定性，并在蛋白质和核酸的代谢中起作用。

1.3.3　锌的生产

2001年，全球锌产量为885万t。锌是从地下和露天的矿石中开采出来的，主要通过电解过程，即利用硫酸从煅烧矿石中浸出氧化锌，形成硫酸锌溶液，随后进行电解处理，在阴极上收集锌。约90%的锌来自硫化锌及闪锌矿。

1.3.4　锌的应用

工业上，锌被广泛用作铁、钢等易被腐蚀金属的防护涂层。同时，锌还被用于生产含有其他金属的锌基合金，如铝、铜、钛和镁。2002年，美国所生产的锌中有超过50%被用于镀锌，约20%被用于锌基合金，剩下的用于黄铜和青铜的生产。锌的其他应用包括生产助燃剂，或作为生产原料被广泛应用于各种工业中。

1.3.5　锌毒性及相关危害

锌在植物体和人体中发挥着重要作用，尤其是在蛋白质和核酸的代谢中。然而在较高浓度和长时间暴露下，它会对人和动物的健康产生不良影响。

1. 暴露途径

锌和锌的化合物释放到环境中的主要人为途径是锌矿的开采和选冶。矿石开采、生产及废料场的浸出会使锌进入水体和土壤中。废料场和其他污染物中浸出的锌还会导致地下水污染。加工过程产生的细小颗粒锌通常与气溶胶结合被雨水、雪或风冲刷到地面、水体和植被上。锌在水中呈现悬浮态、溶解态或与其他悬浮物结合。人类和动物通过食物、水和土壤暴露于锌及其化合物中。除了职业暴露、吸入摄食和皮肤接触，其他接触途径包括使用镀锌和锌基产品，如油漆和电池。锌可以在水生生物中累积，并通过食物链进入人体。锌在植物中的积累受植被种类、土壤pH及土壤成分的影响。

2. 锌的毒性

人或动物暴露于高浓度锌或其化合物环境中会对人体或动物体的健康造成不良影响。长期吸入高浓度的含锌粉尘会导致流感症状，如发烧、盗汗、头疼及随之而来的身体虚弱。口服锌会干扰铜的基础代谢，可能导致血液和胃肠道的不良反应及体内胆固醇水平的降低。锌通常在小肠内被吸收，正常饮食状态下锌的吸收率为26%～33%。锌在动物血液中不参与代谢，而是与蛋白质作用或形成可溶性螯合物。锌中毒事故及研究进展见表1.6。

表1.6　由口腔摄入引起的锌中毒事故及研究进展

对象	健康影响	锌暴露量/（mg/d）	参考文献
21名男性和26名女性服用锌6周	腹部绞痛、恶心、呕吐	2～15	[35, 36]
31名男性和38名女性服用锌1年	血清含量降低，血清总蛋白含量降低，血清中酸度降低，平均血红蛋白升高	20～150	[37]
9名男性和11名女性服用锌8周	血浆中锌浓度升高，DNA氧化减少	45	[38]

通常摄入高浓度锌会导致胆固醇水平和铜金属酶活性降低，同时造成其他健康问题，如影响血液、胃肠道及产生免疫毒性（表1.7）。

表1.7　锌的慢性毒性对动物健康的影响

健康影响	对象	参考文献
红细胞和血红蛋白水平降低；白细胞总数和水平差异。网织红细胞和嗜多色性红细胞的百分比增加	13只雄性和16只雌性Wistar大鼠	[42]
血红蛋白水平及血小板减少。血清和组织液增加	7～8只雄性新西兰白兔	[43]
学习行为反应和记忆的负面影响	一组9～12只Swiss小鼠	[44]
灌洗液参数增加	Hartley豚鼠和344只Fischer鼠	[45]
精子染色体结构畸变	10只雄性Sprague-Dawley鼠	[46]

以氧化锌烟雾或者炸弹烟雾中氯化锌的形式吸入锌对健康会产生各种不良的影响，暴露时间持续1～2d后产生的不良反应包括喉咙干燥、发炎（表1.8）。锌是人体必不可少的微量元素，推荐摄入量见表1.9。

表1.8　吸入性接触导致锌中毒

对象	健康影响	锌浓度	参考文献
在钢铁表面镀锌的船厂工人	疼痛、呼吸困难、干咳、嗜睡和发烧	—	[47]
暴露在氧化锌烟雾中的工人	肺功能受损	—	[48, 49]
暴露在氧化锌烟雾中2h的4名成年人	发冷、肌肉或关节疼痛、胸闷、喉咙干和头疼	5mg/m^3	[45]

续表

对象	健康影响	锌浓度	参考文献
暴露在氧化锌烟尘中 2h 的一组共 13 名健康、无吸烟史个体	疲劳、肌肉疼痛和咳嗽	0～5mg/m^3	[50]
在氧化锌环境中暴露持续 8h 工作时间的 20 名中国工人	未发现或未报告明显不良反应	0～36.3mg/m^3	[51]
战斗演习中暴露在氯化锌烟尘中的 13 名士兵	暴露 1～8 周后肺扩散能力下降，血浆纤维蛋白原水平升高	未知	[52]
暴露于氯化锌中 1～5min 的 3 名患者	两人死于水肿、败血症、肺气肿和肺坏死	未知	[53]

表 1.9　不同阶段和性别对锌的膳食摄入（RDA）要求

生命阶段	RDA/（mg/d）	
	男性	女性
0～12 个月	≤3	≤3
1～3 岁	3	3
4～8 岁	5	5
9～13 岁	8	8
14～18 岁	11	9
19～50 岁	11	8
大于 50 岁	11	8
孕期妇女	—	11
哺乳期妇女	—	12

资料来源：美国环境保护署. 锌及其化合物的毒理学综述. 华盛顿特区，2005. EPA/635/R-05/002。

1.3.6　锌与其他元素的相互作用

植物和动物中其他元素的存在使锌活化或失活，从而导致锌的毒性代谢。许多研究表明，锌和其他金属之间的相互作用是关键反应。表 1.10 是锌与其他基本元素结合对人体的影响。

表 1.10　锌与其他基本元素结合对人体的影响

结合方式	影响	参考文献
铜、锌	诱导肠金属硫蛋白合成从而导致铜吸收不良	[54]
钙、锌	对锌吸收无明显干扰、对毛发和血清含锌量无明显影响	[55, 56]
铁、锌	明显降低锌吸收的百分比，尤其对于孕期妇女	[57]
	饮食中铁摄入量的增加会减少锌的吸收	[58]
镉、锌	可能会降低镉的毒性和致癌性	[59, 60]
	镉对锌可能存在抑制作用	[32, 55]
铅、锌	无明显证据表明铅会影响锌的吸收	[61, 62]
钴、锌	大鼠实验表明在锌存在的情况下锌对睾丸产生毒性	[63]

1.4　银

1.4.1　银及其化合物

银是一种具有延展性的白色金属元素，符号表示为 Ag。在元素周期表中银的原子序数为 47、原子量为 247.8014（译者注：银的原子量为 107.8682）。银在自然环境中主要以硫化银或与其他金属元素结合的形式存在。自然环境中银的来源除矿石外，还包括在生产含银产品时所产生的废料。银的人为来源包括冶炼、煤炭燃烧、生产和销毁银基影像与电子材料及人工降雨。在陆地生态系统中，大部分流失的银通常以矿物、金属或者合金的形式被固定（表 1.11）。约有一半以上的银在其排放后能够在点源几千米的范围内被监测到。

表 1.11　美国银的浓度最高的点位及样品分布

位置	浓度	地点	参考文献
冶炼厂附近的空气	36.5ng/m^3	爱达荷州	[64]
海水	8.9μg/L	加尔维斯顿	[65]
土壤	31mg/kg	爱达荷州	[64]
海洋哺乳动物的肝脏	1.5mg/kg	—	[66]
蘑菇	110mg/kg	—	[67]

1.4.2　银的特性

银在常温下是固体金属，在自然状态下以氧化态形式存在，包括 Ag^0、Ag^+、Ag^{2+}、Ag^{3+}，其与其他物质生成硫化物、碳酸氢盐和硫酸盐。与 Ag^0 和 Ag^+相比，Ag^{2+}和 Ag^{3+}氧化性更强，但当水中温度接近 100℃时稳定性更低。在低浓度下，水中银以 AgSH 或 HS—Ag—S—Ag—SH 的形式存在。然而在高浓度时，水环境中银以硫化银或多硫化物的胶体复合物的形式存在[68]。银的同位素中只有 ^{107}Ag 和 ^{109}Ag 能够在自然界中稳定存在，其他 20 种同位素则不能。一些银的化合物可用作炸药制剂，如草酸银（AgC_2O_4）、乙炔银（Ag_2C_2）和叠氮化银（AgN_3）。

1.4.3　银的生产

20 世纪 90 年代初世界银矿开采量大约为 1550 万 kg，其分布情况见表 1.12。

表 1.12　全球主要银矿开采地

国家	产量百分比/%
墨西哥	17
美国	14
秘鲁	12

续表

国家	产量百分比/%
俄罗斯	10
加拿大	9
其他	38

资料来源：Eisler R. 银对鱼类、野生动物和无脊椎动物的危害：天气评论. 华盛顿特区：美国内政部，国家生物服务局，1997：44（生物报告 32 及污染物危害评估报告 32）。

银的主要开采方法是露天或地下开采。开采出的矿石通过浮选、冶炼等一系列工艺进行提纯。纯银提取方法为电解法（电解作用）。

1.4.4　银的应用

银器的应用可以追溯到人类古文明时期，当时银器被用作装饰材料、器皿、铸币，是财富的象征。然而，在近代，银是生产其他产品的原料。表 1.13 总结了银在美国工业中的使用情况。

表 1.13　50%纯度的精炼银在美国的使用情况

产品	使用百分比/%
摄影及 X 光片	50
电子电气	25
电镀制品、纯银制品和珠宝	10
钎焊合金	5
其他用途（产品）	10

资料来源：ATSDR. 银的毒理学. 亚特兰大：美国卫生与公众服务部有毒物质和疾病登记署（TP-90-24），1990。

由于银具有抑菌性，它也被用于水的净化及食品和药品的加工中。银作为治疗烧伤的一种抗菌药物，也能被用于工业生产一些化学品的催化剂，如甲醛和环氧乙烷。

1.4.5　银毒性及相关危害

据报道，银已经被用于食品和医疗行业。然而，银的释放会使暴露于其环境中的动、植物健康受到危害。

1. 暴露途径

人为来源的银通常会被远距离运输，并在干湿沉降后通过土壤和沉积物的吸附进入土壤。银通过渗透作用进入地下水，但该过程通常受到土壤 pH 的影响。因银对氯离子具有较强的亲和性，银在海洋环境中的浓度受到盐分的影响。在某些水生生物中，银的含量与该生物体累积银的能力有关。通过职业接触、皮肤接触和吸入的方式，动物和人类可能会暴露在不同浓度的银环境下。然而，人们使用银制饰品和对其他银制品的接触也会导致银的间接摄入。

2. 银的毒性

人体通过不同途径暴露于高浓度银环境中，将会对身体健康造成不良影响。人体吸入含有高浓度银化合物（如 $AgNO_3$ 或 AgO）的粉尘可能会引起气管等方面的疾病，如肺部和喉咙发炎、胃痛。皮肤接触银可能会引起皮疹、肿胀和炎症。离子态银对水生生物具有较高的毒性。近年来，银的病例和毒性研究见表 1.14。

表 1.14 因暴露引起的急性银中毒

接触情况	健康影响	暴露水平
112 名工人暴露在硝酸银和氧化银的工作场所	血液中银含量增加 0.6μg/100mL	0.039～0.378mg/m^3
感光工厂的工人	血液、尿液和粪便中检测到银	0.001～0.100mg/m^3

资料来源：ATSDR. 银的毒理学. 亚特兰大：美国卫生与公众服务部有毒物质和疾病登记署（TP-90-24），1990。

一般来说，银在水中的累积量高于土壤。因此，受银毒性影响的水生生物比陆生生物更多。相对于银标准浓度 0.5～4.5μg/L，大多数水生生物均富集了较高浓度水平的银。相应地，水生生物对银富集引起的不良健康反应包括生长迟滞、哑音及组织病理学变化。研究表明，藻类等水生生物对银的累积作用主要是吸附而非吸收作用。陆生植物对银的积累速率较慢，一般影响植物生长，但高浓度银可能导致植物死亡。表 1.15～表 1.17 是银对陆生植物和水生动物的影响。

表 1.15 银的毒性对陆生植物的影响

植物物种	影响	暴露水平	参考文献
生菜	对发芽产生不良影响	0.7mg/L	[73]
黑麦草	对发芽产生不良影响	7.5mg/L	[73]
富含银的土壤中的玉米、燕麦、芜菁、大豆、菠菜的种子	对发芽无不良影响	106mg/kg（干燥土壤）	[74, 75]
中国卷心菜和生菜种子	对发芽产生不良影响	106mg/kg（干燥土壤）	[73, 75]

表 1.16 硝酸银毒性对水生动物的影响

生物	终止点	银浓度/(μg/L)	参考文献
原生动物	24h LC_{50}	8.8	[76]
衣藻	96h LC_{50}	200	[77]
衣藻	250h LC_{50}	100	[77]
贻贝	110h LC_{50}	1000	
亚洲蛤	21d NOEC	7.8	[78]
扁形虫	96h LC_{50}	30	[73]
蜗牛	96h LC_{50}	300	[73]
桡足类	48h LC_{50}	43	[79]

续表

生物	终止点	银浓度/(μg/L)	参考文献
片脚类动物	10h LC_{50}	20	[80]
片脚类动物	96h LC_{50}	1.9（1.4～2.3）	[78]
麦格纳水蚤	96h LC_{50}	5	[73]
蜉蝣	96h LC_{50}	6.8	[78]
虹鳟鱼	96h LC_{50}（25%盐水）	401	[81]
潮池杜父鱼	96h LC_{50}	331（25%盐水）	[82]
蚊子鱼（幼体）	96h LC_{50}	23.5（17.2～27.0）	[78]
蓝鳃太阳鱼	96h LC_{50}	31.7（24.3～48.4）	[78]
银大麻哈鱼	96h LC_{50}	11.1（7.9～15.7）	
虹鳟鱼（幼体）	144h LC_{50}	48	[78]
北极茴鱼（幼体）	96h LC_{50}	11.8	[83]
北极格林鲑鱼	96h LC_{50}	19.2（16～23.1）	
	96h LC_{50}	11.1（9.2～13.4）	[84]
	96h LC_{50}	6.7（5.5～8.0）	[85]
欧洲鳗鱼	96h LC_{50}（氯化物 10μmol/L）	34.4	[85]
豹蛙	根据胚胎和幼虫死亡或异常发育确定 EC_{50} 值	0.7～0.8	[85]
	根据胚胎和幼虫的死亡率或严重增殖确定 EC_{50} 值	10	

注：EC_{50}—半数效应浓度；LC_{50}—半数致死浓度值；NOEC—无观测效应浓度。

表 1.17　硝酸银毒性对陆生动物的影响

生物	影响	途径	银浓度	参考文献
老鼠	致命	腹腔内注射	13.9mg/kg 体重	[70]
兔子	致命	腹腔内注射	20.0mg/kg 体重	
狗	致命	静脉注射	50.0mg/kg	
老鼠	致命	饮用水	1586mg/L 持续 37 周	
老鼠	迟缓	饮用水	95mg/L 持续 125d	
豚鼠	生长减缓	皮肤接触	81g/cm^2 持续 8 周	

1.4.6　银与其他元素的相互作用

银和其他金属相互作用通常会影响动、植物体对某种或几种金属的吸收、分布和排泄。尽管银在水介质中能够表现出良好的离解性，但它与其他元素的相互作用在现有研究中鲜有报道。已有研究表明，银和硒的相互作用能够增加生物体内不溶性银盐的沉积。

1.5　钼

1.5.1　钼及其化合物

钼是以五种氧化态（Ⅱ～Ⅵ）存在的过渡金属元素。纯钼呈银白色，并比钨更具韧性。钼的熔点为 2623℃，沸点高于 600℃。在土壤和水体环境中，钼与其他元素相结合并以钼酸盐（MoO_4^{2-}）形式存在。在宇宙和地球海洋的富集元素中，钼分别排在第 42 位和第 25 位。钼在元素周期表上用符号 Mo 表示，其原子序数为 42，原子量为 95.95。

1.5.2　钼的特性

钼在常温下不能够与氧发生氧化反应，而在高温条件下其与氧发生反应生成三氧化钼。它的氧化态分别以 + 2、+ 3、+ 4、+ 5、+ 6 的形式存在，同时它能够与氯元素形成氯化物，如二氯化钼（$MoCl_2$）、三氯化钼（$MoCl_3$）、五氯化钼（$MoCl_5$）、六氯化钼（$MoCl_6$）。此外，钼还能与其他金属相互作用形成四键。现有已知的 35 种钼的同位素中只有 7 种是自然产生的，且其中有 5 种是稳定的。不稳定的钼同位素通常衰变为铌、锝和钌。^{98}Mo 占钼同位素总量的 24.14%，它是最常见的钼同位素。

1.5.3　钼的生产

世界上主要的钼材料生产国为美国、加拿大、智利、俄罗斯和中国等。钼矿多分布于科罗拉多州、不列颠哥伦比亚、北智利及挪威南部，这些产区能够产出不同类型和不同纯度的钼化合物。可以通过开采矿石和回收铜及钨开采的副产品获取钼。

1.5.4　钼的应用

钼被广泛应用于制造飞机、汽车、电气等行业的耐热部件。同时，因钼具有高耐蚀性和可焊性，它也被用于生产不锈钢、工具钢、铸铁等高温合金。钼的另外一个重要应用领域是石油工业领域，由于钼具有高电阻且耐高温和耐高压的特性，它能作为发动机润滑油的添加剂。在黏合剂和肥料工业中，钼也以纯钼或其化合物的形式作为原料。钼的同位素（尤其是 ^{98}Mo）被广泛用于医疗领域，在每日摄取钼的最大剂量约 0.25mg 时，它能够作为吸收不良和血红蛋白不足患者的术前营养补给。钼在医学上被认为是一种有助于减少龋齿和降低癌症发病率的有效物质。

1.5.5　钼毒性及相关危害

钼是人体必需的微量元素之一，这在临床治疗上已得到认可。但高浓度的钼会对生物体健康造成不良影响。

1. 暴露途径

钼与其他微量金属不同，人体通过直接或间接摄入钼的情况远多于吸入或是职业暴露。钼的膳食来源包括青豆、鸡蛋、葵花籽、小麦粉、扁豆、谷粒、蔬菜罐头、坚果和一些动物内脏（如肾脏和肝脏）。大多数情况下，自然水体中也会存在少量的钼。此外，土壤 pH 升高会促进植物对钼的吸收，有研究报道了特定植物个体的钼含量。

在矿区附近，人类可能会暴露于钼环境中。黄嘌呤氧化酶和醛氧化酶是形成尿酸与醛的化学氧化两种重要的酶，而钼是黄嘌呤氧化酶和醛氧化酶的重要成分。

2. 钼的毒性

人类和动物会对钼或其化合物产生急性毒性反应，包括腹泻、生长迟滞、贫血和痛风，以及厌食症、头痛、关节痛、肌肉疼痛、胸痛、慢性咳嗽和慢性睾丸萎缩。钼也会影响碱性磷酸盐的活性导致人体骨骼异常。根据患者经历，最新钼中毒病例和研究见表1.18。

表1.18　接触氧化钼造成的急性中毒

接触情况	健康影响	暴露水平
1名人员为了改善其他方面健康情况而暴露于钼	产生幻觉并引起癫痫，最后会引起神经疾病	至第18d累计13.5mg

人体摄入钼后，钼经过胃吸收进入血液导致钼酸增多，引发慢性钼中毒，其症状与铜缺乏症相似。神经元培养中微量元素的摄取研究表明，神经元对钼具有高亲和力。世界卫生组织推荐钼日平均摄入量约为0.3mg，饮用水中钼最大含量为0.07mg/L。

1.5.6　钼与其他元素的相互作用

其他微量元素的存在会影响人体吸收钼的速率和数量。肝脏中铜和钼的同时存在常常导致钼的生物积累。

1.6　稀土元素

稀土元素是一组具有独特物理性质和相似化学性质的金属元素。现已知的稀土元素共有17种，原子量在139～175（译者注：除钪，钪的原子量为45；除钇，钇的原子量为89）。稀土是相对柔软、可锻铸且具有明亮银色光泽的金属。目前在多个地区已发现以各种组合形态存在的稀土元素，其中最常见的是铈，其储量高于铅和铜。稀土元素的其他成员包括镧、镨、钷、钕、钐、铕、钆、铽、镝、钬、铒、铥、镱、镥、钇和钪。

1.6.1　稀土元素的特性

稀土是可塑的、具有延展性且柔软的金属，其中有些在空气中易被氧化，有些会与冷水发生缓慢或者迅速的反应，而有些稀土元素却只与热水反应。此外，一些稀土元素还可直接与碳、氮、硼、硒、硅、硫和卤素发生反应。当加热时，稀土元素呈现六边形面心和体心的立方结构变化。由于分子结构相似，它们很难被分解。然而作为一组具有特殊化学结构的元素，它们常以同位素的形式存在且具有较高的科学研究价值。

1.6.2　稀土元素的生产制备

稀土元素通常以各种组合形式存在于矿石中，如单晶石、褐帘石、氟硼酸矿、磷钇矿、菱锰矿、绢云母、橄榄石、磷灰石、珍珠岩等。现被发现稀土元素的国家有挪威、瑞典、美国、澳大利亚、印度、加拿大和巴西等。

1.6.3 稀土元素的应用

由于其独特的化学性质，稀土元素成为科学研究和现代工业应用方面重要的化学元素。同样，稀土元素在各种非核工业和农业中也得到广泛应用，其中一些被用作其他元素的示踪剂。表 1.19 显示了目前一些与稀土元素相关的应用。稀土元素是生产永磁体的关键成分，永磁体被广泛应用于汽车工业，其中一些被用于医学和核研究。

表 1.19 稀土元素的应用

元素名称	工业应用	实验研究
镧	碳照明，生产耐碱性及光学眼镜，生产球墨铸铁	氢海绵合金
铈	生产光学玻璃、电极、陶瓷、烟花、冶金合金，也用于印刷、染色和纺织工艺	汽车示踪催化转化器
镨	生产用于灯的合金和电弧芯及玻璃着色	
钕	生产红紫色玻璃和碳弧棒	作为玻璃激光器的掺杂剂
钷		发光材料
钐	生产红外吸收玻璃和电视荧光粉成分	核反应堆中子吸收器，作为玻璃激光器的掺杂剂
铽		固态和激光掺杂剂
铒	用于生产玻璃和瓷器的冶金着色产品	核物理研究
铥		作为辐射装置的同位素使用
镱	生产合金	用于辐照装置和射线照相术的激光源
钇	生产光学玻璃，陶瓷彩色电视管和合金	
镝		检测污水中的铬

1.6.4 稀土元素毒性及相关危害

稀土元素及其化合物具有不同程度的毒性，因此必须谨慎处理。

1. 接触途径

因为稀土主要用于核工业、非核工业和农业中，所以职业暴露的可能性高于摄入和吸收。因在某些稀土金属的核应用过程中涉及安全标准，所以人类和动物在毒性标准下对其敏感度较低。目前，皮肤对稀土元素的吸收还未见报道，胃肠道和肺对稀土元素的吸收较差。

2. 稀土元素的毒性

人和动物会对稀土元素的毒性产生不同的异常反应。急性毒性会引起肺炎、支气管炎和水肿；慢性毒性会引发皮肤的刺激和尘肺反应。Zhang 等[95]发现稀土元素会对人体中枢神经、心血管和免疫系统产生影响。镧会影响神经末梢对谷氨酸的吸收。若人们每天摄入的食物中含有 6.0～6.7mg 的稀土元素，则会慢性中毒。植物中稀土元素的浓度受到植被种类和土壤中稀土元素浓度的影响，如蕨类植物和挪威云杉针叶中镧浓度分别约为 700ng/g 和<10ng/g。然而，对于生长在稀土元素污染土壤中的植物而言，其根茎中稀土元素的浓度高于叶，而种子中稀土元素的浓度最低。

3. 稀土元素与其他元素的相互作用

大部分稀土元素不会被释放到环境中，当它们被用于医疗时需要谨慎处理。有记录表明，某些稀土元素的存在会影响某些酶的活性，如镧会抑制（钙，镁）-三磷酸腺苷酶的活性。

1.7　重金属和稀土元素的控制

1.7.1　含金属固体废物的控制

贵金属固体废物，如含银和金的固体废物，通常会由熟练的工人评价后进行回收和再利用。贵金属和金属的冶炼厂或精炼厂相似。但由于劳动力成本低廉，发展中国家经常会采用非正规程序回收电子零件中的贵金属。这些非正式作业包括手工拆除、露天焚烧、在煤火上拆解线路板及在露天容器中酸浸等，这些操作都可能对人体健康和生态环境造成极不利的影响。

大部分含金属的固体废物，如铜管/片、黄铜制品（铜/锌）、青铜制品（铜/锡）、铍铜、蒙乃尔合金（铜/镍）、枪金属（铜/锡）、汽车零件（压铸锌合金）、铸造粉尘（50%锌）、电弧炉粉尘（锌和铅）等可以被工业和发展中国家的废金属商人回收。商人常对固态的非贵金属废物进行分类，以累积足够量供给冶炼厂进行精炼和回收后再利用。1992 年，世界上精炼铜和锌的产量分别约为 1110 万 t 和 720 万 t。与此同时，该过程约产生 425 万 t 含铜固体废料及 140 万 t 含锌固体废料。

1. 示例 1：二次炼钢中产生的电弧炉粉尘用于锌、铅回收

电弧炉产生的含锌、铅固体废物细粉末通过袋式除尘器收集。这是对特定材料回收所涉及的过程和考虑环境因素的描述。

回收过程分为 6 个部分。①将细粉末造粒并保持湿润，使其分散性降低，从而减少向环境的释放，粉尘中的铅对人体有很大的毒性。②废料可储存在露天隔间中混凝土墙支架上，并排放到附近的废水处理设施中。③固体废料通过前端装载机装入防水拖车中并压成薄片。车辆需要冲洗，以保证在离开金属精炼场地之前被清洗干净。将洗涤废水排放到现场废水处理设施中。④将固体废物倒入地下料斗，卸在处理器设施内。空车离开现场前要被清洗干净，将洗涤物收集并转移到废水处理设施中。⑤采用 Waelz 工艺处理，将固体废物与焦炭和二氧化硅由输送机一起送入回转窑。其中的锌、铅通过静电除尘器和袋式除尘器串联收集作为烟尘去除。经过过滤材料被输送到附近进行 ISF 处理。⑥Waelz 过程产生的副产品是经过回转窑排放并进行水淬处理的渣，这些副产品可用于道路铺设或类似材料制造。

钼无气味且不溶于水。钼废料以可燃粉尘或粉末的形式存在（<9μm），其可能在强化机械处理期间点燃。由于钼粉尘与空气混合时可能会发生爆炸，在处理废料时必须十分小心。当

含有钼粉尘的火灾发生时，消防队员必须穿戴完整的面部独立呼吸装置和防护服，以防钼粉尘接触皮肤和眼睛，只有粉尘（非水）灭火器可有效控制火灾。对于含钼固体废弃物的合理处置，目前唯一已知的方法是使用水泥或其他固化剂进行处理，因此该领域具有很高的研究价值。

稀土的研磨和加工是一项复杂的工艺，并且特定矿物各有不同。如果不加以合适地控制和管理，有可能会造成环境污染。该工艺过程中产生巨大污染风险的废物是尾矿的堆存及相关处理。与稀土尾矿相关的重金属和放射性核素将对人类健康和环境产生巨大威胁。

2. 示例 2：稀土的放射性对环境的损害

该示例基于稀土生产中的放射性问题：澳大利亚一家稀土矿开采公司在马来西亚建造的精炼厂可能会对当地产生潜在放射性污染。这家精炼厂是亚洲最大的放射性废料精炼厂之一。该厂计划从西澳的芒特维尔矿提炼具放射性的矿石，用卡车运到弗里曼特尔，再用集装箱船运到马来西亚。这家澳大利亚公司生产全球（除中国）近三分之一的稀土，其环境和公共卫生问题引起了公众的关注，该公司正在开发新技术和完善管理程序以降低环境污染风险。

1.7.2 含重金属的废液处理

摄影过程使用的溶剂中银离子能够杀死或者破坏公共污水处理厂或私人化粪池废物处理设施中的微生物，且对人体有毒。银是摄影加工废料中最常见的贵金属，需评估其危害性。危险性特征评估包含 4 个方面，即可燃性、腐蚀性、可反应性和毒性，摄影废物通常仅适用于毒性。美国环境保护署推荐的毒性试验方法为毒性特征浸出法（the toxicity characteristic leaching procedure，TCLP），该方法可以测试 38 种不同的化学成分，其成本约为 3000 美元。环境管理人员可根据其具备的相关知识决定是否需要分析液体废物来确定危险。从含银的液态废料中回收银用于商业。若银的回收装置是摄影设备（即“全封闭处理设施”），只有镀银或含银滤筒会产生固体废物。电解回收系统所产生的银或金属置换系统所产生的含银污泥通常都能表现出银的毒性特征。回收装置可以直接回收银或每年间接将至少 75%的含银废弃物（即未经处理的固体废物）进行场外回收。美国一些州的商业银回收商必须在州立环保机构注册。

当铜或锌离子浓度达到有毒水平时，它们会对人体产生负面影响并污染环境。液态含铜废物或含锌废物通常由工业生产产生。环境管理人员可以使用材料安全数据表或者其他工业信息来决定是否需要进行 TCLP 分析测试。工业废水通常大量产生，因此不能使用小型回收装置进行铜或锌的回收。大规模物理化学处理过程都可以用于工业预处理，如离子交换、反渗透、化学沉淀、纯碱软化、电渗析逆转、化学混凝、沉淀/浮选和过滤等。在去除大量的铜和锌后，经预处理的工业废水就可以排入下水道系统，引入污水处理厂进行生物处理。

稀土矿开采过程中污染源对地表水和地下水水质的影响最大，有报道的环境污染类别也包括沉积物、土壤和空气污染。稀土需求的增加和供应的减少，以及人们对废品中可利用数量的了解，导致针对稀土回收和寻找替代品的研发工作不断增加。

1.8 小　　结

多年来，人类被重金属毒害的事件有所增加，这是因为工业化快速发展使重金属在环境中的总负荷急剧增加，而工业化发展又是人类经济、社会及政治发展过程中所不可避免的。金属使用量的增加致使饮用水、土壤、空气及植被中的重金属浓度以惊人的速度增加。重金属几乎存在于人类活动的方方面面，从结构材料到化妆品、从药品到食品、从燃料到清洁剂、从家用电器到个人护理产品等。事实上，人类生活的环境中很难避免有害重金属的存在。虽然我们不能完全消除重金属毒性的威胁，也不能减少金属在技术进步和改善人类生活方面的应用，但可以制定预防污染和减少污染的政策，以减轻金属对人体健康的不利影响。重金属和稀土是有价值的资源，但同样也是潜在的污染物。因此，人类必须谨慎使用，并在应用后进行适当的处理。为方便读者，表1.19阐述了稀土元素的应用。

参考文献

[1] The facts on copper. Hanover：Dartmouth College，2015[2020-4-2]. http://www.dartmouth.edu/.

[2] US EPA. Environmental Technology Verification Report Environmental Bio-Detection Products//Toxi-chromotest. Washington DC：US Environmental Protection Agency，2006. www.epa.gov/etv/pubs/600etv6 055. pdf.

[3] WAPNIR R A. Copper absorption and bioavailability. The American journal of clinical nutrition，1998，67（5）：1054S-1060S.

[4] O'DONOHUE J，REID M A，VARGHESE A，et al. Micronodular cirrhosis and acute liver failure due to chronic copper self-intoxication. European journal of gastroenterology & hepatology，1993，5：561-562.

[5] BREWER G J，YUZBASIYAN-GURKAN V. Wilson disease. Medicine，1992，71（3）：139-164.

[6] MORI M，HATTORI A，SAWAKI M，et al. The LEC rat：a model for human hepatitis，liver cancer，and much more. The American journal of pathology，1994，144（1）：200-204.

[7] KITAURA K，CHONE Y，SATAKE N，et al. Role of copper accumulation in spontaneous renal carcinogenesis in Long-Evans Cinnamon rats. Japanese journal of cancer research：Gann，1999，90（4）：385-392.

[8] KEEN C L. Teratogenic effects of essential trace metals：deficiencies and excesses//CHANG L W，MAGOS L，SUZUKI T. Toxicology of metals. New York：CRC Press，1996：977-1001.

[9] HANNA L A，PETERS J M，WILEY L M，et al. Comparative effects of essential and nonessential metals on preimplantation mouse embryo development in vitro. Toxicology，1997，116（1/2/3）：123-131.

[10] BECKER T W，KRIEGER G，WITTE I. DNA single and double strand breaks induced by aliphatic and aromatic aldehydes in combination with copper（Ⅱ）. Free radical research，1996，24（5）：325-332.

[11] GLASS G A，STARK A A. Promotion of glutathione-gamma-glutamyl transpeptidase-dependent lipid peroxidation by copper and ceruloplasmin：the requirement for iron and the effects of antioxidants and antioxidant enzymes. Environmental and molecular mutagenesis，1997，29（1）：73-80.

[12] US EPA. Monitoring requirements for lead and copper in tap water. US Environmental Protection Agency，1991，56（110）：26555-26557.

[13] US EPA. Drinking water maximum contaminant level goals and national primary drinking water regulations for lead and copper. US Environmental Protection Agency，Washington，DC：Fed Regist 59125，1994：33860-33864.

[14] GALAL-GORCHEV H，HERRMAN J L. Letter to A.C. Kolbye，Jr.，editor of *Regulatory and Pharmacology*，on the evaluation of copper by the Joint FAO/WHO Expert Committee on Food Additives from WHO，1996.

[15] CDC（Centers for Disease Control and Prevention）. Surveillance for waterborne-disease outbreaks-United States，1993～1994. MMWR，45（1）：1-33.

[16] KNOBELOCH L，ZIARNIK M，HOWARD J，et al. Gastrointestinal upsets associated with ingestion of copper-contaminated water. Environmental health perspectives，1994，102（11）：958-961.

[17] PIZARRO F，OLIVARES M，UAUY R，et al. Acute gastrointestinal effects of graded levels of copper in drinking water. Environmental health perspectives，1999，107（2）：117-121.

[18] WALSH C T，SANDSTEAD H H，PRASAD A S，et al. Zinc：health effects and research priorities for the 1990s. Environmental health perspectives，1994，102（2）：5-46.

[19] YADRICK M K，KENNEY M A，WINTERFELDT E A. Iron，copper，and zinc status：response to supplementation with zinc or zinc and iron in adult females. The American journal of clinical nutrition，1989，49（1）：145-150.

[20] OGRA Y，SUZUKI K T. Targeting of tetrathiomolybdate on the copper accumulating in the liver of LEC rats. Journal of inorganic biochemistry，1998，70（1）：49-55.

[21] YU S，WEST C E，BEYNEN A C. Increasing intakes of iron reduce status，absorption and biliary excretion of copper in rats. The British journal of nutrition，1994，71（6）：887-895.

[22] PEKELHARING H L，LEMMENS A G，BEYNEN A C. Iron，copper and zinc status in rats fed on diets containing various concentrations of tin. The British journal of nutrition，1994，71（1）：103-109.

[23] ABURTO E M，CRIBB A E，FUENTEALBA C. Effect of chronic exposure to excess dietary copper and dietary selenium supplementation on liver specimens from rats. American journal of veterinary research，2001，62（9）：1423-1427.

[24] ABURTO E M，CRIBB A E，FUENTEALBA I C，et al. Morphological and biochemical assessment of the liver response to excess dietary copper in Fischer 344 rats. The Canadian journal of veterinary research，2001，65（2）：97-103.

[25] ATSDR Toxicological profile for Zinc. U.S. Department of health and human services，Public Health Service Agency for Toxic Substances and Disease Registry，2005.

[26] GOODWIN F E. Zinc and zinc alloys//KROSCHWITZ J. Kirk-Othmer's encyclopedia of chemical technology. New York：John Wiley & Sons，1998：789-839.

[27] OHNESORGE F K，WILHELM M. Zinc//MERIAN E. Metals and their compounds in the environment：occurrence，analysis and biological relevance. Weinheim：VCH，1991：1309-1342.

[28] CHALMERS A. 2002. Trace elements and organic compounds in streambed sediment and fish tissue of coastal New England streams，1998—99. Denver，CO：U.S. Geological Survey. Water-Resources Investigations Report 02-4179.

[29] WHO. Environmental health criteria；21：inc. Geneva：World Health Organization，2001.

[30] SWEET C W，VERMETTE S J，LANDSBERGER S. Sources of toxic trace elements in urban air in Illinois. Environmental science and technology，1993，27（12）：2502-2510.

[31] GUNDERSEN P，STEINNES E. Influence of pH and TOC concentration on Cu，Zn，Cd，and Al speciation in rivers. Water research，2003，37（2）：307-318.

[32] KING L M，BANKS W A，GEORGE W J. Differential zinc transport into testis and brain of cadmium-sensitive and-resistant murine strains. Journal of andrology，2000，21（5）：656-663.

[33] KNUDSEN E，JENSEN M，SOLGAARD P，et al. Zinc absorption estimated by fecal monitoring of zinc stable isotopes validated by comparison with whole-body retention of zinc radioisotopes in humans. The journal of nutrition，1995，125（5）：1274-1282.

[34] HUNT J R，MATTHYS L A，JOHNSON L K. Zinc absorption，mineral balance，and blood lipids in women consuming controlled lactoovovegetarian and omnivorous diets for 8 wk. The American journal of clinical nutrition，1998，67（3）：421-430.

[35] SAMMAN S，ROBERTS D C. The effect of zinc supplements on plasma zinc and copper levels and the reported symptoms in healthy volunteers. The medical journal of Australia，1987，146（5）：246-249.

[36] SAMMAN S，ROBERTS D C. The effect of zinc supplements on lipoproteins and copper status. Atherosclerosis，1988，70（3）：247-252.

[37] HALE W E，MAY F E，THOMAS R G，et al. Effect of zinc supplementation on the development of cardiovascular disease in the elderly. Journal of nutrition for the elderly，1988，8（2）：49-57.

[38] PRASAD A S，BAO B，BECK F W J，et al. Antioxidant effect of zinc in humans. Free radical biology and medicine，2004，37（8）：1182-1190.

[39] DAVIS C D，MILNE D B，NIELSEN F H. Changes in dietary zinc and copper affect zinc-status indicators of postmenopausal women，notably，extracellular superoxide dismutase and amyloid precursor proteins. The American journal of clinical nutrition，2000，71（3）：781-788.

[40] MILNE D B，DAVIS C D，NIELSEN F H. Low dietary zinc alters indices of copper function and status in postmenopausal women. Nutrition，2001，17（9）：701-708.

[41] CHANDRA R. Excessive intake of zinc impairs immune responses. JAMA，1984，252（11）：1443-1446.

[42] ZAPOROWSKA H，WASILEWSKI W. Combined effect of vanadium and zinc on certain selected haematological indices in rats. Comparative biochemistry and physiology：comparative pharmacology and toxicology，1992，103（1）：143-147.

[43] BENTLEY P J，GRUBB B R. Effects of a zinc-deficient diet on tissue zinc concentrations in rabbits. Journal of animal science，1991，69（12）：4876-4882.

[44] de OLIVEIRA F S，VIANA M R，ANTONIOLLI A R，et al. Differential effects of lead and zinc on inhibitory avoidance learning in mice. Brazilian journal of medical and biological research，2001，34（1）：117-120.

[45] GORDON T，CHEN L C，FINE J M，et al. Pulmonary effects of inhaled zinc oxide in human subjects，guinea pigs，rats，and rabbits. American industrial hygiene association journal，1992，53（8）：503-509.

[46] EVENSON D P，EMERICK R J，JOST L K，et al. Zinc-silicon interactions influencing sperm chromatin integrity and testicular cell development in the rat as measured by flow cytometry. Journal of animal science，1993，71（4）：955-962.

[47] BROWN J J. Zinc fume fever. The British journal of radiology，1988，61（724）：327-329.

[48] MALO J L，MALO J，CARTIER A，et al. Acute lung reaction due to zinc inhalation. The European respiratory journal，1990，3（1）：111-114.

[49] MALO J L，CARTIER A，DOLOVICH J. Occupational asthma due to zinc. The European respiratory journal，1993，6（3）：447-450.

[50] FINE J M，GORDON T，CHEN L C，et al. Metal fume fever：characterization of clinical and plasma IL-6 responses in controlled human exposures to zinc oxide fume at and below the threshold limit value. Journal of occupational and environmental medicine，1997，39（8）：722-726.

[51] MARTIN C J，LE X C，GUIDOTTI T L，et al. Zinc exposure in Chinese foundry workers. American journal of industrial medicine，1999，35（6）：574-580.

[52] ZERAHN B，KOFOED-ENEVOLDSEN A，JENSEN B V，et al. Pulmonary damage after modest exposure to zinc chloride smoke. Respiratory medicine，1999，93（12）：885-890.

[53] PETTILÄ V，TAKKUNEN O，TUKIAINEN P. Zinc chloride smoke inhalation：a rare cause of severe acute respiratory distress syndrome. Intensive care medicine，2000，26（2）：215-217.

[54] US EPA. Toxicological review of zinc and compound. Washington DC：US Environmental Protection Agency，2005.

[55] LÖNNERDAL B. Dietary factors influencing zinc absorption. The journal of nutrition，2000，130（5）：1378S-1383S.

[56] HWANG S J，CHANG J M，LEE S C，et al. Short-and long-term uses of calcium acetate do not change hair and serum zinc concentrations in hemodialysis patients. Scandinavian journal of clinical and laboratory investigation，1999，59（2）：83-87.

[57] O'BRIEN K O，ZAVALETA N，CAULFIELD L E，et al. Prenatal iron supplements impair zinc absorption in pregnant Peruvian women. The journal of nutrition，2000，130（9）：2251-2255.

[58] BOUGLÉ D，ISFAOUN A，BUREAU F，et al. Long-term effects of iron：zinc interactions on growth in rats. Biological trace element research，1999，67（1）：37-48.

[59] COOGAN T P，BARE R M，WAALKES M P. Cadmium-induced DNA strand damage in cultured liver cells：reduction in cadmium genotoxicity following zinc pretreatment. Toxicology and applied pharmacology，1992，113（2）：227-233.

[60] BRZOSKA M M，MONIUSZKO-JAKONIUK J，JURCZUK M，et al. The effect of zinc supply on cadmium-induced changes in the tibia of rats. Food and chemical toxicology，2001，39（7）：729-737.

[61] LASLEY S M，GILBERT M E. Lead inhibits the rat N-methyl-d-aspartate receptor channel by binding to a site distinct from the zinc allosteric site. Toxicology and applied pharmacology，1999，159（3）：224-233.

[62] BEBE F，PANEMANGALORE M. Modulation of tissue trace metal concentrations in weaning rats fed different levels of zinc and exposed to oral lead and cadmium. Nutrition research，1996，16：1369-1380.

[63] ANDERSON M B，LEPAK K，FARINAS V. Protective action of zinc against cobalt-induced testicular damage in the mouse. Reproductive toxicology，1993，7：49-54.

[64] EISLER R. Silver hazards to fish，wildlife and invertebrates：a synoptic review. Washington DC：US Department of the Interior，1997：44.

[65] MORSE J，PRESLEY B，TAYLOR R，et al. Trace metal chemistry of Galveston Bay：water，wediments，and biota. Marine environmental research，1993，36：1-37.

[66] SZEFER P，SZEFER K，PEMPKOWIAK J，et al. Distribution and coassociations of selected metals in seals of the Antarctic. Environmental pollution，1994，83（3）：341-349.

[67] FALANDYSZ J，DANISIEWICZ D. Bioconcentration factors（BCF）of silver in wild Agaricus campestris. Bulletin of environmental contamination and toxicology，1995，55（1）：122-129.

[68] BELL R，KRAMER J. Structural chemistry and geochemistry of silver-sulfur compounds：critical review. Environmental toxicology and chemistry，1999，18（1）：9-22.

[69] SILVER INSTITUTE. World silver survey 2000. Washington DC：The Silver Institute，2000.

[70] ATSDR. Toxicological profile for silver. Atlanta，GA：US Department of Health and Human Services，Public Health Service，Agency for Toxic Substances and Disease Registry（TP-90-24），1990.

[71] SANDERS J，RIEDEL G，ABBE G. Factors controlling the spatial and temporal variability of trace metal concentrations in Crassostrea virginica（Gmelin）// Elliot M，Ducrotoy J. Estuaries and Coasts：Spatial and Temporal Intercomparisons. Proceedings of the Estuarine and Coastal Sciences Association Symposium，4—8 September 1989，University of Caen，France. Fredensborg，Olsen & Olsen（ECSA Symposium 19），1991：335-339.

[72] BRYAN G，LANGSTON W. Bioavailability，accumulation and effects of heavy metals in sediments with special reference to United Kingdom estuaries：a review. Environmental pollution，1992，76：89-131.

[73] RATTE H. Bioaccumulation and toxicity of silver compounds：a review. Environmental toxicology and chemistry，1999，18（1）：89-108.

[74] HIRSCH M. Availability of sludge-borne silver to agricultural crops. Environmental toxicology and chemistry，1998，17（4）：610-616.

[75] HIRSCH M，RITTER M，ROSER K，et al. The effect of silver on plants grown in sludge-amended soils//ANDREN A，BOBER T，CRECELIUS E，et al. Transport，Fate，and Effects of Silver in the Environment. Proceedings of the 1st International Conference. 8–10 August 1993. Madison，WI：University of Wisconsin Sea Grant Institute，1993：69-73.

[76] NALECZ-JAWECKI G，DEMKOWICZ-DOBRZANSKI K，SAWICKI J. Protozoan Spirostomum ambiguum as a highly sensitive bioindicator for rapid and easy determination of water quality. Science of the total environment，1993，134（2s）：1227-1234.

[77] BERTHET B，AMIARD J，AMIARD-TRIQUET C，et al. Bioaccumulation，toxicity and physico-chemical speciation of silver in bivalve molluscs：ecotoxicological and health consequences. Science of the total environment，1992，125：97-122.

[78] DIAMOND J，MACKLER D，COLLINS M，et al. Derivation of freshwater silver criteria for the New River，Virginia，using representative species. Environmental toxicology and chemistry，1990，9：1425-1434.

[79] HOOK S，FISHER N. Sublethal effects of silver in zooplankton：importance of exposure pathways and implications for toxicity testing. Environmental toxicology and chemistry，2001，20（3）：568-574.

[80] BERRY W，CANTWELL M，EDWARDS P，et al. Predicting toxicity of sediments spiked with silver. Environmental toxicology and chemistry，1999，18（1）：40-48.

[81] FERGUSON E，HOGSTRAND C. Acute silver toxicity to seawater-acclimated rainbow trout：influence of salinity on toxicity and silver speciation. Environmental toxicology and chemistry，1998，17（4）：589-593.

[82] SHAW J，WOOD C，BIRGE W，et al. Toxicity of silver to the marine teleost（Oligocottus maculosus）：effects of salinity and ammonia. Environmental toxicology and chemistry，1998，17（4）：594-600.

[83] HOGSTRAND C，GALVEZ F，WOOD C. Toxicity，silver accumulation and metallothionein induction in freshwater rainbow trout during exposure to different silver salts. Environmental toxicology and chemistry，1996，15：1102-1108.

[84] GROSELL M，HOGSTRAND C，WOOD C，et al. A nose-to-nose comparison of the physiological effects of exposure to ionic silver versus silver chloride in the European eel（Anguilla anguilla）and the rainbow trout（Oncorhynchus mykiss）. Aquatic toxicology，2000，48（2/3）：327-342.

[85] BIRGE W，ZUIDERVEEN J. The comparative toxicity of silver to aquatic biota//Andren W，Bober T. Transport，fate and effects of silver in the environment. Abstracts of the 3rd International Conference. 6–9 August 1995，Washington，DC. Madison，WI：University of Wisconsin Sea Grant Institute，1996：79-85.

[86] LIDE D R. CRC handbook of chemistry and physics. Boca Raton，FL：CRC Press，2006：87-88.

[87] LIDE D R. “Molybdenum”，CRC handbook of chemistry and physics. Boca Raton，FL：CRC Press，1994：18.

[88] MOMČILOVIC B. Acute human molybdenum toxicity. Arhiv za higijenu rada i toksikologiju，1999，50（3）：289-297.

[89] EMSLEY J. Nature’s building blocks. Oxford：Oxford University Press，2001：262-266.

[90] WHO. Guidelines for drinking-water quality. 2nd ed. Geneva：World Health Organization，1993.

[91] LESSER S H，WEISS S J. Art hazards. The American journal of emergency medicine，1995，13（4）：451-458.

[92] CASTORPH H R，WALKER M. Toxic metal syndrome. Garden City Park，NY：Avery Publication Group，1995.

[93] CANTONE M C，de BARTOLO D，GIUSSANI A，et al. A methodology for biokinetic studies using stable isotopes：results of reported molybdenum investigations on a healthy volunteer. Applied radiation and isotopes：including data，instrumentation and methods for use in agriculture，industry and medicine，1997，48（3）：333-338.

[94] DESTASIO G，PERFETTI P，ODDO N. Metal uptake in neurone：a systemic study. Neuroreport，1992，3：965-968.

[95] ZHANG H，ZHU W F，FENG J. Subchronic toxicity of rare earth elements and estimated daily intake allowance. Cambridge，Massachusetts：Ninth annual V M Goldschmidt conference，1999，1：7025.

[96] WANG Z J，LIU D F，LU P，et al. Accumulation of rare earth elements in corn after agricultural application. Journal of environmental quality，2001，30：37-45.

[97] FU F F，AKAGE T，SHINOTSUKA K. Distribution patterns of rare earth elements in fern：implication for intake of fresh silicate particles by plants. Biological trace element research，1998，64：13-26.

[98] MIEKELEY N，CASARTELLI E A，DOTTO R M. Concentration levels of rare-earth elements and thorium in plants from the Morro do Ferro environment as an indicator for the biological availability of transuranium elements. Journal of radioanalytical and nuclear chemistry，1994，182：75-89.

[99] WYTTENBACH A，SCHLEPPI P，BUCHER J，et al. The accumulation of the rare earth elements and of scandium in successive needle age classes of Norway spruce. Biological trace element research，1994，41：13-29.

[100] WYTTENBACH A，FURRER V，SCHLEPPI P，et al. Rare earth elements in soil and in soil-grown plants. Plant and soil，1998，199：267-273.

[101] UNEP. Recycling of copper，lead and zinc bearing wastes，environment monographs No 109. Paris：United Nations Environment Programme，1995.

[102] KUNDIG K J A. Copper’s role in the safe disposal of radioactive wastes：copper’s relevant properties. New York：Copper Development Association，1998.

[103] US EPA. Copper mining and production wastes. Washington D C：US Environmental Protection Agency，2015.

[104] NREPC. How to manage silver-bearing hazardous wastes. Frankfort，KY：Natural Resources and Environmental Protection Cabinet，1997.

[105] Molybdenum.com. Molybdenum MSDS. Willowbrook，IL：Molybdenum.com，2015：60527.

第 2 章　环境中砷的来源、特征和处理技术

2.1　引　　言

砷，是一种分布广泛的非金属元素，在地壳中的含量居第 20 位，在海水中的含量居第 14 位，在人体中的含量居第 12 位[1]。砷也是一种臭名昭著的污染物，由于其致癌和诱变作用，对人类和动物的健康造成严重危害。健康危害包括皮肤癌和长期饮用含砷的水造成的内部器官癌变[2, 3]。

砷广泛应用于各个领域，如制药业、农业、畜牧业、电器、半导体、冶金技术等。此外，在矿石开采和冶炼过程中，大量的砷未被回收并直接排放到环境中。因此，地下水、地表水和土壤等自然资源的砷污染已成为许多国家的主要公共危害之一。水是砷进入人体最主要的媒介。天然水中的砷污染是一个世界性的问题，已成为世界工程师、研究人员甚至决策者面临的一个重要问题和挑战。人类在富含砷的地区打井，通过饮用井水摄入过量砷，或者水源被工业或农业化学废物污染。

因此，全世界对天然水中砷污染的关注日益增加。1993 年，世界卫生组织建议饮用水中砷的最大浓度限值（MCL）为 10μg/L。此后，欧盟委员会和美国环境保护署也将公布的饮用水含砷的最大浓度从 50μg/L 降低至 10μg/L。

本章主要介绍砷的来源、特性、应用和污染、水中砷污染的处理技术及近期的研究和发展。

2.2　砷 的 来 源

环境中砷的来源分为自然存在和人类活动产生两类。

2.2.1　自然来源

砷广泛分布于环境中。地球表面所含砷的总量约为 4.01×10^{16}kg，平均 6mg/kg[4, 5]。砷的地球化学参数显示，3.7×10^{6}kt 存在于海洋，其余 9.97×10^{5}kt 存在于陆地，25×10^{9}kt 存在于沉积物，8.12kt 存在于大气[6]。

砷是 200 多种矿物的主要成分，包括砷单质、砷化物、硫化物、氧化物、砷酸盐和亚砷酸盐。大多数砷为矿物矿石或其他衍生物。但这些矿物砷在自然环境中相对罕见。自然界中砷的存在通常以硫化矿伴生。雌黄（As_2S_3）、雄黄（AsS）、砷黄铁矿（FeAsS）、黄榴石（$FeAs_2$）、镍矾石（NiAs）、钴矾石（CoAsS）、砷黝铜矿（$Cu_{12}As_4S_{13}$）和硫砷铜矿（Cu_3AsS_4）都是含砷的矿物。砷含量最高的矿物为砷黄铁矿（FeAsS）[7]。

土壤中砷的地球化学基线一般为 5～10mg/kg。大气中基线较低，但是会因为冶炼等其他工业行为，以及石化燃料燃烧和火山活动的排放造成其浓度升高。通常，未污染地区的浓度为 10^{-5}～10^{-3}mg/m^3，城市区增加至 0.003～0.180mg/m^3，工业区附近超过 1mg/m^3。

海水中砷的含量为 0.09～24.00μg/L（平均 1.50μg/L），淡水中浓度为 0.15～0.45μg/L（最高 1000μg/L）[6]。地下温泉和矿泉水中砷含量超过平均水平 300 倍。

世界卫生组织界定的砷最大浓度限值为 10μg/L，孟加拉国饮用高砷含量的地下水问题十分严重。地下水砷污染存在于印度西孟加拉邦、越南、中国台湾、墨西哥、阿根廷、智利、匈牙利、罗马尼亚和美国的一些地区。

2.2.2　人类活动来源

人类在利用自然资源的过程中，将砷释放到水、空气和土壤中，最终会影响动植物体内砷的残留量。人类活动产生砷的途径可概括如下[1]。

1. 人为制造

中国、俄罗斯、法国、墨西哥、德国、秘鲁、纳米比亚、瑞典和美国是砷的主要生产国，砷的产量占世界总产量的 90%。20 世纪 70 年代，20%左右的砷用于农业，目前，砷在农业中的利用率正在下降。大约 3%的砷最终产品用作金属冶炼添加剂，97%为砒霜。

2. 农药和杀虫剂

砷被广泛运用于早期的农药和杀虫剂的生产。1955 年，全世界砒霜的产量为 37000t，美国生产了 10800t，消费了 18000t。大多数为杀虫剂，如砷酸铅、砷酸钙、乙酰亚砷酸铜（巴黎绿）、砷化氢、甲基胂酸钠（MSMA）、甲基胂酸二钠（DSMA）和二甲胂。

3. 除草剂

自 1890 年起，无机砷化物，如亚砷酸钠被广泛用于除草剂，特别是非选择性土壤杀菌剂。

4. 干燥剂和木材防腐剂

砷酸长时间用于棉花干燥剂。据报道，1964 年 2500t 的 H_3AsO_4 被美国用于 1222000 英亩①的棉花干燥剂。1918 年美国最早采用防腐盐（FCAP）作为木材防腐剂。在此之前，99%的含砷木材防腐剂使用的是氨化砷酸铜（ACA）和铬化砷酸铜（CCA）。

5. 药物

砷的药用价值已经有 2500 年的历史。在澳大利亚，农民大量采用砷软化和清理皮肤。

其他含砷药物包括福勒氏溶液（亚砷酸钾）、多诺万溶液（砷和碘化汞）、亚洲药丸（三氧化二砷和黑胡椒）、德瓦拉金溶液（亚砷酸二氯二钠）、碳酸钠、胂凡纳明、新胂凡纳明、盐酸氧苯胂（马法胂）、胂硫醇、乙酰胂胺、锥虫胂胺和对脲苯基胂酸。

6. 饲料添加剂

很多砷的混合物，如硝基羟基苯胂酸、硝基苯胂酸用于饲料添加剂。1958 年的食品添加剂法规定，所有的苯胂酸都可以作为饲料添加剂。

---

① 1 英亩=0.404856hm^2。

2.3 砷 的 特 征

许多专业背景不同的研究人员一直关注砷的性质，以处理各种问题。下面总结了一些砷的特征。

2.3.1 砷的氧化和转化

砷（As）位于磷元素周期表的 15 族或第Ⅴ主族，原子序数为 33。它只存在一种原子量为 74.9 的天然同位素。在自然环境中，它有四种氧化状态（–3 价、0 价、+3 价和+5 价），液体中两种主要氧化状态为五价和三价砷化物。虽然在大多数天然地下水中不明显，但是有机污染物和砷相互作用时可能形成有机结合砷，如一甲基胂酸（MMA）和二甲基胂酸（DMA）。

pH 为 6.5～8.5 时，砷的价态特别容易转化，这在地下水中较常见。它可以在氧化和还原条件下转化。砷的价态主要受水的酸碱度、氧化还原电位影响，也可能被微生物活性影响。

2.3.2 砷的同素异形体

砷化物的同素异形体具有不同的特征。金属灰、黄色和黑色的砷化物是三种常见的同素异形体砷化物。

灰砷，是最常见的同素异形体。与黑磷（β-金属磷）一样，由层状晶体结构和六元环结构相互连接组成。灰砷的结构类似于石墨，每一个砷原子与同层的另外三个砷原子结合在一起，并由三个砷原子在上下层进行配位。灰砷的这种相对紧密的结构的密度可高达 5.73g/cm^3。

黄砷（As_4）是含四个砷原子的四面体结构，每个原子通过一个单键与另外三个原子结合。由于这种结构，黄色砷化物非常不稳定，活性强，光照后可以很快发生光反应转化为灰色砷化物。相比其他同位素，黄砷更具挥发性和毒性，柔软，光滑，密度较低，为 1.97g/cm^3。黄色砷化物是通过液态氮快速冷却砷化物蒸气产生的。

黑砷的结构与红磷相似。

2.3.3 砷的毒性

砷化物的毒理学研究是一个复杂的工作，砷被认为是一种基本元素[8]。从古代开始无机砷化物就被公认为对人类有害。亚砷酸和砷酸盐是砷化物主要的两种氧化状态。亚砷酸比任何砷化物的毒性都高。砷化物中毒，分为急性和慢性。

1. 急性砷中毒

急性砷中毒通常是摄入了被砷污染的食物和饮品。急性砷中毒的摄入致命剂量为每天 1～3mg/kg。吸入和皮肤接触无机砷化物与致命的急性砷中毒不相关[9]。摄入有毒砷化物会在 30min 内出现急性砷中毒的症状。有毒砷化物与食物一同摄入，急性中毒症状会延迟。急性砷中毒最常见和早期表现是急性胃肠道症状，该症状刚出现时有类似大蒜或金属的味道，伴有嘴唇灼热、口干和吞咽困难。胃肠道反应之后，可能导致多器官系统的损伤。

2. 慢性砷中毒

长时间接触低浓度的有毒砷化物造成慢性砷化物中毒。最常见的慢性砷化物中毒表象包括皮肤、肺、肝脏和血液系统的反应。接触低浓度有毒砷化物若干年后，会出现皮肤病变。由于砷皮肤病的非特异性，其诊断十分困难。1966 年，中国台湾发现有人因饮用被砷化物污染的水源而出现皮肤色素沉着、角化病和皮肤癌的症状。1986 年中国台湾医学博士、1993 年智利医学博士在实验室发现慢性砷化物中毒使得肺癌、膀胱癌和其他癌症发病概率增大[10]。

3. 慢性砷中毒的临床表现

接触低浓度有毒砷化物引起砷化物中毒的潜伏期通常为 6 个月至两年，甚至两年以上，这取决于含砷化物水的摄入量和砷化物的浓度。超标准摄入大量的含有毒砷化物饮用水，或者摄入超标准的砷化物浓度饮用水，每日摄入含砷量越高或砷化物浓度越高，出现症状越早。砷中毒的特征已经被萨哈博士分类，并以该医生的名字对症状阶段命名。总体上砷化物中毒分为以下四个阶段[11, 12]。

（1）潜伏期。这个阶段，患者没有症状，但是可以通过尿液和身体组织样本检测到砷化物的含量。尿液和身体组织样本会有砷化物代谢的产物，如二甲基砷酸和三甲基砷酸。

（2）临床阶段。这个阶段，临床症状可以通过检测指甲、头发和皮肤角质层砷化物浓度的含量确诊，或从砷对患者皮肤产生的影响看出来。最普遍的症状就是皮肤发黑，常见于手掌、胸部、背部、腿部，或者牙龈可见黑色斑点，还可见手和脚肿胀，更严重的症状为角化病，皮肤变硬、生结，常见于手掌和脚底。

（3）内部并发症阶段。这个阶段临床症状变得更加突出，内部器官受到影响。已报道的症状有肝脏、肾脏和脾脏肿大。有研究指出接触砷有可能引起结膜炎、支气管炎、糖尿病。

（4）恶性肿瘤阶段。通常症状开始 15～20 年后，癌症开始发展。在这个阶段，受害者有可能患皮肤癌、肺癌或者膀胱癌。皮肤和其他器官也可能被诊断发现肿瘤或者癌症。

2.3.4　砷的混合物

根据毒物学和生物学的观点，砷的混合物可以主要分为三类：①无机砷混合物；②有机砷混合物；③含砷气体。

1. 无机砷混合物

根据上述情况，三价和五价的砷化物为氧化砷的主要形态。三氧化砷、砷化钠和三氯化砷是主要的三价无机砷化物。五氧化二砷、砷酸和砷酸盐（如砷酸铅和砷酸钙）是主要的五价无机砷化物。三氧化砷的化学分子式为 As_2O_3，是白砷。这是一个重要的砷氧化物，是其他砷化物的基础，包括砷单质、砷合金、砷化物半导体、有机胂化物、亚胂酸钠和二甲胂酸钠。

2. 有机砷混合物

主要的有机砷混合物有对氨苯基胂酸、甲基胂酸单钠、甲基胂酸（二甲胂酸）、砷甜菜碱。对氨苯基砷酸也称作 β-氨基苯磺酸，为无色固体。19 世纪末和 20 世纪初广泛用于制药，因其毒性如今被禁止使用。甲基胂酸单钠是一种以有机砷为基础的除草剂和杀菌剂，是毒性较小的有机砷化物，在农业中用于替代砷酸铅，是高尔夫球场常使用的杀虫剂。卡可基酸也称为二甲胂酸，化学分子式为$(CH_3)_2AsO_2H$，其衍生物通常用作除草剂。例如，“蓝试剂”是卡可基酸和二甲砷酸钠的混合物，其是越南战争期间使用的一种化学药物。砷甜菜碱是富集在鱼类体内主要的砷化合物。

3. 砷化氢

砷化氢（AsH_3）是一种无色易燃气体，略带蒜味。其常用来作为硅基芯片和半导体添加剂，如 GaAs 和 InAs，可以通过含砷材料释放初生（态）氢来产生。砷化物通常混杂在金属矿的杂质中。砷化氢可能在金属工业、有色金属精炼和硅钢制造中产生。砷化氢的毒理机制有别于其他有机或者无机的砷化物。急性接触砷化氢会导致强烈的溶血性中毒反应。由于含有血红蛋白，患者的典型反应为红细胞比容值降低和血尿。砷化氢中毒的典型症状有恶心、腹绞痛、呕吐、背痛、呼吸浅短、伴有尿血和黄疸等。急性砷化氢中毒的主要临床表现为严重的溶血，接下来是肾功能衰竭甚至死亡。肾透析是有效治疗砷化氢中毒的方法，可降低死亡率。

2.3.5　砷的分析和监测

砷被认为是常见的有毒物质和致癌物质。自然界中，砷可以被转换为毒性较小的有机体，如有机污染物，但是不能被转化为无毒物质。作为自然界中长期存在的一部分，对砷自然含量高的地区需要长期的常规监测，被砷污染的水也需要长期的常规监测。要汇集当今的技术对含砷的固体和液体介质进行监测。砷化物分析领域的现有技术包括：比色试验、便携式 X 荧光分析仪、阳极溶出伏安法、生物测定法、电泳技术、激光诱导击穿光谱法、微悬臂梁传感器、表面增强拉曼光谱[13]，这些技术后续将介绍。

1. 检测试剂盒

比色检测已广泛应用于地下水砷的测定。这种分析几乎只适用于水样。对于固体废物和土壤测试而言，必须在分析前对样品进行酸性浸提或酸性氧化消解。

2. 便携式 X 荧光分析仪

X 荧光分析仪是检测砷化物的一种有效方法，也是罕见的直接用于测量砷化物在固体中含量的方法，如泥土，不需要溶液的浸提。X 荧光技术被用于测量砷化物在干燥泥土中的含量。

3. 阳极溶出伏安法测定

阳极溶出伏安法是砷化物检测的常规方法，这种技术用于检测液体样本，如地下水，固体样本检测之前必须提前进行消解提取。

2.4　砷的应用和污染

2.4.1　木材防腐剂

因其毒性具有杀虫、杀菌和除霉的功效，砷化物是木材防腐剂的理想成分。铬化砷酸铜，也称为防腐剂（CCA），在世界范围内广泛用于木材防腐处理。由铬、铜和砷的混合物配制成氧化物或盐。它是砷的最大消耗品之一。由于砷引起的环境问题，大多数国家禁止在产品中使用 CCA。2004 年，欧盟和美国最早执行了使用禁令[1]。

CCA 处理的木材在 20 世纪后半叶被大量用作室外结构和建筑材料，仍被许多国家广泛使用。研究表明砷可以从木材中渗入周围的土壤，尽管一些国家已经禁止使用 CCA 作为防腐剂，但此项防腐技术一直被广泛使用。焚烧防腐盐处理过的木材也会带来危害，直接或间接地从烧焦的 CCA 处理过的木材中摄取一定量的木灰就会导致严重的人中毒和动物致命的伤害。此外，人们还须考虑 CCA 处理过的木材的填埋处理。

2.4.2　药物

砷的药用价值 2500 年来一直备受赞誉。在奥地利，农民使用砷来软化和清洁皮肤，使身材丰满，美化和清新肤色，以及改善呼吸问题[1]。在过去的几个世纪里，胂凡纳明和新诺伐散曾被用来治疗梅毒和锥虫病，但如今已被现代抗生素所取代。三氧化二砷在过去 500 年中广泛应用于各种领域，最常用于癌症的治疗。美国食品药品监督管理局于 2000 年批准该化合物可用于抗全反式维甲酸（ATRA）治疗早幼粒细胞白血病[14]。近年来，人们在利用砷-74 定位肿瘤方面进行了新的研究，使用这种同位素代替以前使用的碘-124 的优点是 PET 扫描（正电子发射断层扫描）中的信号更清晰，因为碘输送到甲状腺过程中会产生大量噪声。

2.4.3　军事

路易斯毒气和蓝剂是两种臭名昭著的砷化学武器。路易斯毒气是一种特殊的有机砷化合物，作为一种化学武器，它起着泡囊剂（起泡剂）和肺刺激剂的作用。该化合物是通过向乙炔中添加三氯化砷来制备的：$AsCl_3+C_2H_2 \longrightarrow ClCHCHAsCl_2$，其可以很容易地穿透衣物甚至是橡胶。皮肤接触路易斯毒气会引起化学灼烧感，立即导致疼痛和痒、红肿；充分吸收后，会引起身体系统中毒，导致肝脏坏死甚至死亡；摄入还会导致剧烈疼痛、恶心、呕吐和器官损害。路易斯毒气中毒的常见症状为躁动、虚弱、体温不正常和低血压。第一次世界大战后，美国建立了 2 万 t 的储备，这些药品被漂白剂中和后，在 20 世纪 50 年代被倾倒到墨西哥湾。

蓝试剂，一种彩虹色除草剂，是两种砷化物的混合物，即二甲砷酸钠和二甲砷酸，因其在越南战争期间被美国用来毁坏越南的农作物而出名。传统的炸药很难摧毁水稻，而且水稻不易燃烧，所以蓝试剂被用作化学武器。蓝试剂使得农作物枯萎死去。水稻依赖水生存，所以在稻田上喷洒蓝试剂，从而破坏整个稻田，使其不适合进一步种植。如今，含钙水杨酸作为活性成分的含砷除草剂仍然被用于除草，美国广泛采用这种除草剂，从庭院至高尔夫球场。在棉花收获之前，它们也被用来天然烘干棉花。

2.4.4　颜料

乙酰亚砷酸铜是一种剧毒的蓝绿色化学物质，被用作许多不同名称的绿色颜料，包括翡翠绿和巴黎绿、施魏因福绿、帝国绿、维也纳绿和米蒂斯绿。它可以由乙酸铜和三氧化二砷制备，主要有四种用途：色素、动物毒素（杀鼠剂）、杀虫剂和烟花蓝色着色剂。其他化学物质使烟花很难获得漂亮的蓝色。它曾被用来杀死巴黎下水道里的老鼠，因此俗称巴黎绿。

2.4.5　其他用途

除了上述用途，砷化物还适用于各类农业杀虫剂、动物饲料、半导体、镀金、铅合金等。例如，砷酸氢铅被用作水果杀虫剂；砷化镓是集成电路中的一种重要半导体材料；高达2%的砷被用于生产铅弹和子弹的合金。

2.5　水中砷污染的处理技术

砷化物是一种剧毒污染物，由于人类活动和自然因素，砷化物广泛存在于水中，给人类健康带来了很大的危害。1993年世界卫生组织规定饮用水砷含量的最高标准为10μg/L，欧盟、美国和中国等采纳了这一标准[15]。

世界卫生组织制定的饮用水含砷标准，促进了相关研究和技术的发展，推动了有毒砷化物处理技术的进步。一般来说，从水中去除砷的技术可以分为五类，包括氧化、混凝、沉淀、膜过滤和吸附。这些技术后续讨论如下。

2.5.1　氧化

砷在天然水中通常以+3［亚砷酸盐，砷（III）］和+5［砷酸盐，砷（V）］的氧化状态存在。亚砷酸盐是无机砷中毒性最大的一种，与砷酸盐相比，它在饮用水中较难被去除。因此，砷（III）在去除前通常需氧化成砷（V）。砷（III）/砷（V）的氧化还原反应可以描述为

$$H_3AsO_4+2H^++2e^- \longrightarrow H_3AsO_3+H_2O \quad E_0=+0.56V$$

三价氧化砷转变为五价氧化砷的标准电位低于二价铁转化为三价铁的过程。空气中二价氧化铁氧化反应非常快，而三价氧化砷转变为五价氧化砷反应较慢。可以用臭氧、氯气、次氯酸盐、二氧化氯或 H_2O_2 作为氧化剂。氧化锰或者高级氧化反应可以将三价氧化砷转变为五价氧化砷。

1. 化学氧化

很多化学品被用于将亚砷酸盐转化成砷酸盐，包括空气、臭氧、氯、铁和锰混合物、H_2O_2 和芬顿试剂等。

Driehaus 等研究了水处理过程中二氧化锰对亚砷酸盐的氧化作用[16]。结果表明，虽然二氧化锰的 δ-改性很容易使亚砷酸盐氧化，但亚砷酸盐在高 pH 下也会存在于可溶气体中。动力学研究表明，从砷（III）到砷（V）的氧化速率遵循砷（III）浓度的二级动力学。氧化速率在很大程度上取决于 MnO_2 与砷（III）的初始摩尔比。钙离子对氧化反应的影响很小，但在5～10的pH范围内，初始摩尔比 MnO_2/As（III）等于14时，pH对反应没有影响。在高初始摩尔比的分批实验中，未观察到还原锰的解吸反应。该研究中，氧化技术成功地应用于预过滤设备中，60h后，砷（III）氧化增加，锰浓度降低，这并不是常规的无机反应机理。原因可能是细菌对氧化锰氧化还原

反应的贡献。亚砷酸盐可以被细菌直接氧化成砷酸盐，也可以与发生生物沉淀的氧化锰反应。

Chiu 和 Hering[17]报告指出，砷作为亚稳种以 +3 氧化状态存在于水中，相比五价砷，三价砷在自然水中更具移动性，通过水处理的方式来消除它缺乏有效性。砷（Ⅲ）在数小时内可被锰氧化。在 pH = 6.3 时，从三价砷到五价砷的总转化率比在 pH = 4 时慢。200μmol/L 磷酸盐（在 pH = 4 时）的存在降低了砷（Ⅲ）向砷（Ⅴ）的总转化率，但 95μmol/L 或 3μmol/L 硼酸的存在并不影响砷（Ⅲ）向砷（Ⅴ）的转化率。

Kim 和 Nriagu[18]利用地下水样品中的氧气或臭氧，研究了砷（Ⅲ）氧化成砷（Ⅴ）的过程，其中含 46～62μg/L 溶解态总砷（70%以上为三价砷）、100～1130μg/L 铁和 9～16μg/L 锰。结果证明，臭氧可以加速三价砷转化为五价砷，而在氧气或空气中其转化速度较慢。本书采用修正的一级虚拟反应对砷（Ⅲ）氧化动力学进行了解释。实验溶液中被饱和臭氧氧化的砷（Ⅲ）的半衰期非常短（约 4min），然而，在充满氧气和空气的溶液中，砷（Ⅲ）的半衰期就比较长，时间长度取决于铁的浓度，分别为 2～5d 和 4～9d。结果还表明，铁、锰也发生了氧化反应，该工艺在去除砷（Ⅴ）的过程中起到了重要作用。产生的 $Fe(OH)_3$ 沉淀物吸附量约为 15.3mg As/g。

三价砷经过自然或者氧化剂氧化的动力学是了解去除砷化物过程的重要方法。Hug 和 Leupin[19]研究了数小时内溶解氧和过氧化氢在 pH 为 3.5～7.5 时，伴铁（Ⅱ、Ⅲ）存在下的砷（Ⅲ）氧化过程。经观察，实验过程中使用溶解氧、20～100μmol/L 过氧化氢溶液、溶解的三价铁离子溶液，或三价氢氧化铁作为单一氧化剂时，反应中观察到亚砷酸盐没有发生氧化反应。然而可以看到，亚砷酸盐的部分或完全氧化与 20～90μmol/L 铁（Ⅱ）在氧气中和 20μmol/L H_2O_2 在溶液中氧曝气反应平行。在低酸碱值时，添加·OH 自由基清除剂 2-丙醇，可以抑制三价砷的氧化。在中性酸碱值时添加 2-丙醇，对亚砷酸盐氧化有轻微影响。中酸碱值时，形成三价砷和二价铁的氧化物，但是与 2-丙醇不产生竞争反应。高浓度的碳酸氢盐使亚砷酸盐的氧化作用增强。这些结果表明，过氧化氢和二价铁在低酸碱值溶液中可以形成·OH 自由基，但在高 pH 下可能会形成不同氧化剂形式的四价铁。在碳酸氢盐存在下，也可能产生碳酸盐自由基。

Lee 等[20]报告了亚砷酸盐可以被铁（Ⅵ）氧化成砷酸盐，化学计量比为 3∶2[As（Ⅲ）∶Fe（Ⅵ）]。研究表明，砷（Ⅲ）与铁（Ⅵ）的反应是两种反应物的一级反应。

Lenoble 等[21]利用含锰聚苯乙烯基体，即 R-MnO_2，氧化去除三价砷。所开发的 R-MnO_2 可以在溶液中彻底氧化三价砷，甚至是高浓度砷。在脱除过程中，亚砷酸盐被氧化和吸附在二氧化锰上。机理研究表明，H_3AsO_3 通过 MnO_2 氧化，导致 $HAsO_4^{2-}$ 和 Mn^{2+} 的形成。新型铁锰复合氧化物吸附剂可以有效地去除砷（Ⅲ）[22]。结果表明，砷（Ⅲ）被氧化并吸附到二元氧化物上。氧化锰在氧化过程中起着重要作用。

Leupin 和 Hug[23]发现，水中曝气与零价铁（ZVI）的反复接触导致铁（Ⅱ）的持续反应，在不添加氧化剂时，同时发生溶解氧氧化砷（Ⅲ）和铁（Ⅱ）的反应。

Li 等[24]研究了不同条件下，包括 pH、初始砷（Ⅲ）浓度和锰（Ⅶ）用量对高锰酸钾（$KMnO_4$）氧化亚砷酸盐的影响。结果表明，高锰酸钾是一种可在较宽的酸碱度范围内将砷（Ⅲ）氧化成砷（Ⅴ）的有效氧化剂。在不同 pH、初始砷（Ⅲ）浓度和锰（Ⅶ）用量等条件下，观察了高锰酸钾对亚砷酸盐的氧化作用。结果表明，高锰酸钾是一种有效的氧化剂，用于在宽幅 pH 范围内氧化砷（Ⅲ）为砷（Ⅴ）。锰（Ⅶ）在砷（Ⅲ）氧化中的作用不会明显受到溶液 pH 的影响。在酸性和碱性条件下，锰（Ⅶ）的主要还原产物分别为 Mn（Ⅱ）和 $Mn(OH)_2$。砷（Ⅲ）

被氧化为砷（Ⅴ），锰（Ⅶ）/砷（Ⅲ）的比率为 2/5 左右。

Jang 和 Dempsey[25]研究了砷（Ⅲ）和砷（Ⅴ）在水合氧化铁（HFO）中的单溶质吸附和共吸附，以及砷（Ⅲ）的氧化。结果表明，单次吸附实验可以忽略氧化作用，但在砷（Ⅴ）和氢氟化物存在下，氧化作用明显。对超滤前过程中的氧化、沉淀和直接砂滤作预处理提高砷（Ⅲ）的去除潜力进行了初步研究。结果表明，该预处理有效地促进了膜过滤去除砷（Ⅲ），预处理剩余砷浓度低于 10μg/L。与氯相比，除了氧化能力外，高锰酸盐还具有原位形成含水二氧化锰的正催化作用，并且可形成较大的絮状物，因此高锰酸盐在该过程中比氯更具有实际运用的潜力。

2. 催化氧化

Hug 和 Leupin[19]在实验室中以小时为时间尺度研究了砷（Ⅲ）的热化学氧化和光化学氧化反应。在实验室进行了一定时段内砷（Ⅲ）的热和光化学氧化的研究。所用的试剂含有 500μg/L 砷（Ⅲ）、0.06～5mg/L 铁（Ⅱ、Ⅲ）和 4～6mmol/L 碳酸氢盐（pH6.5～8.0）。已有研究发现溶解氧和微摩尔过氧化氢在小时的时间尺度上不能形成氧化砷（Ⅲ）。在黑暗中，砷（Ⅲ）通过将铁（Ⅱ）加入曝气的水中而部分氧化，这可能是铁（Ⅱ）氧化还原反应中间体的形成所致。观察到，在 90W/m^2 UV-A 光照下，含 0.06mg/L Fe（Ⅱ，Ⅲ）的溶液中 90%以上的砷（Ⅲ）可在 2～3h 内被光化学氧化。Fe（Ⅲ）与柠檬酸形成柠檬酸铁配合物可以加速砷（Ⅲ）氧化。

Emett 和 Khoe[26]研究了存在铁（Ⅲ）和近紫外光照射下，是否存在氧气对砷（Ⅲ）的氧化作用。得到的结果表明，通过溶解的铁（Ⅲ）和近紫外光的照射，氧气对砷（Ⅲ）氧化为砷（Ⅴ）的速率增加了几个数量级。研究表明，用自由基机理可以很好地解释这一现象，其中初始反应的速率是由溶解的铁(Ⅱ)-羟基和铁(Ⅲ)-氯的光子吸收率决定的。砷酸盐或硫酸盐的加入导致砷（Ⅲ）光氧化过程的量子效率降低。在不存在溶解氧的情况下，2mol 铁（Ⅲ）可氧化 1mol 砷（Ⅲ），且溶解的铁（Ⅱ）显著阻碍了砷（Ⅲ）的氧化。然而，在有氧条件下，铁（Ⅱ）和砷（Ⅲ）都可以同时被氧化，铁（Ⅱ）的存在和溶液 pH 的降低可提高光子效率。结果表明，因为氢氧化铁是合成砷酸盐的优良吸附剂，铁化合物是一种良好的光氧化剂。在光照条件下添加亚铁盐是处理污染水体中氧化砷（Ⅲ）的一种实用方法。

Xu 等[27]研究了 TiO_2 光催化氧化 MMA 和 DMA。研究表明，MMA 和 DMA 在 TiO_2 光催化过程中很容易被降解。作为一级氧化产物，DMA 被氧化成 MMA，然后被氧化成无机砷酸盐，如砷（Ⅴ）。结果表明，溶液的 pH 对吸附和光催化降解过程有影响，这是因为 pH 与砷的形态和 TiO_2 的表面电荷有关联。动力学研究表明，在 TiO_2 光催化下 MMA 和 DMA 的矿化遵循朗缪尔-欣谢尔伍德（Langmuir-Hinshelwood）动力学模型。在光催化过程中，羟基自由基清除剂叔丁醇的加入明显降低了降解速率，这表明羟基自由基是主要的氧化剂。

Zaw 和 Emett[28]开发了利用紫外线和光吸收剂（铁盐或亚硫酸盐）的高级氧化方法，研究了在蒙大拿州硬岩金、银、铅矿山矿井水中采用铁基光氧化法氧化除砷。结果表明，采用碳酸水浸渗实验 3 个月后，含水泥和不含水泥的水处理残留物是基本稳定的。在孟加拉国某村庄研究了利用日光辅助工艺氧化去除井水中的砷。结果表明，该工艺简单易行，适用于缺电的农村。紫外/亚硫酸盐工艺优先采用紫外工艺，这样不产生可能导致灯管污垢的固体沉淀物。

要了解砷在环境中的影响和迁移，并优化饮用水的除砷工艺，了解砷氧化还原动力学是至关重要的。据报道，在过氧化氢（H_2O_2）的存在下，由于以下两个原因，亚砷酸盐吸附到水铁矿（FH）上的快速氧化会是一种替代技术。首先，被吸附的亚砷酸盐比溶液中的这一成分更容易被氧化。其次，H_2O_2 在 FH 表面上的分解也可能导致砷的氧化。研究采用衰减全反射傅里叶变换红外光谱（ATR FTIR）监测吸附在原位 FH 表面上的砷（III）的氧化作用。结果表明，没有 H_2O_2 的情况下，在数分钟至数小时内并没有观察到砷（III）的氧化。H_2O_2 存在时，吸附态的氧化速率常数增大。溶液 pH 对砷（III）氧化没有明显影响。实验结果还表明，铁是一种通过分解 H_2O_2 来诱导砷（III）催化氧化的必需品。

Ferguson 等[29]研究了在中性 pH 和在一定浓度范围内光催化氧化砷（III）为砷（V）的效率和机理。结果表明，在 365nm 的光照辐射时，10～60min，砷（III）完全氧化为砷（V）。机理研究表明，超氧化物、$O_2\cdot$ 在光氧化过程中起着重要的作用。

Dutta 等[30]研究了砷（III）浓度、pH、催化剂的用量、光照强度、溶解氧浓度、TiO_2 表面类型和铁离子对砷（III）光催化氧化为砷（V）的性能和机理的影响。动力学研究表明，砷（III）在数分钟内发生光催化氧化反应转化为砷（V），并符合零级动力学原理。结果表明，羟基自由基参与了氧化过程，并在氧化过程中起着重要作用。

Katsoyiannis 等[31]研究了 ZVI 在含氧水中腐蚀产生的活性中间产物将亚砷酸盐氧化成砷酸盐的应用。研究了 pH 为 3～11 时，利用 ZVI 从水中曝气氧化除砷（III）和芬顿试剂生成的动力学与机理。结果表明，pH 为 3～9 时，利用 150mg/L ZVI 削减浓度为 500μg/L 的氧化砷（III）溶液的半衰期为 26～80min。然而，在 pH 为 11 的溶液中，前两小时内没有观察到砷（III）的氧化。pH 为 3、5 和 7 时，溶解的铁（II）被确定为 325μmol/L、140μmol/L 和 6μmol/L，H_2O_2 在 10min 内的峰值浓度为 1.2μmol/L、0.4μmol/L 和小于 0.1μmol/L。实验结果表明，砷（III）的氧化主要发生在芬顿试剂中，随后通过吸附在新形成的水合氧化铁上絮凝而被除去。在氧化过程中，·OH 被认为是低 pH 条件下的主要氧化剂。

Zhang 和 Itoh[32]研究了在紫外光照射下，使用含氧化铁和二氧化钛的城市固体废熔渣对亚砷酸盐进行光催化氧化的同时从水溶液中去除生成的砷酸盐。结果表明，亚砷酸的氧化速度很快（在 3h 内），而生成的砷酸盐的吸附速度较慢（在 10h 内）。亚砷酸盐也能被紫外光缓慢氧化为砷酸盐，其速率约为光催化反应的 3 倍。碱性和酸性条件都有利于氧化反应，但氧化和吸附的最佳 pH 约为 3。

Ferguson 和 Hering[33]研究了升流式固定床反应器中的光催化氧化效率，固定床反应器上置且被光辐射，并使用涂有二氧化钛的玻璃珠作为填料，研究了反应器停留时间、初始砷（III）浓度、二氧化钛涂层微珠数量、溶液基质和光源性能对反应的影响。结果表明，该微珠可重复用作氧化剂，竞争吸附阴离子 NO_3^- 对催化剂活性无明显影响；所设计的二氧化钛固定床反应器有望成为一种环境友好的砷（III）氧化方法。

Neppolian 等[34]使用过硫酸根离子（$S_2O_8^{2-}$，KPS）作为紫外光照射下砷（III）转化为砷（V）的光化学氧化反应的氧化剂。结果表明，KPS 与砷（III）的光化学氧化速率非常快，用 KPS 氧化砷（III）成为砷（V）是一种简单有效的方法。研究中，紫外光强度被证明是 KPS 在产生离解硫酸盐阴离子自由基（$SO\cdot_4^-$）过程的首要因素，这有利于提高反应速率。pH 从 3 到 9 的变化对反应没有影响。连续吹扫氮气可使反应速率降低（20%），说明溶解氧在反应中起主要作用。腐殖酸的存在，即使在 20ppm，都被认为对氧化反应没有直接不利的影响。

Yoon 等[35]调查研究了一种新的真空紫外（VUV）灯氧化砷（III）的方法，灯管发射出 185nm

和 254nm 的光。研究中发现，与其他光化学氧化方法［UV-C/H_2O_2、UV-A/Fe（Ⅲ）/H_2O_2 和 UV-A/TiO_2］相比，所采用的 VUV 灯表现出更高的砷（Ⅲ）氧化性能。得到的结果还表明，铁（Ⅲ）和 H_2O_2 的存在提高了砷（Ⅲ）的氧化效率，而腐殖酸没有对反应产生显著的影响。

在碘化钾存在下（通常为 100μmol/L），Yeo 和 Choi[36]研究了砷（Ⅲ）在 254nm 辐射下的光氧化作用。结果表明，碘的存在显著提高了氧化速率，砷（Ⅲ）光氧化的量子产率在 0.08～0.6，这取决于砷（Ⅲ）和碘化物的浓度。空气或 H_2O_2 溶液增强了砷（Ⅲ）的光氧化速率，但饱和氮气明显降低了光氧化速率。机理研究表明，碘在 254nm 照射下的激发导致碘原子和三碘化物的生成，这似乎与砷（Ⅲ）的氧化过程有关。研究已经发现，UV_{254}/KI/As（Ⅲ）光氧化过程本质上是碘化物介导的光催化过程。

3. 生物氧化

Weeger 等[37]从砷污染的水中分离到一种新的异养细菌 ULPAs1，从砷污染水分离的 ULPAs1 显示砷（Ⅲ）能被迅速和广泛地氧化成砷（Ⅴ）。研究表明，在将乳酸作为唯一有机碳源的小型培养基中，亚砷酸盐氧化细菌 ULPAs1 的生长特性与砷[1.33mmol/L 砷（Ⅲ）]的存在无关。然而，在没有有机碳源或富介质（即贝尔塔尼）的情况下，细菌没有生长。ULPAs1 的倍增时间为 1.5h。砷对该菌株的最低抑制浓度为 6.65mmol/L。该菌株对批式反应器中砷的氧化非常有效。16SrDNA 序列分析表明，该菌株属于 β-变形杆菌。结果表明，该菌株可作为严重污染水体中砷修复的良好候选物。

Lievremont 等[38]对砷氧化细菌（ULPAs1）的培养和应用进行了研究。该研究采用间歇式反应器，分别用菱锰矿和方锰矿作为固定材料在两种固相下培养该菌株。结果表明，在石英或菱沸石的条件下，ULPAs1 的亚砷酸盐氧化性能不变。实验采用诱导阳离子形态砷或非诱导阴离子形态砷细菌进行。结果发现，在方锰矿条件下，诱导的砷氧化细菌（ULPAs1）在 2 天内氧化砷（Ⅲ），4h 后在水相中检测到砷（Ⅴ），而未诱导的亚砷酸盐氧化速度较慢。

Lenoble 等[39]从卡努尔斯矿山尾矿中的酸性水中分离出两种细菌菌株，并鉴定为 *Thomonas* sp.。酸性水含有高浓度的砷和铁，发现在酸性水流中，铁（Ⅲ）使砷沉淀得非常快。沉淀速率与铁的氧化有关，铁氧化细菌使其增强。在酸性水中观察到砷的氧化与砷氧化细菌反应相关。结果表明，在酸性水中，砷与铁（Ⅲ）的沉淀速度很快。沉淀速率与铁的氧化有关，并与铁氧化菌的作用有关。酸性水中砷的快速氧化是由砷氧化菌的活性引起的。

Katsoyiannis 等[40]报告称，地下水中原有的铁、锰氧化细菌能够将溶解锰 Mn（Ⅱ）催化氧化成不溶性的水合氧化锰，随后可以通过过滤除去。该过程可导致在过滤介质的表面上形成天然涂层。如果砷同时存在于地下水中，则可以通过吸附到氧化锰上被除去。在该研究中，观察到生物锰氧化物表面吸附去除之前砷（Ⅲ）快速氧化为砷（Ⅴ）。这表明细菌在砷（Ⅲ）的氧化和从溶液中去除砷（Ⅲ）和砷（Ⅴ）的活性氧化锰涂层的生成中起着重要作用。结果表明，在 600μg/L 左右的磷酸盐溶液条件下，磷酸盐对砷（Ⅲ）的氧化没有影响，但对砷（Ⅲ）的去除有不利影响，虽然对砷（Ⅲ）的氧化没有影响，但总体去除效率降低了 50%。

Casiot 等[41]在去除铁的生物地下水处理系统中生长的生物膜中分离出菌株 B_2 用于铁的消除。该菌株能将亚砷酸盐氧化成砷酸盐。研究发现该菌株与生物铁氧化过程中常见的纤毛生物不同，这种分离出的菌株 B_2 是生物膜中细菌群落的主要种群。因此，这可能是在处理过程中砷被氧化的主要原因之一。

2.5.2　化学混凝和电絮凝

所有的水，特别是地表水，通常含有溶解和悬浮的颗粒。悬浮粒子通过物理力对粒子本身的作用而保持稳定（保持悬浮），表面静电斥力起着关键作用。水中的大多数悬浮固体都具有负电荷，当它们紧密结合时彼此排斥。常用混凝和絮凝过程分离水中的悬浮固体。

虽然术语“混凝”和“絮凝”经常互换使用，但事实上，它们是两个不同的过程。混凝和絮凝是连续发生的步骤，先使悬浮固体不稳定，再促进絮状物的生长。混凝是指通过中和使胶体保持分离的力来破坏胶体的稳定性。阳离子混凝剂提供正电荷来中和或减少胶体的负电荷，从而使粒子碰撞形成较大的粒子。絮凝作用是聚合物在较大质量颗粒或絮体之间形成桥梁，通过这种桥梁，颗粒被结合成大团块或团块。当聚合物链的片段被吸附到不同的颗粒上并帮助颗粒聚集时，就会发生桥接。混凝和絮凝是水系统中最常用的除砷方法之一。

1. 化学混凝

铝基和铁基化学混凝法是从水中去除砷的最常用的方法之一。Hering 等[42]以明矾和三氯化铁为混凝剂，在化学混凝过程中对水源和人工淡水中砷的去除效果进行了实验研究。结果表明，用三氯化铁或明矾进行化学混凝，可使最终溶解的砷（Ⅴ）浓度降到 2μg/L 以下。适宜的 pH 范围和最小的混凝剂用量取决于非晶态金属氢氧化物固体的溶解度。用明矾去除砷（Ⅴ）的有效性比采用氯化铁所受 pH 影响限制大。pH＜8 时，氯化铁或明矾对砷酸根的去除对于水源成分组成的变化不敏感，但 pH 为 8 和 9 时，在天然有机物存在下，氯化铁对砷的去除效率降低。以三氯化铁为混凝剂去除水源中的亚砷酸盐，除砷的效果较低，受水源组分的影响更大。天然有机物（pH 为 4～9）和硫酸盐（pH 为 4 和 5）的存在对氯化铁去除亚砷酸盐的效率有不利影响。以明矾作为混凝剂的化学混凝不能从水源中去除亚砷酸盐。

2002 年，Zouboulis 和 Katsoyiannis[43]研究出一种改进的常规混凝-絮凝法去除污染水中的砷。这项改进是指“管中絮凝”工艺。以氯化铁或明矾作混凝剂，采用阳离子或阴离子聚电解质（有机聚合物）作为助凝剂，提高除砷效果。结果表明，改良的常规混凝工艺对废水中砷离子的去除效果很好，在饮用水处理中也有一定的应用前景。该方法对铁和明矾混凝剂都是有效的，并且发现两种类型的混凝剂（阳离子或阴离子聚合物）都能提高该方法的整体去除效率——在某些情况下砷去除率高达 99%。与传统的混凝工艺相比，改良技术具有以下优点：在管道絮凝过程中，整个絮凝过程时间减少，空间要求降低和资金成本减少。

Lee 等[20]以铁(Ⅵ)为氧化剂和混凝剂对砷的去除进行了研究。结果表明，采用最低 2.0mg/L 铁（Ⅵ），砷浓度可从最初的 517μg/L 下降到低于 50μg/L，这是孟加拉国采用的砷处理方法。将少量铁（Ⅵ）（低于 0.5mg/L）和铁（Ⅲ）作为主要混凝剂联合使用被证明是一种有效的除砷方法。可使用氯化铁和硫酸铁作为混凝剂去除地下水中的砷[44]。结果表明，两种混凝剂均可很好地用于除砷。然而，硫酸铁混凝导致余水浊度降低。除砷效率与水质密切相关。添加适量的粒径为 38～78mm 的粗方解石，以铁离子为絮凝剂，以提高高砷水中砷的去除效率。砷的去除效果提高可能是方解石表面覆盖了少量的含砷混凝剂导致的，从而大大改善了混凝物的重力沉降。粗方解石表面上的细小含砷混凝物涂层可能是混凝物与粗方解石之间的静电吸引所致，因为这两种颗粒的表面电荷相反。强化混凝，可使矿井排水系统中高砷水中的砷的去除率达到 99%以上。实验室和现场实验研究了结合生物氧化砷（III）和采用 $FeCl_3$ 凝结物去除高浓度污染水中砷（V）的处理效率。结果表明，组合处理工艺可获得较高的 As 去除率（约 95%），在混合液中加入 24mg/L 或 85mg/L 的三氯化铁，可使砷残留浓度小于 10μg/L。

2. 电絮凝

电絮凝是目前最有前途的废水处理方法之一，其中絮凝剂由牺牲阳极（通常由铁或铝制成）的原位电氧化产生。在电絮凝过程中，不必添加任何化学混凝剂或絮凝剂进行处理，从而减少了该过程中产生的污泥沉淀物。电絮凝技术已成为用铝或铁合物代替常规化学混凝的一种方法。在电絮凝中，阳极（Al 或 Fe）通过电解氧化产生混凝剂（Al 或 Fe）[45]。与常规化学混凝相比，电絮凝的优点包括：①碱无消耗；②液体 pH 无变化；③几乎消除腐蚀性化学品的直接处理；④特别是在紧急情况下，可以很便捷地适应饮用水处理单元的使用。

采用间歇式电化学反应器对冶炼厂工业废水在各种操作条件下的除砷进行了研究[46]，分别用不锈钢和低碳钢板作阴极和阳极。结果表明，电絮凝可以有效地去除砷。在电絮凝过程中，通过调节操作条件，可以很容易地控制絮凝剂（铁离子）的产生，同时可显著减少固体污泥的产生。

Kumar 等[47]对电絮凝作为一种去除水中亚砷酸盐和砷酸盐的处理技术进行了评价。采用铁、铝、钛三种不同的电极材料，在实验室开展了三种不同电极材料（即铁、铝、钛）的试验，以评估其效率。所得到的结果表明，在电絮凝过程中，不同电极材料的除砷效率遵循如下顺序：铁＞钛＞铝。以铁为电极进行电絮凝处理，可去除 99%以上的砷，使砷浓度降低到 10μg/L 以下，以满足饮用水标准。通过观察，在较高电流密度下，砷的去除速度较快，当不同电流密度转化为电荷密度时，砷的去除与电荷密度有很大的相关性。因此，提出了电荷密度作为研究过程的设计参数。结果还表明，溶液 pH 在 6～8 时对砷（III）和砷（V）去除没有显著的影响。该研究采用化学混凝（以氯化铁作混凝剂）和电絮凝对砷（III）和砷（V）的去除进行了比较评价。结果表明，电絮凝对砷（III）的去除效果优于化学混凝，而电絮凝和化学混凝对砷（V）的去除效果几乎相同。此外，研究表明，电絮凝去除砷（III）原理是先将砷（III）氧化成砷（V），再依次与铁氢氧化物的表面结合。

Parga 等[48]采用改进的电絮凝法去除水中的砷。砷污染的水通过多孔管介质，在该介质中注入空气，然后通过 EC（肠嗜铬细胞）中的垂直电极。结果表明，改良工艺可有效去除砷（III）和砷（V）。研究表明，实验电絮凝反应器中 99%的砷去除通常在 90s 或更短的时间范围内完成，电流效率约为 100%。试验工厂研究表明，井水中砷的去除率为 99%。通过粉末 X 射线衍射（PXRD）、扫描电子显微镜、透射穆斯堡尔谱和傅里叶变换红外光谱（FTIR）分析了电絮凝处理过程中铁电子形成的固体产物。地下水中试试验结果表明，在电絮凝处理产物中存在的磁铁矿颗粒和非晶态氢氧化铁磁粒子去除砷（III）和砷（V）的效率超过 99%。结果表明，电絮凝可产生磁铁矿和无定形铁氧氢氧化物的磁性粒子。

Hansen 等[49]研究了连续流动反应器中砷（V）溶液的电絮凝。结果表明，当电流密度为 $1.2A/dm^2$ 和水力停留时间约为 9.4min 时，可以从 100mg/L 的砷（V）溶液中除去 98%以上的砷（V）。然而，在相同的操作条件下砷（III）的去除率小于 10%，但可去除约 80%的砷（V）。电流密度和 Fe^{3+} 与 OH^- 试剂使用量的增加，更有利于砷的去除。另外，电流密度超过最大值似乎不能进一步改善电絮凝过程。这可能是由于阳极钝化。解决这一问题，建议采用更高的电流反转频率。Hansen 等[50]还研究了电絮凝反应器的设计和操作参数对铜冶炼废水除砷效率的影响。该实验研究了三种电絮凝反应器，即改进的流动连续反应器、湍流反应器和气升式反应器。在所有反应器中，铁都被用作阳极牺牲材料。对比不同的设计，所有电絮凝装置都表现出有效的砷去除效果。结果表明，采用电流密度约为 $120A/m^2$ 的改进型连续流动反应器和气升式反应器，均能从 100mg As（V）/L 溶液中去除砷。湍流反应器没有达到相同的除砷效果，但在这一反应器中混凝过程中 Fe 与 As 的摩尔比值低于其他两个反应器。提高去除效率的另一个重要因素是避免阳极钝化，这可以通过优化电流反转频率或盐的浓度来完成。

在不同 pH（4～10）范围内，以铝、铁或其组合作为电极利用电絮凝法处理浓度为 1×10^{-6}～1000×10^{-6} 的含砷废液。结果表明，采用铁-铁电极，砷初始浓度为 13.4ppm 时，砷去除率达 99.6%以上。在不同的初始砷浓度（1.42×10^{-6}～1230×10^{-6}）下，使用 Al-Fe 电极，去除砷的效率从 78.9%提高到 99.6%以上。在电絮凝过程中电极极性的更替变化，提供了从水中去除有机污染物和金属污染物的有效方法。通过 PXRD、X 射线光电子能谱（XPS）、扫描电子显微镜/能量色散谱（SEM-EDS）、FTIR 和穆斯堡尔谱分析了副产物的电化学性质。光谱分析揭示了预期的结晶铁氧化物{磁铁矿(Fe_3O_4)、纤铁矿[FeO(OH)]、氧化铁(FeO)}和铝氧化物{三羟铝石[$Al(OH)_3$]、一水硬铝石[AlO(OH)]、砷铝石($AlAsO_4\cdot2H_2O$)}的存在，以及两个相之间的一些相互作用。结果还表明，絮体中存在非晶态或超细的特殊相。

Maldonado-Reyes 等[51]在实验室小试的电絮凝反应器中，使用不同的电极材料[包括锌（Zn）、黄铜（Cu-Zn）、铜（Cu）和铁（Fe）]作为阳极，从含有 70～130mg/L 砷的溶液中除去砷，电流密度为 $1.5mA/cm^2$、$3mA/cm^2$ 和 $12mA/cm^2$，在 60min 后得到的结果表明，在较高的电流密度（$12mA/cm^2$）下，实现了快速去除砷。除砷效率遵循以下趋势（在 $1.5mA/cm^2$）：Fe（93%）≈Zn（＞93%）＞Cu-Zn（＞73%）＞Cu（＞67%），这些效率相对独立于所有初始砷的去除率。然而，在电脱除过程的早期阶段，铁的砷脱除速度比低电流密度的锌快，铁被认为是最有前景的实际应用材料。此外，与添加化学除砷剂相比，以铁为电极的砷电脱除工艺具有产生极少量沉淀的优点。去除砷酸盐的推荐方法是砷酸盐与牺牲电极材料的产物结合。测定的反应产物为：$(FeO)_2HAsO_4$，$Zn_{0.7}Al_{0.3}HAsO_4(CO_3)_{0.15}\cdot H_2O$，$CuHAsO_4$ 和 $ZnHAsO_4$ 与 Fe，Zn，Cu 和 Cu-Zn 各自的合金电极。

Basha 等[52]采用电渗析法和电化学离子交换法对铜冶炼工业废水中砷的去除进行了研究，并进行了电絮凝处理。在低 pH 的废水中含有不同量的砷（III）和砷（V）、氧阴离子、亚砷酸盐和砷酸盐。结果表明，在电流密度为 $200A/m^2$ 时，用电渗析可以去除 91.4%砷，硫酸盐可高达 37.1%，在电流密度为 $300A/m^2$ 时，砷可被去除至 58.2%，硫酸盐可高达 72.7%。在电流密度为 $150A/m^2$ 的情况下，通过电絮凝可以将砷进一步去除到原子吸收光谱仪检出限以下。结果还表明，电化学离子交换和电絮凝过程相结合，可以有效地降低调节酸碱度所需的碱耗。

电絮凝是一种很有前途的修复含砷（V）废水的技术。实验表明，用氢氧化铁吸附或共沉淀的方法可以去除砷。电流密度从 $0.5A/dm^2$ 增加到 $1.5A/dm^2$ 显示出显著的除砷效果。然而，电流密度超过 $1.5A/dm^2$ 时，除砷效果没有表现出任何显著的改善。本次实验中有超过 98%的砷被去除。使用吸附等温线模型对电絮凝过程进行了建模，并观察到朗缪尔等温线模型与实验结果吻合。

Balasubramanian 等[53]以铝和低碳钢作为牺牲阳极，采用电絮凝法对脱砷进行了批量实验和模拟研究。结果表明，电荷和溶液 pH 对砷的脱除效果有显著影响。将电流密度从 0.5A/m^2 提高到 150A/m^2，显著提高了除砷效率。在最佳条件下，可得到最大砷去除率为 94%。用吸附等温线动力学模拟了电絮凝机理，结果表明，朗缪尔等温线模型与实验结果吻合较好。

2.5.3 沉淀

沉淀过程通常与其他物理化学过程一起有效地用于从水溶液中除去砷。在 pH 为 0.4～5.0 的水溶液中可采用臭氧氧化沉淀法去除砷和锰。在研究中，得到了以下结果：①砷（Ⅲ）氧化为砷（Ⅴ）的过程发生在氧化锰（Ⅱ）之前，当 O_3-O_2 气体混合物被提供给含有锰（Ⅱ）和砷（Ⅲ）的溶液时，所产生的砷（Ⅴ）与锰反应形成沉淀，产物是 $MnAsO_4·nH_2O$。②残留砷浓度可降至 0.1mg/L 的调节限值。③氧化沉淀过程受温度的影响。在 25℃时，Mn/As 溶液中的残余砷（Ⅴ）浓度小于 0.1mg/L。随温度升高至 60℃，浓度升高至 2mg/L，然后在 80℃再降至约 0.4mg/L。④在 pH 为 1～2 时，以锰为原料，通过臭氧氧化沉淀砷，可以有效地选择性去除砷，但其中砷酸铁和氢氧化铁不会沉淀。⑤在溶液中，适量的亚铁离子与砷和锰共存，特别是在 pH 为 1～3 时，可以提高砷、锰的去除率。

Meng 等[54]在孟加拉国地下水除砷实验室和现场开发了一套家用共沉淀过滤系统。该工艺包括砷的共沉淀，加入一包约 2g 的铁和次氯酸盐到 20L 的井水中，然后通过斗式砂滤器过滤水。结果表明，家用系统能有效地去除孟加拉国井水中的砷。孟加拉国井水中含高浓度的磷酸盐和硅酸盐，其浓度升高会明显降低铁氢氧化物对砷的吸附。为了将孟加拉国井水中砷的浓度从 300μg/L 降低到 50μg/L 以下，Fe/As 质量比应大于 40。据估计，根据每天过滤 50L 水的消耗量，一个家庭每年的化学品成本低于 4 美元。

Bolin 和 Sundkvist[55]研究了一种两阶沉淀法去除碱金属回收浸出过程中产生的废水中的铁和砷。所述方法允许选择性处理铁和砷，其处理形式易于沉淀和过滤。所得产物具有良好的沉淀和过滤性能，通过对沉淀物的过滤和洗涤，可方便地回收铁-砷贫液。该工艺还可以灵活地优化进料时不同温度和金属浓度下的 pH 曲线。

Lim 等通过分批次、柱状实验，研究了兼性多功能铁还原菌 *Shewanella* 属对砷的还原、沉淀和迁移的影响[56]。结果显示，砷（Ⅴ）还原为砷（Ⅲ），硫酸盐还原为硫化物，从而导致砷沉淀与硫化物沉淀。砷（Ⅴ）同时受微生物还原和沉淀的影响。由于砷（Ⅴ）受微生物还原作用，砷（Ⅲ）浓度在早期增加，但在后期可通过沉淀从溶液中除去。

2.5.4 膜过滤

近 20 年来，膜技术在水体除砷方面的研究越来越受到关注。膜过滤被认为是一种实际可行的方法，可用于去除水中的各种污染物。由于其可靠、易生产、易获得、易操作、易维护，在水处理（包括除砷）中有可能会得到越来越多的应用。

Jubinka 等[57]应用化学吸附过滤器的多重分离的概念，研究了从水中去除砷的方法。这一过程涉及多级离子交换、吸附及过滤器内部的化学反应。实验结果表明，化学吸附过滤器对水中砷的去除效果显著。当初始砷浓度为 $6.55×10^{-4}$mol/L 时，分离度高，砷浓度降到原浓度 1/1000 以下。阴离子形式的污染物初始浓度和酸碱度对反应过程有显著影响。

Brandhuber 和 Amy[58]研究了反渗透、纳滤（NF）、超滤和微滤（MF）作为砷处理方法的适用性。从这些初步研究中得出了几个结论，包括：①混凝与微滤的结合是从水中去除砷的可行技术方法之一，在水源水中满足 5ppb（1ppb 表示 10^{-9}）或更严格的 MCL。②在优化（$FeCl_3$ 用量 7.0mg/L，渗透通量 173.4L/(m^2·h)，回收率 90%）的条件下，砷平均去除率为 84%，浊度降低率为 64%。每隔 15min 对过滤器进行空气反洗，成功地控制了过滤器的污垢。③低剂量的三氯化铁（2mg/L）也可获得明显的砷抑制（50%）。

2001 年，Meng 等成功研制了家庭协同共沉淀-过滤系统，用于孟加拉国地下水脱砷处理。Brandhuber 和 Amy[59]探讨了小试中水质和膜操作条件对带负电荷的超滤膜吸附砷的影响。结果表明，使用填充的超滤膜脱砷对进水成分和膜的水力运行条件（包括渗透通量、膜回收率和横流速度）很敏感。抑制脱砷的趋势在性质上与 Dounon 理论一致。特别是，二价离子的共存被证明对砷酸盐的去除有负影响。天然有机物的存在可能在带电膜对砷（V）的去除中起到一些作用。高浓度的有机物通过与二价离子的络合作用可以改善砷的去除。

Zouboulis 和 Katsoyiannis[43]采用改进常规混凝-絮凝工艺对水中砷进行了去除处理。改进是指在工艺的第一阶段引入“管道絮凝”工艺，第二阶段采用直接砂滤而不是沉淀分离。结果表明，该改进工艺对去除废水和饮用水中的砷离子是非常有效的。在某些情况下，阳离子或阴离子聚电解质的存在提高了明矾或氯化铁的混凝效率。结果表明，在所有情况下，砷的初始浓度都能从 400μg/L 降低到 10μg/L。

Judit 和 Hideg[60]利用 ZW-1000（Zenon）膜组件去除深井水中的砷。在膜过滤之前，进行预处理，包括用高锰酸钾（$KMnO_4$）氧化，用亚铁（III）硫酸盐[$Fe_2(SO_4)_3$]混凝，混匀器快速混匀、絮凝慢沉降。实验结果表明，该工艺可使砷浓度从初始的 200～300μg/L 降至 10μg/L 以下，取得了较好的去除效果，适用于中试装置处理砷含量较高的原水，可生产出符合质量要求的饮用水。

Newcombe 等[61]采用共沉淀和活性过滤相结合的工艺去除饮用水中的砷。该联合工艺涉及一种用于氯化铁试剂混合的蛇形预反应器，该预反应器与移动床活性过滤器相结合，在排放中将清洁水与废物残渣分离。实验结果表明，砷初始浓度为 40.2μg/L±10μg/L，在优化实验条件下砷浓度可降低到 3.3μg/L±1.4μg/L。优化后的 Fe/As 摩尔比为 133∶1。Ferella 等[62]获得的研究结果表明，活性滤料中氧化铁包覆砂的形成和更新是高效除砷的可行机制，其测试了阳离子和阴离子表面活性剂对强化超滤除砷、除铅工艺性能的影响。该研究以十二烷基苯磺酸（DSA）为阴离子表面活性剂，十二胺为阳离子表面活性剂，采用标准孔径为 20nm（截留分子质量：210kDa）的单管陶瓷膜进行超滤。结果表明，使用 DSA 和十二胺可分别去除水流中的铅和砷离子。

Solozhenkin 等[63, 64]报道了用化学吸附过滤法可将水源中的砷去除到 10μg/L 以下的残留浓度。在化学吸附过滤过程中使用了一层改良的聚丁橡胶颗粒，并研究了物理化学基础参数对该工艺性能的影响。吸附过滤是一种有效去除水中砷的方法，可使砷浓度降低到 10μg/L 以下。与其他现有技术相比，它具有许多优点：可以减少有毒污泥的产生，扩大表面吸附面积，适用于低浓度砷的地下水脱砷。

Xia 等[65]用合成纳滤膜去除水中砷的实验，研究了砷的流入浓度、酸碱度、其他离子化合物的存在及天然有机物对其去除性能的影响。结果表明，砷酸盐和亚砷酸盐的去除率存在较大差异。砷酸盐几乎能被完全去除，而亚砷酸盐去除率约 5%。附加盐的存在被证实对砷酸盐具有抑制影响。pH 升高可提高膜的砷抑制率。研究表明，纳滤法也特别适合用于中国近郊富砷地下水的处理。

Hsieh 等[66]采用实验室小试电超滤（EUF）系统对地下水中砷的去除进行了研究。该研究对台湾东北部两个地下水样品进行了检测分析，分为井 1 和井 2，砷（Ⅲ）与砷（Ⅴ）的比值分别为 1.8 和 0.4。结果表明，系统中存在 25V 电压可使井 1 和井 2 样品的砷去除率分别从 1%提高到 79%和 14%提高到 79%。该结果还表明砷（Ⅲ）与溶解有机物之间可能存在关联，从而增强了砷的去除效率。

Fogarassy 等[67]在实验室小试中采用纳滤和反渗透的方法浓缩含砷废水。该研究应用错流式膜过滤装置分批循环回用，用石灰[$Ca(OH)_2$]和硫化氢（H_2S）处理膜过滤的回用料，有助于沉淀产生清水和小体积、高浓度的废水。结果表明，在高砷模型溶液中加入 $Ca(OH)_2$ 可达到 94%～99%的砷抑制效果。清洁水的砷浓度从约 1300μg/L 降至饮用水级别 10μg/L。

Nguyen 等[68]探讨了微滤（MF）和纳滤（NF）在除砷方面的应用。结果表明，通过纳滤（日本 Nitto Denko 公司 NTR729HF）从 500μg/L 砷溶液中分子量为 700 约 81%的砷（Ⅴ）和 57%的砷（Ⅲ）被去除，表明纳米过滤器对砷（Ⅴ）的去除效果优于砷（Ⅲ）。由于其孔径较大，微滤除砷性能远低于纳滤。通过比较，只有 40%的砷（Ⅴ）和 37%的砷（Ⅲ）被微滤（韩国 Pure-Envitech 公司 PVA 膜）去除。然而，添加 0.1g/L 纳米级零价铁（nZVI）显著提高了微滤膜的除砷效率，砷（Ⅴ）和砷（Ⅲ）的去除效率分别高达 90%和 84%。

Pokhrel 和 Viraraghavan[69]研究了在生物砂滤柱中添加铁的除砷效果。结果表明，Fe/As 添加量为 40∶1 时，在生物砂滤柱中加入铁可使砷降至 5mg/L 以下。在 Fe/As 低比值下（10∶1 和 20∶1），深度过滤对除砷效率有影响，但在 Fe/As 高比值（30∶1 和 40∶1）时，深度过滤对除砷的影响较小，废水中的铁浓度始终低于 0.1mg/L。

Qu 等[70]采用自制的聚偏氟乙烯膜（PVDF）对直接接触式蒸馏膜对砷（Ⅲ）和砷（Ⅴ）的去除进行了研究。结果表明，膜的最大渗透通量为 20.90kg/(m^2·h)，PVDF 膜对无机阴离子和阳离子的排斥率高，与溶液 pH 和温度无关。实验结果表明，DCMD 工艺比压力驱动膜法除砷效率更高。实验还表明，砷（Ⅲ）和砷（Ⅴ）的渗透度低于 10μg/L，直到进料中砷（Ⅲ）和砷（Ⅴ）分别达到 40mg/L 和 2000mg/L。

2.5.5 吸附

吸附是指分子或粒子附着在一个表面上。近年来，人们对水溶液中砷的高效吸附剂进行了大量的研究。吸附是一种应用最广泛的除砷方法，因为其操作简单，成本效益高。

在吸附过程中，砷通过物理和化学作用力附着在吸附剂表面。影响吸附效率的主要因素有吸附剂的比表面积、吸附剂表面功能的种类、溶液的 pH 等。本节中，根据吸附剂的材料将脱砷吸附剂分为以下几类。

1. 活性炭

现代活性炭的工业生产是在 1900～1901 年建立的，在制糖过程中用于取代骨炭[71]。商业粉末活性炭最初是由木材制成的，19 世纪初在欧洲的制糖工业中被广泛使用。1930 年，美国首次报道了活性炭可用于水处理[72]。活性炭因其孔隙率高、比表面积大、催化活性高而被公认为是一种有效的吸附剂，广泛应用于饮用水中有机物的去除[73]。与有机化合物的吸收相比，由于离子电荷的影响，金属离子在活性炭上的吸附反应更为复杂。许多商用的和自制合成的活性炭，已经被测试出具有从水中吸附砷（III）和砷（V）能力。Huang 和 Fu[74]对 15 种不同品牌的商用活性炭在较广的 pH 范围内的吸附能力进行了测试。结果表明，炭类型、总砷（V）浓度和 pH 是影响砷（V）去除的几个主要因素。用强酸或碱处理活性炭，可以有效地解吸砷（V），但此活性炭不能再恢复对砷（V）的吸附能力。

Eguez 和 Cho[75]研究了 pH 和温度对活性炭吸附砷（III）和砷（V）的影响。在 pH 为 0.16～3.5 时，砷（III）在活性炭上的吸附量是恒定的。然而，在 pH 为 0.86～6.33 时，活性炭在 pH 等于 2.35 时吸附量最大。砷（III）吸附热为 4～0.75kcal/mol，而砷（V）的吸附热为 2～4kcal/mol，这表明是由于弱范德华力而发生物理吸附。在砷（III）和砷（V）的平衡浓度为 2.2×10^{-2}mol/L 的情况下，观察到 2.5%的砷（V）和 1.2%的砷（III）（基于碳的质量）被活性炭吸附。

Navarro 和 Alguacil[76]研究了用活性炭从铜电解液中去除砷、锑和铋杂质的可能性。在该研究中，分析了影响金属吸附/解吸过程的各种变量。结果表明，可采用活性炭吸附的方法从铜电解液中分离锑和砷这些杂质，并将电解液循环利用到电解槽中。更大的炭/溶液比，或使用逆流装置可以提高铜电解液中去除杂质的程度。

在间歇式反应器中，Chuang 等[77]对燕麦壳自制活性炭吸附砷酸盐的效率进行了实验研究。实验结果表明，初始 pH 对活性炭吸附容量有显著影响，当初始 pH 从 5 提高到 8 时，吸附容量从 3.09mg As/g 活性炭降至 1.51mg As/g 活性炭，他们提出了一种与 Langmuir 等温线共轭的线性驱动模型，用于描述吸附在活性炭上砷的吸附动力学。结果表明，当活性炭用于从水溶液中除去砷酸盐时，快速吸附和缓慢吸附会同时发生。

Yang 等[78]采用聚苯胺改良粒状活性炭吸附砷酸盐。结果表明，改性后的颗粒活性炭表面的芳香环结构和含氮官能团的含量增加，但改性后的比表面积没有改变。结果表明，在酸性溶液中，表面正电荷密度显著增加。两种活性炭对砷酸盐的吸附程度依赖于 pH。在初始砷浓度为 0.15mg/L 和 8mg/L 时，改良活性炭对砷吸附的最佳 pH 为 3.0～6.8 和 4.0～6.6，比未改良活性炭吸附范围宽得多。通过改良，颗粒活性炭的吸附容量提高了 84%。腐殖酸的存在对砷吸附动力学没有明显的影响。XPS 分析表明，吸附过程中砷酸盐被还原为亚砷酸盐。

Natale 等[79]研究了颗粒状活性炭对砷的吸附行为，并研究了初始砷浓度、溶液 pH、温度和盐度对平衡吸附容量的影响。实验结果表明，砷溶液吸附的最佳实验条件为中性溶液 pH、低盐度和高温。基于该模型及多组分 Langmuir 吸附理论，建立了砷的吸附机理模型。模型表明，该吸附剂吸附能力与溶液中砷离子的浓度成正比，并随着氢氧化物、氯化物等竞争性离子浓度的增加而降低，该模型还可以用来解释酸碱度和盐度对吸附能力的影响。

2. 金属氧化

各种金属氧化物广泛而丰富地存在于自然界中。砷在金属氧化物上的吸附行为被大量研究。一般来说，吸附砷的金属氧化物可分为铁氧化物、氧化锆、氧化锰和其他金属氧化物。

1）铁氧化物

Badruzzaman 等[80]选择和评估了多孔铁氧体用于去除饮用水中的砷的效果。在研究中，使用典型的和市售的铁吸附剂——颗粒氢氧化铁（GFH）。一般来说，GFH 是一种高微孔吸附剂，微孔体积为$0.0394cm^3/g\pm0.0056cm^3/g$，中孔体积为$0.0995cm^3/g\pm0.0096cm^3/g$。BET（Brunauer-Emmett-Teller）比表面积为 $235m^2/g\pm8m^2/g$。从瓶点等温线和差动柱间歇式反应器（DCBR）实验中得到 Freundlich 等温线参数（K 和 $1/N$）及动力学参数[膜扩散系数（K_f）和粒子内表面扩散系数（D_s）]。在 pH 为 7 时，获得伪平衡（18 天的接触时间）的砷酸盐吸附密度为 8μgAs / mg 干燥颗粒氢氧化铁，其液相砷浓度为 10μg As/L。在 D_s 和 R_p（GFH 颗粒半径）之间观察到非线性关系（$D_s=3.0^{-9}\times R_p^{1.4}$），其中，$D_s$ 取值为 $2.98^{-10}\times10^{-12}$，对应最大的 GFH 网格尺寸（100×140）～$64\times10^{-11}cm^2/s$，对应最小的 GFH 网格尺寸（10×30）。

Kundu 和 Gupta[81]研究了氧化铁水泥涂层（IOCC）对水溶液中砷（III）吸附的效果，并研究了吸附剂用量、酸碱度、接触时间、初始砷浓度和温度对 IOCC 吸附剂砷的影响。实验结果表明，砷离子的吸附速度非常快，大部分吸附发生时间是在接触的前 20min 内。虚拟二阶速率方程可以与吸附动力学吻合。为了描述在 30g/L 固定吸附剂量下，不同初始亚砷酸盐浓度的吸附等温线，使用 Langmuir、Freundlich、Redlich Peterson（R-P）和 Dubinin Radushkevich（D-R）模型进行拟合。根据 Langmuir 等温吸附模型，最大的 IOCC 吸附砷（III）量确定为 0.69mg/g。基于 D-R 等温线，计算出吸附的平均自由能（E）为 2.86kJ/mol，这意味着该过程是物理吸附过程，得到的热力学参数表明吸附过程是一个放热自发反应。上述结果表明，可以适当地用 IOCC 从水溶液中去除砷（III）。

Zeng 等[82]通过柱状实验得到的最佳操作条件和溶液组成研究了使用氧化铁基吸附剂对水中砷酸盐的去除的影响。研究结果如下：①磷酸盐和二氧化硅都会影响铁基吸附剂对砷的吸附。二氧化硅在 pH 为 7.5 时具有更强的抑制作用，这是因为其在合成地下水测试中的浓度较高。②空床接触时间越短，流量越大，除砷效率越低。③利用孔隙和表面扩散模型可以预测不同空床接触时间下的砷酸盐穿透曲线。主要的内传质过程是表面扩散。

Munoz 等[83]研究了在载铁（III）海绵上吸收砷（V）的动力学。研究得出以下结论：①载铁（III）海绵被证明是一种有效的砷（V）吸附剂，即使在干扰阴离子（如 Cl^-）的存在下，也可用于连续柱型操作。②如果使用合适的解吸剂，吸附剂可以再生。③载铁海绵的动力学参数优于相应的载铁树脂。④Clark 模型可用于预测海绵的整个穿透曲线。⑤由于树脂的动态性能较差，Clark 模型对树脂的适应性较差。

Chen 的团队开发了一种以含铁氧化物为基础的海藻酸钙磁性吸附剂，用于去除无机和有机砷[84-86]。磁性吸附剂的示意图如图 2.1 所示。磁性吸收剂通过电注射器挤压的方法制备，如图 2.2 所示。该团队研究了磁性吸附剂对无机砷和有机砷的吸附化学和吸附能力。结果表明，在 25h 内，无机砷酸盐和有机砷酸盐均能达到吸附平衡。溶液 pH 在去除无机盐和有机砷酸盐中起关键作用，pH 越低，吸附砷的能力越大。无机砷酸盐和有机砷酸盐的吸附容量分别为 11mg As/g 和 8.57mg As/g。光谱分析表明吸附剂中的 COOH 和 Fe—O 基团参与了吸附过程，并在吸附过程中起着重要作用。此外还观察到在吸附过程中无机和有机砷酸盐均被还原为亚砷酸盐。

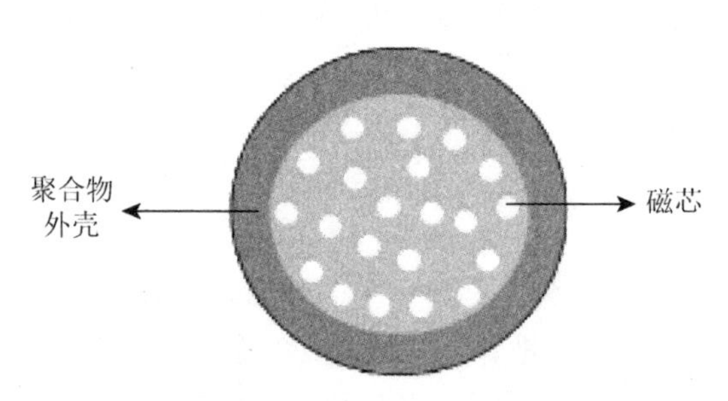

图 2.1 磁性吸附剂示意图

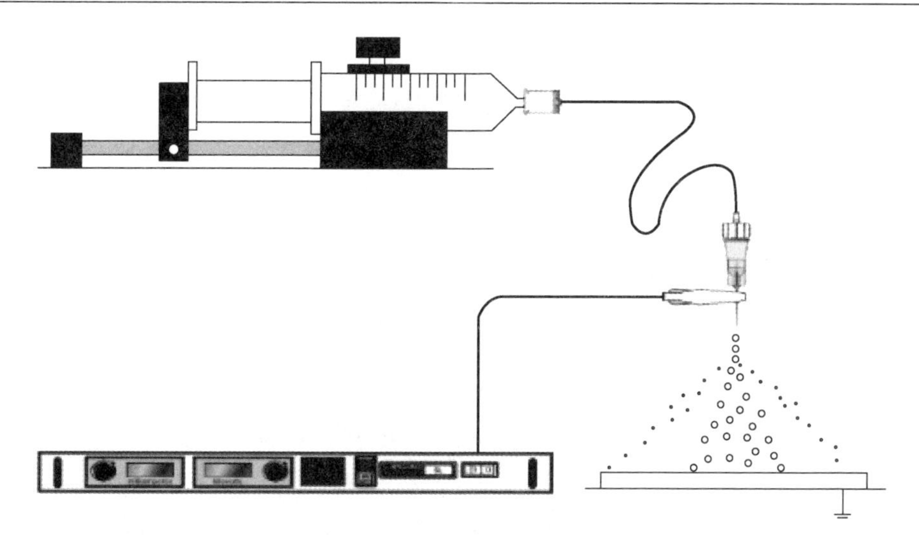

图2.2　电加热挤压法原理图

2）氧化锆

在过去的20年中，锆对水溶液中砷的去除受到越来越多的关注，并且它表现出对砷有很好的吸附能力。

Peräiniemi等[87]报道了负载锆活性炭可作为除水溶液中砷的一种有前景的吸附剂。Suzuki等[88]制备了含水合氧化锆的多孔树脂，用于对砷废水的处理。水合氧化锆负载树脂（Zr树脂）对砷酸盐和亚砷酸盐均表现出较强的吸附作用。在酸性条件下，更有利于砷酸盐在Zr树脂上的吸附，而亚砷酸盐在pH为9～10时吸附效果较好。Zr树脂对砷酸盐的吸附具有明显的选择性，普通阴离子不干扰砷酸盐的吸附。

Balaji等[89]合成了具有赖氨酸钠、乙二酸钠官能团的锆（Ⅳ）负载螯合树脂（Zr-LDA），并对砷（III）和砷（Ⅴ）在树脂上的吸附性能进行了评价。结果表明，Zr-LDA螯合树脂能有效去除砷酸盐和亚砷酸盐，吸附能力为0.656mmol/g和1.1843mmol/g。吸附机理是砷酸盐或亚砷酸盐和Zr-LDA螯合树脂之间的结合作用。Schmidt等[90]制备了一种以硝酸锆浸渍的活性炭（Zr-AC），并研究了其对砷酸盐的吸附性能和机理。结果表明，Zr-AC是一种有效的除砷吸附剂，是因为其高比表面积和高亲和力的表面羟基的存在。氧化锆废渣对砷酸盐和亚砷酸的吸附行为研究结果表明，这种高效的生物吸附剂可用于砷污染水环境的修复。

Zheng等[91]采用协同沉淀技术开发了一种锆基磁性吸附剂，并应用于砷酸盐的去除。其对吸附剂的表征及其吸附行为进行了系统的研究。结果表明，该吸附剂的平均粒径为543.7nm，比表面积为151m^2/g，pH_{ZPC}为7；可以在25h内获得吸附平衡；在较低pH下可获得较好的吸附效果；吸附剂的吸附容量为45.6mg As/g；FTIR光谱分析表明OH基团在吸附中起重要作用。在吸附过程中，部分砷在吸附到磁性吸附剂后被还原为亚砷酸盐，吸附剂中的二价铁可为还原反应提供电子。

3）氧化锰

Deschamps等[92]对一种以锰矿物和铁氧化物为主要成分的天然氧化物样品进行了除砷实验。在实验中，使用添加砷浓度为100μg/L～100mg/L的富砷废水混合自来水。实验结果表明，该材料具有较高的吸附容量，砷（III）吸附量高于砷（Ⅴ），且在pH为3时，经过处理后砷

（Ⅴ）和砷（Ⅲ）的吸附容量分别为 8.5mg/g 和 14.7mg/g。砷（Ⅲ）被锰矿物吸附和溶解氧氧化为砷（Ⅴ）。样品的初始浓度为 100μg/L 的柱状实验证明了该材料能非常有效地去除砷（Ⅲ），达到 10μg/L 的饮用水限值要大于 7400 倍柱床体积。

Lakshmipathiraj 等[93]制备了一种锰取代氢氧化铁（$Mn_{0.13}Fe_{0.87}OOH$），并用于除砷。X 射线衍射分析表明，样品基本上是菱锰矿结构的铁锰氧化物。吸附剂的比表面积为 $101m^2/g$，孔体积为 $0.35cm^3/g$。通过批量实验研究了亚砷酸盐和砷酸盐在吸附剂上的吸附等温线和动力学。结果表明，亚砷酸盐和砷酸盐的吸附容量分别为 4.58mg/g 和 5.72mg/g。朗缪尔等温线可以很好地吻合这两种情况下的吸附等温线。结果表明，砷酸盐和亚砷酸盐的吸附活化能分别为 15～24kJ/mol 和 45～67kJ/mol。

Zhang 等[22, 94]开发了一种新型的铁锰二元氧化物吸附剂，对其除砷效果进行了评价，并对其去除机理进行了研究。采用同时氧化共沉淀法制备了吸附剂。这种合成吸附剂的砷（Ⅲ）吸附量明显高于砷（Ⅴ），砷酸盐和亚砷酸盐最大的吸附量分别为 0.93mmol/g 和 1.77mmol/g。磷酸盐对砷吸附有负面影响。然而，离子强度、硫酸盐和腐殖酸的存在对砷的去除没有显著影响。研究表明，在砷（Ⅲ）吸附过程中，二氧化锰起着重要的作用。二元吸附剂对砷（Ⅲ）的去除是氧化吸附过程。铁锰二元氧化物的高吸附能力使其成为从水溶液中去除砷（Ⅲ）的一种良好的吸附剂。

4）其他金属氧化物/氢氧化物

其他金属氧化物包括氧化铝、氧化钛和氢氧化镧，它们都可用于从水溶液中除砷[95]。由于高比表面积和宏观、微观孔的分布，联合国环境规划署将活性铝吸附技术列为从水溶液中去除砷的最佳可用技术。活性氧化铝通常是通过氢氧化铝的热脱水制备的。活性铝在除砷方面的应用受到了广泛关注。结果表明，吸附砷酸盐的最佳 pH 在 6～8，其中活性铝表面为正电荷。据报道，砷（Ⅲ）吸附在活化的铝上具有强烈的 pH 依赖性，并且在 pH 为 7.6 时活性铝表现出很高的亲和力。

Pena 等[96]评价了纳米二氧化钛（TiO_2）对砷酸盐和亚砷酸盐的去除效果及对亚砷酸盐的光催化氧化效果。在该研究中，用 TiO_2 悬浮液在 0.04mol/L NaCl 溶液中进行间歇吸附和氧化实验，其中同时存在磷酸盐、硅酸盐和碳酸盐的竞争阴离子。实验结果表明，纳米 TiO_2 是砷（Ⅴ）和砷（Ⅲ）的有效吸附剂，是一种高效的光催化剂。砷（Ⅴ）和砷（Ⅲ）的吸附在 4h 内达到平衡，可以用虚拟二阶方程来描述吸附动力学。形成砷（Ⅴ）和砷（Ⅲ）最佳 pH 分别为 8 和 7.5。在恒定的砷浓度为 0.6mmol/L 时，发现超过 0.5m mol/g 的砷（Ⅴ）和砷（Ⅲ）被 TiO_2 吸附。在中性 pH 范围内，磷酸盐、硅酸盐和碳酸盐对 TiO_2 吸附砷（Ⅴ）和砷（Ⅲ）的吸附容量有一定的影响。在阳光和含溶解氧的条件下，2mg/L 砷（Ⅲ）在 25min 内通过光催化氧化，可被 0.2g/L 的二氧化钛完全转化为砷（Ⅴ）。

氢氧化镧、碳酸镧和碱式碳酸镧也可用于从水溶液中去除砷（Ⅴ）[97]。

3. 低成本吸附剂

1）生物吸附剂

生物吸附剂从水溶液中去除低含量痕迹重金属是有效的。甲壳素、壳聚糖、纤维素、水葫芦和各种生物已被用于从水溶液中除砷。

甲壳素是仅次于纤维素的最广泛存在的天然碳水化合物聚合物[95]。它是一种长而无支链的纤维素多糖衍生物，其中 C2 羟基被乙酰氨基—$NHCOCH_3$ 所取代，壳聚糖是以甲壳素为原料，经高温浓碱脱乙酰基而得到的。

Elson 等[98]研究了壳聚糖/甲壳素混合物对水中砷的去除效果。观察发现在 pH 为 7 时混合物的吸附容量是 0.13 equiv，分配系数为 65 的 As/g 混合物。Dambies 等[99]研究了砷（V）在钼酸盐浸渍壳聚糖凝胶微球上的吸附行为。钼酸盐浸渍提高了壳聚糖对砷（V）的吸附能力。砷吸附的最佳 pH 为 3 左右。用磷酸预处理吸附剂可以去除钼中不稳定的部分，减少钼在吸附过程中的释放。在过量钼负载下，砷的吸附量为 200mg As/g Mo，超过钼的负荷的那部分，可以用磷酸再生出吸附剂。Munoz 等[100]采用磷酸铁负载纤维素对再生吸附剂进行脱砷研究。这两项研究表明，铁负载纤维素可用于砷的有效去除。除此之外，还对水葫芦和其他生物成分进行了除砷研究[95]。

2）农业和工业废物

农业和工业废物，如稻壳、煤焦、煤、高炉炉渣、铁（III）/铬（III）氢氧化物废物、粉煤灰等农业和工业废弃物，因其在水溶液中的除砷应用而受到广泛的关注。Ocinski 等[101]利用渗透水脱盐脱氮过程中产生的一种水处理残渣副产物（WTRs），来作为砷酸盐和亚砷酸盐的吸附剂。WTRs 高度多孔（$120m^2/g$），主要由铁和锰氧化物组成，它们有利于高砷的去除，最大朗缪尔吸附量分别为 132mg As(III)/g 和 77 mg As(III)/g。氧化锰添加剂的存在同时对吸附剂表面的砷（III）氧化和新吸附点的反应脱砷（III）起着关键作用，有助于显著提高亚砷酸盐的去除效率。此外，该机制能够从酸性溶液中高效地除去砷（III），但当吸附剂的唯一组分是氧化铁时，这种除砷机制就不可行了。动力学研究表明，砷（V）在 WTRs 上的吸附主要受外部扩散和内扩散的控制，两步化学吸附机理、氧化作用和内球络合作用对砷（III）吸附速率的贡献较大。通常采用 NaOH/NaCl 洗脱法对废吸附剂进行再生。关于用于除砷的农业和工业废物的更多实例，请参阅文献[95]。

2.6　近期的研究和发展

过去 10 年中，纳米技术在自来水和废水处理中得到了很大的应用，提高了废水处理效率[102]。纳米材料，如纳米颗粒（NPs）、纳米纤维（NFs），由于它们具有高比表面积、丰富的活性结合位点和快速反应动力学，是除砷的潜在备选材料。本节主要介绍一些先进的纳米材料表现出的有效的除砷性能。

2.6.1　金属氧化物纳米颗粒

在电化学过氧化法（ECP）中选择 NPS 作为阳极，以去除铜的火法冶金工业合成和实际废水中的高浓度砷（1300～3000mg/L）[103]。操作参数，包括初始 pH 和处理时间，分别在 2.0～5.5min 和 30～180min 变化，用以处理砷（III）和砷（V）合成废水和实际产生的铜冶炼废水。观察到溶液中存在的砷的氧化态和 pH 对砷去除效率的影响：在 pH 为 6.5 和 5 时，砷（III）和砷（V）混合废水的最大去除率分别为 62.4%和 99.7%。然而，真正的铜冶炼厂废水，首先使用铁 NP 和碳电极处理，在 3.5～6.5 的 pH 范围内达到 89%～96%的去除率，在 6.5 达到最大去除率。对含砷（III）的铜冶炼废水和实际铜冶炼废水进行了类似的去除现象观察，去除趋势表明大多数砷以砷（III）氧化状态存在。

除纯金属氧化物纳米颗粒外，二元氧化物纳米颗粒结合了双元素的优点，在去除砷方面发挥了不同的作用。Zhang 等[104]报道了一种新型高效、低成本的脱砷吸附剂——采用简易共沉淀法合成的纳米结构 Fe-Cu 二元氧化物。表面表征表明，双线类亚铁氢化物二元氧化物结晶度差，聚集有大量的纳米颗粒（约 50nm）。铜铁摩尔比变化较大，当其为 1∶2 时，对砷（Ⅲ）和砷（Ⅴ）的去除效果最为明显，pH 为 7 时的吸附容量分别为 82.7mg/g 和 122.3mg/g。多数报道表明，吸附剂的优越性主要是由于高比表面积（282m^2/g），以及铜铁氧化物的联合作用。XPS 分析表明吸附过程中砷（Ⅲ）与砷（Ⅴ）之间没有发生转化。磷酸盐的存在（而非硫酸盐或碳酸盐的存在），显著影响砷的去除效率，特别是在磷酸盐浓度较高的情况下。二元氧化物纳米颗粒可以通过 NaOH 溶液的简单洗涤和干燥后再生。

与 Fe-Cu 二元氧化物纳米颗粒不同，Fe-Mn 二元氧化物纳米颗粒在吸附过程中参与了价态的转变[105]。采用 X 射线吸收光谱法（XAS）直接原位测定砷形态，研究了铁、锰含量对砷去除的影响。X 射线吸收近边结构结果表明，Mn 在 + 3 和 + 4 价态条件下，As（Ⅲ）氧化为 As（Ⅴ）主要通过分两步氧化由 MnO_x（$1.5<x<2$）完成，即 Mn（Ⅳ）还原为 Mn（Ⅲ）和随后的 Mn（Ⅲ）到 Mn（Ⅱ）。然而，FeOOH 的含量可影响 As（Ⅴ）的吸附，该系统暴露于空气中，对 As（Ⅲ）氧化作用贡献不大。根据扩展 X 射线吸收精细结构的结果，在砷和二元氧化物之间形成原子间距为 Å3.22～3.24 具有 As-M（M = Fe 或 Mn）的内球二齿双核角共享结合物。二元铁锰氧化物纳米颗粒具有高吸附性、低成本和环境友好等优点，其适合用于环境治理和水处理中作为砷（Ⅲ）的高效氧化剂和砷（Ⅴ）的吸附剂。

2.6.2　纳米纤维

静电纺丝法制备的一维（1D）纳米纤维，由于其高比表面积、多孔性和互连孔结构而成为近 20 年来研究的热点，在环境工程、材料工程、能量储备等领域有着广泛的应用[106]。静电纺丝技术是一种简单而通用的方法，聚合物溶液在高压静电场下产生射流，射流被拉伸使其细化从而形成纳米纤维物质，并且其表面形貌和化学成分是可控的。典型的静电纺丝装置如图 2.3 所示。

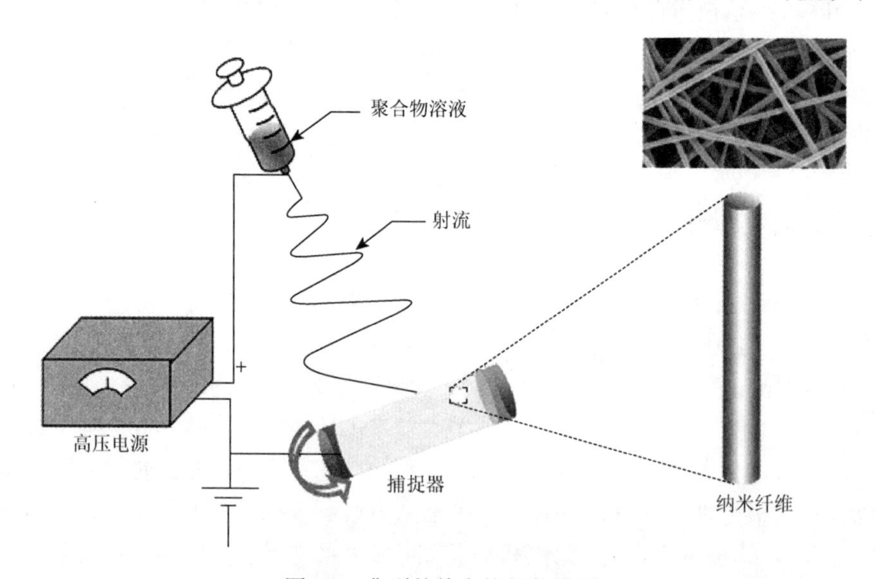

图 2.3　典型的静电纺丝装置图

Min 等[107]报道了一种平均粒径为 129nm 的壳聚糖基静电纺丝纳米纤维膜（CS-ENM）的成功制备方法，并检验了 CS-ENM 对砷（Ⅴ）的去除效果，考察了接触时间、初始砷（Ⅴ）浓度、溶液 pH、离子强度等因素对去除效果的影响。实验观察到了平衡时间约为 0.5h 的快速吸附动力学，而砷（Ⅴ）在 CS-ENM 上的吸附容量为 30.8mg/g，高于大多数报道的壳聚糖吸附剂，其高吸附能力是由于比表面积大、孔体积大、互连孔结构及表面羟基和氨基的高亲和性，这也与 XPS 分析的结果吻合。研究表明，溶液的酸碱度对砷（Ⅴ）在 CS-ENM 上的吸附也起着关键作用，在较低的酸碱度下，吸附后的砷（Ⅴ）与 CS-ENM 形成了离子强度结合的外球面配合物。

通过静电纺丝可以很容易地实现，为砷提供作为结合的金属的活性位点。Fe^{3+}固定化聚乙烯醇（PVA）纳米纤维具有光滑的形态，直径为 600～800nm，Fe^{+}/PVA 的混合物在氨蒸气下相互交联。Fe^{3+}离子与聚乙烯醇的羟基配位，并作为带负电荷砷阴离子的阳离子结合位点，用 FTIR 和 XPS 进行了表征。随着 Fe^{3+}离子含量的增加，玻璃化转变温度也得到提高。与 Fe^{3+}结合的碳颗粒相比，纳米纤维复合材料的主要优点是，不需过滤材料，是易于处理和储存的纤维垫。结果表明，砷（Ⅲ）和砷（Ⅴ）在纳米纤维上的吸附容量分别为 67mg/g 和 36mg/g。硅酸盐阴离子的存在降低了吸附效率，而腐殖酸对吸附没有明显的干扰。

通过静电纺丝和煅烧/酸溶解制备的无机纳米纤维在污水处理的应用中也受到了极大的关注。Vu 等[108]研究了晶体 TiO_2、纳米纤维对砷（Ⅲ）吸附的相效应。非晶态、锐钛矿等不同相结构对吸附速率和吸附容量有显著影响。在各种样品中，非晶态 TiO_2 纳米纤维表现出最高的砷（Ⅲ）吸附能力和吸附率，这主要是由于其较高的比表面积和多孔体积。通过静电纺丝相控制备的晶体纳米纤维被证明是一种有效地去除水溶液中砷的方法。

Cheng 等[109]还研究了模板定向热液碳化法制备的碳纳米纤维（CNFs）对砷（Ⅴ）和铬（Ⅵ）的竞争吸附作用，结果表明，CNFs 对单金属体系中砷（Ⅴ）和铬（Ⅵ）的最大朗缪尔吸附量分别为 2.36mmol/g 和 0.67mmol/g。在二元砷-铬体系中，CNFs 对铬（Ⅵ）的亲和力高于砷（Ⅴ），这可能是由铬（Ⅵ）和 CNFs 之间的内球和外球表面络合作用造成的，这与 CNFs 对砷（Ⅴ）的静电外球吸附作用形成了对比。

2.6.3　有机/金属氧化物纳米复合材料

有机/金属氧化物纳米复合材料在水处理中的光催化剂、消毒剂、吸附剂等应用日益广泛[110]。最近，通过浸渍法制备了一种新型的锆基掺杂活性碳纤维（ACF），用于同时去除砷和天然有机物（NOMS）[111]。选择具有高机械强度和比表面积的 ACF 作为支撑基质，以避免水介质中的 NPs 聚集，以及去除 NOMS 和各种有机污染物。吸附平衡在 30h 内建立，砷（Ⅴ）吸附的最佳 pH 为 3。吸附数据最好用朗缪尔等温线描述，吸附容量为 21.7mg As/g（pH = 3）。羟基磷灰石的存在在一定程度上抑制了砷（Ⅴ）的吸附，这可能是由于羟基磷灰石对吸附剂上活性吸附位点的阻滞。固定床柱过滤实验表明，在初始浓度为 106μg/L 的模拟砷污染水中，该复合材料生产 570.4 个床层，可以成功地满足 10μg/L 的 MCL 要求。XPS 分析表明，砷（Ⅴ）的吸附主要是通过硫酸氢盐与砷酸根离子的交换反应实现的。

采用不同孔径分布的阴离子交换剂（NS）作为 HFO 纳米粒子的受限生长载体，研究其对砷（Ⅴ）吸附的影响[112]。透射电子显微镜（TEM）观察到，限制 HFO 纳米粒子的平均粒径从 31.4nm 减少到 11.6nm，NS 宿主的平均孔径从 38.7nm 减小到 9.2nm，而活性表面密度的增加是由于尺寸依赖的效应。最小孔径的阴离子交换剂具有最高的吸附量，对 NS 主体的孔径进行调整，可以使砷（V）的吸附容量从 24.2mg/g 提高到 31.6mg/g。当孔径减小时，吸附动力学也略有加快。此外，在 pH 为 3～10 的情况下，观察到对砷（V）的吸附增强，在具有最小孔径的 NS 上，也存在竞争的阴离子，包括氯化物、硫酸盐、碳酸氢盐、硝酸盐和磷酸盐。由于尺寸限制效应，固定床的工作容量从 2200BV 增加到 2950BV（柱床体积），但是并没有发现其对砷（V）有解吸的不利影响。

用明矾、β-羟基氧化铁纳米复合物修饰的羧基氧化石墨烯，与裸 GO 或氧化铁相比，对砷（Ⅲ）和砷（V）均表现出更出色的吸附能力[113]。高吸附容量主要归因于砷和 β-FeOOH@GO-COOH 的表面络合和静电吸附作用，并被 pH 分析所证实。纳米复合材料也对痕量砷（Ⅲ）（100μg/L）和砷（V）（100μg/L）有一定的去除效果，在五次连续的吸附/解吸循环后去除率分别为 100%和 97%，在 20 个操作周期后去除率均在 80%以上。此外，它是一种有望用于超微量无机砷富集的候选介质，检出限为 29ng/L。

虽然 NPs 可以提供高比表面积和高反应性，但它们通常会聚集并难以从水溶液中分离出来。因此，研究重点是磁性纳米粒子的广泛性，它可以很容易地与外部磁体隔离，而低成本的生物炭和磁性材料的组合似乎是一个更有吸引力的脱砷选择[114]。通过热解赤铁矿改良松木生物质生产磁性生物炭。XRD 检测证实了热解过程中具有强磁性的赤铁矿转变为 γ-Fe_2O_3。由于砷和 γ-Fe_2O_3 提供的许多吸附位点之间的静电相互作用，碳表面上的粒子吸附能力大大提高。这种低成本的磁性生物炭可以作为一种替代的修复剂，以降低环境中砷污染的风险。

参考文献

[1] MANDAL B K，SUZUKI K T. Arsenic round the world：a review. Talanta，2002，58：201-235.

[2] AZCUE J M，NRIAGU J O. Arsenic：historical perspectives//NRIAGU J O. Arsenic in the environment. Part 1：cycling and characterization. New York：John Wiley & Sons，Inc，1994：1-15.

[3] FRANKENBERGER W T. Environmental chemistry of arsenic. New York：Marcel Dekker，Inc，2002.

[4] TAYLOR S R，MCLENNAN S M. The continental crust：its composition and evolution. Oxford：Blackwell Scientific，1985.

[5] MATSCHULLAT J. Arsenic in the geosphere：a review. The science of the total environment，2000，249：297-312.

[6] BISSEN M，FRIMMEL F H. Arsenic：a review. Part I：occurrence，toxicity，speciation，mobility. Acta hydrochim et hydrobiol，2003，31：9-18.

[7] SMEDLEY P L，KINNIBURGH D G. A review of the source，behaviour and distribution of arsenic in natural waters. Applied geochemistry，2002，17：517-568.

[8] JAIN C K，ALI I. Arsenic：occurrence，toxicity and speciation techniques. Water research，2000，34：4304-4312.

[9] ATSDR. Toxicological profile for arsenic，draft for public comment，agency for toxic substances and disease registry：Atlanta，GA，2005：29-182.

[10] WILSON R. Summary of the acute and chronic effects of arsenic and the extent of the world arsenic catastrophe，2009. http://users.physics.harvard.edu/～wilson/arsenic/references/arsenic_project_introduction.html.

[11] SAHA J C，DIKSHIT A K，BANDYOPADHYAY M，et al. A review of arsenic poisoning and its effects on human health. Critical reviews in environmental science and technology，1999，29：281-313.

[12] CHOONG T S Y，CHUAH T G，ROBIAH Y，et al. Arsenic toxicity，health hazards and removal techniques from water：an overview. Desalination，2007，217：139-166.

[13] MELAMED D. Monitoring arsenic in the environment：a review of science and technologies with the potential for field measurements. Analytica chimica acta，2005，532：1-13.

[14] RAHMAN F A，ALLAN D L，ROSEN C J，et al. Arsenic availability from chromated copper arsenate（CCA）-treated wood. Journal of environmental quality，2004，33：173-180.

[15] ZHENG Y M，YU L，CHEN J P. Removal of methylated arsenic using a nanostructured zirconia-based sorbent：process performance and adsorption chemistry. Journal of colloid and interface science，2012，367：362-369.

[16] DRIEHAUS W，SEITH R，JEKEL M. Oxidation of arsenate（Ⅲ）with manganese oxides in water treatment. Water research，1995，29：297-305.

[17] CHIU V Q，HERING J G. Arsenic adsorption and oxidation at manganite surfaces，1，method for simultaneous determination of adsorbed and dissolved arsenic species. Environmental science and technology，2000，34：2029-2034.

[18] KIM M J，NRIAGU J. Oxidation of arsenite in groundwater using ozone and oxygen. The science of the total environment，2000，247：71-79.

[19] HUG S J，LEUPIN O. Iron-catalyzed oxidation of arsenic（Ⅲ）by oxygen and by hydrogen peroxide：pH-dependent formation of oxidants in the Fenton reaction. Environmental science and technology，2003，37：2734-2742.

[20] LEE Y H，UM I H，YOON J Y. Arsenic（Ⅲ）oxidation by iron（Ⅵ）（ferrate）and subsequent removal of arsenic（Ⅴ）by iron（Ⅲ）coagulation. Environmental science and technology，2003，37：5750-5756.

[21] LENOBLE W，LACLAUTRE C，SERPAUD B，et al. As（Ⅴ）retention and As（Ⅲ）simultaneous oxidation and removal on a MnO_2-loaded polystyrene resin. The science of the total environment，2004，326：197-207.

[22] ZHANG G S，QU J H，LIU H J，et al. Preparation and evaluation of a novel Fe–Mn binary oxide adsorbent for effective arsenite removal. Water research，2007，41：1921-1928.

[23] LEUPIN O X，HUG S J. Oxidation and removal of arsenic（Ⅲ）from aerated groundwater by filtration through sand and zero-valent iron. Water research，2005，39：1729-1740.

[24] LI N，FAN M H，VAN LEEUWEN J，et al. Oxidation of As（Ⅲ）by potassium permanganate. Journal of environmental sciences，2007，19：783-786.

[25] JANG J H，DEMPSEY B A. Coadsorption of arsenic（Ⅲ）and arsenic（Ⅴ）onto hydrous ferric oxide：effects on abiotic oxidation of arsenic（Ⅲ），extraction efficiency，and model accuracy. Environmental science and technology，2008，42：2893-2898.

[26] EMETT M T，KHOE G H. Photochemical oxidation of arsenic by oxygen and iron in acidic solutions. Water research，2001，35：649-656.

[27] XU T L，CAI Y，O'SHEA K. Adsorption and photocatalyzed oxidation of methylated arsenic species in TiO_2 suspensions. Environmental science and technology，2007，41：5471-5477.

[28] ZAW M，EMETT M T. Arsenic removal from water using advanced oxidation processes. Toxicology letters，2002，133：113-118.

[29] FERGUSON M A，HOFFMANN M R，HERING J G. TiO_2-photocatalyzed As（Ⅲ）oxidation in aqueous suspensions：reaction kinetics and effects of adsorption. Environmental science and technology，2005，39：1880-1886.

[30] DUTTA P K，PEHKONEN S O，SHARMA V K，et al. Photocatalytic oxidation of arsenic（Ⅲ）：evidence of hydroxyl radicals. Environmental science and technology，2005，39：1827-1834.

[31] KATSOYIANNIS I A，RUETTIMANN T，HUG S J. pH dependence of Fenton reagent generation and As（Ⅲ）oxidation and removal by corrosion of zero valent iron in aerated water. Environmental science and technology，2008，42：7424-7430.

[32] ZHANG F S，ITOH H. Photocatalytic oxidation and removal of arsenite from water using slag-iron oxide-TiO_2 adsorbent. Chemosphere，2006，65：125-131.

[33] FERGUSON M A，HERING J G. TiO_2-photocatalyzed As（Ⅲ）oxidation in a fixed-bed，flow-through reactor. Environmental science and technology，2006，40：4261-4267.

[34] NEPPOLIAN B，CELIK E，CHOI H. Photochemical oxidation of arsenic（Ⅲ）to arsenic（Ⅴ）using peroxydisulfate ions as an oxidizing agent. Environmental science and technology，2008，42：6179-6184.

[35] YOON S H，LEE J H，OH S E，et al. Photochemical oxidation of As（Ⅲ）by vacuum-UV lamp irradiation. Water research，2008，42：3455-3463.

[36] YEO J，CHOI W. Iodide-mediated photooxidation of arsenite under 254 nm irradiation. Environ sci technol，2009，43：3784-3788.

[37] WEEGER W，LIEVREMONT D，PERRET M，et al. Oxidation of arsenite to arsenate by a bacterium isolated from an aquatic

environment. Biometals，1999，12：141-149.

[38] LIEVREMONT D，N'Negue M A，BEHRA P，et al. Biological oxidation of arsenite：batch reactor experi ments in presence of kutnahorite and chabazite. Chemosphere，2003，51：419-428.

[39] LENOBLE W，LACLAUTRE C，SERPAUD B，et al. Bacterial immobilization and oxidation of arsenic in acid mine drainage. Water research，2003，37：2929-2936.

[40] KATSOYIANNIS I A，ZOUBOULIS A I，JEKEL M. Kinetics of bacterial As（III）oxidation and subsequent As（V）removal by sorption onto biogenic manganese oxides during groundwater treatment. Industrial and engineering chemistry research，2004，43：486-493.

[41] CASIOT C，PEDRON V，BRUNEEL O，et al. A new bacterial strain mediating As oxidation in the Fe-rich biofilm naturally growing in a groundwater Fe treatment pilot unit. Chemosphere，2006，64：492-496.

[42] HERING J G，CHEN P Y，WILKIE J A，et al. Arsenic removal from drinking water during coagulation. Journal of environmental engineering，1997，123：800-807.

[43] ZOUBOULIS A，KATSOYIANNIS I. Removal of arsenates from contaminated water by coagulation-direct filtration. Separation science and technology，2002，37：2859-2873.

[44] WICKRAMASINGHE S R，HAN B，ZIMBRON J，et al. Arsenic removal by coagulation and filtration：comparison of groundwaters from the United States and Bangladesh. Desalination，2004，169：231-244.

[45] BAGGA A，CHELLAM S，CLIFFORD D A. Evaluation of iron chemical coagulation and electrocoagulation pretreatment for surface water microfiltration. Journal of membrane science，2008，309：82-93.

[46] BALASUBRAMANIAN N，MADHAVAN K. Arsenic removal from industrial effluent through electrocoagulation. Chemical engineering technology，2001，24：519-521.

[47] KUMAR P R，CHAUDHARI S，KHILAR K C，et al. Removal of arsenic from water by electrocoagulation. Chemosphere，2004，55：1245-1252.

[48] PARGA J R，COCKE D L，VALVERDE V，et al. Characterization of electrocoagulation for removal of chromium and arsenic. Chemical engineering technology，2005，28：605-612.

[49] HANSEN H K，NUNEZ P，GRANDON R. Electrocoagulation as a remediation tool for wastewaters containing arsenic. Mineral engineering，2006，19：521-524.

[50] HANSEN H K，NUÑEZ P，RABOY D，et al. Electrocoagulation in wastewater containing arsenic：comparing different process designs. Electrochimca acta，2007，52：3464-3470.

[51] MALDONADO-REYES A，MONETRO-Ocampo C，SOLORZA-FERIA O. Remediation of drinking water contaminated with arsenic by the electro-removal process using different metal electrodes. Journal of environmental monitoring，2007，9：1241-1247.

[52] BASHA C A，SELVI S J，RAMASAMY E，et al. Removal of arsenic and sulphate from the copper smelting industrial effluent. Chemical engineering journal，2008，141：89-98.

[53] BALASUBRAMANIAN N，KOJIMA T，BASHA C A，et al. Removal of arsenic from aqueous solution using electrocoagulation. Journal of hazardous materials，2009，167：966-969.

[54] MENG X G，KORFATIS G P，CHRISTODOULATOS C，et al. Treatment of arsenic in Bangladesh well water using a household co-precipitation and filtration system. Water research，2001，35：2805-2810.

[55] BOLIN N J，SUNDKVIST J E. Two-stage precipitation process of iron and arsenic from acid leaching solutions. Transactions nonferrous metals society of China，2008，18：1513-1517.

[56] LIM M S，YEO I W，ROH Y，et al. Arsenic reduction and precipitation by shewanella sp.：batch and column tests. Geosciences journal，2008，12：151-157.

[57] JUBINKA L，RAJAKOVIC V，MITROVIC M M. Arsenic removal from water by chemisorption filters. Environmental pollution，1992，75：279-287.

[58] BRANDHUBER P，AMY G. Alternative methods for membrane filtration of arsenic from drinking water. Desalination，1998，117：1-10.

[59] BRANDHUBER P，AMY G. Arsenic removal by a charged ultrafiltration membrane：influences of membrane operating conditions

and water quality on arsenic rejection. Desalination，2001，140：1-14.

[60] JUDIT F，HIDEG M. Application of ZW-1000 membranes for arsenic removal from water sources. Desalination，2004，162：75-83.

[61] NEWCOMBE R L，HART B K，MOLLER G. Arsenic removal from water by moving bed active filtration. Journal of environmental engineering，2006，132：5-12.

[62] FERELLA F，PRISCIANDARO M，MICHELIS I D，et al. Removal of heavy metals by surfactant-enhanced ultra-filtration from wastewaters. Desalination，2007，207：125-133.

[63] SOLOZHENKIN P M，ZOUBOULIS A I，KATSOYIANNIS I A. Removal of arsenic compounds by chemisorption filtration. Journal of mining science，2007，43：212-220.

[64] SOLOZHENKIN P M，ZOUBOULIS A I，KATSOYIANNIS I A. Removal of arsenic compounds from waste water by chemisorption filtration. Theoretical foundations of chemical engineering，2007，41：772-779.

[65] XIA S J，DONG B Z，ZHANG Q L，et al. Study of arsenic removal by nanofiltration and its application in China. Desalination，2007，204：374-379.

[66] HSIEH L H C，WENG Y H，HUANG C P，et al. Removal of arsenic from groundwater by electro-ultrafiltration. Desalination，2008，234：402-408.

[67] FOGARASSY E，GALAMBOS I，BEKASSY-MOLNAR E，et al. Treatment of high arsenic content wastewater by membrane filtration. Desalination，2009，240：270-273.

[68] NGUYEN V T，VIGNESWARAN S，NGO H H，et al. Arsenic removal by a membrane hydrid filtration system. Desalination，2009，236：363-369.

[69] POKHREL D，VIRARAGHAVAN T. Biological filtration for removal of arsenic from drinking water. Journal of environmental management，2009，90：1956-1961.

[70] QU D，WANG J，HOU D Y，et al. Experimental study of arsenic removal by direct contact membrane distillation. Journal of hazardous materials，2009，163：874-879.

[71] BANSAL R P，DONNET J P，STOECKLI F. Active carbon. New York：Marcel Dekker，1988.

[72] MANTELL C L. Carbon and graphite handbook. New York：John Wiley & Sons，Inc，1968.

[73] LI L，QUINLIVAN P A，KNAPPE D R U. Effects of activated carbon surface chemistry and pore structure on the adsorption of organic contaminants from aqueous solution. Carbon，2002，40：2085-2100.

[74] HUANG C P，FU P L K. Treatment of arsenic（V）：containing water by the activated carbon process. Journal of water pollution control federation，1984，56：233-242.

[75] EGUEZ H E，CHO E H. Adsorption of arsenic on activated charcoal. JOM，1987，39：38-41.

[76] NAVARRO P，ALGUACIL F J. Adsorption of antimony and arsenic from a copper electrorefining solution onto activated carbon. Hydrometallurgy，2002，66：101-105.

[77] CHUANG C L，FAN M，XU M，et al. Adsorption of arsenic（V）by activated carbon prepared from oat hulls. Chemosphere，2005，61：478-483.

[78] YANG L，WU S N，CHEN J P. Modification of activated carbon by polyaniline for enhanced adsorption of aqueous arsenate. Industrial and engineering chemistry research，2007，46：2133-2140.

[79] NATALE F D，ERTO A，LANCIA A，et al. Experimental and modelling analysis of As（V）ions adsorption on granular activated carbon. Water research，2008，42：2007-2016.

[80] BADRUZZAMAN M，WESTERHOFF P，KNAPPE D R U. Intraparticle diffusion and adsorption of arsenate onto granular ferric hydroxide（GFH）. Water research，2004，38：4002-4012.

[81] KUNDU S，GUPTA A K. Adsorption characteristics of As（III）from aqueous solution on iron oxide coated cement（IOCC）. Journal of hazardous materials，2007，142：97-104.

[82] ZENG H，ARASHIRO M，GIAMMAR D E. Effects of water chemistry and flow rate on arsenate removal by adsorption to an iron oxide-based sorbent. Water research，2008，42：4629-4636.

[83] MUNOZ J A，GONZALO A，VALIENTE M. Kinetic and dynamic aspects of arsenic adsorption by Fe（III）-loaded sponge. Journal of solution chemistry，2008，37：553-565.

[84] LIM S F，CHEN J P. Synthesis of an innovative calcium-alginate magnetic sorbent for removal of multiple contaminants. Applied surface Science，2007，253：5772-5775.

[85] LIM S F，ZHENG Y M，CHEN J P. Organic arsenic adsorption onto a magnetic sorbent. Langmuir，2009，25：4973-4978.

[86] LIM S F，ZHENG Y M，CHEN J P. Uptake of arsenate by an alginate-encapsulated magnetic sorbent：process performance and characterization of adsorption chemistry. Journal of colloid and interface science，2009，333：33-39.

[87] PERÄINIEMI S，HANNONEN S，MUSTALAHTI H，et al. Zirconium-loaded activated charcoal as an adsorbent for arsenic，selenium and mercury. Fresenius journal of analytical chemistry，1994，349：510-515.

[88] SUZUKI T M，BOMANI J O，MATSUNAGA H，et al. Preparation of porous resin loaded with crystalline hydrous zirconium oxide and its application to the removal of arsenic. Reactive and functional polymers，2000，43：165-172.

[89] BALAJI T，YOKOYAMA T，MATSUNAGA H. Adsorption and removal of As（Ⅴ）and As（Ⅲ）using Zr-loaded lysine diacetic acid chelating resin. Chemosphere，2005，59：1169-1174.

[90] SCHMIDT G T，VLASOVA N，ZUZAAN D，et al. Adsorption mechanism of arsenate by zirconylfunctionalized activated carbon. Journal of colloid and interface science，2008，317：228-234.

[91] ZHENG Y M，LIM S F，CHEN J P. Preparation and characterization of zirconium-based magnetic sorbent for arsenate removal. Journal of colloid and interface science，2009，338：22-29.

[92] DESCHAMPS E，CIMINELLI V S T，HOLL W H. Removal of As（Ⅲ）and As（Ⅴ）from water using a natural Fe and Mn enriched sample. Water research，2005，39：5212-5220.

[93] LAKSHMIPATHIRAJ P，NARASIMHAN B R V，PRABHAKAR S，et al. Adsorption studies of arsenic on Mn-substituted iron oxyhydroxide. Journal of colloid and interface science，2006，304：317-322.

[94] ZHANG G S，QU J H，LIU H J，et al. Removal mechanism of As（Ⅲ）by a novel Fe–Mn binary oxide adsorbent：oxidation and sorption. Environmental science and technology，2007，41：4613-4619.

[95] MOHAN D，PITTMAN C U. Arsenic removal from water/wastewater using adsorbents：a critical review. Journal of hazardous materials，2007，142：1-53.

[96] PENA M E，KORFIATIS G P，PATEL M，et al. Adsorption of As（Ⅴ）and As（Ⅲ）by nanocrystal-line titanium dioxide. Water research，2005，11：2327-2337.

[97] TOKUNAGA S，WASAY S A，PARK S W. Removal of arsenic（Ⅴ）ion from aqueous solutions by lanthanum compounds. Water science and technology，1997，35：71-78.

[98] ELSON C M，DAVIES D H，HAYES E R. Removal of arsenic from contaminated drinking water by a chitosan/chitin mixture. Water research，1980，14：1307-1311.

[99] DAMBIES L，ROZE A，GUIBAL E. As（Ⅴ）sorption on molybdate impregnated chitosan gel beads（MICB）. Advance in chitin science，2000，4：302-309.

[100] MUNOZ J A，GONZALO A，VALIENTE M. Arsenic adsorption by Fe（Ⅲ）-loaded open-celled cellulose sponge. Thermodynamic and selectivity aspects. Environmental science and technology，2002，36：3405-3411.

[101] OCINSKI D，JACUKOWICZ-SOBALA I，MAZUR P，et al. Water treatment residuals containing iron and manganese oxides for arsenic removal from water：characterization of physic-chemical properties and adsorption studies. Chemical engineering journal，2016，294：210-221.

[102] QU X，ALVAREZ P J J，LI Q. Applications of nanotechnology in water and wastewater treatment. Water research，2013，47：3931-3946.

[103] GUTIÉRREZ C，HANSEN H K，NÚÑEZ P，et al. Electrochemical peroxidation using iron nanoparticles to remove arsenic from copper smelter wastewater. Electrochimica acta，2015，181：228-232.

[104] ZHANG G S，REN Z M，ZHANG X W，et al. Nanostructured iron（Ⅲ）–copper（Ⅱ）binary oxide：a novel adsorbent for enhanced arsenic removal from aqueous solutions. Water research，2013，47：4022-4031.

[105] ZHANG G S，LIU F D，LIU H J，et al. Respective role of Fe and Mn oxide contents for arsenic sorption in iron and manganese binary oxide：an x-ray absorption spectroscopy investigation. Environmental science and technology，2014，48：10316-10322.

[106] FENG C，KHULBE K C，MATSUURA T，et al. Preparation and characterization of electro-spun nanofiber membranes and their

possible applications in water treatment. Separation and purification technology，2013，102：118-135.

[107] MIN L L，YUAN Z H，ZHONG LB，et al. Preparation of chitosan based electro spun nanofiber membrane and its adsorptive removal of arsenate from aqueous solution. Chemical engineering journal，2015，267：132-141.

[108] VU D，LI X，LI Z，et al. Phase-structure effects of electros pun TiO_2 nanofiber membranes on as（Ⅲ）adsorption. The journal of chemical and engineering data，2013，58：71-77.

[109] CHENG W，DING C，WANG X，et al. Competitive sorption of As（Ⅴ）and Cr（Ⅵ）on carbonaceous nanofibers. Chemical engineering journal，2016，293：311-318.

[110] UPADHYAY R K，SOIN N，ROY S S. Role of graphene/metal oxide composites as photocatalysts，adsorbents and disinfectants in water treatment：a review. RSC advances，2014，4：3823-3851.

[111] ZHAO D，YU Y，CHEN J P. Fabrication and testing of zirconium-based nanoparticle-doped activated carbon fiber for enhanced arsenic removal in water. RSC advances，2016，6：27020-27030.

[112] LI H，SHAN C，ZHANG Y，et al. Arsenate adsorption by hydrous ferric oxide nanoparticles embedded in cross-linked anion exchanger：effect of the host pore structure. ACS applied materials and interfaces，2016，8：3012-3020.

[113] CHEN M L，SUN Y，HUO C B，et al. Akageneite decorated graphene oxide composite for arsenic adsorption/removal and its proconcentration at ultra-trace level. Chemosphere，2015，130：52-58.

[114] WANG S，GAO B，ZIMMERMAN A R，et al. Removal of arsenic by magnetic biochar prepared from pinewood and natural hematite. Bioresource technology，2015，175：391-395.

第3章 环境中钡的毒性、来源和控制

钡（Ba）是一种银白色金属，占地壳的0.05%。食物和饮用水中偶尔存在极少量的天然钡。在地下沉积物中经常发现两种钡化合物：硫酸钡和碳酸钡。天然存在的钡非常少，沉积岩的地下水侵蚀是饮用水中天然钡的主要来源。自然土壤侵蚀将钡释放到空气中，大多数人呼吸的空气中钡含量不足0.0015ppb（1pbb表示10^{-9}）。钡和钡化合物可用于许多商品生产中。开采硫酸钡并将其用于石油和天然气生产、医疗过程及油漆、砖、瓦、玻璃和橡胶的制造，其他钡化合物用于制造陶瓷、农药、油和燃料添加剂。钡可以通过三种方式进入人体：食用某些食物和/或饮用水、吸入空气中的钡化合物、通过皮肤直接接触含钡的物质。除非在化学实验室或相关职业接触，否则很少发生钡通过皮肤接触进入人体。在制造或使用钡化合物的行业中工作的人员也可能接触暴露于空气中的钡，这种暴露可能是危险的。食物和水中钡的含量很少，对健康几乎没有影响。事实上，人体需要一定量的钡元素，这样才能保持身体健康。根据最新的研究，钡不是一种致癌物质。美国环境保护署规定每百万份（10^{-6}）水中最多含2份钡。美国职业安全与健康管理局等联邦机构负责监管水和工作场所空气中的钡排放，以保护人类健康和环境。

3.1 引　　言

3.1.1 背景简介

钡最早是由英国化学家汉弗里·戴维爵士（1778—1829）于1808年分离出来的。在1807年和1808年，戴维还发现了另外五种新元素：钠、钾、锶、钙和镁，这些元素很早以前就被认为是新物质，但戴维是第一个将它们以单质形式制备出来的人。1774年，瑞典化学家卡尔·威廉·席勒（1742—1786）首次将钡鉴定为一种新材料[1]。

钡是一种银白色金属，占地壳成分的0.05%。它是一种天然存在的矿物成分，在地壳中存量较小但分布广泛，特别是在火山岩、砂岩、页岩和煤炭中。钡通过岩石和矿物质的自然风化进入环境中，存在于大气、城市和乡村的地表水、土壤及许多食物中。钡除了自然存在于地壳和大多数地表水中外，还通过工业排放到环境中，人为排放主要与工业过程有关。钡在大气中的停留时间可能长达数天[2, 3]。

钡属碱土金属。碱土金属位于元素周期表的第二主族(ⅡA)，该族中的其他元素是铍、镁、钙、锶和镭。这些元素的化学性质比较活跃，能形成许多重要且有用的化合物，它们大量存在于地壳中一些常见的矿物中，如文石、方解石、白垩、石灰石、大理石、石灰华、菱镁矿和白云石。碱土金属化合物被广泛用作建筑材料。钡本身的商业用途较少，但其化合物在工业和医药方面有广泛的应用。硫酸钡用于胃肠道（GI）系统的X射线检测。GI系统包括胃、肠和相关器官[1-3]。

钡在自然界中仅存在于含有其他元素混合物的矿石中。它还与含硫、碳或氧等的其他化学物质结合形成钡化合物。这些化学物质中最重要的是过氧化物、氯化物、硫酸盐、碳酸盐、硝酸盐和氯酸盐。钡化合物是固体，不易燃烧。硫酸钡和碳酸钡是自然界中常见的地下矿床中钡的两种形态[1]。

硫酸钡以白色斜方晶粉末或晶体存在。重晶石是生产硫酸钡的矿物质，是一种中度柔软的结晶性白色不透明或透明的矿物，其最主要的杂质是氧化铁（III）、氧化铝、二氧化硅和硫酸锶。重晶石主要用作石油工业中钻井泥浆的成分。还可用作各种工业涂料的填料，如一些塑料和橡胶制品、刹车片内衬及一些密封剂和黏合剂中的致密填料。各用途决定了重晶石的粒径。例如，将钻井泥浆研磨至平均粒径为 44μm，最大 30%的颗粒直径小于 6μm[2, 3]。

3.1.2　化学和物理性质

钡是一种活性金属，易与氧气、卤素和其他非金属结合。卤素是元素周期表上的第七主族（ⅦA），包括氟、氯、溴、碘和砹。钡可与水和大多数酸反应，它的反应性很强，必须储存在煤油、石油或其他油性液体中，以防止它与空气中的氧气和水分发生反应。在碱性家族中，只有镭的反应活性比它强。钡在自然界中不以单质形式存在，而是以二价阳离子的形式与其他元素结合而存在。钡的两种常见形式是硫酸钡（CAS 号 7727-43-7）和碳酸钡（CAS 号 513-77-9），通常存在于地下矿床中。这些形式的钡不易溶于水：碳酸钡为 0.020g/L（在 20℃时），硫酸钡为 0.00115g/L（在 0℃时）[1-4]。

在自然条件下，钡在＋2 价态下是稳定的，并且主要以无机复合物的形式存在。pH、Eh（氧化还原电位）、阳离子交换容量、硫酸盐、碳酸盐和金属氧化物的存在等条件会影响钡及其化合物在环境中的组成。钡的地球生物化学循环的主要特征包括陆地和地表水的干湿沉降、地质构造向地下水的浸出、土壤和沉积物颗粒的吸附及陆地和水生食物链的生物累积作用。

一些较常用的硫酸钡的同义词包括重晶石（barite）、重晶石（barites）、重晶石（heavy spar）和硫酸钡粉（blanc fixe）[5]。

纯钡是一种淡黄色、略带光泽、有延展性的金属。易锻造意味着能够被锻铸成薄片。它的熔点约为 700℃（1300°F），沸点约为 1500℃（2700°F），密度为 3.6g/cm^3。钡化合物受热会发出淡黄绿色的火焰，该属性可用于检测钡。表 3.1 列出了钡和钡化合物的化学与物理性质。

表 3.1　钡、钡化合物的物理化学性质

参数	钡	乙酸钡	碳酸钡	氯化钡	氢氧化钡	氧化钡	硫酸钡
CAS 号	7440-39-3	543-80-6	513-77-9	10361-37-2	17194-00-2	1304-28-5	7727-43-7
分子式	Ba	$Ba(C_2H_3O_2)_2$	$BaCO_3$	$BaCl_2$	$Ba(OH)_2$@$8H_2O$	BaO	$BaSO_4$
分子量	137.34	255.43	197.35	208.25	315.48	153.34	233.4
熔点/℃	725	41[a]	1740(90atm)[a]	963	78	193	1580（分解）
沸点/℃	1640	没有数据	1560	分解	550[a]	2000	1149(单斜结晶转化点)[a]

续表

参数	钡	乙酸钡	碳酸钡	氯化钡	氢氧化钡	氧化钡	硫酸钡
蒸汽压/mm Hg[b]	10（1049℃）	没有数据	本质上是 0[a]	本质上是 0[a]	没有数据[a]	本质上是 0[a]	没有数据[a]
溶解性（水）/（g/L）	形成氢氧化钡	558（0℃） 750（100℃）	0.02（20℃） 0.06（100℃）	375（20℃）[a]	56（15℃） 947（78℃）	38（20℃） 908（100℃）	0.00222（0℃） 0.00413（100℃）
相对密度	3.5（20℃）	2.468	4.43	3.856（24℃）	2.18（16℃）	5.72	4.5（15℃）

资料来源：美国卫生与公众服务部有毒物质和疾病登记署. 2007.钡和钡化合物的毒理学. 佐治亚州亚特兰大。

a　除注明外，所有资料均来自 Lide，2005；1atm=1.01325×10^5Pa。

b　1mmHg≈133.32Pa。

3.1.3　用途

钡和钡化合物在许多方面都有重要用途。硫酸钡矿石可用于多个行业，主要用作石油工业中钻井泥浆的成分。通过保持钻头润滑，钻井泥浆更容易钻穿岩石。该用途决定了研磨硫酸钡的粒径。例如，将钻井泥浆研磨至平均粒径为 44μm，最多 30%的颗粒直径小于 6μm。硫酸钡可用于制造涂料、砖、瓷砖、玻璃、橡胶和其他钡化合物，还可用作各种工业涂料的填料，一些塑料和橡胶制品、刹车片内衬及一些密封剂和黏合剂中的致密填料[5, 6]。

一些钡化合物，如碳酸钡、氯化钡和氢氧化钡，可用于制造陶瓷、杀虫杀鼠药、油和燃料的添加剂，以及许多其他用途的产品。硫酸钡有时被医生用来进行医学检查和拍摄胃肠的 X 射线照片[5, 6]。

钡及其化合物也有几种重要的医学用途。因可以防止明显的心动过缓和心搏停止，氯化钡以前被用于治疗完全性心脏传导阻滞，不过，由于氯化钡有毒性，这种用途已被禁止。化学纯硫酸钡具有完全不溶的特点，对人体无毒。因其在口服摄入后通常不能被身体吸收，是一种良性且辐射光不能穿透的 X 射线诊断辅助试剂。硫酸钡除了广泛用于胃肠动力的研究和胃肠疾病的诊断外，还可作为不透明介质用于呼吸系统和泌尿系统的 X 射线检查[7]。

3.2　环境中的钡来源

3.2.1　天然存在

钡是一种天然存在的矿物成分，在地壳中存量较小但分布广泛，特别是在火山岩、砂岩、页岩和煤炭中。钡通过岩石和矿物质的风化自然进入环境。人为释放主要与工业过程有关。钡存在于大气、城市和乡村地表水、土壤和许多食物中[1]。

水中的钡主要是天然存在的。乙酸盐、硝酸盐和卤化物可溶于水，但碳酸盐、铬酸盐、氟化物、草酸盐、磷酸盐和硫酸盐完全不溶于水。大气中钡的主要来源是工业排放。在北美城市地区检测到的钡浓度为 2×10^{-4}～2.8×10^{-2}g/m^3。钡天然存在于大多数地表水和公共饮用水中，美国饮用水中钡的含量为 1～20g/L；在一些地区，检测到的钡浓度高达 10000g/L[8]。钡在土壤中普遍存在，浓度在 15～3000ppm[6]。

天然存在的两种最普遍的钡矿石是重晶石（硫酸钡）和毒重石（碳酸钡）。重晶石主要赋存于沉积层中，如由含钡沉积物风化而成的残余结核，以及萤石、金属硫化物和其他矿物的岩层中。毒重石存在于岩脉中，常与硫化铅有关。在煤中发现的钡浓度高达 3000mg/kg，其燃料油中也有发现[6]。陆地和海洋中钡的浓度分别约为 250g/t 和 0.006g/t。

重晶石矿石几乎是所有其他钡化合物的原料，主要开采于摩洛哥、中国、印度和英国。重晶石原矿在使用前要先洗去黏土和其他杂质，干燥，然后研磨。重晶石通常以原矿或碎矿进口，用于碾磨或作为预制矿石，其 90%～98%可以是硫酸钡。1985 年世界重晶石产量大约为 570 万 t。

钡的人为来源主要是工业生产。钡矿物的开采、精炼或加工及钡产品的制造可能会产生钡排放。燃烧煤炭、化石燃料和废弃物时钡会被释放到大气中，排放的冶金和工业废水中也会含有钡。沉积在土壤的钡可能是人类活动造成的，包括垃圾填埋场的粉煤灰和一次、二次污泥的处理。据估计，美国在 1998 年制造和加工设施向空气、水和土壤中释放的钡和钡化合物分别为 900t、45t 和 9300t[5-7]。

3.2.2　人为来源

重晶石矿石几乎是所有其他钡化合物来源的原料。1985 年世界重晶石产量约为 570 万 t。世界上主要的重晶石生产国包括中国、美国、苏联、印度、墨西哥、摩洛哥、爱尔兰、德国和泰国，其他生产国有加拿大、法国、西班牙、捷克斯洛伐克和英国。中国是世界上最主要的钡生产国，1984 年生产了 100 万 t，约占世界总产量的 17%。美国作为第二大钡生产国，1984 年生产了 70 万 t，同时进口了 160 万 t。加拿大 1984 年生产了大约 6.4t 钡，消耗了大约 7.8 万 t[9]。

在钡矿的开采、精炼和加工过程中，矿石的装卸、堆存、物料搬运、研磨和精炼都可能会向空气中排放钡。重晶石矿的净化过程中钡会随之进入水体，从而通过工业用水的排放进入环境中。燃煤发电厂排放的粉煤灰也是大气中钡的来源之一，有些以飞灰的形式逸入大气，其余的则通常被弃置于堆填区。煤灰中的钡含量在 100～5000mg/kg[6]。

1972 年，美国钡化工过程向大气中排放了约 1200t 的钡微粒。钡化工过程中产生的废水是钡排放的另一个潜在污染源。

虽然大多数扬尘和工艺废水排放量通过控制技术减少了，但令人关注的另一个领域是干燥剂和煅烧炉向大气中排放的可溶性钡。袋式除尘器可以将非受控排放因子降低至 0.25g/kg。据估计，1972 年这些设施向周围大气中释放的可溶性钡含量为 56t，但随着钡化学制品产量的下降，可溶性钡的释放量有所减少。塑料工业是大气中钡的相对重要来源，它利用钡作为稳定剂来防止加工过程中的产品变色。钡的另一个排放来源是玻璃制造。许多研究者都报道过平均粒径为 1μm 的含钡微粒的排放。

大气中核装置的爆炸是大气放射性钡的来源。放射性同位素 ^{140}Ba 和 ^{143}Ba 是 ^{235}U 的热中子裂变的衰变链的产物。在钡的同位素中，^{140}Ba 具有最长的半衰期，大约为 12.8d，并且在核裂变后的 10d 内贡献了总裂变产物的 10%。不过，在 60d 后，其贡献降至总活性的 2%。就实际质量而言，由该来源引起的大气中钡颗粒的浓度低于检出下限。由于半衰期短且钡放射性核素浓度低，该来源不被认为是环境中钡的重要来源[6]。表 3.2 列出了一些钡化合物的主要用途。

表 3.2　一些钡化合物的主要用途

钡化合物	用途
乙酸盐	有机反应催化剂；纺织品媒染剂；油和润滑脂润滑器；油漆和清漆干燥器
铝酸盐	陶瓷；水处理
溴酸盐	分析试剂；氧化剂；低碳钢的缓蚀剂；稀土溴酸盐的制备
溴化	制造其他溴化物；照相化学助剂；荧光粉的制备
碳酸盐	处理氯碱电池中盐水以去除硫酸盐；灭鼠剂；用于陶瓷熔剂、光学玻璃、表面硬化镀液、铁氧体、彩色显像管用耐辐射玻璃；制造纸
氯化物	颜料、色淀、玻璃的制造；用作酸性染料的媒染剂；农药、润滑油添加剂、铝灰；用作制造金属镁的助熔剂；用于皮革制革和抛光，相纸和纺织品制造中
氟化物	陶瓷；生产其他氟化物；晶体的光谱分析；电子产品；干膜润滑剂；防腐；玻璃制造；制造直流电机和发电机用碳刷
次磷酸盐	用于医药和镀镍
碘化物	用在其他碘化物的制备中
锰（Ⅵ）酸盐	作为颜料
偏磷酸盐	用在玻璃、瓷器和搪瓷中
硝酸盐	烟火（绿灯）；燃烧弹；化学物质（过氧化钡）；陶瓷釉料；杀鼠剂；用于真空管工业中
氧化物	作为脱水剂；用于润滑油、洗涤剂的制造中
高锰酸盐	作为强效消毒剂；生产高锰酸盐；用作干电池的去极化剂
硒化物	光电池；半导体
硫代硫酸盐	炸药、发光涂料、火柴、清漆；作为碘量测定标准；照相业作定影剂
钨酸盐	色素；在 X 射线照相技术中，用于制造增感屏和荧光屏
锆酸盐	制造硅橡胶化合物时稳定温度至 246℃；电子产品

资料来源：美国卫生与公众服务部有毒物质和疾病登记署（ATSDR）. 1992. 钡的毒理学概况. 佐治亚州亚特兰大。

3.3　钡在环境介质中的释放

钡是一种活性很强的金属，仅以化合物状态出现。该元素通过自然过程和人为来源释放到环境中。废钡在工业生产过程中可能会被释放到空气、土地和水中。钡在矿石开采、加工和制造过程中被释放到空气中[1-5]。

释放到空气、土地和水中后钡在环境中持续的时间长短取决于钡释放的形式。不溶于水的钡化合物，如硫酸钡和碳酸钡，可以在环境中长期存在。易溶于水的钡化合物通常不能维持很长时间，溶于水的钡能迅速与硫酸盐或碳酸盐结合，成为硫酸钡和碳酸钡等存在更持久的形式。硫酸钡和碳酸钡是钡在土壤和水中最常见的形式。如果硫酸钡和碳酸钡被排放到土壤中，它们将与土壤颗粒结合[6, 7, 9]。

3.3.1　大气

钡主要是通过采矿、精炼、钡工业和钡化学品、矿物燃料燃烧过程产生的工业排放及夹带在土壤和岩石粉尘中进入大气的。此外，含有大量钡的粉煤灰也是空气中钡颗粒的来源之一。1969 年，美国大气中钡排放总量的 18%来自重晶石矿石的加工，28%以上来自钡化学品的生产。

据估计，各种最终产品，如钻井泥浆、玻璃、油漆、橡胶制品和煤炭的燃烧，分别占1969年钡排放总量的23%和26%。

据估计，工业生产过程中钡来源于钡化合物干燥和煅烧过程中颗粒物的排放，以及重晶石矿石加工过程中粉尘排放。在碳酸钡、氯化钡和氢氧化钡的加工过程中，可溶性钡化合物颗粒通过钡化学干燥器和煅烧器被排放到大气中，每千克最终产品中不可控的可溶性钡化合物颗粒排放量在0～0.04g，可控的颗粒物排放量小于0.25g。在重晶石矿石的研磨和混合过程及将各种散装钡化合物装入铁路漏斗车的过程中会产生粉尘排放。根据1g/kg的排放系数，可推测美国国内钡化学工业在研磨重晶石矿石时产生的扬尘总量约为90t/a。

有机金属化合物形式的钡作为柴油燃料中的消烟剂可导致钡以固体的形式被排放到大气中。试验柴油发动机和运载柴油车辆排放的含钡消烟剂废气中可溶性钡的最大浓度为12000mg/m^3，柴油中钡的浓度约占质量的0.075%，废气中25%的钡为可溶性钡。因此，估计1L废气中含有12mg可溶性钡或48mg总钡[6, 7, 9]。

3.3.2 水

天然存在于饮用水中的钡的主要来源是受沉积岩浸出和侵蚀的地下水。虽然大多数地表水中有天然钡，但从天然来源释放到地表水中的钡含量远低于地下水中的钡含量。大约80%的钡被用作重晶石，以制造高密度的石油和天然气钻井泥浆，在海上钻井作业中，钻井废物会以岩屑和泥浆的形式定期排入海洋。例如，在圣巴巴拉海峡地区，大约10%的淤泥都会进入海洋。在近海钻探作业中钡的使用可能会加重钡污染，特别是沿海沉积物中含大量钡[6]。

3.3.3 土壤

在开采原油和天然气的过程中产生的废泥浆通常会通过土地耕作过程被处理掉。水基废泥浆中含有重晶石和其他金属盐。因此，利用土壤耕作过程处理泥浆储存坑内的废泥浆时，钡可能随之进入土壤。使用氟硅酸钡和碳酸盐作为杀虫剂也可能导致农业土壤中存在钡[6]。

3.4 钡在环境中的分布与转移

钡在氧化物和土壤上的特异性吸附与非特异性吸附已有研究。特定的吸附发生在金属氧化物和氢氧化物上。在金属氧化物上的吸附作用可能对自然水体中钡的浓度起到削减控制作用。在土壤和下层土对钡的非特异性吸附中，静电力占很大比例。与其他碱土金属阳离子一样，钡的留存量在很大程度上受吸附剂的阳离子交换能力的影响。

在大气降尘物和悬浮粒子的检测中都发现了钡。这些钡主要来源于工业排放，特别是煤、柴油及废弃物的焚烧，也可能来源于土壤和采矿过程吹来的灰尘。硫酸钡和碳酸盐是最可能以颗粒物形式存在于空气中的，但不排除存在其他不溶性钡化合物的可能。钡在大气中停留的天数取决于其粒径的大小。不过，大多数颗粒的尺寸远大于10μm，并且能迅速沉降回地表。颗粒污染物通过雨水冲洗等湿沉降效应可从大气中去除。根据流量和沉降速率，落入河流的可溶性钡和悬浮颗粒能在河流中转移至远距离。

硫酸钡通过土壤自然形成过程存在其中；钡在由石灰石、长石，以及片岩、页岩中的黑云母矿形成的土壤中浓度很高。当可溶性含钡矿物风化并与含有硫酸盐的溶液接触时，硫酸钡沉积在现有的地质断层中。如果没有足够的硫酸盐与钡结合，所形成的部分土壤物质含饱和钡。在土壤中，由于不溶性盐的存在及钡不能与腐殖酸和腐殖质形成可溶性复合物，土壤中取代碱性硫酸钡的其他钡盐也是极易迁移的[10]。

3.5　代谢和处置

3.5.1　吸收

可溶性的钡盐可迅速被肠道吸收并进入血液中。在口服少量钡盐（30mg/kg 体重）后，测量了大鼠对钡盐的吸收率。结果发现，大鼠对钡盐的相对吸收率为：氯化钡＞硫酸钡＞碳酸钡。大剂量的硫酸钡由于其低溶解度吸收率较低。口服和吸入钡盐后，观察到大鼠全身的毒副作用。尽管显然发生了吸入过程，但吸入后并没有发现产生吸收动力学[10]。

3.5.2　分配

钡会通过人们呼吸、饮食或喝含钡的水进入人体。当人体皮肤直接接触含钡化合物时，少量钡可能会进入人体。人体吸入钡化合物后，钡很容易进入血液，但其几乎不会从胃或肠进入血液。吸收进入人体血液中的钡约在 24h 内代谢消失。然而，它会沉积在肌肉、肺和骨骼中，很少存储在肾脏、肝脏、脾脏、大脑、心脏或头发中。约在 30h 内钡在肌肉中保持恒量，之后浓度缓慢下降。钡沉积到骨骼中与钙相似，但发生速度更快。骨骼中钡的半衰期估计约为 50d[10-12]。

3.5.3　代谢

一些钡化合物如氯化钡可以通过皮肤进入人体，但这种情况非常罕见，通常发生在制造或使用钡化合物的工厂的生产事故中。人们吸入被钡污染的空气，食用被钡污染的土壤中生长的植物，或饮用被钡污染的水，会导致钡进入人体。如果皮肤接触被污染的土壤或水，钡也会随之进入体内，体内约 54%的钡被蛋白质结合。已知钡在没有钙竞争的情况下可激活肾上腺髓质中儿茶酚胺的分泌，它可以从细胞膜中置换钙，从而增加渗透性并为肌肉提供刺激，最终可能会麻痹中枢神经系统。

3.5.4　排泄

通过呼吸、进食或饮水等进入人体的钡主要通过粪便和尿液排出。进入人体内的大部分钡会在几天内被排出，几乎所有的钡都会在 1～2 周内消失。留在体内的大多数钡会转移到骨骼和牙齿中。使用 ^{140}Ba 对大鼠进行的示踪研究表明，24h 内 7%和 20%剂量的钡分别在尿液和粪便中排出。而钙主要通过尿液排泄。用盐水输注可提高钡的清除率[2]。

3.6　环境中的转运

3.6.1　大气

大气中监测到灰尘和悬浮颗粒大多数含有钡。钡的污染主要归因于工业排放，特别是煤和柴油的燃烧及废物焚烧，也可能是土壤和采矿过程中产生的粉尘造成的。硫酸钡和碳酸盐是空气颗粒物质中钡的主要存在形式，但不能排除也存在其他不溶性化合物。钡在大气中的停留时间可能是几天，这取决于颗粒大小，大多数颗粒的尺寸远大于 10μm，并能迅速沉降回地面。此外，还可以通过雨水或冲洗作用的湿沉降从大气中去除颗粒，这两种沉降形式能有效地清除大气层中的污染物颗粒，但它们并未得到很好的利用。在不知道大气中钡含量的情况下，很难评估沉降、运输和分布的过程[2, 6]。

3.6.2　水

根据流量和沉降速率，可溶性钡和悬浮颗粒可在河流中远距离输送。在没有任何可去除机制的情况下，钡在水生系统中的停留时间可能是几百年。除非通过降水、土壤交换或其他过程去除，否则地表水中的钡最终会到达海洋。一旦淡水径流排入海水，盐水中存在的钡和硫酸根离子就会形成硫酸钡。由于海洋中存在较高的硫酸盐浓度，估计只有淡水径流带来钡总量的 0.006%仍可溶于水。有证据表明，远处沉积物的钡浓度低于近陆的钡浓度。

进入海洋后，钡通过物理混合过程向下输送，在海洋上层，它与生物质相结合而被消耗，再通过沉淀作用沉降到海底。深水中钡比表层的浓度高可能是钡附着在悬浮颗粒后沉降海底，然后随着颗粒运输到海底其脱吸至深水中。但在海水中，钡含量处于稳定平衡状态；所以通过河流进入海洋的量就等于通过下降到海洋底部的沉积物的钡含量[13]。

3.6.3　土壤

钡通过降水输送到土壤中，然后可被植被吸收。相对于在土壤中发现的钡含量，植物几乎不将其浓缩富集。然而，这种运输途径尚未得到更全面的研究。在大多数土壤系统中，钡的移动性不高。土壤中钡的运输速度取决于土壤的性质。土壤中影响钡向地下水输送的性质是阳离子交换能力和碳酸钙（$CaCO_3$）含量。当土壤中阳离子交换能力高时，钡的迁移率将受到吸附的影响。高 $CaCO_3$ 含量会通过形成 $BaCO_3$ 沉淀限制迁移率。

由于与其他化学形式的钡相比氯化钡的溶解度较高，钡更容易移动并且更有可能在氯化物存在下从土壤中浸出。与酸性垃圾渗滤液中的脂肪酸的钡络合物在土壤中的流动性更大，这是因为这些络合物的电荷较低及吸附能力低。土壤中的钡迁移率通过产生碳酸钡和硫酸盐的沉淀而降低。尚未发现腐殖酸和黄腐酸可增加钡的流动性[9]。

3.6.4　植被

尽管钡在土壤中的浓度较高，但只有一定量的钡会在植物中积累。钡被豆科植物、谷物秸秆、饲料植物、红灰叶、黑胡桃、山核桃和巴西坚果树累积吸收。此外，道格拉斯枞树和黄芪属植物也可以积累钡。虽然植被能够从大气中去除大量污染物，但尚未见报道其可从空气中吸收钡粒子。植物叶子仅作为颗粒物质的沉积位点。没有证据表明钡是植物的必需元素。

3.7 毒　　性

钡及其所有化合物毒性很大。钡的可溶性盐在哺乳动物系统中是有毒的，它们在胃肠道被迅速吸收并沉积在肌肉、肺和骨骼中。低剂量时，钡充当肌肉兴奋剂，然而在较高剂量下会影响神经系统，最终导致瘫痪。美国卫生与公众服务部、国际癌症研究机构和美国环境保护署（EPA）尚未对钡的致癌性进行分类[11]。

不同的钡化合物在水和体液中具有不同的溶解度，因此它们是 Ba^{2+}离子的不同来源。Ba^{2+}离子和钡的可溶性化合物（特别是氯化物、硝酸盐和氢氧化物）对人体有毒。由于溶解度有限，钡（特别是硫酸盐和碳酸盐）的不溶性化合物是 Ba^{2+}离子的较少来源，因此通常对人类无毒[14]。

硫酸钡的不溶性、无毒性使得在医疗中使用这种特定的钡化合物是实用的，如灌肠和胃肠道的 X 射线检测。在 X 射线检查之前，钡摄入或灌肠时，钡能提供不透明的对比像。在这些常规医疗情况下，硫酸钡对人体而言通常是安全的。

然而，当硫酸钡或其他不溶性钡化合物在结肠癌或胃肠道穿孔和其他会导致钡进入血液系统的情况下被注入胃肠道时可能会有毒害性[12, 15]。

人和实验动物的许多不良健康反应与钡有关。人和动物的实验都表明心血管系统症状可能是钡毒性的主要反应之一。除心血管症状外，人和/或动物暴露于钡还与呼吸、胃肠系统、血液、肌肉骨骼、肝、肾、神经、发育和生殖作用有关。没有数据或数据不足以得出关于钡的免疫学、遗传毒性或致癌作用的结论。急性口服高浓度钡后，会导致一些人死亡。

3.8 钡及其化合物的健康风险

美国环境保护署调查了全美最严重的危险废物场所，然后将这些场所列入国家优先管控问题清单（NPL），并作为联邦长期管控行动的目标。在 1684 个当前或以前的 NPL 点位中，至少有 798 个含有钡和钡化合物，但是，对这些物质进行过评估的 NPL 位点总数尚不清楚[7]。

环境中钡的背景值非常低，它们存在于水、空气和土壤中。EPA 推荐的最大钡含量为 2ppm。

1983～2009 年的文献综述报道显示，世界上一些地区的地下水和饮用水中钡的浓度在 0.001～6.4mg/L。因此，将这些高含量地方的钡去除是必要的[16]。大多数人呼吸的空气中大约每十亿份空气（10^{-9}）含有 0.0015 份钡。排放钡污染物到大气中的工厂周围的空气含有约 0.33ppb 或更少的钡。在土壤中发现的钡的量为 15～3500ppm。一些食物，如巴西坚果、海藻、鱼和某些植物，可能含有大量的钡。但是食物和水中的钡含量通常不足以引起健康问题[7]。

钡可存在于许多食物中。在大多数食品中，钡含量较低（＜3mg/100g），但巴西坚果除外，其钡含量非常高（150～300mg/100g）[7, 13]。

如果有人接触到钡和钡化合物，很多因素将决定此人是否会受到伤害。这些因素包括剂量、持续时间及个体与钡和钡化合物的接触方式。此外，人们还必须考虑他们同时接触的所有其他化学品及其年龄、性别、饮食、家庭特征、生活方式和健康状况[7]。

已知暴露于高水平钡的最大群体是那些在制造或使用钡化合物的行业中工作的人群。大多数人暴露于含有硫酸钡或碳酸钡的空气中。有时他们会接触到一种更有害的钡化合物，例如，通过呼吸或接触含有氯化钡或氢氧化钡的灰尘。

偶然食用碳酸钡会有害，因为它会溶解在胃酸中，而硫酸钡不会被胃酸溶解。许多危险废物堆存场所含有钡化合物，这些场所可能成为在其附近生活和工作的人们的接触源。暴露在危险废物场所附近可能会因为吸入含钡的空气，食用被钡污染的土壤中的植物，或饮用被钡污染的水而钡中毒。这些场所附近的人也可能会通过皮肤接触到含有钡的土壤或水。硫酸钡是医疗诊断中使用的主要含钡化合物，它作为不透明的造影剂被应用于胃肠道的 X 射线检测，这为人类接触钡提供了另一种可能的来源[5, 7, 13]。

当人们呼吸空气、进食或饮用含钡污染的水时，钡会进入人体。当皮肤与钡化合物直接接触时，它也可能在一定程度上进入体内。通过呼吸、进食或饮水进入血液的钡量取决于钡化合物的形态。一些可溶的钡化合物（如氯化钡）比不溶的钡化合物（如硫酸钡）更容易进入血液。一些钡化合物如氯化钡可以通过皮肤进入人体，但这种情况非常罕见，通常发生在制造或使用钡化合物的工厂发生工业泄漏事故时。人们在呼吸、食用受污染土壤种植的植物，或者饮用危险废物场所被钡污染的水时，钡元素都可能进入人体[6]。

3.9　健 康 影 响

不同钡化合物对人类健康的影响取决于特定钡化合物在水中的溶解程度。例如，硫酸钡在水中不能很好地溶解，并且对健康几乎没有不利的影响。医生有时会让患者口服硫酸钡或直接将其置于患者的直肠内，以完成胃或肠的 X 射线照影，在这种类型的医学检测中使用特殊的钡化合物对人体无害。然而钡化合物，如乙酸钡、碳酸钡、氯化钡、氢氧化钡、硝酸钡和硫化钡，会溶于水，它们会对健康造成不良影响[5, 6, 9]。

大多数研究结果表明，一些人在短时间内接触大量的钡，如饮食或饮用大量含钡化合物的水可能会导致少数人瘫痪或死亡。钡化合物的毒性取决于具体的生物物种，但人体内的致死剂量通常为 1～30g[17]。钡是一种皮肤化学刺激物，可能导致皮肤病变。当这种元素被口服或吸入时，可引起心动过速、高血压和良性肉芽肿性尘肺病[18]。有些人在短时间内食入或饮入少量钡剂可能会导致呼吸困难、血压升高、心律改变、胃部刺激、血液轻微变化、肌肉无力、神经反射改变、肿胀等，导致大脑、肝脏、肾脏、心脏和脾脏的损害。一项研究表明，饮用含有多达 10×10^{-6} 钡的水 4 周的人没有血压升高或心律异常现象。目前，没有关于人体通过呼吸或直接皮肤接触钡而对健康产生影响的相关信息。然而，通过呼吸或直接皮肤接触钡对人体健康的影响可能与进食或饮用钡对人体健康影响相类似。

钡在动物实验中对健康的影响比在人类中有更多的研究。在短时间内食用含钡食物或饮用含钡的水的大鼠在气管中有积液，刺激肠道肿胀，器官重量产生变化，体重减少，死亡数量增加。长期食用或饮用含钡的大鼠血压升高，心脏功能发生变化。长期食用或饮用钡的小鼠寿命较短。在低剂量时，钡可充当肌肉兴奋剂，然而在较高剂量下会影响神经系统最终导致瘫痪。急性和亚慢性口服剂量的钡会导致呕吐和腹泻、心率降低、血压升高，较高剂量会导致心脏不规则震颤、虚弱、焦虑和呼吸困难。血清钾的下降可能是发生这些症状的原因。心脏和呼吸衰竭可导致死亡。约 0.8g 的急性剂量对人类可能是致命的[7, 9]。亚慢性和慢性口服或吸入接触主要影响心血管系统，导致血压升高。在慢性口服大鼠研究中观察到 0.51mg/(kg·d)的最低剂量钡会导致血压升高的不良反应（LOAEL），而人类健康研究发现，低于 0.21mg/(kg·d)剂量的钡将不会导致人体发生不良反应（NOAEL）。

人体亚慢性和慢性通过呼吸暴露于含钡粉尘可导致良性尘肺病，称为巴氏病。这种情况通常伴有血压升高，但不会导致肺功能发生变化。据报道，暴露于含 5.2mg/m^3 碳酸钡的空气中 4h/d，持续 6 个月会导致大鼠血压升高和体重增量减少[2]。

美国卫生与公众服务部、国际癌症研究机构和美国环境保护署尚未对钡的致癌性进行分类。

3.10　环境水平

环境水平通常以总钡离子为对象进行检测，而不是特定的钡化合物。

3.10.1　空气

空气中钡的含量没有被较好地记录，甚至在某些情况下记录结果是矛盾的。空气中钡的环境水平与工业化程度之间无明显的相关性。一般而言，金属冶炼的区域中会观察到更高的浓度。在美国的调查中，环境中钡浓度为 0.0015～0.95mg/m^3[9-11]。在纽约市的三个社区，采用美国环境保护署 1974 年的标准方法测量了室内外降尘的钡含量，发现粉尘平均含有钡 137mg/g，而室内粉尘含有钡 20mg/g。

3.10.2　水

已充分证明海水、河水和井水中存在钡。几乎所有已经被检查的地表水中都含有钡，且浓度范围变化很大，这与影响含水层的因素和已经进行的水处理行为有关。水中钡的浓度与水的硬度有关，水的硬度定义为存在于水中的多价阳离子的总和，包括钙离子、镁离子、铁离子、锰离子、铜离子、钡离子和锌离子。钡浓度在淡水中为 7～15000μg/L，在海水中为 6μg/L。在美国，由于有当地的地球化学影响，水中钡的含量差别很大。

3.10.3　饮用水

市政供水取决于地表水和地下水的质量，而这些受到当地的地球化学影响。对美国城市水质的研究表明，钡水平从痕量到 10000mg/L 不等。据报道，当钡主要以不溶性盐的形式存在时，饮用水钡水平至少为 1000μg/L。据报道，加拿大供水中钡的含量为 5～600μg/L，瑞典的市政供水水平为 1～20μg/L[6]。

3.10.4　海水

海水中钡的浓度随纬度、深度和洋流等因素的变化而发生很大变化。一些研究表明，开阔海洋中的钡含量随着水深的增加而增加，且不同地方的水平也不一样。

3.10.5　土壤和沉积物

土壤中钡的存在受到关注，因为它首先被记录在尼罗河的泥浆和美国的土壤中。在地壳中，钡浓度为 400～500mg/kg。后来的研究再次证实了早期研究中发现的含量。土壤中钡的背景水平被认为是 100～3000mg/kg，平均浓度为 500mg/kg。

3.10.6　食物

Iowa（爱荷华）河沉积物中钡的浓度为 450～3000mg/kg，这表明水中的钡被沉积物和淤泥除去，可能会对底栖生物的生态环境发生影响。钡也存在于小麦中，但大部分集中在茎和叶而不是谷物中。西红柿和大豆也会富集土壤中的钡，生物浓度因子为 2～20。在饮料作物中，茶和可可在干重的基础上具有最高的钡含量（分别为 2.7mg/100g 和 1.2mg/100g）。钡存在于面包、谷物产品和饼干产品中，其中麸皮片（0.39mg/100g）和浓缩的小麦速溶奶油（0.2mg/100g）含量最高。研究表明鸡蛋含有 0.76mg/100g 的钡，瑞士干酪的钡含量为 0.22mg/100g。水果和果汁中钡含量较低，最高值是未加工的苹果（0.075mg/100g）。这些水果与葡萄（0.05mg/100g）和成熟李子（0.064mg/100g）中的水平相似。所有肉类的浓度较低，均为每 100g 含 0.04mg。蔬菜中钡含量较低，但甜菜（0.26mg/100g）和甘薯（0.22mg/100g）除外。在坚果中，山核桃的钡含量最高（0.67mg/100g）[6]。

3.10.7　核辐射

钡放射性同位素的主要潜在来源是核武器试验。大气测试悬浮在对流层上层的放射性尘埃，根据大气条件，尘埃在世界各地多次传送。最轻的尘埃粒子可到达平流层。它们大部分沉积在地面上需要一段时间。自 1952 年开始对具有高爆炸性的核武器进行测试以来，平流层的影响或多或少持续存在。大部分核衰变发生在地球的温带和极地地区。来自核试验的总辐射量使全世界天然辐射增加了 10%。

由于 ^{140}Ba 和 ^{143}Ba 是 ^{235}U 热核裂变的放射性副产物，在大气中核装置爆炸后它们在环境中的浓度增加。放射性粒子通常可被雨雪从大气中去除。

3.11　去除技术

钡化合物的去除技术包括离子交换、反渗透（RO）、石灰缓冲或电渗析。可溶性 Ba 的离子交换使用带电荷的阳离子树脂从中交换离子，以免在水中残留不希望的 Ba 离子形式，这是一种非常有效和完善的技术。可溶性 Ba 的反渗透使用半透膜，并且对浓缩溶液施加压力会使水［而非悬浮或溶解固体（可溶性钡）］通过膜，这种技术可以生产出高质量的水。可溶性 Ba 的石灰缓冲是用足量的 $Ca(OH)_2$ 将 pH 升高至 10 左右，以降低碳酸盐硬度和沉淀重金属，如 Ba。频繁倒极电渗析（EDR）使用半透膜，其中离子通过膜从较低浓度的溶液迁移到浓缩溶液中，这是由于直流电对离子的典型吸引力。

3.11.1 离子交换

在溶液中，盐分解成带正电荷的阳离子和带负电荷的阴离子。去离子法可以减少这些离子的数量。阳离子交换是一种可逆的化学过程，其中来自不溶性、永久性、固体树脂床的离子和水中的离子进行交换。这个过程依赖于水溶液必须是电中性的事实。因此，树脂床中的离子能与水中具有类似电荷的离子进行交换。

由于只是进行交换，离子并没有减少。在 Ba 还原的情况下，操作要始于一个充满电的阳离子树脂床，有足够的正电荷离子来进行阳离子交换。通常聚合物树脂床是由数百万粒中等粒径的砂粒、球形颗粒组成的。当水通过树脂床时，树脂床中正电荷离子被释放到水中，被水中的 Ba 离子所取代（离子交换）。

当树脂床中带正电荷的离子耗尽时，必须用一种更强的溶液[通常为 NaCl（或 KCl）]浸泡清洗树脂床，用 Na 或 K 离子取代 Ba 离子来再生树脂床。许多不同类型的阳离子树脂可用来降低溶解的 Ba 浓度。使用离子交换降低 Ba 的浓度取决于原水的特定化学特性[4]。阳离子交换，通常称为水软化，当硬度与 Ba 的比大于 1 时，可用于低流量（达 200gpm，1gpm［加仑每分钟，加仑（gal）］= 3.785L/min）。

优点：①不需要加酸、脱气和加压；②易于操作，高度可靠；③降低初始成本，树脂不会因定期再生而磨损消耗；④可有效且广泛使用；⑤适用于小型和大型安装；⑥各种特定树脂可用于去除特定污染物。

缺点：①石灰缓冲可能需要预处理；②需要储盐，定期再生；③浓缩处理；④总溶解固体（TDS）含量高时通常不可行；⑤树脂对竞争离子敏感。

3.11.2 反渗透

RO 是一种物理过程，其中通过对给水施加压力以将其引导通过半透膜来去除污染物。该过程与自然渗透（水通过半透膜从稀释扩散到浓缩，以平衡离子浓度）相反，这是施加压力使污染物渗透到膜的浓缩侧，克服且超过了自然渗透压。反渗透膜根据大小和电荷来排出离子。原水通常被称为进水，产品水被称为渗透水，浓缩后的废水被称为浓缩水。

常见的 RO 膜材料包括不对称醋酸纤维素或聚酰胺薄膜复合物。常见的膜结构包括螺旋缠绕或中空细纤维。根据原水的特性和预处理，每种材料和结构形态都具有特定的优点和局限性。典型的大型 RO 装置包括高压给水泵、平行的一级和二级膜元件（在压力容器中）、阀门、给水管道、永久性管道和浓缩管道。所有材料和施工方法都需要定期维护设备。影响膜选择的因素有成本、回收率、排异、原水特性和预处理。影响性能的因素有原水特性、压力、温度、是否定期监测和维护[4]。

好处：①可产生最佳水质；②能有效处理各种溶解盐、矿物质、浊度、污染物，以及某些有机污染物，一些高精度单元能够处理生物污染物；③低压（＜100psi①）、紧凑、独立的单膜装置可用于小型装置。

缺点：①安装和操作费用相对较高；②频繁的膜监测和维护，Ba 去除率监测；③压力、

① 1psi = 6.894757kPa。

温度和 pH 要求，以满足膜浓度差，可能有化学敏感性。

3.11.3　石灰缓冲

石灰缓冲是使用化学添加，然后上流固体接触澄清器（solid contact clarifier，SCC）以完成混凝、絮凝和澄清。化学添加包括添加足量的 $Ca(OH)_2$ 以提高 pH，同时保持较低碱度水平，以沉淀碳酸盐，减小硬度。Ba 会以 $Ba(OH)_2$ 的形式析出。在上流 SCC 中，发生混凝、絮凝和最终澄清。在上流 SCC 中，澄清水向上流过堰，而沉淀颗粒则通过泵或其他收集器[4]去除。

优点：①其他重金属也会沉淀，减少管道腐蚀；②经证实可靠；③预处理要求低。

缺点：①可能形成过多的不溶性 Ba，需要混凝和过滤；②化学处理过程需工人操作；③产生的污泥量多。

3.11.4　频繁倒极电渗析

EDR 是一种电化学方法，其中离子由两个带电电极吸引，离子通过离子选择性半透膜进行迁移。典型的 EDR 系统包括一个膜堆和多个单元对，每个单元由一个阳离子转移膜、一个除盐流间隔器、一个阴离子转移膜和一个浓缩流间隔器组成。电极室位于堆叠的相对端。流入的给水和浓缩污水分别平行流过膜、除盐流间隔器和浓缩流间隔器。不断冲洗电极以减少污垢或避免结垢。需要仔细计算考虑冲洗给水。通常，膜是由片状浇铸的阳离子或阴离子交换树脂制成的；间隔层是由高密度聚乙烯制成的；电极是由惰性金属制成的。EDR 通常是分阶段的容器。膜的选择是依据对原水特性的细致分析。单级 EDR 系统通常能去除 50%的溶解性固体总量（TDS），因此，对于 TDS 超过 1000mg/L 的污水，需要与高质量或第二级水混合后才能达到 500mg/L 的 TDS 标准。EDR 使用频繁倒极电渗析的技术，从而可以解吸膜表面上累积的离子。这一过程需要设置额外的管道和电气控制设备，但可增加膜的寿命，且不需要添加化学品，并简化了清洁过程[4]。

优点：①EDR 可以在最小的污垢结垢或化学添加剂的情况下运行；②低压要求，通常比 RO 系统更低噪；③膜寿命长，EDR 可延长膜寿命并减少维护程序。

缺点：①不适用于高铁、锰、硫化氢、氯存在环境以及高硬度环境；②限流密度、漏电、反扩散等问题；③在每次 50%的 TDS 通过率下，工艺更有利于处理低 TDS 含量的污水。

3.12　条　　例

通过使用 1986 年的指南将其进行癌症分类，美国环境保护署已经确定钡不能被归为人类致癌物。根据他们最近发布的指南，美国环境保护署认为钡在口服后不太可能对人体产生致癌作用，但在吸入后无法确定其致癌可能性。

美国有毒物质和疾病登记署（ATSDR）已经得出钡的平均口服最大残留限量（MRL）为 0.2mg/(kg·d)。该 MRL 基于 NOAEL 为 65mg/(kg·d)，LOAEL 为 115mg/(kg·d)，用于增加雌性大鼠的肾脏质量，不确定因子为 100（考虑动物对人类外推的不确定系数为 10，以及缺乏适当的发育毒性研究，因此人为变异系数为 10，修正因子为 3）。

美国环境保护署基于雄性小鼠肾病的 BMDL05 为 63mg/(kg·d)，已经得出钡的口服参考剂量（RfD）为 0.2mg/(kg·d)[15]，不确定因子为 300（不确定系数 10 用于动物对人的外推，10 用于人类变异系数，系数 3 用于数据库缺陷，特别是缺乏对两代生殖毒性和发育毒性的充分研究）。美国环境保护署目前尚未推荐钡吸入参考浓度（RfC）[15]。

ATSDR 对钡剂的慢性持续口服 MRL 为 0.2mg/(kg·d)。MRL 基于雄性小鼠肾病的 BMDL05 为 61mg/(kg·d)，不确定因子为 100（考虑动物对人的外推不确定系数为 10，人类可变异系数为 10），修正因子为 3，缺乏足够的发育毒性研究。

巴氏污染土壤的调控方法一直备受关注。目前的监管指南没有考虑物种形成和控制流动性的土壤性质的差异。在澳大利亚，国家环境保护委员会（NEPC）没有提供人类健康指导，尽管它确实提供了 300mg/kg 的生态调查水平[19]。

表 3.3 总结了有关空气、水和其他介质中钡和钡化合物的国际和国家法规及标准。

表 3.3　适用于钡和钡化合物的法规和标准

机构	说明	数据	参考文献
国际准则			
IARC	致癌性分类	没有数据	IARC（2004）
WHO	空气质量指南	没有数据	WHO（2000）
	饮用水水质准则	0.7mg/L	WHO（200）
美国国内的法规和指南			
（1）空气			
ACGIH	TLV（TWA）	0.5mg/m^3	
	钡及可溶性化合物（钡）	10mg/m^3	
	硫酸钡		
NIOSH	REL（TWA）		NIOSH（2005a，2005b）
	氯化钡 [a]	0.5mg/m^3	
	硫酸钡	10mg/m^3（总尘）	
		5.0mg/m^3（可呼吸性粉尘）	
	IDLH		
	氯化钡	50mg/m^3	
	硫酸钡	没有数据	
OSHA	通用工业（8-h TWA）		OSHA（2005b）
	钡，可溶性化合物（Ba）	0.5mg/m^3	29CFR 1910.1000
	硫酸钡	15mg/m^3（总尘）	
		5.0mg/m^3（可呼吸性粉尘）	
	建筑业（8-h TWA）		OSHA（2005b）
	钡，可溶性化合物（Ba）	0.5mg/m^3	29CFR 1910.1000
	船坞工业（8-h TWA）	15mg/m^3（总尘）	OSHA（2005a）
	钡，可溶性化合物（Ba）	5.0mg/m^3（可呼吸性粉尘）	29CFR 1910.1000
	硫酸钡		

续表

机构	说明	数据	参考文献
（2）水			
EPA	饮用水标准和健康建议		EPA（2004）
		0.7mg/L	
		0.7mg/L	
	国家一级饮用水标准		EPA（2002a）
	MCLG	2.0mg/L	EPA（2005b）
	MCL	2.0mg/L	40CFR 117.3
	根据《清洁水法》第 311 条指定的危险物质（氰化钡）的可报告数量		
	人类健康摄入量的水质标准：		EPA（2002b）
	水 + 微生物	1.0mg/L	
	仅微生物	没有数据	
（3）食物			
FDA	瓶装饮用水	2.0mg/L	FDA（2004）
			21CFR 165.110
（4）其他			
ACGIH	致癌性分类	A4[b]	ACGIH（2004）
EPA	致癌性分类	组 D[C]	IRIS（2006）
NTP	RfC	目前不推荐	NTP（2005）
	RfD	0.2mg/(kg·d)	
	致癌性分类	没有数据	

资料来源：美国卫生与公众服务部有毒物质和疾病登记署（ATSDR）. 1992. 钡的毒理学概况. 佐治亚州亚特兰大。

注：ACGIH = 美国政府工业卫生学家会议；CFR = 联邦法规；DWEL = 饮用水当量水平；EPA = 美国环境保护署；FDA = 食品药品监督管理局；IARC = 国际癌症研究机构；IDLH = 对生命或健康有直接危害；MCL = 最大污染物水平；MCLG = 最大污染物水平目标；NIOSH = 国家职业安全与健康研究所；NTP = 国家毒理学计划；OSHA = 职业安全与健康管理局；PEL = 允许的暴露限值；REL = 建议的暴露限值；RfC = 吸入参考浓度；RfD = 口服参考剂量；TLV = 阈值极限值；TWA = 时间加权平均值；WHO = 世界卫生组织。

aREL 也适用于除硫酸钡以外的其他可溶性钡化合物（Ba）。

bA4：不属于人类致癌物。

c 组 D：不能归为人类致癌物。

3.13　处　　置

如果某区域发生泄漏，建议禁止没有穿戴防护设备的人进入该区域。此外，应使房间通风，并尽可能安全地收集溢出的材料。应将钡化合物（特别是可溶性钡化合物）置于密封容器中，并在安全的卫生填埋场[12]中进行回收或处理。建议遵守所有关于钡处理的联邦、州和地方的法规。目前还没有其他与钡及其化合物处理相关的标准或法规[20, 21]。

参 考 文 献

[1]　Barium. http://www.chemistryexplained.com/elements/A-C/Barium.html. 2016.

[2] Chemtrails and barium toxicity. www.Rense.com. 2008.

[3] ToxFAQsTM for barium. http://www.atsdr.cdc.gov/tfacts24.html. 2008.

[4] https://www.usbr.gov/research/AWT/reportpdfs/Ba. 2016.

[5] US EPA. Toxicological review of barium and barium compounds//Support of summary information on the Integrated Risk Information System（IRIS）. Washington DC：US EPA，1998：7440.

[6] US DEPARTMENT OF HEALTH AND HUMAN SERVICES，PUBLIC HEALTH SERVICE，AGENCY FOR TOXIC SUBSTANCES，et al. Toxicological profile for barium. Atlanta：ATSDR，1992.

[7] US DEPARTMENT OF HEALTH AND HUMAN SERVICES，PUBLIC HEALTH SERVICE，AGENCY FOR TOXIC SUBSTANCES. Toxicological for barium and barium compounds. Atlanta：ATSDR，2007.

[8] WORLD HEALTH ORGANIZATION. Barium in drinking-water：background document for development of WHO Guidelines for Drinking-water Quality. Geneva：WHO，2004.

[9] US EPA. Health effects assessment for barium. Washington DC，1984.

[10] US EPA. Integrated risk information system（IRIS）：health risk assessment for barium. Washington DC，1995.

[11] NATIONAL INSTITUTE FOR OCCUPATIONAL SAFETY AND HEALTH，OCCUPATIONAL SAFETY AND HEALTH ADMINISTRATION. Occupational health guidelines for chemical hazards：soluble barium compounds（as barium）. NIOSH/OSHA，1978.

[12] WORLD HEALTH ORGANIZATION. Barium and barium compounds//Concise international chemical assessment document 33. Geneva：WHO，2001.

[13] ILO. Barium and compounds//PARMEGGIANI L. International labour office encyclopedia of occupational health and safety. Geneva：International Labour Office，1983：242-244.

[14] IRIS. Barium：integrated risk information system. Washington DC：UA EPA，2006.

[15] BAEZA-ALVARADO M D，OLGUIN M T. Surfactant-modified clinoptilolite-rich tuff to remove barium（Ba^{2+}）and fulvic acid from mono-and bi-component aqueous media. Microporous and mesoporous materials，2011，139：81-86.

[16] LUKASIK-GLEBOCKA M，SOMMERFELD K，HANC A，et al. Barium determination in gastric contents，blood and urine by inductively coupled plasma mass spectrometry in the case of oral barium chloride poisoning. Journal of analytical toxicology，2014，38：380-382.

[17] PAPPAS R S. Toxic elements in tobacco and in cigarette smoke：inflammation and sensitization. Metallomics，2011，3：1181-1198.

[18] ABBASI S，LAMB D T，PALANISAMI T，et al. Bioaccessibility of barium from barite contaminated soils based on gastric phase *in vitro* data and plant uptake. Chemosphere，2016，144：1421-1427.

[19] WANG M H S，WANG L K. Environmental water engineering glossary//YANG C T，WANG L K. Advances in water resources engineering. New York：Springer，2015：471-556.

[20] SHAMMAS N K，WANG L K. Water engineering：hydraulics，distribution and treatment. Hoboken：John Wiley and Sons，2016：805.

[21] LIDE D R. CRC handbook of chemistry and physics. New York：CRC Press，2005：4-50，4-51，14-17.

第 4 章　环境中的硒、镍、铍的毒性、来源和控制

重金属是密度大于 4.5g/cm^3 的稳定金属或类金属，包括铅、铜、镍、镉、铂、锌、汞、锑、砷、铍、铬、钴、钼、硒、银、碲、铊、锡、钛、铀、钒等。这些重金属是稳定的，不能被降解或破坏，因此可长期在环境中积聚。本章探讨了硒、镍、铍三种金属的来源，包括工业点源、自然来源等。人为活动将硒、镍、铍释放到空气、土壤和水环境中，其不仅影响水质，而且会进入食物链，在鱼类等生物体内积聚，导致鱼等不适合人类食用，同时削弱了植物的生长。例如，在高浓度下，重金属会对健康造成不利影响，如免疫系统、神经系统受损、代谢活动恶化。本章讨论了硒、镍、铍对人类和其他动物的各种毒性作用，具体参考物种是经过大量研究的水生鱼类和鸟类。

为减轻环境污染，已经出台了许多技术导则和方法来消除或降低硒、镍、铍的水平使其达到相关标准要求。本章介绍了目前用于减轻这三种金属污染的一些处理技术。最后，重点介绍了美国环境保护署的标准和监管职责。

4.1　引　　言

重金属是密度大于 4.5g/cm^3 的化学性质稳定的金属或类金属，包括铅、铜、镍、镉、铂、锌、汞、锑、砷、铍、铬、钴、钼、硒、银、碲、铊、锡、钛、铀、钒等[1]。应该指出的是，砷其实是一种非金属，但经常被当作重金属来讨论。重金属是地壳的天然成分，它们具有稳定性，不能被降解或破坏，因此往往在土壤和沉积物中积累。然而，人类活动极大地改变了某些重金属的生物地球化学循环及平衡。重金属的主要人为来源是工业点源，如矿山、铸造厂和冶炼厂，以及燃烧副产物、交通等扩散源。挥发性较强的重金属及附着在空气中颗粒上的重金属可以在极广的范围内分布。这些人为活动产生的重金属废物被释放到空气、土壤和水中，不仅影响了水质，而且其元素会进入食物链，在鱼类等生物体内积聚，作为食物它们不适宜人类食用，同时削弱了植物的生长。在高浓度下，重金属会对健康造成不良影响，如免疫系统、神经系统和代谢活动均会受到影响。重金属是持久顽固的。因此，即使少量存在于海水或地质沉积物中也可能对食物链的顶端产生重要影响。一些毒性小或本身存在问题的重金属，如锡，与有机物形成复合物，会产生三丁基锡（TBT）等剧毒化合物，三丁基锡常用作防污漆。不过，人体也需要微量的金属元素来维持其正常功能，缺乏某些元素可能会影响到人类的生存。

4.1.1　硒、镍和铍的产生和性质

1. *硒*

1817 年，瑞典化学家约恩斯•雅各布•贝尔塞柳斯（Jons Jacob Berzelius）在分析用于硫酸生产的铅室壁上的红色沉积物时发现了硒（Se）。硒是一种非金属矿物，本质上是一种非金

属，位于ⅥA族中的硫和碲之间，以及元素周期表第4周期的砷和溴之间。它可以以灰色晶体、红色粉末或黑色玻璃状形式存在。硒在原子大小、键能、电离势和电子亲和性方面的化学性质与硫非常相似，这两种元素的主要区别在于还原硒的四价形式，而硫以四价氧化形式存在[2]。

硒天然存在于地壳中，平均浓度约为0.05mg/kg，也存在于地表水（海水中浓度约为0.45μg/L）和地下水中。在火山附近的土壤和如硒铅矿、硒银矿、灰硒汞矿和硒硫矿等矿物中也可能发现浓度更高的硒。即使这样，硒也不存在于浓缩沉积物中。环境中的硒被认为来自岩石和土壤的风化过程，是铜精炼厂阳极泥的副产品[3]。硒在自然界中以六种稳定的同位素形式存在，其中以硒-80最为普遍，约占天然硒的一半，另外五种稳定同位素及其相对丰度为硒-74（0.9%）、硒-76（9.4%）、硒-77（7.6%）、硒-78（24%）和硒-82（8.7%）。此外，9种不稳定的硒同位素的原子量从70到73、75、79、81和83～85不等，它们会发生衰变并产生辐射。这些代表了硒的放射性同位素[4]。在9种主要的放射性硒同位素中，只有一种，即硒-79，美国能源部（DOE）环境管理站对其半衰期异常关注。事实上，硒-79是通过释放出一个半衰期为65万年的β粒子，且没有伴随的伽马射线衰变的，它的β粒子的低比活性和较低的能量限制了这种同位素的放射性危害。至于其他放射性同位素，除硒-75的半衰期为120d外，其他所有同位素的半衰期均小于8h[4]。

全球范围内，在某些核设施，如反应堆和处理废核燃料的设施附近，由于存在放射性沉降物，土壤中也含有微量的硒-79。例如，汉福德地区硒-79的最高浓度集中在含有处理辐照燃料的废料地区，如该地区中部的储罐。硒通常是土壤中流动性较差的放射性金属之一，因为它能很好地附着在土壤颗粒上。据估计，砂土中硒的浓度是间隙水（土壤颗粒之间的孔隙）的150倍，在浓度比超过700的黏土中，其流动性更差。硒-79的低裂变产率限制了它的存在。因此，在这些地区，硒-79不是主要的地下水污染物。它在植物中的浓度通常是土壤中的0.025倍（或2.5%），在含硒植物中浓度要高得多。某些食物的硒含量特别高，如大蒜[4]。

2. 镍

镍（符号，Ni；原子序数，28；原子量，58.7；氧化态，+2和+3）是一种坚硬、银白色的、有磁性的、可塑的、有延展性的金属元素[5]，天然存在于各种矿石中，在土壤中含量较少。镍通常存在于硅镁镍矿、针硫镍矿、红砷镍矿、镍黄铁矿和磁黄铁矿中，尤其在后两者矿石中含量较多[6]。它也存在于大多数陨石中，并且通常作为区分陨石与其他矿物的标准之一。此外，镍在自然界中以五种稳定同位素（同位素是原子核中质子数相同但中子数不同的元素的不同形式）和六种放射性同位素的形式存在，包括：①镍-58，为最广泛存在的形式，约占天然镍的2/3；②镍-60（26%）；③镍-61（1.1%）；④镍-62（3.6%）；⑤镍-64（0.9%）[6]。在六种主要的放射性同位素中，只有镍-59和镍-63的半衰期较长，其他镍同位素的半衰期都小于6d。镍-59主要通过俘获电子衰变，其半衰期为7.5万年；镍-63通过发射β粒子衰变，其半衰期为96年。这两种同位素都存在于废核燃料再加工产生的废物中。镍-63通常是美国能源部等环境管理部门的站点如汉福德最关注的同位素。镍-59的半衰期长（随后的比活度低），加上衰变能低，限制了与这种同位素有关的放射性危险。然而，镍-59和镍-63仍然是乏核燃料（作为燃料硬件的一个组成部分）和与操作核反应堆及燃料后处理厂有关的放射性废料中令人关注的放射性核素，其中镍-63的浓度远远高于镍-59[6]。

许多生产过程中都需要镍，通常以合金的形式使用。因此，许多工业国家都在进行这种贵金属的贸易。目前，世界上大部分镍供应来自加拿大，其他来源包括古巴、苏联、中国和澳大利亚。美国没有大量的镍矿藏，每年的镍产量不到世界总产量的1%。因此，美国使用的大部分镍都是进口的，大约30%的年消费量来自再生资源[6]。

3. 铍

铍金属的原子序数为4，原子量为9，氧化态为+2，是一种易碎且坚硬的灰色金属，通常是有甜味的化合物，但没有特殊的气味。虽然有些铍化合物在水中的溶解度不同，但大多数铍化合物是不溶的（表4.1），并以颗粒的形式沉降到底部[7]。铍很容易与一些强酸反应并生成氢气。此外，铍对氧的亲和性很高，当金属暴露在空气中时，氧化铍的表面会形成一层膜，因此具有耐腐蚀性，加上较低的密度、高导电性和导热性，使得铍成为许多合金的重要组成部分[8]。铍存在于天然矿床的含有其他元素矿石中，甚至存在于某些珍贵的宝石中，如翡翠、海蓝宝石、绿宝石，以及硅酸盐矿物岩石、硅铍石、铍石、金绿玉、煤炭、土壤和火山灰尘。铍虽然不存在于地表水中，但可通过岩石和土壤的侵蚀进入水体。除此之外，铍还可能通过煤炭和燃料燃烧的废弃物、吸烟及其他工业过程中的废弃物被引入环境中[7, 9]。

表4.1　铍化合物的物理和化学性质

性质	氧化铍	硫酸铍	氢氧化铍	碳酸铍	氟化铍	氯化铍	硝酸铍
分子式	BeO	$BeSO_4$	$Be(OH)_2$	$BeCO_3 + Be(OH)_2$	BeF_2	$BeCl_2$	$Be(NO_3)_3 \cdot 3H_2O$
分子量	25.01	105.07	43.03	112.05	47.01	79.93	187.07
CAS号	1304-56-9	13510-49-1	13327-32-7	13106-47-3	7787-49-7	7787-47-5	13597-99-4
相对密度	3.01	2.44	1.92	NR	1.986（25℃）	1.899（25℃）	1.577
沸点/℃	3900	NR	NR	NR	NR	482.3	142
熔点/℃	2520+30	溶解550～600	NR	NR	555	399.2	60
蒸汽压/mm Hg	NR	NR	NR	NR	NR	1291	NR
溶解性（水）/(mg/L)	0.2(30℃)	不溶于冷水；在热水中转化为四水合物	微溶	不溶于冷水；在热水中分解	极易溶解	易解	易溶

资料来源：USEPA. 铍化合物毒理学回顾（CAS号7440-41-7）. 美国环境保护署，华盛顿特区，1998年4月。

注：NR=不明。

地壳中铍的浓度一般为1～15mg/kg或百万分之一（10^{-6}）。例如，在美国，土壤中天然存在的铍的平均浓度为0.6×10^{-6}，通常在0.1×10^{-6}～40×10^{-6}。据估计，砂质土壤中铍的浓度比间隙水（即土壤颗粒间孔隙空间中的水）高250倍。而且在土壤和黏土中可能会发现更高浓度铍的存在[9]。

4.1.2　硒、镍和铍的应用

1. 硒

硒是人类、动物[2]和一些细菌及真菌的基本元素，并与25种已知的人类蛋白结合，这些蛋白在各种细胞过程中具有重要的作用[10]。通常，硒是蛋白质（含硒蛋白质）的重要组成，如酶（硒酶）等，其中包括：①谷胱甘肽过氧化物酶（GSH）家族；②碘甲腺原氨酸脱碘酶；③硫氧还蛋白还原酶；④在血浆中的含量较丰富，每分子含有多达 10 个半胱氨酸[2, 10, 11]的硒蛋白 P；⑤甲酸脱氢酶细菌[12]。这些酶的催化活性需要硒，硒是以硒环素（SeC）的形式存在的。事实上，谷胱甘肽过氧化物酶每个原子中硒含量为 4g/mol[12]。硒在生理和病理条件下作用的分子机制尚不清楚。表 4.2 列出了硒的推荐膳食摄入量。

表 4.2　推荐的硒膳食摄入量 a

年龄段		硒含量/(μg/d)
婴儿	0～6 个月	10
	7～12 个月	15
儿童	1～3 岁	25
	4～7 岁	30
青少年	8～11 岁	50
	12～18 岁	85
成年人 19～64 岁	男性	85
	女性	70
	孕期	+ 10
	哺乳期	+ 15

资料来源：Tinggi U. Toxicol. Lett，2003，137：103-110.

a　这些数值由澳大利亚国家健康与医学研究理事会（NHMRC）于 1991 年发表。

要想了解硒的营养重要性，必须探索各种硒酶的不同作用。例如，谷胱甘肽过氧化物酶参与过氧化氢还原为水的过程，主要是酶的辅助因子谷胱甘肽的氧化作用。这样做可以消除过氧化氢和活性氧及脂质过氧化物的毒性作用[12, 13]。此外，酶基因的谷胱甘肽过氧化物酶族在胃肠道（GPx2）、细胞外空间和血浆（GPx3）及细胞膜和精子（GPx4）中具有很强的抗氧化作用。此外，GPx4 也被称为磷脂过氧化氢（GPx），参与细胞膜内脂质过氧化物的解毒。另外，GPx5 也被称为附睾 GPx，仅局限于附睾，而新发现的 GPx6 位于嗅觉上皮和胚胎组织中。然而，它在这些组织中的功能还没有被破译[14]。

维持细胞氧化还原状态是硒酶 GPx 族的另一个重要功能。此外，GPx 在生理上参与了分化、信号传导、调节促炎细胞因子的产生等一系列的调节过程，以及在精子形成、精子成熟、胚胎发育过程中起到抗氧化防御的作用[14]。51-脱碘酶（碘甲腺原氨酸脱碘酶）参与甲状腺代谢，它们的功能是将四碘甲腺原氨酸转化为活性甲状腺激素三碘甲状腺原氨酸[11, 12]。

硫氧还蛋白还原酶（TrxR）族至少有三个成员（TrxR1、TrxR2 和 TrxR3），它们都参与了硫氧还蛋白系统，并与其他不含 SeC 的蛋白质——硫氧还蛋白过氧化物酶一起运行。该系统的生物学作用是提供抗氧化防御、调节其他抗氧化酶、调节多种转录因子、调节细胞凋亡和调节蛋白磷酸化[14]。

硒在无机［硒酸钠(SeL)］和有机［硒代蛋氨酸(SeM)和硒甲基硒半胱氨酸(SeMC)］两种形式中都被证明具有抗癌性，且可预防多种癌症。硒在癌症预防中起两个基本作用。首先，一些硒蛋白，如谷胱甘肽过氧化物酶族成员及可能存在的其他组分表现出抗氧化活性，这可能是预防人类前列腺癌的原因[10]。其次，硒化合物可产生抗肿瘤代谢物，如甲基硒醇（CH_3SeH）和硒化氢（H_2Se），可诱导细胞死亡（凋亡），这是因为它们能够产生氧化应激反应。在癌细胞中，硒化合物已被证明可以抑制细胞生长和诱导肿瘤细胞凋亡。虽然其确切机制尚不清楚，但有推测认为，与正常细胞相比，无机 SeL 通过氧化硫醇和产生活性氧（ROS）在癌细胞中更容易引发凋亡。肿瘤细胞和正常细胞对硒化合物反应的差异表明，硒诱导的细胞凋亡是正常细胞向癌细胞转化的结果。通常，SeL 通过快速氧化含有关键硫醇的细胞底物来发挥其防癌作用，因此其可能是比常用的膳食补充剂（SeM 和 SeMC）更有效的抗癌原，后者需要先被酶转化为甲基硒醇（CH_3SeH）。同样，CH_3SeH 最终会直接氧化成有效的抗癌剂——硒化甲基（CH_3Se^-）。SeMC 是目前最具前途的抗癌药物，它以 CH_3SeH 为前驱体，不会产生大量的 H_2Se[10]。然而，它的转换需要 β 裂解酶，这是一种在人类有机体内无处不在的物质。此外，虽然 SeM 也可以在蛋氨酸酶存在的情况下直接转化为 CH_3Se^-，但是没有证据表明这种酶在大多数人体组织中大量存在[10]。虽然无机硒化合物（SeL）具有较高的体外抗癌活性，但有机形态（SeM 和 SeMC）仍被认为是较安全的抗癌药物。目前，SeMC 被认为是迄今在动物抗乳腺癌中发现的最有效的硒化合物之一，也可能是使癌症率下降最有用的天然硒化合物，因此最近受到广泛的关注。相比无机硒，有机硒的优势在于：①营养生物利用度高；②毒性较低；③具有较高的癌症化学预防活性。这些因素主要受硒的化学形态和氧化态的影响。因此，可供人类膳食补充的硒化合物的不同化学形式需要确定每种硒化合物的有益和有害剂量[10]。

除了硒的生物学作用，硒也广泛应用于许多其他行业，包括光电池和太阳能电池行业、摄影行业（用于曝光计和调色剂）、玻璃行业（用于玻璃脱色，赋予玻璃、釉料、搪瓷鲜红色）、电子工业（用于整流器）、橡胶加工工业（用作硫化剂）、合金制造（不锈钢添加剂）、杀虫剂和制药工业（用于制造去头屑洗发水）[4]。

2. 镍

镍有诸多优异性能，因此其适用于许多工艺。由于其防腐性和耐热性镍常被添加到一些合金中，尤其是不锈钢。镍合金具有良好的耐蚀性、韧性、高温和低温强度，以及特殊宽度磁性和电子性能。这些特性直接涉及食品和水的安全，建筑寿命、产品优劣，成本、能源效率，以及最终用途的可靠性。考虑到可持续性，镍是一种理想的材料，因为镍的产品使用寿命长，是全球最具回收利用价值的材料之一[15]。例如，镍被用于各种硬币中，并作为几种合金的成分，包括镍铬合金和坡莫合金。铝镍钴材料是铝、镍、钴和其他金属的合金，用于制造高强度永磁体。镍合金钢用于重型机械、制造业、武器、工具和高温设备，如燃气轮机，以及用于控制排放的环境设备，如洗涤器[6]。此外，镍钛形状记忆合金（NiTi）由于其独特的形状记忆效应（SME）和超弹性（SE），近年来引起了人们的广泛关注，但这种特性在钛和不锈钢中却不存在。镍钛形状记忆合金（NiTi）的形状记忆效应和超弹性的存在，已经引起了整形外科材料研究者的广泛关注[16]。

此外，目前人类正在开发用于化学循环技术的镍化合物。这些技术包括化学循环燃烧类别和两类化学循环重整，是公认的在动力和氢气生产方面具有潜力的技术。值得注意的是，这三种技术都是基于在空气和燃料反应器之间循环的氧载体为燃料提供纯氧。两种不同的氧载体，均为镍化合物；$NiO/NiAl_2O_4$（40/60，质量比）和 $NiO/MgAl_2O_4$（60/40，质量比）已在连续和脉冲实验中进行评估，使用甲烷作为燃料在950℃的间歇实验室流化床中进行了一批实验，并达到预期的实验结果。在两种氧载体中，$NiO/MgAl_2O_4$在升高的温度下具有几个优点，即甲烷转化率更高，重整选择性更高，碳化物倾向更小[17]。

镍的另一种具有前景的技术是聚合物电解质膜燃料电池（PEMFC）技术。最初，这项技术仍处于商业可行性的尖端，仅限于小众应用。其主要原因是制造成本高，并且在长期连续运行期间功率输出的稳定性下降。此外，目前的尺寸和重量阻碍了电池的运输流通。为摆脱这一困局，目前正开发一种用于聚合物电解质膜燃料电池的新型低成本镍包层双极板，镍包层双极板的开发依赖于一项新技术，即在制造的最后阶段，采用粉末包硼工艺在双极板电解液外露表面建立钝化层。在适度的硼化条件下，镍的外露表面形成了均匀的Ni_3B层，该层的厚度取决于硼化的时间和温度，在更高的温度和更长的反应时间下，硼化过程中在Ni_3B顶部形成Ni_2B覆层。初步研究结果表明，硼化显著提高了镍的耐腐蚀性[18]。

3. 铍

铍的最大用途是制造合金。铍与铜的合金用于仪器、飞机零件、弹簧、电连接器、断路器、轴承、齿轮零件、相机快门和许多其他工业部件的制造。其他具有各种性能的重要铍合金是铍-铝合金、铍-铜-钴合金和铍-镍合金[8, 19, 20]。此外，铍是核反应堆的一个组成部分，由于低中子吸收能力，它可以作为中子源。此外，纯铍金属也可用于导弹和火箭部件、隔热罩和镜子，而氧化铍主要用于制造绝缘子、电阻器、火花塞和微波管等电子工业中[9, 20]。

4.1.3　环境污染物的硒、镍和铍的来源

1. 硒

硒污染是全世界范围的现象，与人类活动密切相关，包括采矿、农业、石化及工业制造业[21]。这些活动通过各种途径将大量的硒释放到大气、土壤和水生环境中。煤炭开采和燃烧发电等工业操作产生高浓度的含硒废物。然而，硒大多聚集在煤炭矿床和地壳中的其他矿物中。煤中富硒因子是指煤中硒含量与周围土壤和矿层中硒含量的比值，可用于测定煤在发电过程中不同操作下硒的浓度水平和发电量。当煤炭燃烧用于发电时，各种类型的固体废物和液体流出物高度富集，富集系数超过65。煤炭完全燃烧后剩余灰分中的硒富集系数更高（约1250倍），是微量元素中最高的[21]。一些固体废物，包括飞灰、底灰和洗涤灰，与水接触产生被污染的渗滤液，由于其氧化性和碱性pH，可促进亚硒酸盐和硒酸盐的溶解从而产生硒离子。这些硒离子进一步浓缩，在排水管处检测到排放水或处理水中的硒浓度可达到1000～2700μg/L[21]。这些废物最终会在陆生和水生或海洋环境中释放，对植物和动物都会产生负面影响。

硒对环境的污染可能来自金、银和镍采矿作业产生的废物。黄金、白银和镍不断增值，再加上金属提取技术，尤其是黄金提取新技术的发展，利用矿石品级的有益尝试，使得几十年前基本不涉及低品位矿石的开采成为一项经济可行的投资。同样，美国西部的几家公司已经投资了堆浸工艺等生产，以取代传统的深井法和露天法。在堆浸过程中，含氰化物的水被渗透到矿石堆中，溶解并最终滤出黄金[21]。硒是矿物基质矿床的重要组成部分，在尾矿和其他表面残留物中积累，最终进入陆生和水生环境。例如，北美许多矿场由于尾矿和表面残留物处理不当，导致污染物滤出，给湖泊和鱼类种群带来了环境问题[21]。

硒不是从任何天然矿物矿石中获得的，而是与其他金属一起天然存在的。实际上，许多金属矿含有不同量的硒。因此，这些矿石的物理化学处理以提取所需的金属通常会将硒和其他污染物释放到工艺用水和固体废物残留中[21]。例如，当在生产过程中熔炼含有铜、镍和锌金属的矿石时，硒会以蒸气形式挥发排放到大气中。因此，在硒蒸气冷却后可以聚结或黏附到大气尘埃颗粒上，随后通过干沉积或湿沉积沉降到陆地和水生系统中。这些过程被认为是冶炼设施附近硒循环的关键因素。此外，铜矿石中的硒含量有时可能超过煤中的含量。例如，Lemly 报道了 Nriagu 和 Wong 的研究，1g 铜矿石中硒的含量为 20～82μg，而 1g 煤中硒的含量为 0.4～24μg[21]。这意味着铜冶炼操作的污染可能远远超过煤的污染，也可能会把污染源扩散到更大的区域，最远可达 100～200km。因此，由于硒在大气中以蒸气或颗粒形式运输的机理，冶炼使硒参与到远距离的水生系统中。在这方面，硒污染的原理与酸雨现象相同。排放的硒蒸气，如气相污染物，到达水生系统，并在主要风源的下风向形成沉积带[21]。因此，大规模的金属冶炼是造成硒污染现象的重要原因。

如上所述，硒用于制造电子设备的各种部件。许多此类组件和工业废物被倾倒在市政垃圾填埋场中，导致垃圾填埋场渗滤液中硒聚集。事实上，如果固体废物一直堆存，市政垃圾填埋场可能会产生含有高浓度（5～50μg/L）硒的渗滤液。美国、英国、瑞典、中国香港和日本的许多垃圾填埋场都会产生这种含硒的渗滤液。此外，由于电子、计算机和复印机工业全球性的分布，加上其固体废物的填埋处理，硒污染成为一个重要的地方性威胁[21]。

除了上面讨论的行为活动外，石油行业的运输、精炼和利用可产生各种含硒废物。原油含有比煤中浓度更高的硒：原油中含有 500～200μg/L 的硒，而煤中仅含有 0.24μg/g。因此，在其工业水和废水中释放的危险量可能会相对更高。一旦进入水生环境，硒会迅速进行生物累积，导致鱼类和水生鸟类的繁殖失败。表 4.3 总结了硒的环境污染对鱼类和水生鸟类造成破坏性影响在全球不同地区的分布[21]。

表 4.3　世界各地被硒污染的鱼类和野生动物种群

地点	硒污染原因	主要受到污染的水生生物
北卡罗来纳州	燃煤废弃物	水库鱼
宾夕法尼亚州	煤炭填埋场废物	溪流鱼
西弗吉尼亚州	煤矿开采废弃物	河湖鱼
明尼苏达州	城市垃圾填埋渗滤液	溪流鱼
得克萨斯州	燃煤废弃物	水库鱼
路易斯安那州	炼油厂废弃物	水生鸟类
犹他州	灌溉排水	鱼，水生鸟类
爱达荷州	磷酸矿业废弃物	鱼，水生鸟类
加利福尼亚州	灌溉排水	鱼，水生鸟类
育空，加拿大	金矿废料	溪流鱼
不列颠哥伦比亚省，加拿大	燃煤废弃物	溪流鱼
安大略省，加拿大	金属冶炼废物	河湖鱼
奇瓦瓦州，墨西哥	灌溉排水	河川鱼
基多，厄瓜多尔	金银矿废料	溪流鱼

续表

地点	硒污染原因	主要受到污染的水生生物
特费，巴西	金矿废料	溪流鱼
布宜诺斯艾利斯，阿根廷	金矿废料	溪流鱼
伦敦	城市垃圾填埋渗滤液	溪流鱼
斯德哥尔摩，瑞典	城市垃圾填埋渗滤液	溪流鱼
托伦，波兰	镍和银矿开采废料	溪流鱼
佩里尔维特尔公司，法国	金矿和镍矿开采废料	溪流鱼
开罗，埃及	灌溉排水	鱼，水生鸟类
尼亚美，尼日尔	金矿废料	溪流鱼
开普敦，南非	金矿废料	鱼，水生鸟类
耶路撒冷，以色列	灌溉排水	鱼，水生鸟类
高尔基，俄罗斯	燃煤废弃物	河川鱼
新德里，印度	炼油厂废弃物	鱼，水生鸟类
湾仔，中国香港	城市垃圾填埋渗滤液	鱼，水生鸟类
符拉迪沃斯托克（海参崴），俄罗斯	金属冶炼废物	溪流、河口鱼类
东京，日本	城市垃圾填埋渗滤液	鱼，水生鸟类
新南威尔士，澳大利亚	燃煤废弃物	湖泊、河口鱼类

资料来源：Lemly A D. Ecotoxicol. Environ Saf，2004，59：44-56.

在干旱和半干旱地区，农业主要依靠灌溉。这些地区的灌溉用水量远远超过作物需水量。正常情况下，过量的灌溉水被用来冲走盐分，因为盐分在蒸发过程中容易积聚在作物根部，从而抑制植物生长。此外，地下灌溉排水是由特定的土壤条件而产生的。例如，浅层地下（3～10cm）黏土层阻碍了灌溉水向下渗透时的垂直运动。如果不排出多余的水，这将导致作物根区积水，并随着过量的水从表面蒸发而形成盐分。这正是灌溉首先要解决的问题[21]。要解决这个问题，必须排出浅层地下水，并使用井和表面渠道强行泵送排出水，或者在土壤表面下方安装多排渗透性黏土瓦或穿孔塑料管（3～7cm）。后者是美国西部的首选方法，一旦安装了这些排水沟，就可以大量使用灌溉水，从而满足作物的用水需求，同时还可以冲走多余的盐分。由此产生的地下废水被泵入或排到池塘中进行蒸发处理，或引流到湿地、溪流和河流的支流小溪或水沟中。此外，地下灌溉排水的主要特点是pH呈碱性、盐度高、含有微量元素和含氮化合物，以及农药浓度低。土壤中天然生物和化学过滤器，能有效降解和去除大多数农药。灌溉水向下渗透形成地表排水，使土壤中天然微量元素（如硒高达 1400μg/L），在干旱气候的碱性氧化条件下能被滤出并随地表排水流出。

当地下灌溉排水排入地表水时，可能会产生各种严重的生物效应：①地表水和地下水的水质通过盐碱化、有毒或潜在的有毒微量元素（如硒、硼、钼和铬等）的污染而退化；②如果硒进入水生食物链，可能会产生长期影响。一个典型的例子是1985年加利福尼亚州的凯斯特森国家野生动物保护区，数千只鱼和水禽因硒和其他微量元素超标而中毒事件。由圣华金山谷西侧土壤中渗出的硒和其他微量元素流入水库，并将受污染水用于湿地保护区的回流灌溉。据证实，硒在水生生物食物链中累积，污染了 500hm^2 的浅沼泽。栖息于这些湿地的每个动物群体，从鱼类和鸟类到昆虫、青蛙、蛇和哺乳动物体中均发现了硒含量的升高[21]。

如上所述，农业灌溉排水含有大量的硒和其他微量元素，20 世纪 80 年代中期这是加利福尼亚州的一个非常严重的问题。植物修复方法在人工湿地中的应用是诸多解决方法之一，这种方法在 20 世纪 90 年代广受欢迎，并已被用于从炼油厂废水中去除硒。然而，人工湿地的应用也有许多风险：①含硒废水在流过并进行处理的过程中，由于生物积累，对下游水质带来的益处将被湿地内产生的有毒危害所抵消。②由于湿地是对鱼类和野生动物极具吸引力的栖息地，人工湿地增加了鱼类和野生动物暴露于有害硒水平的概率，直接后果将是生态利益的损失和生态责任的增加[21]。换句话说，湿地的应用可能会产生新的硒污染问题，而不是解决问题。例如，20 世纪 90 年代中期在加利福尼亚州里士满的 Chevron 公司的炼油厂建造的一个 40hm^2 的人工湿地，旨在去除常规污染物［生化需氧量（BOD）、总有机碳（TOC）、总悬浮固体（TSS）和氨等］的“水强化”，同时利用湿地有效去除废水中的硒。这项技术最初被认为具有巨大的收益。湿地还能为大量的迁徙水禽和滨鸟提供良好的栖息地。然而，由于生物累积，硒水平超过野生动物的毒性阈值，水鸟中毒。湿地技术应聚焦于对目标污染物及其生物累积的影响进行平行研究。因此，在这种情况下，往往低估了硒污染物的生物累积形式对野生动物的风险。

在减少燃煤含硒飞灰污染大气的过程中，已开发出可降低空气颗粒物排放达 99.5%的治理技术。从空气中清除后，大部分粉煤灰被弃置于填埋场，这些填埋场通常建在黏土上（以防止污染物向下移动或地下水向上移动），上面覆盖一层黏土（以防止雨水渗入）和表土，并且重新种植。这种处理方法的问题是，随着时间的推移，垃圾填埋场变得不稳定，导致表层黏土帽或底层黏土出现裂缝，使雨水或地下水渗入，并在此过程中浸出硒。如果发生这种情况，含硒渗流（50～200mg /L）可能会外溢，并最终排到溪流或其他地表水体内。因此，硒会在食物网中累积，最终进入鱼类和野生动物种群。事实上，人们已经认识到，即使在最佳条件下，粉煤灰填埋场的设计规格仍可能产生被污染的渗滤液。1991 年在宾夕法尼亚州东部发生了一个代表这一问题的典型例子，根据初步的环境风险评估结果，计划建设的 65hm^2 粉煤灰填埋场被叫停，这是由于含硒渗滤液对本地溪鳟鱼可能带来健康风险[21]。

2. 镍

镍进入环境主要通过两个过程：①来自地壳岩石的风化；②人类活动涉及的金属。例如，镍以约 90mg/kg 的浓度存在于地壳岩石中，而在海水中的浓度约为 2mg/L。镍的放射性同位素也是重要的环境污染物。现在已知全球各地的放射性沉降物中都存在微量的镍-59 和镍-63。在一些核设施中，这些放射性同位素也可能作为运行反应堆和处理乏燃料的污染物而存在。即便如此，放射性镍同位素对环境的威胁仍然存在，但由于镍通常是环境中流动性较低的放射性金属之一，环境中镍的含量很低。植物中镍浓度与土壤中镍浓度的比率较低，估计为 0.06（或 6%）。这可能是由于镍与土壤的黏附性非常好，与砂土的镍结合可达到约 400，与黏土土壤的镍结合可超过 600，明显高于与间隙水（即水在土壤颗粒之间的孔隙中）的黏附性。这些比率进一步表明镍在植物根区周围的水性介质中的溶解度较差。此外，镍通常不是 DOE 场地地下水中的主要污染物[6]。

3. 铍

铍可以通过以下途径释放到环境中：①由含有这种金属的岩石和土壤的风化而进入环境（水道）的自然过程；②通过人类活动，包括燃烧煤和燃料油；③工业活动，如铜轧制和拉伸，有色金属冶炼，有色金属轧制和拉伸，铝铸造厂，高炉，钢铁厂和石油、炼油行业[22]；④吸烟[20]。由于铍相对不溶于水，与土壤的吸附性更紧密，饮用水中的铍污染最小，并且它在食物链中的生物累积也是微乎其微的[23, 24]。

由于生物累积水平很低，铍释放到环境中的天然方式似乎对环境污染不大，这使得人类活动成为铍污染环境的主要来源。例如，煤和燃料油的燃烧等活动，加上各种工业过程，将含铍的颗粒和飞灰释放到大气中。此外，铍合金、氧化物和陶瓷的气体颗粒也从各种加工工业中释放出来[23, 24]。这些颗粒会污染大气，有些颗粒也会沉降在水中和陆地上。然而，由于土壤颗粒对铍的高吸附能力，土地应该是受污染最严重的。表 4.4 和表 4.5 记录了 1987 年和 1993 年从各种工业活动中释放的各种水平的铍（以磅为单位，1 磅 = 0.454kg）。从表 4.4 可以看出，土壤中铍的浓度远高于水中铍的浓度。

表 4.4　人为释放到水生和陆地环境里的铍 a

主要产业	释放到水生环境中的铍含量/磅	释放到陆地环境中的铍含量/磅
铜轧制、拉伸	405	180502
有色金属冶炼	481	151790
铝铸造业	5	1000
有色金属轧制、拉伸	4	8000
鼓风炉，炼钢	250	250
石油精炼	142	174

资料来源：USEPA. 铍的技术说明书. 美国环境保护署，华盛顿特区，美国，2015。

a　1987～1993 年统计数据。

表 4.5　大气中铍的自然和人为排放

排放源		美国总产量/(10^6t/a)	排放因子/(g/t)	排放/(t/a)
自然	风沙	8.2	0.6	5.0
	火山颗粒	0.41	0.6	0.2
合计				5.2
人为	燃煤	640	0.28	180
	燃油	148	0.048	7.1
	铍矿石加工	0.008	37.5*	0.3
合计				187.4

资料来源：USEPA. 铍化合物毒理学回顾（CAS 号 7440-41-7）. 美国环境保护署，华盛顿特区，1998 年 4 月。

* 铍矿石的产量用当量吨的铍表示；假设排放系数为 37.5。1t = 2000 磅 = 907kg。

由于土壤中铍的浓度很高，有些植物最终会吸收一些金属铍，尤其是那些天生具有富集铍能力的植物。此外，pH 对铍及其化合物的溶解度可能也具有一定的影响。由于铍可溶于强酸，在酸性 pH 下可提高其溶解性。由此得知，生长在酸性环境中的植物可能会积累铍。特别是饮

用水中的铍含量为 $0.01\times10^{-9}\sim0.7\times10^{-9}$，而一些植物，其中一些为主要食品，含铍平均浓度为 22.5μg/kg。据报道，这个平均浓度涵盖了 38 种不同的食物类型，范围从 0.1μg/kg 到 2200μg/kg（2200μg/kg 为芸豆中铍的平均浓度）。此外，吸烟可能会污染环境。通常，一根香烟含有 0.5～0.7μg 铍，5%～10%的香烟进入侧流烟雾[9]。由此可以推断出，铍可能通过人们食用富含铍的食物、吸入受污染的空气或吸烟而进入人体。

4.2　硒、镍和铍的毒性

4.2.1　硒的毒性

马可波罗在 13 世纪前往中国某些地区，期间对硒毒性进行了早期观察，当时他描述了一种叫作“蹄腐”的疾病，蹄腐病存在于土壤含硒量较高的地区。另一种与动物慢性中毒相关的疾病被称为“眩晕症”，该疾病的症状包括体重下降、失明、运动失调、定向障碍和呼吸困难。硒中毒主要来自于动物喂养，一些作为喂养的主要植物中，其自然积累的硒高达 1000mg/kg。目前认为有机和无机再吸收硒化合物的急性毒性的半数致死量（LD_{50}）在 2～5mg/kg[2, 11]。此外，20 世纪 30 年代，在南达科他州发现动物的硒毒性，在高硒土壤地区放牧的牲畜患上了一种被称为“碱病”和“眩晕症”的疾病。“碱病”是马和牛长期食用低硒积累植物（二级指标植物）而引起的慢性中毒，这些植物的硒含量在 5mg/kg 以上，但通常低于 50mg/kg。该疾病的特征是下肢发育不良，毛发变得粗糙[2]。

1. 硒毒性的生化基础

硒的毒性主要表现为蛋白质合成过程中一个简单又重要的缺陷。作为细胞结构的组成部分（组织合成）或细胞代谢中的酶，硫是蛋白质的重要组成部分，氨基酸链之间的硫与硫键（离子二硫键）是蛋白质分子卷入其三级（螺旋）结构所必需的，而三级（螺旋）结构又是蛋白质作为细胞组成部分正常工作所必需的。硒在其基础化学和物理性质方面与硫类似（具有相同的价态并可形成硫化氢、硫代硫酸盐、亚硫酸盐和硫酸盐的类似物）。对哺乳动物和鱼类细胞的研究表明，硒和硫不能很好地被区分，因此在蛋白质的生物合成过程中，硒和硫被平等地结合在蛋白质中。这进一步证明，由于硒在鱼类和哺乳动物中的毒性是相同的，病理学的临床表现和致畸的特点也是相同的，这表明潜在毒性的机制特征在本质上也是相同的。作者假设硒取代硫并最终与蛋白质结合遵循以下顺序：过量的硒取代硫，导致三硒键（Se—Se—Se）或硒硫醚键（S—Se—S）的形成；三硒键（Se—Se—Se）或硒硫醚键（S—Se—S）会阻止二硫化学键（S—S）的形成；最终会合成功能失调的酶和蛋白质分子，损害正常的细胞生物化学[21]。

硒的毒性也可能是由于它对谷胱甘肽（GSH）抗氧化系统的影响。无机硒如硒酸钠（SeL）和有机硒如硒代甲硫氨酸（SeM）通过形成超氧自由基和硒化氢（H_2Se）发挥其毒性。研究表明，无机硒（SeL，其中 Se 处于 +4 氧化态）的毒性是由细胞中的硫醇氧化，氧化还原循环和超氧化物产生引起的。另外，有机硒（SeM）可以遵守这些代谢体系中的任何一种：首先，SeM 被掺入人体蛋白质中代替甲硫氨酸，从而增加硒的可溶性和组织水平。其次，SeM 转化为有毒的硒化氢（H_2Se）[10]。在硒化物和 GSH（谷胱甘肽）之间的氧化还原循环中，产生过氧化氢和超氧化物，电子来自还原的谷胱甘肽，并由亚硒酸根转移[21]。

除了替代硫和破坏 GSH 系统的正常功能外，硒毒性可能是 DNA 突变损伤的间接结果。而DNA损伤是造成许多化合物毒性作用的最重要因素之一。同样，为了确定SeL、SeM和SeMC处理后的醇酒酵母中是否存在 DNA 损伤，检测了这些硒化合物的双链断裂（DSB）诱导。与 SeM 和 SeMC 相比，在指数生长的细胞中只有 SeL 诱导 DSB，表明 DSB 诱导可能是 SeL 毒性的基础。虽然 SeL 暴露后的 DSB 可能不是直接诱导的，但极有可能最初的单链 DNA 损伤发生了向 DSB 的转化。这种单链到双链 DNA 损伤转化是已知的最常见的复制细胞，其中未修复的 DNA 单链断裂（SSB）或通过 SSB 中间体处理的其他 DNA 损伤类型被转化为 DSB。这些断裂导致 1～4bp 的缺失，诱导开放阅读框（ORF）中的移码突变。因此，这将直接产生有缺陷或非功能性的蛋白质[10]。下面章节中，详细探讨了蛋白质生物合成中硒诱导误差的典型案例及硒取代硫导致的结果[25]。

2. 鱼类毒性

鱼中最明显的毒性症状是生殖畸形。成年鱼的食物中消耗的硒沉积在卵中，幼虫鱼在孵化后进行硒的代谢。因此，处于发育中的鱼类常会发生各种致死或亚致死的畸形，影响硬组织和软组织[26]。用硒代替硫也会损害幼鱼和成鱼中蛋白质的正常形成，许多内部器官和组织会发生病变，这是慢性硒中毒的症状[27]。鱼的病理改变将在下列小节中进行讨论。

1）鳃

成年硬骨鱼鳃的主要结构是半圆形鳃弓，通常是四对。每个鳃弓包含一排双列细丝，每排细丝都有从每侧突出的微小薄片。薄片包括血窦和毛细血管床，被一层薄薄的上皮细胞层覆盖，通常有两个细胞厚，下面是支撑柱细胞，柱细胞负责维持血管腔的效力。鳃片通常是薄且精细的结构，这是呼吸中有效气体交换所必需的。在 Belews 湖，受到硒污染的绿色太阳鱼（蓝鳃鲷）的鳃出现大面积扩张的血窦和充满红细胞的肿胀的薄片（毛细血管扩张）。此外，这种情况也常与鳃组织出血有关。因此，硒诱导的鳃薄片扩张导致血流受损，气体交换无效（呼吸能力降低）和代谢应激反应（呼吸需求增加和耗氧量增加），可导致死亡[25]。

2）血液学

血细胞比容值（包装细胞体积）是血液中血红蛋白水平的良好指标。对来自 Belews 的绿色太阳鱼的研究表明，与未受污染的湖中的鱼进行对照，来自 Belews 的绿色太阳鱼的血细胞比容值（包装的红细胞体积）显著降低（33%＜39%）。此外，这种鱼血液中的淋巴细胞数量显著增加，血小板占总白细胞的比例更高，而成血细胞数量明显少于对照鱼[28]。血液学参数的这些变化反映了鱼类整体健康状况的重要变化。例如，血细胞比容的降低与贫血和平均红细胞血红蛋白浓度（MCHC）降低有关[29]。同样，减少的 MCHC 会导致呼吸能力受损，这是由于硒会与血红蛋白结合，使其无法携带氧气。呼吸能力的降低很快导致代谢压力增大，因此鱼必须消耗更多的能量来满足呼吸需求。另外，成血细胞数量的减少反映了血液循环中红细胞的减少和老化红细胞的延迟更换，这也导致呼吸能力和代谢压力降低[29]。此外，淋巴细胞水平升高表明生理应激和健康状况降低引发了全身免疫反应[25, 29]。

3）内脏器官：肝脏

在大量的关于硒中毒的综述中，Lemly[25]报道了由硒毒性引起的许多病理状况。其中一项研究涉及硒毒性对绿色太阳鱼肝细胞的病理学的影响。正常绿色太阳鱼的肝组织的结构特征由小血窦分隔的肝细胞（肝板）双氨基阵列构成。当血液从肝动脉和肝门静脉进入肝脏时，它在血窦中的肝板之间移动，最终聚集在中央静脉中，这些中央静脉又流入肝静脉。此外，肝细胞通常包含许多线粒体，粗面内质网，发育良好的核仁，以及中心和外周染色质岛[27]。相反，库普弗细胞（吞噬组织细胞）在健康个体中很少存在，淋巴细胞虽然存在但数量并不多。来自Belews 湖的绿色太阳鱼在肝脏组织中表现出多种组织病理学变化，包括：①淋巴细胞浸润，可见中央静脉周围实质肝细胞的广泛空泡化；②库普弗细胞数量增加，是周围实质细胞的损失使中央静脉肿胀；③细胞核发生畸形和多形性；④存在许多窦周脂质液滴（未代谢的残基）[25]。总的来说，这些超微结构变化反映了组织结构的退化，足以显著改变肝功能。这种肝脏病理综合征是鱼类和其他脊椎动物慢性硒中毒的特征[25]。

4）内脏器官：肾脏

在超微结构水平上，正常鱼类的肾脏与人类的肾脏非常相似，由肾小球、系膜细胞、足细胞、内皮细胞和管细胞及毛细血管和中央静脉（收集和输送尿液）组成。Belews 湖的绿色太阳鱼由于积累了大量的硒，使心室内肾小球增殖。在这种情况下，会导致肾小球系膜细胞过多，并伴有异常丰富的基质和球粒周围纤维化（可导致组织硬化）。此外，还可见大量的肾小管铸型，而管状上皮被脱落并且空泡化。在某些情况下，肾小管上皮被破坏，从而使中肾的管状系统不能正常运作。Belews 湖鱼类肾脏的这些变化与其他脊椎动物中慢性硒中毒引起的症状具有一定的相似之处[25]。

5）内脏器官：心脏

在 Belews 湖中鱼类的心脏中，出现了明显的病理模式。可观察到的症状为心脏周围的心包充满炎性细胞，这是一种通常被诊断为严重心包炎的疾病，心室心肌组织中也存在炎性细胞，称为心肌炎。心包炎和心肌炎的发生归因于硒对心脏组织的直接作用，以及诱发的肾小球肾炎和相关的尿毒症导致的硒对肾脏的间接作用[25]。

6）内脏器官：卵巢

硒的毒性对鱼类的生殖器官产生了深远的影响。例如，在 Belews 湖的鱼类卵巢中观察到许多病理变化，其中包括肿胀、坏死和破裂的成熟卵泡，尤其是在妊娠个体中。在低硒或无硒中毒的水生环境的鱼类中，未观察到这种病理变化。事实上，由于硒的毒性对鱼类的生殖器官的作用，已影响到 19 种鱼类，并且十多年来水生生态系统已被完全改变[25, 30, 31]。

7）眼睛

眼睛是硒中毒影响的另一个器官。对于这个器官，中毒会引起鱼体内硒诱发的白内障，影响晶状体和角膜，并且哺乳动物通过食物中的亚硒酸盐而诱发眼疾[25, 32]。Belews 湖的鱼偶见有角膜白内障（占所有鱼的 8.1%），而其他湖泊的鱼则没有。到 1992 年，Belews 湖的硒污染量减少，鱼体内硒残留量下降，鱼体中白内障的患病率也下降到约 1%。除了白内障外，鱼类眼睛中的另一种与硒中毒有关的异常病症是一种被称为水肿性眼球突出症的疾病，表现为体腔和头部积液的水肿。此外，这种情况是由组织损伤引起的，特别是细胞膜结构中的硒蛋白异常导致细胞渗透性紊乱，进而导致内部器官变得“渗漏”。随后过量液体产生压力，足以使腹部膨胀并迫使眼睛从眼窝突出。如果液体中存在血液，则可能会注意到眼睛周围明显的出血。Belews 湖中多达 21%的鱼类出现眼球突出，其中以美洲大鳃鲈鱼、莓鲈鱼最为常见[25, 26]。

3. 致畸

发育畸形是鱼类慢性硒中毒最明显的症状之一。Lemly[25]报道了具有永久性毒性生物标记的畸胎的研究，这些鱼类的畸形已影响到摄食或呼吸，在孵化后不久就可能致命，因此很少有携带这种畸形的个体能够存活下来以加入幼年种群。此外，研究发现，畸形不会直接致命，但会扭曲脊椎和鳍，降低鱼类的游动能力，导致它们更容易被捕食，这是导致死亡率的一个重要的间接原因。这两个因素通常使大多数畸形个体无法存活到成年。在 Belews 湖，硒对食鱼类物种的生殖影响消除了大部分捕食压力，使许多非食鱼物种的畸形个体能持续到幼年和成年生命阶段[30]。Belews 湖中的鱼有几种类型的致畸畸形，许多表现出多种畸形，最明显的畸形是脊柱畸形，包括脊柱后凸、脊柱前凸和脊柱侧凸。嘴和鳍的畸形同样常见，但不太明显。不同物种之间和不同年份之间的畸形率各不相同，1982 年绿色太阳鱼的畸形率高达 70%。在这一时期，鱼组织中的硒水平与畸形率之间存在密切的平行关系。随着硒从 1975 年到 1982 年的增加，畸胎变得更加常见，在 1982 年达到顶峰，并且在 1986 年停止向湖泊输入硒后，畸形率下降[25, 26]。到 1996 年，由于硒残留量从 1982 年的最高水平下降到了 85%～95%，畸形的患病率也降至 6%甚至更低。对 Belews 湖中硒水平的研究证明了暴露在高硒环境下会导致淡水鱼自然种群的畸形，Belews 湖是第一个提供了确凿论证依据的地点[25]。

4. 细胞凋亡和坏死

细胞凋亡，描述为程序性活跃细胞死亡和坏死，并被描述为细胞肿胀的被动细胞死亡，是硒化合物急性毒性的必然后果。在生理学上，健康组织的细胞凋亡是一种精细调节，细胞死亡和增殖之间的平衡是组织更新和生长调控的基础。在肿瘤细胞中，凋亡程序被抑制或至少部分被禁用，从而导致其不受控制的生长。因此很容易假设，转化细胞优先倾向于由细胞毒性浓度的硒化合物诱导细胞凋亡，而正常细胞要么坏死，要么比肿瘤细胞更具抗性。然而，Weiller 及其同事的研究表明，生物可利用的硒化合物在转化肝细胞和原代化合物细胞中均可诱导细胞坏死死亡。由此得出结论，在模型系统中研究肿瘤细胞的优先凋亡毒性是不太可能的。其他系统或模型的进一步研究应该能够阐明一种合理的机制[11]。

4.2.2 镍的毒性

处于毒性水平的镍（Ⅱ）离子可能被释放在废水流电池制造工厂等各种行业，在任何使用镍生产的过程中都可能被流失释放。镍最终会进入土壤或沉积物中，可能会强烈附着在含有铁或锰的颗粒上。在酸性条件下，镍在土壤中的流动性更强，极有可能渗入地下水。人们可能通过喝水，吃东西，皮肤接触土壤、水和含镍金属而接触镍。一般来说，人体内沉积的镍主要是食物或水通过胃肠道被吸收。大约 5%的镍通过肠道吸收进入血液，20%～35%的镍通过肺部吸收进入血液。到达血液中的镍，68%迅速通过尿液排出，而 2%的镍仍在肾脏中存留，其生物半衰期非常短，为 0.2d（约 5h），剩下的 30%均匀分布到身体的各个组织，包括肾脏，并且清除生物半衰期超过 3 年的（1200d）。镍可以被吸收到皮肤中，而不是被吸收到血液中[6]。

许多动物模型已经证明了镍的毒性作用。基于这些研究，大鼠和小鼠食物中的大量镍会引起肺部疾病并影响胃、血液、肝脏、肾脏和免疫系统。在食用或饮用高浓度镍的大鼠和小鼠试验中也发现了镍对生殖和出生后缺陷的影响。然而，镍对人体最常见的不良健康影响是对镍的过敏反应。最常见的反应是接触部位出现皮疹。其他已被报道的不良反应包括成骨过程不佳、骨连接素合成活性降低、细胞死亡率高等[16]。长期暴露于镍尘，其对工人健康的影响表现为易患慢性支气管炎、肺功能降低、肺癌和鼻窦癌。值得注意的是，美国环境保护署已将二硫化镍（一种相对不溶的镍）分类为已知的人类致癌物[6]。

此外，镍只有被带入体内才具有放射性健康危害。由于镍-63和镍-59不会释放出大量的γ射线，外界的γ射线暴露并不令人担忧。例如，镍-63通过发射β粒子而衰变，而镍-59通过捕获电子衰变，在电子俘获过程中发射低能γ射线。放射性镍一旦进入体内，就会释放β粒子和γ射线，这可能会诱发癌症[6]。

4.2.3　铍的毒性

铍被认为具有毒性和致癌性，急性暴露已经被证明会导致人类慢性肺病，以及大鼠和兔肝脏坏死，而长期暴露会诱发实验动物的肺癌和骨髓肉瘤[33]。在其发挥毒性作用之前，铍及其化合物（氧化物、盐）和合金通过摄入、吸入或皮肤吸收进入人体内。铍主要存在于各种食物或被铍污染的水中。儿童和年轻人通过摄入土壤而暴露于铍以及其化合物的程度有限。然而，铍的命运取决于进入身体的形式。例如，大多数铍化合物既不易溶解，也不能很好地被胃肠道吸收（小于1%）。因此，如果被摄入，它们通常会通过表皮排泄。真皮或皮肤有时也可能吸收微细或超细颗粒的铍，尽管量极少且发生率偶然。铍的另一种进入途径是吸入含有这种金属的粉尘和烟雾。一旦发生这种情况，铍颗粒将沉积在肺部，可能发生以下任何一种情况：①一些沉积的颗粒可能从肺部缓慢清除；②可溶性铍化合物可能2～8周内转化为难溶解的化合物。吸入的铍主要通过尿液排出[9]。

铍的毒性作用在20世纪30年代在欧洲首次被发现。在20世纪40年代，荧光灯行业和核武器工业中暴露于含铍荧光粉的工人中出现了与铍相关的疾病报告[34]。目前，铍对健康的影响主要有两种，即急性铍病（ABD）和慢性铍病（CBD），也称为铍中毒。表4.6总结了与铍相关的其他可能的健康影响。铍敏化（BeS）发生在铍暴露的初始阶段，1%～16%的工人会出现此类症状。相反，即使没有铍病，某些个体中也可能发生致敏。在这些个体中，肺功能测试或胸片检查均未发现相关症状和临床异常。然而，在这些个体中发现了未来发展CBD的风险，以每年6%～8%的速度发生[35-38]。

表4.6　铍暴露可能对人体健康产生的影响

目标器官	疾病
呼吸道	毛细支气管炎
	急性肺炎
	CBD或铍中毒
	肺癌
	脉动脉高压[a]
	气胸[a]

续表

目标器官	疾病
皮肤	接触性皮炎
	皮下肉芽肿结节
	溃烂
	伤口愈合延迟
淋巴、血液	肺门及纵隔淋巴结病
	BeS

资料来源：ATSDR. 环境医学案例研究，铍毒性. 美国卫生与公众服务部有毒物质和疾病登记署. 亚特兰大，佐治亚州，2008 年。
a　与 CBD 有关。

ABD 发生在高水平（超过 1mg/m^3）的相对可溶的铍暴露[9]，如氯化铍、氟化铍、硝酸铍和四水合硫酸铍 [20]。ABD 的表现形式取决于暴露部位、铍的形式和剂量。根据暴露部位的不同，含铍颗粒可能滞留在皮肤、呼吸系统或肺部区域及胃肠道中。据观察，无论是表皮还是皮肤暴露的情况下，都可能会引起接触性皮炎、铍敏化、溃疡和伤口愈合延迟。可溶性铍化合物会引起接触性皮炎，铍溃疡发生在铍晶体穿透皮肤的创伤部位[20, 34, 39]。此外，在个体接触口腔假体时，使用含铍的口腔假体可能导致口腔接触性皮炎或手部损伤[40]。

一旦吸入高浓度的不溶性含铍颗粒及铍金属的可溶性化合物，ABD 随即就会影响呼吸系统。其临床特征与剂量相关，通常发生在几天内，也可能延迟数周。这种急性疾病表现为上呼吸道或下呼吸道炎症，或两者兼有，导致化学性肺炎。该疾病是在短时间接触高浓度铍后突然爆发的。与皮肤暴露的情况一样，铍的形式在 ABD 中也很重要。例如，不溶性形式的铍可能引起鼻刺激、鼻分泌物和轻度鼻出血等症状，而可溶性形式的铍可能引起肺炎、鼻炎和支气管炎[20]。也有一些症状表现为金属味味觉、厌食、疲劳和腹泻等，表明具有胃肠道毒性症状[20]。

长期暴露于铍会导致 CBD，也称为铍中毒，并且在铍及其合金加工、冶炼、制造加工的行业中经常发生。CBD 是一种疾病，这种疾病对铍的迟发性Ⅳ型超敏反应常发生在易感个体中，导致非干酪性肉芽肿形成[41]。从接触到疾病发作之间的时间间隔不等。在某些情况下，从接触到疾病发作之间可能有数周或数年的潜伏期。与 ABD 类似，可溶和不溶形式的铍都参与其中。例如，吸入难溶性或不溶性铍化合物，如氧化铍和铍粉，是淋巴细胞、组织细胞和浆细胞浸润有关的慢性肺炎的主要原因[20, 42]。尽管肺是 CBD 中的主要靶器官，但也经常出现全身系统性的表现形式，从而与急性疾病形成对照。

除了这些疾病外，美国环境保护署还将铍描述为一种可能性人类致癌物，尤其是当人们吸入铍时[34, 43-45]，铍被归类为 B1 组，是一种可能对人类致癌的物质。除铍金属外，铍铝合金、氯化铍、氟化铍、氢氧化铍、氧化铍、磷酸铍、硫酸铍、硅酸铍锌和铍矿石等铍化合物也由此被预测为致癌物质。事实上，国际癌症研究机构在 1993 年和 2001 年也将铍和铍化合物归为 1B 类，包括对人类致癌的化合物。支持铍可能致癌这一结论的证据来自两项独立的研究。其中一项研究涉及分析 689 名患者的死亡率，包括北美铍疾病病例登记处的肺癌死亡率［标准化死亡率（SMR）= 2.0］和非恶性铍疾病。这项研究显示癌症率显著增加，肺癌死亡发生率更高的是在急性期而不是 CBD[20, 46]。

表 4.7 是美国环境保护署[43]汇编的一份关于战争和工人的研究数据，介绍了美国被动吸烟人群和吸烟成瘾人群之间的差异，在外部调整后对比前期和后期人群，将预期的肺癌病例对比检测结果，同时考虑相应的标准化死亡率（SMR），95%的置信区间（CI），观察来自洛雷恩（Lorain）、雷丁（Reading）和其他所有生产线的工人。在暴露于铍的工人中观察到肺癌病例增加，再加上没有证据表明吸烟会影响检测结果，进一步证明了铍是一种会导致肺癌的致癌物[34]。

表 4.7　受影响人群与美国人群吸烟习惯差异外部调整前后的肺癌观察和预期病例，以及相应的 SMRs 与 95%CI，工人来自洛雷恩、雷丁及其他生产线的工人

工厂所在地	肺癌观察病例	没有吸烟调整			吸烟调整		
		预期病例	SMR（CI）	p 值	预期病例	SMR（CI）	p 值
罗蓝	57	33.8	1.69（1.28～2.19）	0.0003	38.2	1.49（1.13～1.93）	0.005
瑞丁	120	96.9	1.24（1.03～1.48）	0.026	109.8	1.09（0.91～1.31）	0.353
其他	103	90.8	1.13（0.93～1.38）	0.222	102.8	1.00（0.82～1.22）	0.990
合计	280	221.5	1.26（1.12～1.42）	0.0002	250.8	1.12（0.99～1.26）	0.074

资料来源：USEPA. 铍化合物毒理学回顾（CAS 号 7440-41-7）. 美国环境保护署，华盛顿特区，1998 年 4 月。

癌症发生的机制尚不清楚，但一些研究表明是铍干扰激素对基因表达的调控[33]。Perry 及其同事进行的研究支持了这种机制的可能性，其中通过分析铍处理的肝癌细胞培养物中酪氨酸氨基转移酶合成的激素调节来评估金属致癌物铍对基因表达调节的影响。该研究表明，糖皮质激素诱导酶合成受到的特异性的损害可降低至未处理细胞的 50%。胰岛素或环腺苷 3′, 5′-磷酸（cAMP）的诱导不受金属的影响，表明铍通过选择性损害类固醇介导的基因表达调控机制发挥作用，而这种调控机制发生在转录阶段[33]。然而，这种基因表达的改变是癌细胞的典型特征。因此，调节基因表达能力的丧失被认为是癌症的分子功能障碍级联的主要组成原因，预计会在级联早期发生。铍的致癌性似乎采取了这种方式[33]。

除了这些具有启发性的证据外，其他一些研究人员的研究也对从事铍工业工人报告的肺癌风险提出了质疑。此外，突变和染色体畸变的测定已经产生了一些相互矛盾的结果，加上涉及铍的致癌性和致突变性的潜在机制的研究非常少。因此，不同化学形式的铍很可能具有不同的致突变和致癌作用，从而解释了为什么铍的致癌机制及其伴随的癌症风险对人类的潜在机制仍存在一些困惑[34]。

4.3　污染缓解过程

4.3.1　安全健康的处理工艺要求

在采取任何安全措施之前，需要确定从事此类行业的人员的风险因素。例如，与硒或镍一起工作的人由于接触放射性核素而具有一定的患癌症的风险。因此，美国环境保护署制定了相应的毒性值，以估算致癌的风险或与硒和镍的化学毒性相关的其他不良健康影响。吸入暴露后估算癌症风险的毒性值被称为单位风险（UR）。UR 是对一个人在 1mg/m^3 浓度的空气中持续接触化学物质会导致癌症可能性的估计。例如，美国环境保护署利用吸入药剂时的 UR 数值估计，如果一个人一生中每天暴露在含有 0.002μg/m^3 镍亚硫酸盐的空气中，他就有百万分之一的概率患上癌症[6]。因此，参与脱盐处理过程的人员应了解正在使用的化学品［应检查或查阅材料安全数据表（MSDS）信息］、电击危险及操作设备所需的液压等信息。应遵循一般行业安全、健康和自我保护措施，正确操作使用工具[5]。

4.3.2　物理化学过程

1. 凝结和过滤

金属沉淀法是处理含金属工业废水的主要方法。这一过程包括将可溶性重金属盐转化为不溶性盐，然后沉淀。转化过程通常使用调节 pH、添加化学沉淀剂（混凝剂）和絮凝的方法。金属从溶液中沉淀为氢氧化物、硫化物或碳酸盐。然而，沉淀过程会产生非常细小的颗粒，这些颗粒被静电表面电荷悬浮。这些电荷导致粒子周围形成反离子云，产生排斥力，以防止因聚集而降低后续固液分离的效果。因此，通常添加化学混凝剂来克服颗粒的排斥力[47]。混凝剂的作用是中和使颗粒（胶体）保持分离的力来破坏其稳定性。混凝剂的这种作用被称为混凝作用。阳离子混凝剂提供正电荷以降低胶体的负电荷（ζ 电位），随后颗粒碰撞形成更大的颗粒（絮凝物）。当形成絮凝物时，添加絮凝剂，絮凝剂的作用是在絮体之间形成桥梁，将颗粒结合成大的絮体或团块。当聚合物链的片段吸附在不同的颗粒上并助力颗粒聚集时，就会发生桥接。絮凝剂的这种作用被称为絮凝作用。阴离子絮凝剂会与带正电荷的悬浮液发生反应，吸附在颗粒上，并通过桥接或电荷中和使其不稳定。在此过程中，必须缓慢温和地混合添加絮凝剂，以使小絮凝物之间接触并使它们凝聚成较大的颗粒。形成的团聚颗粒非常脆弱，在混合过程中可被剪切力破碎。然后，可通过物理方法，如澄清（沉淀）或过滤[48]将沉淀从处理水中去除。在含硒废水的处理中，$Fe_2(SO_4)_3$ 已被证明是最有效地去除 Se(+4)的凝结剂，而 $Al_2(SO_4)_3$ 对 Se(+6)的去除效果最好。过滤通过双介质过滤全部絮凝物和悬浮固体进行最终去除。类似的工艺也适用于镍和铍的去除[4, 5]，可使用混凝和过滤两种方法，它们具有以下优点：①要求的成本最低；②总体的运营成本最低；③被证实具有可靠性；④预处理要求较低。但是，需要相关操作人员对过程中的相关数据进行监管，如果水中硫酸盐含量过高，过程中会产生大量的污泥，可能会干扰去除效率。

2. 石灰软化

石灰软化（LS）是一种使用化学添加剂，通过固体接触澄清剂（SCC）向上流动，以实现凝结、絮凝和澄清的一种方法。在此处理之前，可以使用测试罐进行预处理测试，以确定混凝的最佳 pH，以及需要调整的 pH。添加的化学品包括：①$Ca(OH)_2$（碳酸盐沉淀）；②Na_2CO_3（非碳酸盐沉淀）。

当使用 $Ca(OH)_2$ 时，进行上流式 SCC 操作，导致混凝和絮凝（悬浮物凝聚成更大的颗粒）及最终澄清。此后，澄清水向上流过堰，而沉淀的颗粒通过泵或其他收集装置去除，如过滤。

使用 $Ca(OH)_2$ 和 Na_2CO_3 这两种化学添加剂使石灰软化，可用于去除 Se，而 $Ca(OH)_2$ 足以软化可溶性 Ni 和 Be。化学处理将沉淀碳酸盐硬度和重金属（如镍）所需的酸碱度提高到 10 左右。与上述混凝和过滤工艺一样，石灰软化具有以下几个优点：①其他重金属也会沉淀，从而减少管道腐蚀；②该工艺经过验证具有可靠性，③该工艺具有较低的预处理要求。

尽管如此，石灰软化也具有以下缺点：①化学处理需要操作员的监护；②该过程产生的污泥量较高；③高浓度的硫酸盐溶液可能对去除效率造成严重干扰，如果是镍，在低碳条件下可能形成不溶性的 Be 和 Ni 化合物，需要凝结和絮凝过程的调节[3, 5, 7]。

3. 活性氧化铝

不同于前面解释的两种方法，活性氧化铝（AA）在物理/化学分离过程中使用了一种多孔介质，称为吸附，其中分子由于吸引力的作用黏附在表面上。AA 介质是由铝矿石在极高的温度下通过气体氧化活化制成的。此外，这种活化过程使该介质产生高性能的吸附孔。受污染的水通过 AA 的滤筒或滤罐。当废水流过时，介质吸附金属离子。吸附过程取决于以下因素：①AA 的物理性质，如活化性质、孔径分布和比表面积；②氧化铝源的化学/电学性质或活化性能及相关的氧和氢的量，这些参数使氧化铝性质活跃，从而使活性高的污染物取代活性较低的污染物；③污染物的化学成分和浓度；④水的温度和 pH，吸附率通常随温度和 pH 的降低而增加；⑤AA 的流速和暴露时间，降低污染物浓度、流速及延长接触时间可增加介质的寿命。商业制剂可制成粉末、丸粒或颗粒形式。AA 装置包括用于处理小体积的冲洗装置，安装在水龙头上（带或不带旁路）供使用（POU）；在线（有或没有旁路）处理多个水龙头的大容量；以及处理社区供水系统的大容量商业机组。基于制造商的建议和水体中污染物类型而选择氧化铝的使用。与上述凝结和过滤工艺及 LS 工艺一样，AA 具有以下几个优点：①它是一个成熟的工艺；②适用于某些有机化学品，某些农药和三氯甲烷（THM）；③适合家庭使用，由于该过程通常成本较低，具有简单的过滤器更换要求；④能改善味道和气味，有除氯的功效。尽管如此，AA 在以下方面可能是不利的：①其有效性是基于污染物类型、浓度和用水量的；②细菌等微生物可能在氧化铝表面生长，从而影响它们的吸附性能；③该过程需要足够的水流和压力进行反洗/冲洗；④该过程需要仔细监测[7]。

4.3.3　反渗透

反渗透（RO）通常用于水的过滤过程。它的工作原理是利用压力迫使溶液通过薄膜，将溶质保留在一侧，让纯溶剂通过另一侧。这与正常渗透过程相反，正常渗透过程是溶剂从低溶质浓度区域通过膜到不施加外部压力时的高溶质浓度区域的自然运动[49]。RO 膜是基于尺寸和电荷来排斥离子的。用于 RO 的膜在聚合物基质中有一层致密的阻挡层，是大多数分离发生的地方。在大多数情况下，膜的设计仅允许水通过，同时防止溶质（如盐离子）通过。尽管已经开发了各种膜类型，但是目前最常见的 RO 膜材料是不对称醋酸纤维素或聚酰胺薄膜复合物。此外，常见的膜结构是螺旋缠绕或中空细纤维。每种材料和施工方法都有特定的优点和局限性，这取决于水的特性和预处理。典型的大型 RO 装置包括高压给水泵、平行的一级和二级膜元件（在压力容器中）、阀门，以及进料、渗透和浓缩的管道。所有材料和施工方法都需要定期维护。影响膜选择的因素是成本、回收率、排斥、原水特性和预处理。影响性能的因素是原水特性、压力、温度、定期监测和维护。典型的 RO 工艺要求在膜的高浓度一侧施加高压。需注意的是，淡水和微咸水的压力为 2～17bar（30～250psi），而海水的压力为 40～70bar（600～1000psi），必须克服海水约 24bar 的自然渗透压力（350psi）[7, 49]。从本质上来说，有两种力影响水的运动：由溶质浓度的差异引起的压力（渗透压）和外部施加的压力。该工艺目前应用于许多净化操作，包括饮用水净化、水和废水净化、海水淡化、液体食品浓缩、枫糖浆生产、制氢以防止矿物质的形成[49]。此外，它还可用于去除如硒、镍和铍等金属离子。

在使用反渗透膜之前，应对原水或需净化的原料进行预处理。由于螺旋缠绕结构设计的性能，使用反渗透膜进行预处理非常重要。这种系统被设计成只允许单向流过。因此，螺旋缠绕设计不能用水或空气搅动反冲洗其表面并除去固体。由于积聚的原料不能从膜表面除去，它们非常容易结垢（生产能力的损失）。因此，预处理对任何反渗透系统都十分必要。预处理需要了解原水特性，对预处理需求进行仔细的斟酌，防止膜污染、结垢或膜降解。有必要从原水中去除悬浮固体，以免胶体和生物絮凝，同时必须去除溶解的固体，以防止结垢和化学侵蚀。大型装置的预处理方法包括用于去除悬浮颗粒的介质过滤器，离子交换软化或阻垢剂以去除硬度，温度和 pH 调节以保持效率，酸可防止结垢和膜损伤，活性炭或亚硫酸氢盐可去除氯（可能需要消毒），以及微滤筒过滤器以去除一些溶解的颗粒和剩余的悬浮颗粒[7, 49]。

4.3.4　电渗析和反电渗析

电渗析（ED）是一种膜分离方法，基于水合氢离子在电驱动力作用下通过离子交换膜的选择性迁移，是应用于海水淡化中最重要的过程之一[50, 51]。此外，在电渗析过程中，只有溶解的固体能通过膜，而溶剂不能，这意味着电解质溶液的实际浓度或损耗都是可能的。此外，电渗析工艺中每个离子的传输方向和传输速率取决于其电荷和迁移率、溶液电导率、相对浓度、外加电压及离子分离，这也与离子交换膜的特性，特别是它在所用系统中的选择渗透性密切相关[51]。在实际应用中，两个主要流体平行地流过膜堆。其中一条逐渐脱盐，被称为产物流，另一条（其中一部分被再循环以减少废水量）被称为浓缩流。由于蒸汽浓度的增加，可能需要添加酸或调理化学品以防止膜堆结垢[51]。

为了提高膜堆的效率，需要周期性地反转电极的极性，而电极的极性反过来又会反转膜堆叠内的离子运动方向。因此，稀流变成浓流，反之亦然。这种现象被称为反电渗析（EDR）。电渗析逆转就是利用直流电场的周期性反转，典型的磁场反转时间区间为为 15～30min。当磁场反转时，电驱动力反转，倾向于将沉积的胶体移到盐水流中[52]。通常，在反电渗析中，由于离子对两个带电电极的吸引，离子会通过离子选择性半透膜迁移。典型的反电渗析系统具有若干细胞对的膜，每个单元对由一个阳离子转移膜、一个除盐流间隔器、一个阴离子转移膜和一个浓缩流间隔器组成。电极室位于膜的另一端。通常，膜是以片状形式浇铸的阳离子或阴离子交换树脂；间隔层是高密度聚乙烯（HDPE）；电极是惰性金属。反电渗析膜堆包含在一个容器中，通常是分阶段的。膜选择是基于对原水特性的充分探究。进水（经过化学处理以防止沉淀）和浓缩的污水流分别平行穿过膜并通过除盐流间隔器，最后通过浓缩流动间隔器。此外，电极需不断冲洗以减少污垢或结垢。即便如此，也需要考虑到冲洗给水。单级反电渗析系统通常可去除总溶解固体的 50%。因此，对于总溶解固体超过 1000mg/L 的水，需要与更高质量的水混合或第二级水的总溶解固体满足 500mg/L。由于反电渗析使用定期极性反转的技术，从而释放膜表面积聚的离子，因此可能需要额外的管道和电气控制。但这也有利于延长膜寿命，减少化学品的添加，并简化清洗。

与反渗透一样，需要将原水进行预处理，使其达到可接受的 pH、有机物浓度、浊度和一些其他原水特性限制。通常，预处理步骤需要化学进料以防止结垢，添加酸以调节 pH，以及预过滤的筒式过滤器的使用。使用后，薄膜和电极需要定期维护。有时在预处理过程中固体不会被全部除去，并且这些固体会积聚在膜上，关闭电源并使水循环通过电池组，就可以冲洗掉这些固体。为了恢复电极，应清洗电极，以冲洗掉电极反应在阴极形成的副产物，如氢气，以及在阳极形成的氧气和氯气。事实上，如果氯没有被除去，则可能形成有毒氯气。根据原水特性和金属离子（硒、镍和铍）浓度，膜需要定期更换。除了反转极性外，反电渗析系统还需要在高容量和低压下进行冲洗。清洁电极需要持续冲洗。

与前面描述的其他工艺一样，反电渗析过程具有以下几个优点：①反电渗析可以在极少的污垢或结垢下运行，无须化学添加剂或只需添加少量的化学添加剂，因此适用于总溶解固体浓度高的水源；②可在低压下运行，因此相比于反渗透操作噪声更小；③反电渗析过程可延长膜寿命，因此降低了维护成本。即使具有上述优点，反电渗析在以下方面可能是不适用的：①反电渗析不适用于高水平高浓度的铁和锰、硫化氢和氯溶液；②反电渗析可能受限于电流密度、电流泄漏和反向扩散；③溶液中每次去除的总溶解固体仅为 50%，该过程仅限于总溶解固体浓度为 3000mg/L 或更低的水[3, 5, 7]。

4.3.5　离子交换

离子交换材料是一种不可溶物质，它含有松散离子，可以在与之接触的溶液中与其他离子交换。这些交换发生时离子交换材料没有任何物理变化。离子交换材料不溶于酸或碱，也不溶于盐，因此它们能够交换带正电的离子（阳离子交换剂）或带负电的离子（阴离子交换剂）。许多天然物质如蛋白质、纤维素、活细胞和土壤颗粒，都具有离子交换特性，这些特性使它们在自然界中起着非常重要的作用[53]。在溶液中，盐被分解为带正电荷的阳离子和带负电荷的阴离子。去离子化可以减少这些离子的数量。阳离子 IX 是一种可逆的化学过程，其中不溶的永久性固体树脂床的离子可与水中的离子交换。该过程的必要条件是水溶液必须是电中性的，由此，树脂床中的离子可与水中具有类似电荷的离子进行交换。交换过程中离子数量不会减少。在铍还原的情况下，当阳离子树脂床处于完全充电状态时操作开始运行，具有足够的带正电荷的离子进行阳离子交换。通常聚合物树脂床是由数百万粒中等粒径的砂粒、球形颗粒组成的。当水通过树脂床时，带正电荷的离子被释放到水中，被水中的金属离子取代或替换（离子交换）。当树脂被带正电荷的离子耗尽时，必须通过在树脂床上使用一种强溶液（通常是 NaCl 或 KCl）进行树脂床再生，用钠离子或钾离子置换金属离子，如 Be^{2+}。许多不同类型的阳离子树脂可用于降低溶解铍的浓度。使用 IX 来降低金属离子，如 Be^{2+} 的浓度将取决于原水的特定化学特性。阳离子 IX，通常称为水软化，可以用于低流量，高达 200gpm，并且硬度与 Be 的比率大于 1 的溶液[7]。

与反渗透和反电渗析工艺一样，离子交换也需要对原水进行预处理。需将原水预处理至 pH、有机物浓度、浊度和其他原水特性的可接受限度。此外，还可能需要对介质和碳进行过滤预处理，以减少过量的 TSS，防止堵塞树脂床。还有，IX 树脂需要定期再生，再生频率取决于原水特性和金属离子浓度[7]。

与上述缓解过程一样，离子交换过程具有以下优点[7]：①该过程不需要加酸、脱气和加压；②易于操作且可靠度高；③树脂不会因磨损而需定期再生，降低了初始成本；④具有有效性，因此被广泛使用；⑤适用于小型和大型装置；⑥多种特定树脂可用于去除特定污染物。然而，从其他操作来看，离子交换过程具有以下方面的缺点：①可能需要石灰软化预处理步骤；②该过程需要储存和定期再生，过程较烦琐；③该过程产生浓缩物处理问题；④通常不可用于高浓度的 TDS 处理废水；⑤树脂对竞争离子的存在很敏感。

4.4　生 物 吸 附

人们已经认识到，如 4.3 节中简要概述的方法，要么效果不佳，要么价格昂贵，特别是当重金属离子在溶液中，溶解重金属离子浓度为 1100mg/L 时。例如，活性炭只能去除水中 30～40mg/g 的 Cd、Zn 和 Cr，并且是不可再生的，因此在废水处理中非常昂贵。此外，沉淀法容易产生污泥，而离子交换作为一种较好的替代技术，由于运行成本高，在经济上并不具有吸引力。因此，生物方法，如生物吸附/生物富集，去除重金属离子，可能会提供一种有吸引力的替代性的物理化学方法[54]。

生物吸附包括一系列应用，即对有害物质的解毒，重金属等物质通过生物吸附剂将它们从一种介质转移到另一种介质。生物吸附剂可以是微生物，也可以是植物。生物吸附选项通常具有较小的破坏性，可以在现场进行，从而消除了将有毒物质运输到处理地点的需求[54]。生物吸附是一种非常具有效益的方法，因为生物吸附剂是由天然丰富的生物质制备的，其中包括非生物植物生物质材料，如玉米穗轴和稻壳、向日葵茎秆、紫花苜蓿（苜蓿）、木薯废物、野生可可、泥炭藓、锯末、壳聚糖、西米废料、花生皮、乳木果、香蕉皮、椰子纤维、甜菜、麦麸、甘蔗渣[54]和腊肠树[55]。一些研究表明，这些生物质材料可有效去除环境中的微量金属。人们研究了一种腊肠树从复合溶液中去除 Ni（Ⅱ）的非常有前景的生物吸附剂材料。腊肠树作为生物吸附剂是可行的，因为腊肠树中包含羧基、羰基、醇基和氨基等许多可电离化学基团。这些基团使其成为金属生物吸附剂的良好选择[56]。

Hanif 及其同事探讨了腊肠树废弃生物质从工业废水中去除 Ni（Ⅱ）的能力，他们发现生物质对于从各种工业产生的废水中去除 Ni（Ⅱ）是非常有效的，这些工业包括精炼奶油行业（GI）、镍铬镀层行业（Ni-Cr PI）、电池制造行业（BMI）、低热能单元制革行业（TILHU）、高热能单元制革行业（TIHHU）、染色纺织行业（TIDU）和纺织工业（TIFU），这些工业废水中 Ni（Ⅱ）的初始浓度分别为 34.89mg/L、183.56mg/L、21.19mg/L、43.29mg/L、47.26mg/L、31.38mg/L 和 31.09mg/L，经生物吸附后，废水中 Ni（Ⅱ）的最终浓度分别为 0.05mg/L、17.26mg/L、0.03mg/L、0.05mg/L、0.1mg/L、0.07mg/L 和 0.06mg/L。因此，他们研究的七个行业中，腊肠树 Ni（Ⅱ）的吸附率从大到小的顺序为：低热能单元制革行业（99.88%）＞精炼奶油行业（99.85%）≈电池制造行业（99.85%）＞纺织工业（99.80%）＞高热能单元制革行业（99.78%）＞染色纺织行业（99.77%）□ 镍铬镀层行业（90.59%）。由于腊肠树具有优异的 Ni（Ⅱ）吸附能力，可作为工业废水中吸收 Ni（Ⅱ）的一种优良的生物吸附剂[55]。

在另一项研究中，Igwe 和 Abia[57]利用乙二胺四乙酸（EDTA）改性和未改性的玉米壳作为生物吸附剂，测定了废水中 Cd（Ⅱ）、Pb（Ⅱ）和 Zn（Ⅱ）离子的解毒平衡吸附等温线。该研究表明，玉米壳是去除这些金属离子的优良吸附剂，随着初始浓度的增加，吸附的金属离子量也增加。该研究进一步证实，EDTA 对玉米壳的改性增强了其吸附能力，这与 EDTA 的螯合作用有关。因此，这项研究表明，虽然玉米壳通常被认为是废生物质，但可以用作吸附剂去除工业废水中的重金属。这种价格低廉、对环境清洁无污染的玉米壳吸附剂可以应用于世界各地[57]。

4.5　硒、镍和铍的标准和法规

为了避免公众受饮用水污染造成的不良健康影响，美国环境保护署根据《安全饮用水法》（SDWA）公共法 93523 第XIV条公共卫生服务法，为饮用水中的污染物授权制定国家一级饮用水法规（NPDWR）。该条例包括饮用水标准，其中规定了控制污染物的处理技术和饮用水中污染物允许的最大污染物浓度（MCL）。当存在适当的这种污染物检测方法时，设置最大污染物浓度。当无法在保护公众健康所必需的水平上量化污染物时，就使用处理技术方法。此外，二级标准的建立与健康标准无关，多为一些感观标准，如外观、味道和气味等。虽然一级标准是联邦强制执行的，但二级最大污染物水平（SMCL）标准不是强制执行的，加利福尼亚州的做法是，在社区的要求下可强制执行二级最大污染物水平。另外，美国环境保护署水资源办公室被授权制定最大污染物水平目标（MCLG），这是颁布国家一级饮用水法规的第一步。值得注意的是，最大污染物水平目标是不可强制执行的健康标准，其目标设定的水平不会对人的健康产生已知或预期的不利影响，并且有足够的安全边际[58]。表 4.8 分别列出了硒、镍和铍金属的标准。以最大污染物浓度和最大污染物水平目标表示的排放标准分别为：Se，50×10^{-9}；Ni，100×10^{-9}；Be，4×10^{-9}。此外，对于 β 粒子发射，Se-79、Ni-59 和 Ni-63 同位素是 50pCi/L（MCL），而最大污染物水平目标已经设置为 0pCi/L[1, 22, 59-63]。

表 4.8　硒、镍和铍的标准与法规

金属	MCL[a]	MCLG[b]	单位	监管机构	关注点	可能的污染源
硒	50	50	ppb	US EPA	饮用水	石油、玻璃和金属精炼厂排放；自然沉积物的侵蚀；矿山、化工、畜牧场径流排放（饲料添加剂）
硒-79 同位素	50	0	pCi/L	US EPA	饮用水	自然和人为沉积物的衰变
镍	100	100	ppb	US EPA	饮用水	采矿、炼制作业污染；土壤中的天然存在
镍的同位素镍-59 和镍-63	50	0	pCi/L	US EPA		自然和人为沉积物
铍	4	4	ppb	US EPA	饮用水	轧钢、拉丝、有色金属冶炼、轧钢和拉丝、铝厂、高炉、炼钢厂、石油等行业

资料来源：Shammas N K，Wang L K. 2016. Water quality characteristics and drinking water standards //Water Engineering: Hydraulics，Distribution and Treatment. Hoboken，NJ: John Wiley & Sons，Inc.: 297-324; Pasco County. 2007. Annual Water Quality Report for Pasco County Utilities. Southeast No. 1 Service Area PWS ID No. 6512685. Pasco County，FL，Available at www.dep.state.fl.us/swapp; Dover City. 2005. Drinking Water Quality Report，City of Dover Department of Public Utilities，Dover City，DE; Houston. 2007. Drinking Water Quality Report，Harris County Municipal Utility District，Houston，TX; US EPA. 2015. Consumer Fact Sheet on Selenium，US Environmental Protection Agency，Washington，DC; USEPA. 2015. Technical Fact Sheet on Nickel，US Environmental Protection Agency，Washington，DC.

注：ppb—十亿分之一或微克每升（μg/L）。pCi/L—皮居里每升。

a　饮用水中允许的最高浓度的污染物。采用现有的最佳处理技术，使 MCL 尽可能接近 MCLG。

b　饮用水中的污染物水平，低于此水平对健康没有已知或预期的风险。MCLG 有一定的安全边际。

参考文献

[1] SHAMMAS N K，WANG L K. Water quality characteristics and drinking water standards//Water engineering：hydraulics，distribution and treatment. New York：John Wiley and Sons，Inc.，2016：297-324.

[2] TINGGI U. Essentiality and toxicity of selenium and its status in Australia：a review. Toxicology letters，2003，137：103-110.

[3] DOI. Selenium fact sheet. Washington，DC：US Department of Interior，Bureau of Reclamation，2001：1-6.

[4] ANL. Selenium，human health fact sheet. Argonne，IL：Argonne National Laboratory，EVS，005.

[5] DOI. Nickel fact sheet. Washington，DC：US Department of Interior，Bureau of Reclamation，2001：1-6.

[6] ANL. Nickel，human health fact sheet. Argonne，IL：Argonne National Laboratory，EVS，2005.

[7] DOI. Beryllium fact sheet. Washington，DC：US Department of Interior，Bureau of Reclamation，2001：1-6.

[8] IPCS. Environmental health criteria 106. Beryllium. Geneva：World Health Organization，International Programme on Chemical Safety，1990.

[9] ANL. Beryllium，human health fact sheet. Argonne，IL：Argonne National Laboratory，EVS，2005.

[10] LETAVAYOVA L，VLASAKOVA D，SPALLHOLZ E J，et al. Toxicity and mutagenicity of selenium compounds in Saccharomyces cerevisiae. Mutation research，2008，638：1-10.

[11] WEILLER M，LATTA M，KRESSE M，et al. Toxicity of nutritionally available selenium compounds in primary and transformed hepatocytes. Toxicology，2004，201：21-30.

[12] SPALLHOLZ E J，HOFFMAN J D. Selenium toxicity：cause and effect in aquatic birds. Aquatic toxicology，2002，57：27-37.

[13] BARSCHAK G A，SITTA A，DEON M，et al. Erythrocyte glutathione peroxidase activity and plasma concentration are reduced in maple syrup urine disease patients during treatment. International journal of developmental neuroscience，2007，25：335-338.

[14] PAPPAS A C，ZOIDIS E，SURAI P F，et al. Selenoproteins and maternal nutrition. Comparative biochemistry and physiology，part B：biochemistry and molecular biology，2008，151（4）：36-372.

[15] ROSTKOWSKI K，RAUCH J，DRAKONAKIS K，et al. “Botto-up” study of in-use nickel stocks in New Haven，CT. Resources，conservation and recycling，2007，50：58-70.

[16] YEUNG K W K，POON R W Y，LIU X M，et al. Nitrogen plasma-implanted nickel titanium alloys for orthopedic use. Surface and coatings technology，2007，201：5607-5612.

[17] JOHANSSON M，MATTISSON T，LYNGFELT A，et al. Using continuous and pulse experiments to compare two promising nickel-based oxygen carriers for use in chemical-looping technologies. Fuel，2008，87：988-1001.

[18] WEIL K S，KIM J Y，XIA G，et al. Boronization of nickel and nickel clad materials for potential use in polymer electrolyte membrane fuel cells. Surface and coatings technology，2006，201：4436-4441.

[19] WILLIAMS W J. Beryllium disease//PARKES W R. Occupational lung disorders，3rd ed. Oxford：Butterworth-Heinemann Ltd，1994：571-592.

[20] BRADBERRY S M，BEER S T，VALE J A. Ukpid monograph：Beryllium，RTECS-CC4025000，1996.

[21] LEMLY A D. Aquatic selenium pollution is a global environmental safety issue. Ecotoxicology and environmental safety，2004，59：44-56.

[22] US EPA. Technical fact sheet on beryllium. Washington，DC：US Environmental Protection Agency，2015.

[23] TAYLOR T P，DING M，EHLER D S，et al. Beryllium in the environment：a review. Journal of environmental science and health—part A，toxic/hazardous substances and environmental engineering，2003，38（2）：439-469.

[24] KOLANZ M E，MADL A K，KELSH M A，et al. Comparison and critique of historical and current exposure assessment methods for beryllium：implications for evaluating risk of chronic beryllium disease. Applied occupational and environmental hygiene，2001，16（5）：593-614.

[25] LEMLY A D. Symptoms and implications of selenium toxicity in fish：the Belews Lake case example. Aquatic toxicology，2002，57：39-49.

[26] LEMLY A D. Teratogenic effects of selenium in natural populations of freshwater fish. Ecotoxicology and environmental safety，1993，26：181-204.

[27] SORENSEN E M B. The effects of selenium on freshwater teleosts//HODGSON E. Reviews in environmental toxicology 2. New York：Elsevier，1986：59-116.

[28] SORENSEN E M B，CUMBIE P M，BAUER T L，et al. Histopathological，hematological，condition-factor，and organ weight changes associated with selenium accumulation in fish from Belews Lake，North Carolina. Archives of environmental contamination and toxicology，1984，13：153-162.

[29] LEMLY A D. Metabolic stress during winter increases the toxicity of selenium to fish. Aquatic toxicology，1993，27：133-158.

[30] LEMLY A D. Toxicology of selenium in a freshwater reservoir：implications for environmental hazard evaluation and safety. Ecotoxicology and environmental safety，1985，10：314-338.

[31] LEMLY A D. Ecosystem recovery following selenium contamination in a freshwater reservoir. Ecotoxicology and environmental safety，1997，36：275-281.

[32] SHEARER T R，DAVID L L，ANDERSON R S. Selenite cataract：a review. Current eye research，1987，6：289-300.

[33] PERRY T S，KULKARNI B S，LEE K，et al. Selective effect of the metallocarcinogen beryllium on hormonal regulation of gene expression in cultured cells. Cancer research，1982，42：473-476.

[34] ATSDR. Case studies in environmental medicine，beryllium toxicity. Atlanta，GA：Agency for Toxic Substances and Disease Registry，2008.

[35] SALTINI C，RICHELDI L，LOSI M，et al. Major histocompatibility locus genetic markers of beryllium sensitization and disease. European respiratory journal，2001，18：67-684.

[36] HENNEBERGER P K，CUMRO D，DEUBNER D D，et al. Beryllium sensitization and disease among long-term and short-term workers in a beryllium ceramics plant. International archives of occupational and environmental health，2001，74（3）：167-176.

[37] NEWMAN L S，MAIER L A，MARTYNY J W，et al. Letter to the editor：beryllium workers' health risks. Journal of occupational and environmental hygiene，2005，2（6）：D48-D50.

[38] NEWMAN L S，MROZ M M，BALKISSOON R，et al. Beryllium sensitization progresses to chronic beryllium disease：a longitudinal study of disease risk. American journal of respiratory and critical care medicine，2005，171：54-60.

[39] BERLIN J M，TAYLOR J S，SIGEL J E，et al. Beryllium dermatitis. Journal of American academy of dermatology，2003，49（5）：939-941.

[40] GRIMAUDO N J. Biocompatibility of nickel and cobalt dental alloys. General dentistry，2001，49（5）：498-503.

[41] TINKLE S S，KITTLE L A，NEWMAN L S. Partial IL-10 inhibition of the cell-mediated immune response in chronic beryllium disease. Journal of immunology，1999，163（5）：2747-2753.

[42] SALTINI C，AMICOSANTE M. Beryllium disease. American journal of the medical sciences，2001，321（1）：89-98.

[43] US EPA. Toxicological review of beryllium compounds（CAS No. 7440-41-7）. Washington，DC：US Environmental Protection Agency，1998.

[44] SANDERSON W T，WARD E M，STEENLAND K，et al. National institute for occupational safety and health. Lung cancer case–control study of beryllium workers. American journal of industrial medicine，2001，39（2）：133-144.

[45] ATSDR. Toxicological profile for beryllium. Atlanta，GA：US Department of Health and Human Services，Agency for Toxic Substances and Disease Registry，2002.

[46] STEENLAND K，WARD E. Lung cancer incidence among patients with beryllium disease：a cohort mortality study. Journal of the national cancer institute，1991，83（19）：1380-1385.

[47] WANG L K，HUNG Y T，SHAMMAS N K. Physicochemical treatment processes. Totowa，NJ：Humana Press，2005：47-228.

[48] SHAMMAS N K，WANG L K. Coagulation//Water engineering：hydraulics，distribution and treatment. Hoboken，NJ：John Wiley and Sons，Inc，2016：417-438.

[49] SHAMMAS N K，WANG L K. Alternative and membrane filtration technologies//Water engineering：hydraulics，distribution and treatment. Hoboken，NJ：John Wiley and Sons，Inc.，2016：513-544.

[50] SHAPOSHNIK V A，KESORE K. An early history of electrodialysis with permselective membranes. Journal of membrane science，1997，136：35.

[51] VALERDI-PEREZ R，LOPEZ-RODRIGUEZ M，IBANEZ-MENGUAL J A. Characterizing an electrodialysis reversal pilot plant. Desalination，2001，137：199-206.

[52] ALLISON P R. Surface and wastewater desalination by electrodialysis reversal. Technical paper，water and process technologies，2008.

[53] CHEN J P，WANG L K，YANG L，et al. Emerging biosorption，adsorption，ion exchange and membrane technologies//WANG L K，HUNG Y T，SHAMMAS N K. Advanced physicochemical treatment technologies. Totowa，NJ：Humana Press，2007：367-390.

[54] IGWE J C，ABIA A A. A bioseparation process for removing heavy metals from wastewater using biosorbents. African journal of biotechnology，2006，5（12）：1167-1179.

[55] HANIF A M，NADEEMA R，ZAFAR N M，et al. Kinetic studies for Ni（Ⅱ）biosorption from industrial wastewater by Cassia fistula（golden shower）biomass. Journal of hazardous materials，2007，145：501-505.

[56] CRIST R H，OBERHOLSER K，SHANK N，et al. Nature of bonding between metallic ions and algal cell walls. Environmental science and technology，1981，15：1212-1217.

[57] IGWE C J，ABIA A A. Equilibrium sorption isotherm studies of Cd（Ⅱ），Pb（Ⅱ）and Zn（Ⅱ）ions detoxification from wastewater using unmodified and EDTA-modified maize husk. Electronic journal of biotechnology，2007，10（4）：536-548.

[58] US EPA. Drinking water standards and health advisories table. Washington，DC：US Environmental Protection Agency，2006.

[59] Pasco County. Annual water quality report for Pasco County Utilities. Southeast No. 1 Service Area PWS ID No. 6512685. Pasco County，FL. Available at www.dep.state.fl.us/swapp，2007.

[60] DOVER CITY. Drinking water quality report. Dover City，DE：City of Dover Department of Public Utilities，2005.

[61] HOUSTON. Drinking water quality report. Houston，TX：Harris County Municipal Utility District，2007.

[62] US EPA. Consumer fact sheet on selenium. Washington，DC：US Environmental Protection Agency，2015.

[63] US EPA. Technical fact sheet on nickel. Washington，DC：US Environmental Protection Agency，2015.

第5章　纳米生物修复技术——纳米技术在生物修复中的应用

由于工业化、城市化和现代农业的迅速发展，径流水、地下水及土壤污染有所加剧。研究人员面临的最大挑战在于去除污染物。污染是指存在于环境中的污染物使得生态系统（包括物理系统和生物）不稳定、混乱或受到破坏。目前的治理技术虽然有效但也存在一些导致处理过程复杂化的问题。生物修复技术作为一种高效、廉价的处理技术在控制土壤和水中有害污染物（如重金属）方面得到了广泛的运用。本章综述了目前去除重金属的常规处理技术以及纳米技术在水处理中的应用。纳米生物修复技术在重金属去除的各个方面都十分有效且具有实际意义，它能够避免目前生物修复技术存在的一些弊端。

5.1　引　　言

目前，废水、地下水、湖泊和河流中的重金属污染已对人类的健康造成了严重影响。传统修复技术因具有非特异性、效率低和费用高的特点，不适用于工业化处置重金属污染水体。为解决上述问题，一些研究中报道了可以将生物技术与其他修复技术相结合，如生物物理技术、生物化学技术、物理化学技术以及纳米基物理化学技术。本章综述了常用的物理、化学、物理化学和生物方法（重点关注）及其修复机理和纳米技术在生物修复中的应用。近年来，有研究报道指出金属氧化物纳米颗粒可作为纳米吸附剂有效去除水体中重金属和有机污染物。聚合物纳米颗粒和功能性纳米颗粒在水处理技术上应用较其他方法更具优势。此外，本章详细介绍了几种纳米基材料以全面了解纳米生物修复技术在治理重金属污染地下水和工业废水中的应用。根据发展中国家的社会经济条件，纳米生物技术因其效率和成本上的优势，将成为最可靠和最有前景的水处理技术。

5.2　常见的水污染处理技术

5.2.1　物理方法

（1）沉淀法：沉淀是在溶液中添加合适的阴离子使其与金属离子发生相互作用生成金属盐而沉淀的过程。常用的化学试剂有硫酸锰、硫酸铜、硫酸铵、明矾、铁盐等。低 pH、盐离子及污泥的存在将影响该过程的效率从而使其成本昂贵。此外，二氧化硫、石灰或离子交换因缺乏特异性而无法有效去除溶液中低浓度重金属离子。

（2）离子交换法：离子交换适用于工业废水中重金属的回收。它是具有阳离子或阴离子交换能力的固体离子交换材料上的离子和溶液中重金属离子进行交换反应后去除溶液中重金属离子的方法。常用的离子交换材料为离子交换树脂。离子交换树脂的成本较高，但处理能力较好，即使在处理较大的容量时也能达到十亿分之一（10^{-9}）。该方法的缺陷在于废水中存在固体和有机物质会在离子交换树脂中形成污垢，从而使其无法处理高浓度金属。此外，离子交换树脂具有非选择性且对溶液 pH 高度敏感，因而适用性差。

（3）电积金属法：电积金属法主要用于工业冶金和采矿过程中，如金属加工、酸性矿山排水、电子和电气工业以及矿石堆浸中重金属的回收和去除。

（4）电凝法：电凝法是一种基于电化学反应的利用电流去除溶液中重金属离子的方法。换言之，它借助外加电压把电能转化为化学能，当离子和带电粒子被电凝系统中具有相反电荷的离子中和后，离子和带电粒子会变得不稳定并沉淀，从而使其在废水中凝聚，进而去除污染物。

（5）置换沉淀：置换沉淀属于沉淀法的一种，它是把具有更强氧化能力的金属，加入另一种氧化能力较弱的金属盐溶液中，使后一种金属沉淀出来的方法。最常使用置换沉淀法分离的有铜，其他金属如镓（Ga）、铅（Pb）、金（Au）、银（Ag）、锑（Sb）、镉（Cd）、锡（Sn）和砷（As）等。在吸附过程中，吸附剂通过物理吸附和化学吸附过程将重金属离子吸附在其表面。该过程中金属离子的去除率受 pH、吸附剂比表面积及其表面能等多种因素影响。常用的吸附剂有活性氧化铝、活性炭、含有高锰酸钾（$KMnO_4$）涂层的海绿石、粒状的氢氧化铁、氧化铁砂、铜锌颗粒等。

（6）膜分离：该方法以膜两侧压力为驱动力使金属通过半透膜而从废水中分离出来。该方法的主要缺点为水中存在 Fe^{2+}和 Mn^{2+}离子通过共沉淀产生的污垢使其分离效果降低。除此之外，压差监测和废水预处理等使得该过程成本昂贵。

（7）电渗析：该方法类似于反渗透过程，在外加直流电场的作用下，利用离子交换膜的选择透过性使金属离子通过半透膜，并从受污染的水中分离出来。该方法在去除地下水中重金属方面卓有成效，并受土壤孔隙率、pH、地下水流速、质地、离子电导率和含水率的影响。

它可以与其他工艺相结合，如反应区处理、膜过滤、表面活性剂淋洗、反应分区处理、渗透反应墙和生物强化技术等，以实现更高的修复目标。

5.2.2　化学方法

利用常规处理技术难以处理地下水中所含的大量重金属污染物。下面将对一些常规的化学处理方法及其优缺点进行论述，以便为地下水重金属污染处理方法的选择提供参考。

（1）还原：向污染区高渗透性和碱性 pH 土壤中加入气态硫化氢和二硫铁矿等还原剂，使其与土壤中的重金属离子发生反应生成硫化物沉淀，从而使得污染物降低或固化。该方法的缺点是还原过程中会产生有毒中间产物[1-3]，如零价胶体离子（ZVI）能够渗透到含水层中，且迅速产生有毒物质[4, 5]。

（2）化学淋洗：是利用强酸等强萃取剂直接去除重金属的方法。该方法会使土壤遭受破坏，并对周围环境造成危害，而且异位处理因其管理问题和危险废物处置的复杂性而存在风险。

（3）螯合淋洗：该过程中所使用的活性物质（螯合剂）可以再生和循环利用，因而可以大量提取重金属。负载螯合剂树脂在可渗透反应墙（PRB）中使用后可以 100%再生。但缺点是螯合剂如乙二胺四乙酸（EDTA）和二乙基三胺五乙酸（DTPA）价格高且具有致癌性[6-8]。

5.2.3　生物方法

生物技术被广泛应用于水环境处理中，并称之为生物修复。本章阐述了目前已广泛使用的基于生物技术的水处理方法。生物修复技术被认为是用于去除污水和土壤中重金属的一种经济、有效且生态友好型的处理技术。尽管生物修复技术是首选技术，但有时该过程中涉及的微生物具有毒性。这些缺陷促使研究人员通过推广生物修复技术以便在极端条件下获得生物修复的高抗性，从而维持高生物修复率，进而解决生物修复存在的缺陷。

（1）生物修复：生物修复是指利用生物系统，如细菌、真菌、藻类以及一些植物对有毒污染物进行降解、解毒、转化、固化或稳定使其进入无害状态或低于监管机构可接受的浓度限值水平。生物修复中常用微生物有大肠杆菌属、柠檬酸杆菌属、克雷伯氏菌属、红球菌属、葡萄球菌属、产碱杆菌属、芽孢杆菌属和假单胞菌属。生物修复技术是多种修复技术的组合，如生物强化技术包括内源微生物的自然衰减过程、添加营养物的刺激过程（生物刺激）、利用转基因生物、某些植物的植物修复过程，以及将有机物质彻底生物降解为无机成分的生物矿化过程。不同的生物修复方法如图 5.1 所示。

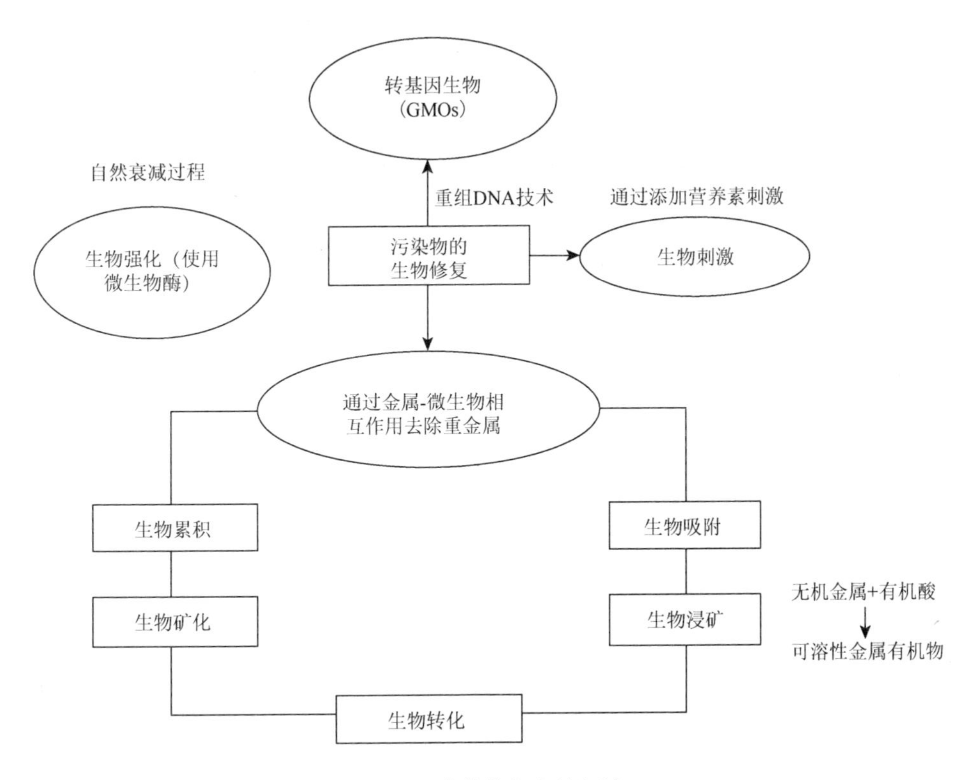

图 5.1　生物修复方法概述

资料来源：Joutey N T，Bahafid W，Sayel H，et al. 2013. 农业和生物科学. ISBN 978-953-51-1154-2，doi：10.5772/56194

（2）生物过滤法：生物滤池由多孔介质组成，其表面覆盖有水和微生物。该方法基于水中污染物和有机物质之间形成络合物的机制。该过程中使用多孔介质吸附污染物，并最终利用生物转化将其转化为代谢副产物、生物质、二氧化碳和水。生物过滤器中发生三个重要的活动是微生物的附着、生长以及分离和降解。

（3）生物吸附：生物吸附的材料基于生物来源，如从死亡或非活性细菌获得的生物质等。它是一种被动过程，不需要外部能量，并具吸附剂高效再生、金属回收率高、污泥量少、成本低等优点。生物材料作为离子交换基质因具有独特的内在特性，能够从低浓度重金属溶液中去除重金属。例如，某些藻类、真菌和细菌的细胞壁结构可以从低浓度重金属溶液中去除重金属。鉴于这些优点，生物吸附法常常用于处理含金属废水。大多数基于生物吸附的修复技术主要是针对单一金属离子，而针对多种金属离子共存溶液的修复研究则较少。目前，已被鉴定出的具有良好生物吸附潜力的生物材料有细菌、藻类和酵母菌。

这些低成本的生物吸附剂使得该工艺在重金属污染修复应用方面具有高效益和强竞争力。该工艺具有多种特点，如在较宽的 pH 和温度范围内可以选择性吸附去除、解吸速度快，以及投资和运营成本低。研究发现，这些生物吸附剂对工业废弃物中产生的有害重金属具有较高的亲和力。随后，研究人员还开发了由不同类型的微生物的非生物质组合制成的生物吸附剂。与天然生物质相比，固定化生物质具有较好的规模化应用效果，但需要对几种固化技术进行全面研究，以分析其有效性、易用性、成本及效益。目前已经使用的去除重金属的方法有形成络合物、使用螯合剂、静电相互作用，以及使用来源于农业活动和其他天然材料进行离子交换。此外，为了提高吸附效率和稳定性，需对化学试剂进行预处理。

（4）生物物理化学方法：生物物理化学方法是一种将生物过程与吸附或混凝技术结合起来的方法。与其他常规处理方法相比，生物物理化学方法具有许多优点，被认为是一种较好的修复替代技术。另外，生物工艺在污泥处理方案中具有较好的应用前景，也是任何一种砷处理技术的重要组成部分。氧化亚铁硫杆菌（*Acidithiobacillus ferrooxidans*）BY-3 是一种化能自养细菌，作为一种从矿山中分离处理的天然生物吸附剂，可以被广泛用于去除水溶液中有机或无机砷化合物[9]。Srivastava 等[10]分离出 5 种不同类型的真菌菌株，并用于污染场地中砷的去除。另一种方法是利用微生物铁锈色披毛菌（*Gallionella ferruginea*）和赭色纤发菌（*Leptothrix ochracea*）对铁进行生物氧化。这种方法基于它在过滤介质中生成氧化铁，并为微生物吸附及去除水溶液中重金属提供环境支持。在吸附过程中氧化铁能在原位连续生产，因而避免了使用氧化三价砷，且无须监测突破点。还有一个重要优点是，它是生物氧化-过滤-吸附过程的组合，可用于地下水中同时去除多种无机污染物，如铁、锰和砷[11]。

（5）新型生物吸附剂：新型生物吸附剂的研发主要为了提高生物修复过程中微生物的选择性和积累性。研究表明，基于基因工程技术的生物吸附过程能够很好地提高微生物修复活性。未来的研究工作将会涉及对有毒金属离子具有较高吸附容量和特异性的工程微生物的开发。然而，目前对这些生物吸附剂处理工业废水相容性测定的研究较少。总体来说，生物吸附技术取代传统修复技术并非易事。尽管其成本高昂，但因生物吸附性能表现良好仍具有巨大的应用潜力。因此，开展大规模和全过程的生物吸附工艺研究是必要的。

（6）生物强化：生物强化是一种运用基因工程技术以提高微生物代谢功能的原位生物修复技术。Kostal 等[12]研究表明，大肠杆菌菌株和过表达 ArsR 基因能导致砷（As）的累积。这被认为是增加砷在选择配体中的积累和结合并有效去除砷的方法[12]。Chauhan 等[13]从工业污水处理厂污泥中提取出一组宏基因并发现一种新的 As（Ⅴ）抗性基因（arsN），该基因编码类似于乙酰转移酶蛋白的过表达可导致大肠杆菌对砷的抗性增强。类似地，生物学中的创新方法如宏基因组研究、定向进化及基因组改组，均可用于开发新的除砷途径以用于砷修复。这一点可以较好地解释通过DNA改组对砷抗性的修饰操作[14]。

（7）微生物硫酸盐还原（BSR）：Jong和Parry[15]利用硫酸盐还原菌在上流式厌氧填料床反应器中处理了砷和其他酸性金属如镁（Mg）、铝（Al）、铜（Cu）、铁（Fe）、锌（Zn）、镍（Ni）和硫酸盐污染物。Simonton等证实使用上述方法能够将原始溶液中超过75%的砷去除[16]。同时，该项研究结果也表明利用硫酸盐还原脱硫弧菌属溶液还能够有效去除铬（Cr）和砷（去除率＞60%～80%）。在此基础上，Steed等[17]开发了一种硫酸盐还原的生物工艺，其目的是去除酸性矿井排水中的重金属。此外，Fukushi等[18]使用了间接法去除砷，即在厌氧条件下，以SO_4^{2-}为末端电子受体，利用硫酸盐还原菌的代谢作用将金属固化成不溶性硫化物。由于As（Ⅲ）比As（Ⅴ）更具移动性和毒性，微生物介导As（Ⅲ）和As（Ⅴ）之间的转化增加了砷的迁移率。

（8）植物修复：一些植物可以吸附土壤、地表水、地下水和沉积物中污染物，因而可用于污染土壤修复。植物过滤是利用植物对重金属（如砷）的积累性和有效耐受性。植物过滤常用植物为轮叶黑藻，该过程可以在水被污染环境中，通过田间培育对植物的耐受性和重金属积累性能加以改进。植物提取是植物根系对污染物的吸收和污染物在植物内的迁移。该方法适用于金属污染的土壤修复，但其有几个缺点，如植物的处理、金属回收、生物质处置和金属的毒性效应。植物降解，也称为植物转化，是指植物通过代谢过程分解污染物，或通过植物产生的酶使污染物原位分解。该过程存在的主要问题是产物的降解和有毒中间物的产生。另一种植物介导的重金属螯合过程是植物挥发，是指植物吸收污染物后将污染物直接释放到大气中或污染物改性后从植物中释放到大气[19]。

表5.1总结了目前常用的重金属水处理方法。

表5.1　重金属常规水处理修复方法的分类

方法	方法机制	优点	缺点	目标元素	参考资料
沉淀	随着其他金属的还原和析出产生铁及其他金属沉淀物	与自然过程相似	零价铁的沉淀和腐蚀	锌，铜，铅，硒，钙，锰，镍，镉，铝，镁，铬，砷，锶，钴	[20-25]
反硝化和BSR	由二价金属形成硫化物和由三价金属形成氢氧化物	使用PRB技术达到95%的金属去除率	需要持续供应营养素，且应提供稳定的营养供应	铁，镍，锌，铝，锰，铜，铀，硒，砷，钒，铬	[26-29]
吸收：					
1.无机表面活性剂	金属的吸附取决于表面活性剂携带的电荷	与表面活性剂形成复合物	需要具有最大渗透性的含水层	镉，铅，锌，砷，铜，镍	[6，8，30]
2.工业副产品	表面部位吸附	使用工业原材料	需要现场应用实践	砷，铅，镉	[31-34]
3.铁基材料	金属氧化铁及其衍生物的吸附	五价砷和铁形成内部球体复合物	难氧化，且需要经常更换材料	五价砷，铬，汞，铜，铅，镉	[35-39]
膜和过滤技术	慢电荷，络合，透析，三向结构的胶束捕获	非常高的去除效率	造成过滤器堵塞，过滤材料的再生或恢复	锝，汞，铜，铅，铬，锌，砷，铀，镉	[7，40，41]

续表

方法	方法机制	优点	缺点	目标元素	参考资料
还原：					
1. 使用连二亚硫酸盐	在碱性 pH 下沉淀	更大活跃面积	有毒气体中间体的形成和处理是有难度的	铬，铀，钍	[1-3]
2. 使用零价铁和胶体铁	零价铁的沉淀和吸附	深层含水层无毒性接触		铬酸根，砷，TcO_4^-，UO_2^{2+}	[4，5，42，43]
螯合物冲洗	形成稳定的复合物	配体在极低剂量下的作用及再生	耗时久，有毒，价格昂贵	铁，铜，铬，砷，汞，铅，锌，镉	[44-47]
离子交换	液体-液体萃取和固相分离	可选择去除低水平含量的金属离子	高成本和形成特定的污染物	重金属和过渡金属	[47]
生物处理方法：					
亚表面活性	氧化作用，降水量，和微生物培养	成本很低但是生效时间很长	不适用于含水层，缓慢方法，建模是不可能的	Cu，Ni，Cr，Cd，Zn，Co，Pb	[48-51]
BSR	由 SRB 催化还原成沉淀物	现场处理，生物反应器中的异地应用以及 PRB 中的应用	反应速率有限，需要停留时间	二价金属阳离子	[52-56]
生物吸附	植物、真菌、细菌和 DNA 适体能从细胞质中回收金属	吸收如 Fe、Zn、Ni 和 As 等金属，不会被阴离子干扰	在强酸性条件下重金属会发生解吸	铁，锌，镍，砷，铬，镉	[19，57-59]
纤维素材料和农业废弃物	在 pH 为 4～6 的条件下，重金属在纤维素材料中能被吸附	利用廉价的纤维素材料处理高浓度的金属	尚未进行实地研究	铅，镍，铜，镉，锌	[60-65]

5.3　纳 米 技 术

纳米材料（nanomaterials，NM）指三维空间尺度中至少有一维处于维度尺寸在 1～100nm 范围内，介于块状物体与原子、分子之间的固体颗粒。这种尺寸下，纳米材料与其他材料相比具有独特的性能，如比表面积大、反应活性高、吸附容量大和快速溶解等，从而使其能够应用于废水处理。尽管绝大多数纳米技术能够成功应用于实验室中废水处理，但在小规模工程示范或商业化中的应用则较少。目前，纳米技术在废水处理中的应用主要包括纳米膜、纳米吸附剂和纳米光催化剂。虽然这三种废水处理技术的产品已经商业化，但其在大规模废水处理中的应用效果却不是很好。

5.3.1　纳米技术在重金属修复方面的应用

本节讨论了不同性质的纳米材料及其在重金属和其他污染物废水处理中的应用。在废水处理中，往往单一的处理技术难以达到最佳的处理效果。因此，研究者开发了多种组合技术对重金属和其他污染物废水进行处理，以便达到最佳的处理效果。纳米材料因具有独特性质，从而使其与常规重金属废水处理技术相结合能够为废水处理提供新的思路。纳米科学和工程学的结合也为重金属污染地下水的修复工作提供了更好的机遇。

5.3.2 新技术的需求

在废水所含污染物中，重金属因生物难降解性和毒性使得其产生严重的健康并发症。众所周知，痛痛病（Itai-Itai）是 20 世纪 60 年代发生在日本的由公害引起的一种疾病。它是人体长期暴露于重金属镉，镉在体内蓄积而使人中毒致病的。此外，重金属铬也会引起严重的慢性疾病，如高血压、胎儿骨骼畸形、睾丸萎缩、肾损害和肺气肿，对人类的身体健康构成了极大的威胁。因此，必须采用新技术以便能有效去除水体中存在的有害金属污染物。

目前研究人员已开发了多种新型材料作为吸附剂应用于废水中重金属离子的去除，这些材料包括石墨烯衍生物、碳基吸附剂、螯合物、活性炭、壳聚糖/天然沸石和黏土矿物等。常用吸附剂的吸附容量和吸附率较低，因此其在重金属修复中的应用受到限制。本节将对各种纳米材料在重金属去除中的应用进行简单介绍，以便为其在重金属废水处理中的应用提供参考。

5.3.3 纳米材料在去除废水中重金属的应用

纳米作为一种新型材料在很多领域得到广泛应用。近年来，纳米材料常用于水体净化以减小水体中有毒物质浓度，如放射性核素、金属离子以及有机和无机化合物等，其浓度可以降低到 10^{-9} 水平。二氧化硅负载的磁铁矿纳米粒子（Fe_3O_4）通常可用于环境中有毒物质的去除以及细胞的生物分离和修复[66]。除此之外，纳米二氧化硅还可用于重金属废水处理。

5.3.4 纳米吸附剂

纳米材料因其具有较大此表面积且不同化学功能基团，对目标化合物具有较高亲和力，从而表现出较好的吸附性能。吸附法因效率高、操作简单、成本效益好等优点，而被认为是传统重金属废水处理技术中去除重金属最有效的方法。目前，研究人员在开发高选择性有毒重金属离子吸附剂方面，已尝试应用纳米材料，以下是几种纳米吸附剂的介绍。

（1）聚合物纳米吸附剂：树枝状大分子等聚合物是去除重金属和有机污染物的良好吸附剂。聚合物吸附重金属和有机化合物的作用机理包括静电作用、疏水作用、氢键作用以及络合作用。树枝状大分子的内部和外部性质不同，其内部是疏水性的，可以通过疏水作用吸附有机污染物，而其外部含有羟基或胺基，可以通过络合反应吸附重金属离子。研究表明，树枝状聚合物与超滤系统相连可以回收废水中的 Cu^{2+}。在 Cu^{2+}初始浓度为 10×10^{-6}（百万分之一）条件下，该联合系统能有效去除水体中的重金属离子。吸附结束后，利用低至 4 的 pH 过滤系统回收重金属离子，然后对树枝状聚合物进行再生。

壳聚糖接枝聚合物吸附金属离子会发生一系列的作用机制，如螯合作用、离子水合作用和静电作用。在某些情况下，壳聚糖接枝聚合物吸附金属离子还存在范德华作用、疏水作用、氢键作用、离子交换作用、络合作用以及扩散作用。一些聚合物包覆材料如金属聚合物包覆氧化铁粉和聚合物包覆磁性纳米粒子等作为吸附剂在重金属修复方面具有很大的潜力。

（2）其他纳米吸附剂：研究人员已对壳聚糖——甲基丙烯酸（MAA）纳米粒子选择性吸附水溶液中 Pb（Ⅱ）、Cd（Ⅱ）和 Ni（Ⅱ）过程的影响因素（pH、初始金属浓度、接触时间和吸附剂用量）进行了研究。利用拟二级动力学方程和 Langmuir、Freundlich 和 Redlish-Peterson 模型对吸附等温线进行拟合的结果表明，壳聚糖——甲基丙烯酸（MAA）纳米粒子对 Pb（Ⅱ）、Cd（Ⅱ）和 Ni（Ⅱ）的吸附容量分别为 11.30mg/g、1.84mg/g 和 0.87mg/g[67]。同时，研究人员通过缓慢水解 $FeCl_3$ 合成了正方针铁矿，并对其与市售商业正方针铁矿吸附重金属如锑（Sb）和砷衍生物[68]性能进行了测试。纳米晶体正方针铁矿（—FeOOH）包覆石英砂（CACQS）可用于去除水溶液中的溴酸盐[68]，目前已有一些修复砷的纳米吸附剂作为商业产品投入市场并使用，并将这些纳米吸附材料的成本及性能与传统吸附材料进行了对比。例如，一种已商业化的吸附剂——ArsenXnp，是基于聚合物和氧化纳米粒子组成的杂化离子交换材料。同样，ADSORBSIA 是一种由二氧化钛纳米晶体颗粒组成的介质，其直径为 0.25～1.2mm 不等。这两种吸附剂在去除砷等重金属方面均十分有效，而 ArsenXnp 需要轻微地反冲洗。ArsenXnp 和 ADSORBSIA 都被证明是经济有效的新型纳米吸附材料，且均已被应用于中小型饮用水处理系统。

研究人员正在不断努力开发新的吸附剂，并通过科学地探索纳米颗粒的设计和它们的吸附能力，以便去除饮用水中的有害金属。与单一化合物相比，两种化合物的结合，如金属铁和碳质物质的联合对污染物的去除有增强效应。例如，通过化学反应合成粒径 10～15nm 的磁铁/氧化石墨烯纳米复合材料，在温度为 343K 条件下，其对水溶液中钴的吸附量为 22.70mg/g[69]。

（3）金属基纳米吸附剂：金属基纳米颗粒的目的在于去除环境中重金属，如汞、镍、铜、砷、镉、铬、铅等。钙掺杂 ZnO 纳米颗粒对 Pb（Ⅱ）的萃取具有选择性，其对 Pb（Ⅱ）的排斥能力为 84.66mg/g，且 Pb（Ⅱ）在掺钙 ZnO 纳米颗粒上的系数是自发的单层吸附[70]。许多金属基纳米材料与纳米磁铁矿和二氧化钛形成的复合材料具有很好的吸附性能，其吸附容量超过活性炭。此外，活性炭负载金属基氧化物纳米颗粒，可以去除砷及其他有机污染物[71]。

常见的用于去除废水中重金属的金属或金属氧化物基纳米颗粒有锰氧化物纳米颗粒、铜氧化物纳米颗粒、氧化铈纳米颗粒、镁氧化物纳米颗粒、钛氧化物纳米颗粒、银纳米颗粒和铁氧化物纳米颗粒。Huang 等[72]以锐钛矿型纳米粒子为原料，在浓 NaOH 溶液中，通过水热法制备了具有较大比表面积的钛酸盐纳米粒子，并考察了其去除重金属的能力。研究表明，与钛酸盐纳米管/盐纳米线相比，钛酸盐纳米粒子对重金属的吸附性更强。同时，钛酸盐纳米粒子对有毒金属离子的吸附具有较强的选择性。因而，钛酸盐纳米吸附剂是一种有效去除有毒金属离子的吸附剂，其对有毒金属离子的吸附等温线符合 Langmuir 模型，吸附动力学符合准二级动力学模型[72]。此外，Zhang 等[73]制备了氢氧化镁纳米管阵列，形成 $Mg(OH)_2/Al_2O_3$ 复合材料以去除污水中的镍离子。采用化学沉淀法在多孔阳极氧化铝膜（AAM）的孔内制备高度有序的 $Mg(OH)_2$ 纳米管阵列，所得 $Mg(OH)_2/Al_2O_3$ 复合膜对废水中 Ni^{2+} 的去除表现出良好性能，使其在处理含有重金属离子废水中的应用展现出良好的潜能。

（4）铁基纳米材料：选择合适的废水处理工艺是一项复杂的工作，主要考虑的几个因素有标准质量、成本以及效率等。现有研究表明，铁纳米粒子和聚合物包覆纳米粒子对去除 Cr（Ⅵ）和 As（Ⅲ）等重金属有重要作用[74]。常见的用于去除废水中重金属的铁基纳米材料有零价纳米粒子（NZVI）、硫化铁纳米颗粒、双金属铁纳米颗粒以及纳米氧化亚铁。Kanel 等[75]研究发现 NZVI 是一种更好的砷修复材料。同时，使用纳米级 ZVI 也可以从水溶液中有效去除 Cr（Ⅵ）和 Pb（Ⅱ）。Zhong 等[76]在乙二醇介质中合成了氧化铁纳米颗粒，其对废水中的重金属与其他污染物有很好的去除能力。为确定不同尺寸 ZVI 对重金属的去除效率，研究人员将纳米、微米和毫米级 ZVI 都应用于污染底泥修复中，结果显示对污染物平均去除效率毫米级 ZVI 表现更好（97%），微米级 ZVI 略低（91%），而纳米级 ZVI 则相当差（65%）[77]。

铁氧化物纳米材料在水处理中的应用分为两类：一是作为纳米吸附剂或固化载体，提高对污染物的去除效率；二是作为光催化剂将危险有毒污染物分解成毒性较小物质。图 5.2 给出了铁氧化物纳米材料的相关应用范围。几种氧化铁构建方法在污水处理厂中得到应用，但部分方法仍然处于试验阶段。铁氧化物纳米材料在应用于人体内外研究时面临着一些问题。纳米材料作为排放物对环境的影响非常大。工业化发展和有害排放物排放量的增加也会促使研究人员对其未来风险进行评估。此外，纳米材料对人类健康和生态环境的影响仍然存在争议。

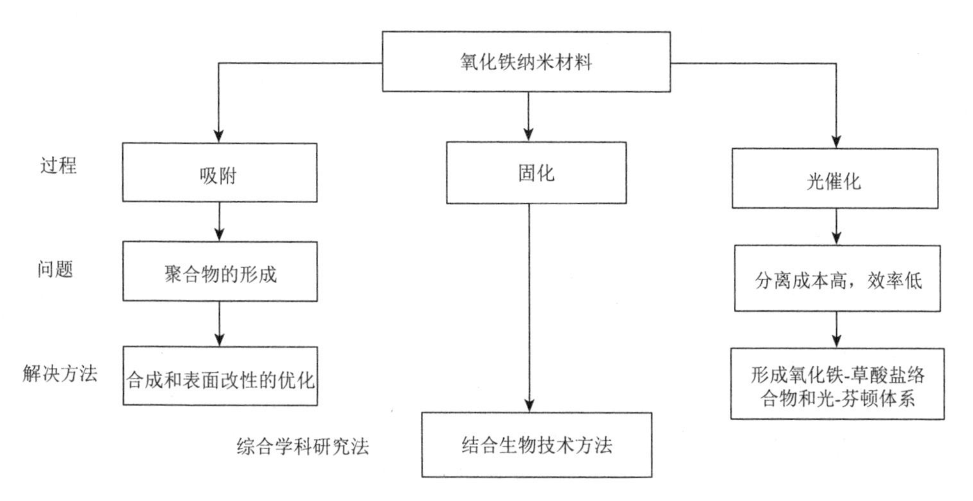

图 5.2　铁氧化物纳米材料在去除重金属中的应用

资料来源：Xu P，et al. 2012. 整体环境科学，424：1-10

（5）光催化纳米材料：光催化氧化（advanced oxidation process，AOP）是一种合适且有效降解有机污染物的新型现代处理技术。同时，光催化氧化法是去除微量病原体和污染物的一种新方法。它被认为是去除非生物降解和有毒污染物的重要预处理方法，可以提高其他水处理方法的去污性能。有研究指出，可通过催化和其他手段对纳米粒子进行改性，从而提高修复速度和效率[78]。光催化活性的降低和动力学反应的减慢是光催化氧化技术在污染物净化过程中广泛应用的主要障碍。各种光催化材料中，纳米半导体材料如氧化锌（ZnO）、二氧化钛（TiO_2）、氧化钨（WO_3）和硫化镉（CdS）适用于各种工艺，如双层电的共轭吸附、高吸附比表面积和光化学活性。这些材料可以即时使用，成本低且毒性低。为了使光催化氧化技术能够大规模应用以缓解废水处理中面临的问题，应不断研究废水处理过程中的电化学过程和技术及钛基光催化剂的相互作用。众多研究人员研究了基于过滤器、膜或胶体形式存在的 TiO_2 纳米颗粒与生物分子的相互作用，以了解它们在各种应用中的修复机制[79-81]。

（6）重金属修复的生物纳米材料：一些细菌可以产生一种硫化铁化合物而作为针对几种有毒金属离子的吸附剂。除了细菌之外，一种荒漠灌木——蕨草常被用于累积重金属如铅、铜、镉、锌、铁和镍。从这种植物中获得的纳米颗粒生物修复地下水、溪流和河流中重金属污染物。研究表明，经过 3d 的修复后重金属的初始浓度均有所降低[82]。对矢车菊、雀苣属侧柏、蕨草、藜、榅桲、黄木樨草和沙柳等植物种类进行了调查，结果表明这些植物具有很好的重金属积累能力。尤其是 *Noaea mucronata*，其在超过 1000ppm 的浓度下是一种良好的铅积累植被[83]。

（7）碳基纳米材料：碳基纳米材料因具有无毒、吸附能力较强等优点而被广泛用于去除重金属。常用去除重金属离子吸附剂是活性炭，但活性炭难以将重金属离子浓度降低至 ppb 水平。在纳米技术这一新兴领域取得进展之后，一些独特的新材料，如富勒烯、石墨烯和碳纳米管（CNTs）被用作吸附剂。虽然活性炭是一种吸附有机和无机污染物的良好吸附剂，但对大多数重金属，特别是砷（V）的适用性方面有一定的局限性。较大的比表面积和丰富的官能团是影响吸附剂有效性的两个主要因素。通常来说，无机吸附剂一般不同时具备这两种性质。纳米碳管板材已作为吸附剂而被用于分离重金属离子，如 Cu^{2+}、Zn^{2+}、Pb^{2+}、Cd^{2+}和 Co^{2+}。碳基聚合物纳米材料，如聚苯乙烯和丙烯酸酯，因具有很高的比表面积和丰富的官能团而能有效吸附无机污染物。与活性炭相比，CNTs 在吸附各种有机化合物方面表现出更高的效率，这与 CNTs 较大比表面积有关，从而为其与污染物提供更多的相互作用位点。

CNTs 对金属离子具有较高的吸附容量从而展现出较高的动势。碳纳米管具有丰富的表面官能团，如羧基、羟基和苯酚，这些表面官能团为其吸附金属离子提供重要的吸附位点。碳纳米管对重金属离子的吸附机制通常是化学键形成和静电吸附。因此，表面氧化过程能够使得碳纳米管表面官能团增加从而促进 CNTs 对重金属离子的吸附容量。一些研究表明，与活性炭相比，CNTs 对铜（Cu^{2+}）、钴（Co^{2+}）、镉（Cd^{2+}）和（Zn^{2+}）等重金属的去除效果较好，这是 CNTs 具有较大比表面积和丰富的类介孔结构所导致的。然而，一般来说，类似于 CNTs 这类吸附剂不是活性炭的良好替代品。CNTs 的表面化学性质可以根据所吸附的特定目标污染物进行改性，因而其可用于去除难降解化合物或微量有机污染物。

CNTs 有两种类型即单壁碳纳米管（SWCNTs）和多壁碳纳米管（MWCNTs）。SWCNTs 具有高抗菌性能，而 MWCNTs 同时具有抗菌性能和吸附重金属的能力。CNTs 被广泛应用于去除废水中的重金属。首先，CNTs 被单独用作二价金属离子的吸附剂。Pyrzyñska 和 Bystrzejewski[84]利用 CNTs 和活性炭等吸附钴和铜等金属。结果表明，CNTs 和碳包覆磁性纳米颗粒比活性炭具有更高的吸附容量，并提出了 CNTs 吸附重金属的优缺点。Stafiej 和 Pyrzynska[85]研究表明，CNTs 对重金属离子的吸附容量受金属离子浓度和 pH 等因素的影响。运用 Freundlich 吸附模型对该结果进行交叉检验，得到了阳性结果。下面讨论 CNTs 吸附功能：

酸氧化 CNT 表面官能团由羧基（—COOH）、羰基（—C═O）和羟基（—OH）组成。CNTs 通常使用非共价功能的方法。开发这些功能化的 CNTs 目的是提高其水溶性以适应于多种现场。氧化和氨基功能化过程可增加 MWCNTs 对镉的吸附容量，从而更加有效地去除水体中镉。因此，氨基功能化 MWCNTs 有望被用于开发去除工业废水中重金属离子所需的滤膜，即使在高温下也可从工业废水中去除重金属离子。利用红海水（RSW）和阿卜杜勒阿齐兹国王大学（KAUWW）废水处理厂中的水样验证 MWCNTs 对重金属的去除率，结果表明，与 RSW 水样相比，MWCNTs 对 KAUWW 废水处理厂水样中重金属的去除效果更好。这是由于红海水中含有大量的金属离子，如镁、钠、钙和钾，这些金属离子与重金属离子竞争了 MWCNTs 吸附位点，从而降低了 MWCNTs 对重金属的吸附容量。常用作吸附剂的另一种碳基材料是石墨烯。它由单层或多层原子石墨组成的二维结构具有显著的热性能和机械性能。Zhao 等于 2011 年开发了基于氧化石墨烯（GO）的层状纳米片[86]。他们利用 Hummer 法制备 GO 以去除钴和镉等重金属，其结果显示，GO 对重金属的吸附容量取决于 pH、离子强度和官能团等参数。Chandra 等研究显示，石墨烯复合材料吸附位点的增加，使粒径为 10nm 的磁铁矿——石墨烯纳米颗粒对砷表现出更大的结合能力[87]。

（8）纳米纤维：静电纺丝是利用金属、聚合物或陶瓷等原料生产超细纳米纤维的一种简单、高效且廉价的方法。由于纳米纤维孔隙度丰富、比表面积大，具有复杂的孔隙结构。静电纺丝具有制备纳米纤维的物理性状，如形态、成分、直径、空间排列和次级衍生物等。纳米纤维膜已在商业上用作空气过滤器，但是它们在废水处理中的应用尚未得到评估。膜状纳米纤维对水体中的微粒具有较高的去除率又不产生二次污染，因而它已被用于超滤或反渗透过程之前的预处理。将有某些官能团的纳米材料与纺丝溶液混合，以原位制备纳米纤维或与纳米纤维结合的纳米颗粒。这些电纺纳米纤维可以通过二氧化钛（TiO_2）等材料或功能化纳米材料来构建多用途的膜过滤器。因电纺聚丙烯腈纳米纤维垫作为金属离子非均质吸附剂方面具有巨大潜力而被用于去除重金属离子。在铁（Fe）上生长的碳纳米纤维被用于去除废水中的砷（Ⅴ）[88]。同样，研究了用于染料降解的聚环氧乙烷模板氧化镍纳米纤维的制备及表征。

5.4　水中重金属的纳米生物修复技术

由于水处理已发布了新的水质标准，亟须开发更新的处理技术。纳米技术是在原子和分子水平控制事物的科学技术，它具有通过水处理、污染防治和修复过程等各种途径提高环境水质和可持续性的潜力。这项技术正在发展成为一项绿色科技，既可以提高工业的环境绩效和经济效益，又能够减少资源损耗和能源需求。因此，纳米技术在水处理过程中的发展和潜力获得了广泛的关注。然而，人们对该技术对人类和环境毒性的潜在影响表示担忧。如果能有效评估纳米技术的优点及其潜在危害，纳米材料将能够在确保达到优质水和土壤标准方面发挥重要作用，以满足人类对饮用水和农业土壤安全不断增长的需求。美国环境保护署（USEPA）支持研究用于去除重金属和污染物的新型修复方法，与传统的水处理技术相比这些方法则更为经济有效。因此，本章强调了“纳米生物修复”的新技术，该技术不仅可以降低清理大规模污染场地的总成本，还可以缩短处理时间。

5.5　小　　结

铅、汞、铜、砷、镉、铬等重金属被认为是亟须处理的有毒物质。纳米材料的应用将为高效去除这些重金属提供一种有效的修复解决方案。此外，在分子水平上对纳米材料进行具体控制和设计将会增加材料对污染物吸附的亲和性、容量和选择性，从而减少有害物质向大气或水中释放，保障饮用水安全。本章最后得出的结论为纳米生物修复媒介可以称为纳米修复剂，这是一种未来基于纳米技术去除污染物的生物修复技术。

参考文献

[1]　AMONETTE J E，SZECSODY J E，SCHAEF H T，et al. Abiotic reduction of aquifer materials by dithionite：a promising in situ remediation technology.33rd Symposium on health and the environment，1994，2：851-881.

[2]　FRUCHTERJS，COLECR，WILLIAMSMD，et al.Creation of a subsurface permeable treatment barrier using in situ redox manipulation.Richland：Pacific Northwest National Laboratory，1997.

[3] SEVOUGIAN S D，STEEFEL C I，YABUSAKI S B.Enhancing the design of in situ chemical barriers with multicomponent reactive transport modeling，in situ remediation：scientific basis for current and future technologies. Proceedings of the 33rd Hanford Symposium on Health and the Environment. Battelle Press，Columbus，OH，Pasco，Washington：1-28.

[4] CANTRELL K J，KAPLAN D I，WIETSMA T W. Zero-valent iron for the in situ remediation of selected metals in groundwater. Journal of hazardous materials，1995，42：201-212.

[5] MANNING B A，HUNT M L，AMRHEIN C，et al.Arsenic（III）and arsenic（V）reactions with zerovalent iron corrosion products.Environmental science and technology，2002，36：5455-5461.

[6] MULLIGAN C N. Remediation technologies for metal contaminated soils and groundwater：an evaluation.Engineering geology，2001，60：193-207.

[7] SIKDAR S K，GROSSE D，ROGUT I.Membrane technologies for remediating contaminated soils：a critical review.Journal of membrane science，1998，151：75-85.

[8] TORRES L G，LOPEZ R B，BELTRAN M.Removal of As，Cd，Cu，Ni，Pb，and Zn from a highly contaminated industrial soil using surfactant enhanced soil washing.Physics and chemistry of the earth 2012，37-39：30-36.

[9] YAN A L，YIN A H，ZHANG S，et al.Biosorption of inorganic and organic arsenic from aqueous solution by Acidithiobacillusferrooxidans BY—3.Journal of hazardous materials，2010，178：209-217.

[10] SRIVASTAVA P K，VAISH A，DWIVEDI S，et al. Biological removal of arsenic pollution by soil fungi.Science of the total environment，2011，409：2430-2442.

[11] POKHREL D，VIRARAGHAVAN T.Biological filtration for removal of arsenic from drinking water.Journal of environmental management，2009，90：1956-1961.

[12] KOSTAL J，YANG R，WU C H，et al.Enhanced arsenic accumulation in engineered bacterial cells expressing ArsR.Applied and environmental microbiology，2004，70：4582-4587.

[13] CHAUHAN N S，RANJAN R，PUROHITH J，et al.Identification of genes conferring arsenic resistance to Escherichia coli from an effluent treatment plant sludge metagenomic library.FEMS microbiology ecology，2009，67：130-139.

[14] CRAMERI A，DAWES G，RODRIGUEZ E，et al.Molecular evolution of an arsenate detoxification pathway DNA shuffling. Nature biotechnology，1997，15：436-438.

[15] JONG T，PARRY D L.Removal of sulphate and heavy metals by sulphate reducing bacteria in short——term bench scale up flow anaerobic packed bed reactor runs.Water research，2003，37：3379-3389.

[16] SIMONTON S，DIMSHA M，THOMSON B，et al.Long-term stability of metals immobilized by microbial reduction.Southeast Denver，CO：Proceedings of the 2000 Conference on Hazardous Waste Research：Environmental Challenges and Solutions to Resource Development，Production and Use，2000：394-403.

[17] STEED V S，SUIDAN M T，GUPTA M，et al. Development of a sulfate-reducing biological process to remove heavy metals from acid mine drainage.Water environment research，2000，72：530-535.

[18] FUKUSHI K，SASAKI M，SATO T，et al.A natural attenuation of arsenic in drainage from an abandoned arsenic minedump.Applied geochemistry，2003，18：1267-1278.

[19] SRIVASTAVA S，SHRIVASTAVA M，SUPRASANNA P，et al.Phytofiltration of arsenic from simulated contaminated water using Hydrillaverticillata in field conditions.Ecological engineering，2011，37：1937-1941.

[20] FAULKNER D W S，HOPKINSON L，CUNDY A B.Electro kinetic generation of reactive iron-rich barriers in wet sediments：implications for contaminated land management.Mineralogical magazine，2005，69：749-757.

[21] HOPKINSON L，CUNDY A. FIRS（ferric iron remediation and stabilization）：a novel electrokinetic technique for soil remediation and engineering.Contaminated Land Applications in Real Environments，2003.

[22] JEEN S W，GILLHAM R W，PRZEPIORA A. Predictions of long—term performance of granular iron permeable reactive barriers：field—scale evaluation.Journal of contaminant hydrology，2011，123：50-64.

[23] JUN D，YONGSHENG Z，WEIHONG Z，et al.Laboratory study on sequenced permeable reactive barrier remediation for landfill leachate-contaminated groundwater. Journal of hazardous materials，2009，161：224-230.

[24] PULS R W，PAUL C J，POWELL R M. The application of in situ permeable reactive（zero-valent iron）barrier technology for the

remediation of chromate contaminated groundwater：a field test.Applied geochemistry，1999，14：989-1000.

[25] POWELL R M，PULS R，GILLH A M R W，et al. Permeable reactive barrier technologies for contaminant remediation.Washington，DC：EPA 600/R-98/125，1998：94.

[26] BENNER S G，BLOWES D W，GOULD W D，et al.Geochemistry of a permeable reactive barrier for metals and acid mine drainage.Environmental science and technology，1999，33：2793-2799.

[27] JARVIS A P，MOUSTAFA M，ORME P H A，et al.Effective remediation of grossly polluted acidic，and metal—rich，spoil heap drainage using a novel，low cost，permeable reactive barrier in Northumberland，UK.Environmental pollution，2006，143：261-268.

[28] JEYASINGH J，SOMASUNDARAM V，PHILIP L，et al.Pilot scale studies on the remediation of chromium contaminated aquifer using biobarrier and reactive zone technologies.Chemical engineering journal，2011，167：206-214.

[29] THIRUVENKATACHARI R，VIGNESWARAN S，NAIDU R.Permeable reactive barrier for groundwater remediation.Journal of industrial and engineering chemistry，2008，14：145-156.

[30] SCHERER M M，RICHTER S，VALENTINE R L，et al.Chemistry and microbiology of permeable reactive barriers for in situ groundwater cleanup.Critical reviews in environmental science and technology，2000，26：221-264.

[31] AMINM N，KANECO S，KITAGAWA T，et al.Removal of arsenic in aqueous solutions by adsorption onto waste rice husk.Industrial and engineering chemistry research，2006，45：8105-8110.

[32] MOHAN D，CHANDER S.Removal and recovery of metal ions from acid mine drainage using lignite a low cost sorbent.Journal of hazardous materials，2006，137：1545-1553.

[33] MOHAN D，PITTMAN J C U，BRICKA M，et al.Sorption of arsenic，cadmium，and lead by chars produced from fast pyrolysis of wood and bark during bio-oil production.Journal of colloid and interface science，2007，310（1）：57-73.

[34] SNEDDON R，GARELICK H，VALSAMI-JONES E.An investigation into arsenic（V）removal from aqueous solutions by hydroxyl apatite and bone-char.Mineralogical magazine，2005，69：769-780.

[35] CHOWDHURY S R，YANFUL E K.Arsenic and chromium removal by mixed magnetite-maghemite nanoparticles and the effect of phosphate on removal. Journal of environmental management，2010，91：2238-2247.

[36] RAOTS，KARTHIKEYANJ. Removal of As（V）from water by adsorption on to low-cost and waste materials. Progress in environmental science and technology.Beijing：Science Press，2007：684-691.

[37] LIU R P，SUN L H，QU J H，et al. Arsenic removal through adsorption，sand filtration and ultrafiltration：in situ precipitated ferric and manganese binary oxides as adsorbents.Desalination，2009，249：1233-1237.

[38] SMEDLEY P L，KINNIBURGH D G. A review of the source，behaviour and distribution of arsenic in natural waters.Applied geochemistry，2002，17：517-568.

[39] SYLVESTER P，WESTERHOFF P，MÖLLER T，et al. A hybrid sorbent utilizing nanoparticles of hydrous iron oxide for arsenic removal from drinking water.Environmental engineering science，2007，24：104-112.

[40] HSIEH L H C，WENG Y H，HUANG C P，et al. Removal of arsenic from groundwater by electro—ultrafiltration.Desalination，2008，234：402-408.

[41] SANG Y，LI F，GU Q，et al.Heavy metal—contaminated groundwater treatment by a novel nanofiber membrane.Desalination，2008，223：349-360.

[42] GILLHAM R W，OÍHANNESINS F，ORTHW S. Metal enhanced abiotic degradation of halogenated aliphatics：laboratory tests and field trials. Proceedings of the 6th Annual Environmental Management and Technical Conference/Haz. Mat. Central Conference. Advanstar Exposition，Glen Ellyn，IL，Rosemont，Illinois，1993：440-461.

[43] SU C，PULS R W. Arsenate and arsenite removal by zerovalent iron：kinetics，redox transformation，and implications for in situ groundwater remediation.Environmental science and technology，2001，35：1487-1492.

[44] BLUE L Y，VAN AELSTYN M A，MATLOCK M，et al. Low-level mercury removal from groundwater using a synthetic chelating ligand.Water research，2008，42：2025-2028.

[45] HONG P K，CAI X，CHA Z. Pressure-assisted chelation extraction of lead from contaminated soil.Environmental pollution，2008，153：14-21.

[46] LIM T T，TAY J H，WANG J Y. Chelating-agent-enhanced heavy metal extraction from a contaminated acidic soil.Journal of

environmental engineering，2004，130：59-66.

[47] WARSHAWSKY A，STRIKOVSKY A G，VILENSKY M Y，et al. Interphase mobility and migration of hydrophobic organic metal extractant molecules in solvent-impregnated resins.Separation science and technology，2002，37：2607-2622.

[48] BAKERAJM.Metal hyper accumulation by plants：our present knowledge of eco physiological phenomenon.Abstract Book：Current Topics in Plant Biochemistry，Physiology and Molecular Biology：Annual Symposium，1995：14-55.

[49] SALATI S，QUADRI G，TAMBONE F，et al. Fresh organic matter of municipal solid waste enhances phytoextraction of heavy metals from contaminated soil.Environmental pollution，2010，158：1899-1906.

[50] WILSON B H，SMITH G B，REES J F. Biotransformation of selected alkylbenzenes and halogenated aliphatic hydrocarbons in methanogenic aquifer material：a microcosm study.Environmental science and technology，1986，20：997-1002.

[51] YONG R N，MULLIGAN C N. Natural attenuation of contaminants in soils.Boca Raton：CRC Press，2004.

[52] DVORAK D H，HEDIN R S，EDENBORN H M，et al. Treatment of metal contaminated water using bacterial sulfate reduction：results from pilot-scale reactors.Biotechnology and bioprocess engineering，1992，40：609-616.

[53] GIBERT O，DE PABLO J，CORTINA J L，et al.Treatment of acid mine drainage by sulphate-reducing bacteria using permeable reactive barriers：a review from laboratory to full-scale experiments.Reviews in environmental science and biotechnology，2002，1：327-333.

[54] HAMMACK R W，EDENBORN H M. The removal of nickel from mine waters using bacterial sulfate reduction.Applied microbiology and biotechnology，1992，37：674-678.

[55] HAMMACK R W，EDENBORN H M，DVORAK D H.Treatment of water from an open—pit copper mine using biogenic sulfide and limestone：a feasibility study.Waterresearch，1994，28：2321-2329.

[56] WAYBRANT K R，BLOWES D W，PTACEK C J. Selection of reactive mixtures for use in permeable reactive walls for treatment of mine drainage.Environmental science and technology，1998，32：1972-1979.

[57] KIM M，UMH J，BANG S，et al. Arsenic removal from Vietnamese groundwater using the arsenic binding DNA aptamer.Environmental science and technology，2009，43：9335-9340.

[58] PANDEY P K，VERMA Y，CHOUBEY S，et al.Biosorptive removal of cadmium from contaminated groundwater and industrial effluents.Bioresource technology，2008，99：4420-4427.

[59] PRAKASHAMRS，MERRIEJS，SHEELAR，et al.Biosorption of chromium Ⅵ by free and immobilized Rhizopusarrhizus.Environmental pollution，1999，104：421-427.

[60] HAN D，GARY H P，SPALDING B，et al.Electrospun and oxidized cellulosic materials for environmental remediation of heavy metals in groundwater，model cellulosic surfaces.ACS symposium series，2009，1019：243-257.

[61] HASAN S，HASHIM M A，GUPTA B S. Adsorption of Ni（SO_4）on Malaysian rubber—wood ash.Bioresource technology，2000，72：153-158.

[62] KAMEL S，HASSAN E M，El—SAKHAWY M. Preparation and application of acrylonitrile—grafted cyanoethyl cellulose for the removal of copper（Ⅱ）ions.Journal of applied polymer science，2006，100：329-334.

[63] SAHU J N，ACHARYA J，MEIKAP B C. Response surface modeling and optimization of chromium（Ⅵ）removal from aqueous solution using tamarind wood activated carbon in batch process.Journal of hazardous materials，2009，172：818-825.

[64] SUD D，MAHAJAN G，KAUR M P. Agricultural waste material as potential adsorbent for sequestering heavy metal ions from aqueous solutions—a review.Bioresource technology，2008，99：6017-6027.

[65] TABAKCI M，ERDEMIR S，YILMAZ M. Preparation，characterization of cellulose grafted with calix[4] arene polymers for the adsorption of heavy metals and dichromate anions.Journal of hazardous materials，2007，148：428-435.

[66] WU P，ZHU J，XU Z. Template—assisted synthesis of mesoporous magnetic nano composite particles.Advanced functional materials，2004，14：345-351.

[67] HEIDARI A，YOUNESI H，MEHRABAN Z，et al. Selective adsorption of Pb（II），Cd（II），and Ni（II）ions from aqueous solution using chitosan–MAA nanoparticles. International journal of biological macromolecules，2013，61：251-263.

[68] KOLBE F，WEISS H，MORGENSTERN P，et al.Sorption of aqueous antimony and arsenic species onto akaganeite.Journal of colloid and interface science，2011，357：460-465.

[69] LIU M，CHEN C，HU J，et al.Synthesis of magnetite/graphene oxide composite and application for cobalt（II）removal.The journal of physical chemistry C，2011，115：25234-25240.

[70] KHAN S B，MARWANI H M，ASIRI A M，et al. Exploration of calcium doped zinc oxide nanoparticles as selective adsorbent for extraction of lead ion.Desalination and water treatment，2016，57（41）：19311-19320.

[71] HRISTOVSKI K D，NGUYEN H，WESTERHOFF P K. Removal of arsenate and 17—ethinyl estradiol（EE2）by iron（hydr）oxide modified activated carbon fibers.Journal of environmental science and health：part A，2009，44（4）：354-361.

[72] HUANG J，CAO Y，LIU Z，et al. Efficient removal of heavy metal ions from water system by titanatenanoflowers.Chemical engineering journal，2012，180：75-80.

[73] ZHANG S，CHENG F，TAO Z，et al. Removal of nickel ions from wastewater by $Mg(OH)_2$/MgO nanostructures embedded in Al_2O_3 membranes.Journal of alloys and compounds，2006，426（1/2）：281-285.

[74] ABDOLLAHI M，ZEINALI S，NASIRIMOGHADDAM S，et al. Effective removal of As（III）from drinking water samples by chitosan—coated magnetic nanoparticles.Desalination and water treatment，2015，56（8）：2092-2104.

[75] KANEL S R，GRENECHE J M，CHOI H. Arsenic（V）removal from groundwater using nano scale zerovalent iron as a colloidal reactive barrier material.Environmental science and technology，2006，40（6）：2045-2050.

[76] ZHONG L S，HU J S，LIANG H P，et al. Self—assembled 3D flowerlike iron oxide nanostructures and their application in water treatment.Advanced materials，2006，18（18）：2426-2431.

[77] COMBA S，DI MOLFETTA A，SETHI R. A comparison between field applications of nano-，micro-，and millimetric zero-valent iron for the remediation of contaminated aquifers.Water air and soil pollution，2011，215：595-607.

[78] SHAN G，YAN S，TYAGIR D，et al. Applications of nanomaterials in environmental science and engineering：review.The practice periodical of hazardous toxic and radioactive waste management，2009，13：110-119.

[79] ZHANG X J，MA T Y，YUAN Z Y. Titania–phosphonate hybrid porous materials：preparation，photocatalytic activity and heavy metal ion adsorption.Journal of materials chemistry，2008，18：2003-2010.

[80] NAWROCKI J，KASPRZYK-HORDERNB B. The efficiency and mechanisms of catalytic ozonation.Applied catalysis B：environmental，2010，99（1/2）：27-42.

[81] KUSIC H，KOPRIVANAC N，SRSAN L. Azo dye degradation using Fenton type processes assisted by UV irradiation：a kinetic study.Journal of photochemistry and photobiology A：chemistry，2006，181（2/3）：195-202.

[82] MOHSENZADEH F，RAD A C. Bioremediation of heavy metal pollution by nano-particles of Noaca Mucronata.International journal of bioscience，biochemistry and bioinformatics，2012，2：85.

[83] RIZWAN M，SINGH M，MITRA C K，et al. Ecofriendly application of nanomaterials：nanobioremediation.Journal of nanoparticles，2014：1-7.

[84] PYRZYÑSKA K，BYSTRZEJEWSKI M. Comparative study of heavy metal ions sorption onto activated carbon，carbon nanotubes，and carbon-encapsulated magnetic nanoparticles.Colloids and surfaces A：physicochemical and engineering aspects，2010，362：102-109.

[85] STAFIEJ A，PYRZYNSKA K. Adsorption of heavy metal ions with carbon nanotubes.Separation and purification technology，2007，58：49-52.

[86] ZHAO G，LI J，REN X，et al. Few-layered graphene oxide nanosheets as superior sorbentsfor heavy metal ion pollution management. Environmental science and technology，2011，45：10454-10462.

[87] CHANDRA V，PARK J，CHUN Y，et al. Water-dispersible magnetite-reduced graphene oxide composites for arsenic removal. ACS nano，2010，4：3979-3986.

[88] GUPTA A K，DEVA D，Sharma A，et al.Fe-grown carbon nanofibers for removal of arsenic（V）in wastewater. Industrial and engineering chemistry research，2010，49（15）：7074-7084.

第 6 章　低成本吸附剂对重金属的去除

由于环境破坏及人们环保意识的增强，需要将废水中重金属去除或将其浓度降低到环境可接受的水平再排入环境中。传统去除重金属的方法普遍存在成本高、生成污泥、工艺复杂、适用性有限等缺点。因此，人们对低成本材料进行深入研究以能够降低移除重金属的成本。本章主要研究内容有六点：①废水中常见的重金属；②目前重金属污染废水主要处理技术及其局限性；③利用农业废弃物、工业废物或自然生物质制备的吸附剂去除重金属；④低成本吸附剂物理化学特性；⑤影响重金属去除效果的参数；⑥吸附过程中，等温吸附模型、动力学模型和吸附工艺设计。

6.1　重　金　属

废水定义为家庭、商业建筑、工业设施和工厂排放的废水和废液，以及地下水、地表水和雨水径流等排入下水管道的其他无用水。这类废水可能含有多种污染物，如重金属、有毒有机化合物、磷、洗涤剂、可生物降解的有机物、营养物质、溶解的无机固体和难降解的有机物。

这些污染物中，重金属是最严重的环境污染之一，也是最难解决的问题之一。“重金属”一词具有误导性，因为它们在原子量、密度或原子序数方面并不都是“重”的。此外，它们甚至不完全是金属性质，如砷。从广义上来说，重金属包括周期表中除 I 和 II 组[1]以外的所有金属。重金属如汞、铅、砷、铬、铜、镉、镍等被广泛应用于工业，特别是金属加工或金属电镀工业，以及电池和电子设备等生产。重金属会对环境造成较大的危害。表 6.1 显示了在石油、氟化钙和金属加工工业污泥中发现的浸出污染物的浓度。

表 6.1　三种工业污泥渗滤液中特定阳离子、阴离子和有机物的浓度　（单位：m/L）

污染物[a]	酸性石油污泥渗滤液	中性氟化钙污泥渗滤液	碱金属处理污泥渗滤液
Ca	34～50	180～318	31～38
Cu	0.09～0.17	0.10～0.16	0.45～0.53
Mg	27～50	4.8～21	24～26
Ni	—[b]	—	—
Zn	0.13～0.17	—	—
F	0.95～1.2	6.7～11.6	1.2～1.5
总氧	0.20～1.2	—	—
COD	251～340	44～49	45～50

资料来源：美国环境保护署. 1980. 用吸附剂处理工业污泥渗滤液的评价. EPA-600/2-80-052. 辛辛那提[2]。

a　分析了铁、镉、铬和铅的含量，但发现低于可测水平。

b　—表明数额低于可衡量的水平。

含重金属废水因其毒性和致癌效应而备受关注。即使是极少量的重金属也会造成严重的生理或神经损伤。因此，人们已经尝试了用许多方法来预防或减少这种潜在的健康危害。这包括政府出台的相关规章制度、科研人员对重金属处理技术的研究，以及工业中用于生产可降解废物或以对环境和人类危害较小的方式处置废物的技术改良。

6.1.1　铬

铬（Cr）是 1979 年由法国化学家 Louis N. Vauquelin 在西伯利亚红铅矿（$PbCrO_4$）中发现的一种新矿物，次年用碳还原得到。元素名来自于希腊文，原意为“颜色”（色度＝颜色）[3]。

铬是自然界存在的元素，通常存在于岩石、矿物以及火山尘埃和气体等地质排放源中。铬的原子序数是 24，原子量为 51.9961。现有 13 个已知的铬同位素（质量数 45～47），其中 4 个是稳定的。从 0 到Ⅵ的氧化价态中主要以三价铬[Cr（Ⅲ）]和六价铬[Cr（Ⅵ）]两种价态在环境中稳定存在[4]。

Cr（Ⅵ）是一种路易斯碱，为水溶性，在溶液中总是作为一个复杂阴离子的组成部分存在。通常 Cr（Ⅵ）的形态与浓度和 pH 有关。pH＜1 时，以铬酸（H_2CrO_4）存在；pH 为 2～6 时，为单氢铬酸（$HCrO_4^-$）和重铬酸根离子（$Cr_2O_7^{2-}$）；pH＞6 时，铬酸盐离子（CrO_4^{2-}）为主要组分。

铬可被广泛用于商业生产过程中，通常存在于工业废水中。铬及其化合物可用于金属合金，如不锈钢、金属防护涂层、磁带、油漆、水泥、纸张、橡胶、复合地板覆盖物以及其他材料。铬的其他用途包括木材防腐剂的化学中间体、有机化学合成、光化学处理和工业水处理。在医药领域，铬化合物被用作止血药和防腐剂；在皮革制造工业中，铬化合物用作催化剂和杀菌剂。铬还可以作为一种杀藻剂应用于酿酒过程，以杀死保温水中产生黏液的细菌和酵母[5]。

Cr（Ⅵ）很容易穿透细胞膜并有强氧化作用，使其成为一种严重的环境污染物并带来相当大的健康风险[4]。急性高暴露水平会导致皮肤溃疡、鼻中隔穿孔、胃刺激、肾和肝损害以及内出血[5,6]。在体外和体内实验中还发现 Cr（Ⅵ）化合物会导致多种遗传毒性效应，包括 DNA 损伤、突变和染色体畸变[7]。美国卫生与公众服务部估计，终身暴露上限达到 1mg/L Cr（Ⅵ）将会导致每 10000 人中增加 120 例癌症病例[6]。

6.1.2　铜

铜（Cu）是一种红色金属，原子序数为 29，原子量为 63.55。它主要存在四种价态，即 Cu（0）、Cu（Ⅰ）、Cu（Ⅱ）和 Cu（Ⅲ），其中 Cu（Ⅱ）是最常见和最稳定的价态[8]。它很容易形成复杂化合物，并参与生物体的许多代谢过程。铜是地壳中含量最丰富的 25 种元素之一，为 50～100g/t。它自原始时代起就在人类技术、工业和文化发展中发挥了重要作用。铜的特性中有助于其被广泛应用的几个特点为：①机械加工性与耐腐蚀性；②优良的导电性；③优越的热导率；④作为合金的一种有效成分来改善其物理和化学性质；⑤可作为化学反应催化剂；⑥非磁性特性，有利于电器和磁性设备；⑦非火花特性，是爆炸性大气中使用的必备物质[9]。

铜是少数几种作为纯金属而不是合金的常见金属之一，其有着更广泛的商业用途。铜的主要商业用途是建筑（屋顶部件和管道）、管道安装（阀门和管件）、电气和电子产品（电线、电机、发电机和电缆），以及家用电器（收音机和电视机）。它还可以作为催化剂用于电化学工业中锌、镍和锡合金的生产。此外，铜盐还是颜料、杀菌剂、生物杀菌剂，以及在各种医药用途方面有用的物质，如铬酸铜可以用作颜料、液相加氢催化剂和马铃薯杀菌剂[10]。

铜作为人体必需的营养元素，不仅是人体最丰富的金属元素之一，也是许多蛋白质和酶（如铁氧化酶、细胞色素氧化酶、超氧化物歧化酶和胺氧化酶）组成所必需的元素。然而，如其他重金属一样，人体摄入过大剂量的铜也会导致严重的健康问题，如肝和肾损害、胃肠刺激、贫血和中枢神经系统放射性损伤。人体长期接触铜还会导致铜中毒，特别是那些身体因某些遗传病或疾病（如威尔逊氏症）而难以调节铜代谢的人[11]。

6.1.3 镉

镉（Cd）是一种柔软蓝白色金属，原子序数为 48。它在许多方面与锌（大多数是 +2 价的氧化态）和汞（与其他过渡金属相比具有较低熔点）相似。镉作为一种金属广泛应用于工业领域，如镉板、碱性电池、铜合金、涂料和塑料。因具有较高的耐蚀性，镉可作为其他金属的保护层。

环境中大部分镉化合物均以固体废物的形式存在（如煤灰、污泥、烟道尘和化肥）。人们普遍认识到 Cd 对环境可以产生负面影响，即它可以通过生物链富集并对人类健康构成严重威胁。同时，Cd 的生物半衰期较长的特点也引起了人们的极大关注。

镉对人体毒性作用包括慢性和急性疾病，如睾丸萎缩、高血压、肾脏和骨骼损害、贫血、痛痛病等。据记载，摄入镉污染的大米会导致痛痛病和肾脏异常（包括蛋白尿和糖尿）。

在香烟烟雾中也发现了镉的存在。长期吸入 CdO 粉尘可引起肺、肾系统损害的综合征。急性镉中毒可能会导致肺水肿，甚至是死亡。

6.2 处理废水中重金属的方法

6.2.1 化学沉淀法

化学沉淀法可能是用于去除废水中重金属的最古老和最广泛使用的方法。该方法是一种低成本、高效率的去除大量金属离子的方法。沉淀是指在废水中加入适当选择的试剂后，使溶液中重金属离子形成不溶性重金属化合物。常用化学沉淀剂有氢氧化钙或氢氧化钠、硫化钠或硫氢化钠以及碳酸氢钠，形成氢氧化物、硫化物以及碳酸盐而沉淀。图 6.1 说明了废水处理系统不同设计工艺中氢氧化物沉淀、可溶性硫化物沉淀（SSP）和不溶性硫化物沉淀（ISP）的形成过程。沉淀物可以通过沉淀、混凝和过滤等物理分离过程从废水中分离出来。表 6.2 对比了使用五种不同化学沉淀技术处理前后废水中重金属的浓度。

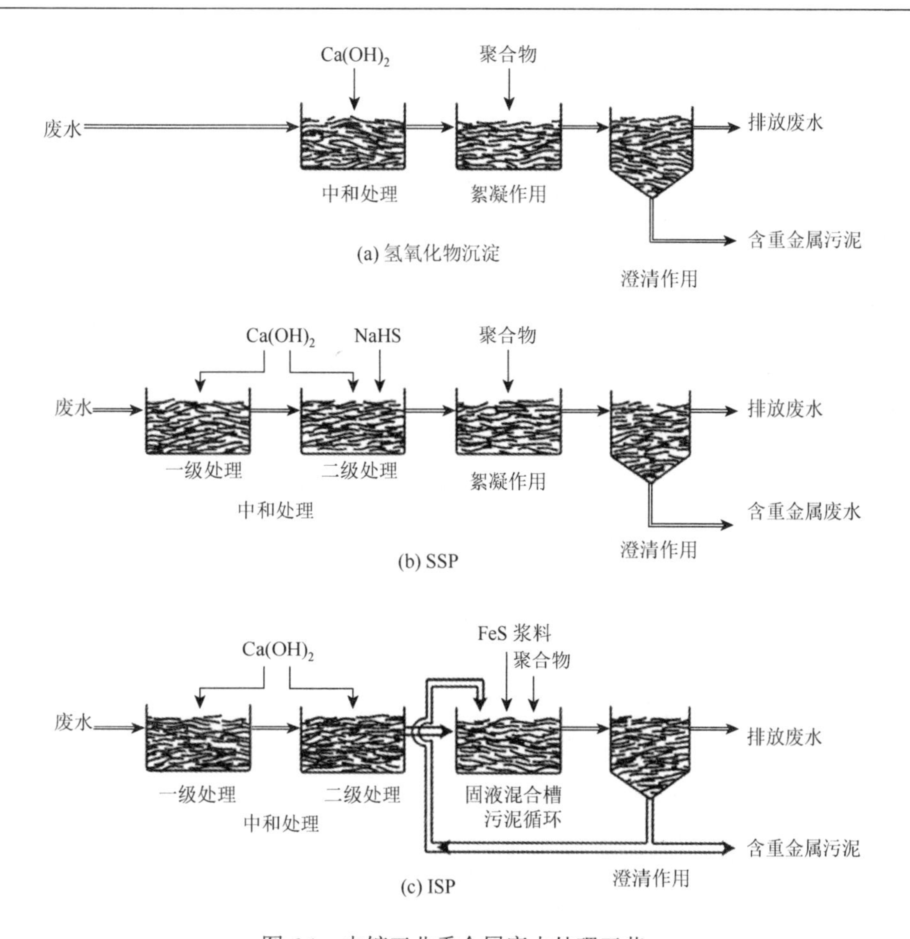

图 6.1　电镀工业重金属废水处理工艺

资料来源：美国环境保护署. 1980. 金属加工工业硫化物沉淀控制与处理技术. EPA-625/8-80-003. 辛辛那提

表 6.2　废水处理前后化学分析

污染物浓度/（μg/L）		处理前	处理后[a]				
			LO-C	LO-CF	LWS-C	LWS-CF	LSPF
实验 1	镉	45	15	8	11	7	20
	总铬	163000	3660	250	1660	68	159
	铜	4700	135	33	82	18	3
	镍	185	30	38	33	31	18
	锌	2800	44	10	26	2	11
	铅	119	119	88	104	59	120
实验 2	镉	58	7	12	<5	<5	<5
	总铬	6300	4	2	5	7	3
	六价铬	<5	<1	<1	<1	<1	<1
	铜	1100	860	848	13	13	132
	镍	160	30	34	33	23	34

续表

污染物浓度/（μg/L）		处理前	处理后[a]				
			LO-C	LO-CF	LWS-C	LWS-CF	LSPF
实验 2	锌	650000	2800	2300	104	19	242
	汞	<1	NA	NA	NA	NA	NA
	银	16	NA	NA	NA	NA	NA
实验 3	镉	34	21	21	1	1	1
	总铬	3	NA	NA	NA	NA	NA
	铜	20	7	8	2	1	4
	镍	64	29	29	72	34	31
	锌	440000	37000	29000	730	600	2000
	汞	<10	NA	NA	NA	NA	NA
	铅	45	13	14	9	11	13
	银	61	4	4	1	3	4
	锡	200	<10	<10	<10	<10	<10
	铵	([b])	NA	NA	NA	NA	NA
实验 4	镉	58000	1130	923	26	<10	<10
	总铬	5000	138	103	49	50	37
	铜	2000	909	943	60	160	929
	镍	3000	2200	2300	1800	1900	2600
	锌	290000	1200	510	216	38	12
	铁	740000	2000	334	563	229	305
	汞	<0.3	<0.3	<0.3	<0.3	<0.3	<0.3
	银	14	14	10	7	7	8
	锡	5000	129	81	71	71	71
实验 5	镉	<40	<1	<1	<1	<1	<1
	总铬	1700	109	39	187	17	20
	铜	21000	1300	367	2250	169	11
	镍	119000	12000	9400	11000	3500	5300
	锌	13000	625	10	192	8	5
	铁	NA	2	<2	5	<2	<2
	铅	13	7	5	4	3	3
	银	6	NA	NA	NA	NA	NA

资料来源：美国环境保护署. 1980. 金属加工工业硫化物沉淀控制与处理技术. EPA-625/8-80-003. 辛辛那提[12]。

注：实验 1—铝清洗、阳极氧化、电镀高铬漂洗、电镀；实验 2—铬、铜、锌漂洗、电镀；实验 3—高锌漂洗、电镀；实验 4、实验 5—混合重金属漂洗。

a　LO-C 为石灰，澄清；LO-CF 为石灰，澄清，过滤；LWS-C 为石灰含硫化物，澄清；LWS-CF 为石灰，澄清，过滤；LSPF 为石灰，硫化物抛光，过滤；　NA = 不适用。

b　定性测试表明存在大量的铵。

虽然这一工艺在废水中将有毒金属去除方面具有广泛的适用性，但仍有一些局限亟待解决。例如，当金属具有很高的溶解度并在任何 pH 条件下均呈溶解态如 Cr（Ⅵ）时，化学沉淀作用则无法适用于废水中重金属的去除。因此，废水中 Cr（Ⅵ）的去除通常包括两个阶段：首先利用硫酸氢钠溶液产生的二氧化硫气体将 Cr（Ⅵ）还原成 Cr（Ⅲ）；其次通过沉淀作用将 Cr（Ⅲ）形成沉淀物[13]。这种方法的缺陷是它无法在铬六价氧化状态下完全回收铬。

对于氢氧化物沉淀，需要一定的 pH 条件才能将金属离子浓度降低到标准值要求的水平。各种重金属离子最小溶解度的 pH 不同，则会导致该方法难以实现。图 6.2 显示了不同金属在不同 pH 下的理论最小溶解度。对于硫化物沉淀，其局限性在于硫化物气体的形成和过量可溶性硫化物的排放。尽管如此，与氢氧化物相比，硫化物沉淀仍然是去除废水中重金属的最佳选择。这是因为硫化物具有较高的反应活性（S^{2-}/HS^-与重金属离子的反应）且金属硫化物在较宽 pH 范围内不溶解[12]。化学沉淀的另一个限制是需要使用过量的化学物质进行沉淀，以避免过滤后沉淀化合物的分解，这就意味着化学沉淀方法的成本很高。此外，化学沉淀过程中所产生污泥的处置也成为一个环境问题。这种污泥具有一定的危险性，因此需要有特殊的储存设施，经过特殊预处理后才能够处置。表 6.3 列出了化学沉淀处理前（氢氧化物沉淀，简称“SSP”）废水的特性、产生的污泥量和在处理过程中所消耗的化学试剂的数量。最终处置该方法所产生大量污泥所消耗的大量试剂可能非常昂贵，从而间接增加了化学沉淀的处理费用。

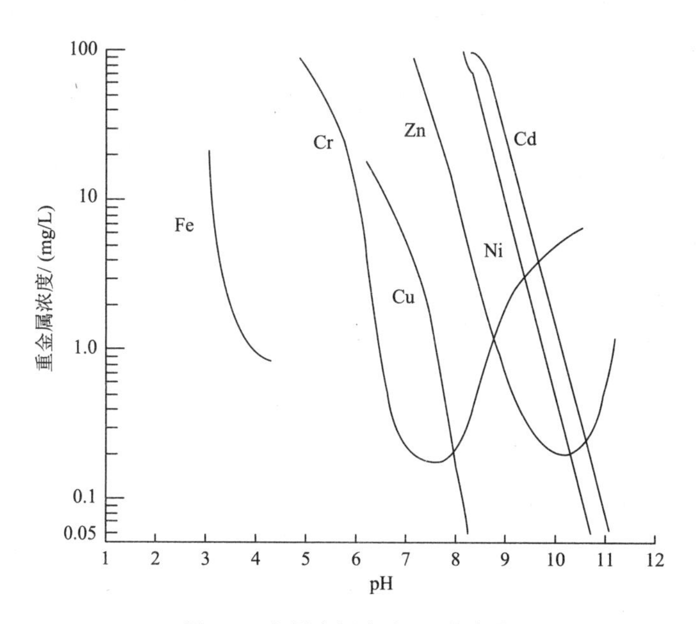

图 6.2　金属溶解度随 pH 的变化

美国环境保护署. 1973. 废物处理：改进金属加工设施以减少污染. EPA-625/3-73-002. 辛辛那提[14]

表 6.3　污水处理工艺中试参数

特性		实验 a				
		1	2b	3	4	5
处理前进水	pH	1.7	1.2	6.4	2.4	7.1
	电导率/（$\mu\Omega^{-1}\cdot cm^{-1}$）	10600（70°F）	149000（68°F）	12100（77°F）	5600（66°F）	1500（70°F）
	颜色	黄色	无色	无色	无色	浅绿色

续表

特性		实验[a]				
		1	2[b]	3	4	5
LO 和 LWS 工艺的沉淀 pH		8.5	6.2/9.0	9.0	10.0	8.5
污泥含量/%[c]	LO 工艺	18	78/23	([d])	43	5
	LWS 工艺	16	78/13	([d])	37	6
工艺耗材/（mg/L）	硫磺酸	0	0	0	3	339
	亚硫酸钠	226	31	0	41	25
	氧化钙	1530	14380	911	2680	145
	LWS 过程使用硫化物	8	381		400	91
	LPSF 过程使用硫化物	1	5		141	67

资料来源：美国环境保护署. 1980. 金属精加工工业硫化物沉淀控制与处理技术. EPA-625/8-80-003. 辛辛那提[12]。

注：LO = 只含石灰；LWS = 含硫石灰；LSPF = 石灰、硫化物沉淀、过滤。

a 中试废水：1—铝清洗、阳极氧化和电镀产生的高铬废水；2—电镀产生的铬、铜和锌废水；3—电镀产生的高锌废水；4、5—电镀产生的混合金属废水。

b 由于该废水产生的污泥沉淀量特别大，可分两个阶段进行沉淀。第一和第二阶段的值由一条对角线分隔；单个值适用于整个过程。

c 每个溶液体积的污泥量，沉降 1h 后的百分比。

d 无检测数据。

6.2.2 离子交换作用

离子交换是一种用于去除废水中溶解性离子的化学方法。它涉及溶液中的离子与固体离子交换材料所持有的离子的可逆交换。在这种离子交换材料中，没有观察到固体结构有永久性变化。离子交换设备通常被用于柱式反应器中，以达到较高的交换利用率。它们具有许多物理性质，包括粒径、密度、交联度、抗氧化性和热稳定性。

离子交换树脂可分为强、弱阳离子交换树脂和强、弱阴离子交换树脂。表 6.4 显示了离子交换设备的性能以及和金属回收的离子交换技术成本。根据树脂的活性离子交换位点对树脂进行分类，如强酸阳离子交换树脂具有磺酸基，弱酸阳离子交换树脂一般含有羧酸基团；强碱阴离子交换得到季铵盐基，弱碱阴离子交换树脂含有由弱碱胺衍生的官能团，如叔氨基（—NR_2）、仲氨基（—NHR）或氨基（—NH_2）。螯合树脂的性能类似于弱酸阳离子树脂，但对金属离子比钠、钙或镁具有很高的选择性。

表 6.4 用于金属回收的离子交换容量及其成本

阳离子交换			阴离子交换		
重金属形态	容量/(lb/ft³)	费用/(cents/lb)	重金属形态	容量/(lb/ft³)	费用/(cents/lb)
$A1_2O_3$	1.1	14	Sb	4.5	6.7
BeO	0.5	30	Bi	3.1	9.7
Cd	6.7	2.3	Cr_2O_3	1.9	16
Ce_2O_3	5.6	2.7	Ga	5.2	5.8
CsCl	16.0	9.4	Ge	5.4	5.6
CoO	3.6	4.2	Au	7.3	4.1
Cu	3.8	3.9	Ha	6.6	4.9
Pb	12.4	1.2	Ir	7.1	4.2
LiO	0.8	18	Mo	3.6	8.4

续表

阳离子交换			阴离子交换		
重金属形态	容量 /(lb/ft^3)	费用 /(cents/lb)	重金属形态	容量 /(lb/ft^3)	费用 /(cents/lb)
Mg	1.5	10	Nb	3.4	8.8
MgO	1.5	10	Pd	3.9	7.8
Mn	3.3	4.6	Pt	7.2	4.2
Hg	12	13	Re	13.8	2.2
Ni	3.5	4.3	Rh	2.9	10
Ra	13.6	11	Ta	6.7	4.5
稀土族重金属	6.3	2.4	ThO_2	8.6	3.5
Ag	13	1.2	W_2O_3	6.8	4.4
Sn	7.1	2.1	V_2O_5	3.8	7.9
Zn	3.9	38	UO_2	8.8	3.4
			Zr	3.4	8.8

资料来源：美国环境保护署. 1973. 水处理过程和监测中痕量重金属. EPA-902/9-74-001. 辛辛那提[15]。

注：lb/ft^3 表示磅/英尺^3，1lb≈0.4536kg，1ft≈3.048×10^{-1}m；cents/1b 表示美分/磅。

一些可溶性重金属如砷、钡、镉、铬、氰化物、汞、硒和银，它们可以用离子交换法处理。离子交换技术的优点在于它不仅可以在不产生污泥的情况下处理废水，还可以在封闭系统中循环使用冲洗水并回收废水中的重金属。然而，不管离子交换树脂去除重金属的效率如何，它处理高浓度的废水成本都很高（表 6.4）。因此，它通常被用作沉淀后的进一步处理。

6.2.3　膜分离

膜分离技术在去除和回收危险废物方面受到关注。膜分离包括反渗透、电渗析、超滤。反渗透是一种压力驱动的膜过程。它是在压力作用下，含有无机离子的废水被分离为净化水和浓缩废水。纯水通过半透膜进入浓度较低的溶液，当膜两侧达到相同浓度时，流动停止，此时溶剂分子以相同的速率通过膜两侧。最常用的膜材料有醋酸纤维素、芳香族聚酰胺和薄膜复合材料。反渗透法的主要应用之一是将从电镀镍、铜、黄铜和镉的电镀厂产生的废水中回收金属。

超滤是利用压力和半透膜将非离子物质从溶剂中分离出来。这些膜分离技术对于去除废水中的悬浮固体、油和油脂、有机大分子和重金属复合物特别有效。

电渗析是在外加直流电场的驱动下，利用电势差通过离子交换膜的选择透过性，阴、阳离子分别向阳极和阴极移动，从而实现分离、去除或浓缩水溶液中离子的目的。根据离子交换材料的不同，膜可以渗析出阴离子或阳离子，但不能实现阴离子或阳离子同时渗析出。通过离子交换膜可以实现离子从浓度较低的溶液转移到高浓度的溶液中。

膜系统可用于去除重金属离子，但要使膜工艺成功运行，则要求进水中金属离子的浓度较低。随着进水中金属浓度的增加，膜的截留率降低，使膜结垢现象突出，进而使得工艺效率下降、成本增加。此外，膜处理中使用的薄膜材料相当昂贵，膜的使用寿命较短，其材料费用则更为昂贵。随着时间的推移，膜在微生物、压实、结垢和生产率下降的影响下会发生老化。因此，膜处理系统仍然是一种昂贵的处理办法，操作时需要高水平的专业技术知识。

6.2.4 吸附作用

吸附是一种气体或液体的分子在不同作用力下形成一层紧密的黏附膜或层，附着在另一种物质（通常是固体）表面上。根据作用力的不同吸附分为三种相互作用方式，即物理、化学和静电作用。物理吸附是范德耳斯力作用的结果；化学吸附则涉及特定表面位置与溶质分子之间的电子相互作用；静电相互作用一般保留在离子与带电官能团之间的库仑吸引力作用上。

活性炭，无论是颗粒状还是粉末状，都被认为是性能最优良的吸附剂之一。颗粒活性炭广泛应用于柱式反应器的碳吸附系统。图 6.3 展示了 17 种不同类型的商业活性炭对 Cd（Ⅱ）的去除效果。活性炭因具有高度丰富的孔隙结构及层状的高比表面积，而具有良好的吸附性能。活性炭的吸附过程是可逆吸附，可以通过去除被吸附的污染物而恢复其吸附性能。

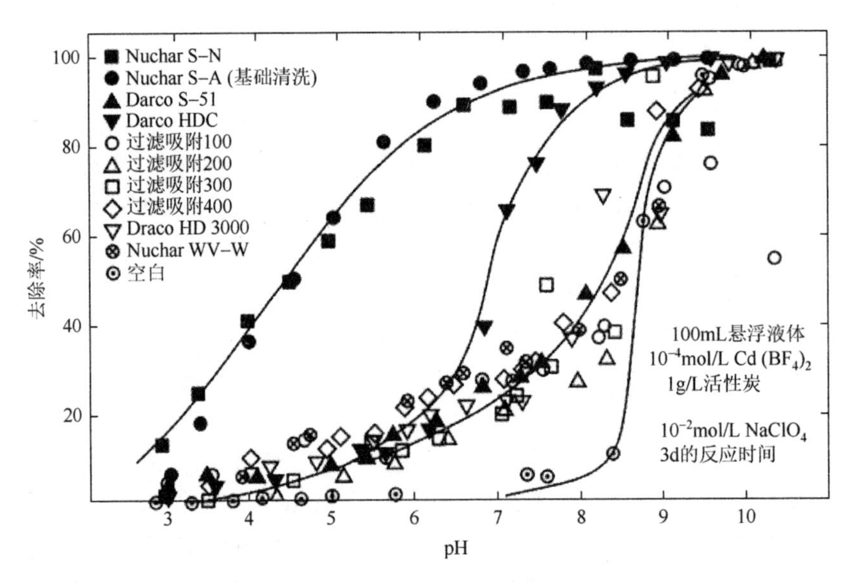

图 6.3 不同 pH 条件下，不同类型活性炭对 Cd（Ⅱ）的去除率

资料来源：美国环境保护署. 1983. 处理含镉废水的活性炭工艺. EPA/600/S2-83-061. 辛辛那提 [16]

目前，活性炭在吸附重金属方面得到广泛应用。然而，对于非常低的污染物浓度其是无效的。活性炭另一个缺点是对有机分子具有很高的亲和力。因此，在高分子化合物存在下，活性炭的内部深层区域孔隙会被堵塞，从而无法吸附污染物。此外，饱和炭洗脱后，每次再生后都必须重复热处理的活化过程，这就使得活性炭的活化过程和再生需要大量的资金投入。另外，活性炭再生过程中都会发生失重，而导致对污染物的吸附量减少 10%～15%。与炭吸附剂有关的另一个问题是，悬浮固体的积累及生物生长会造成过水筛孔结垢，从而使得水头损失严重。

6.2.5 生物吸附

一般来说，生物材料都具有一定的生物吸附能力。在这种情况下，生物吸附可以被认为是一种新的去除废水中的有毒金属离子的吸附过程。这种吸附过程是通过生物材料吸附去除废水中金属或类金属、化合物及其颗粒物。表 6.5～表 6.7 分别列出了生物吸附、非生物吸附和活性炭处理石油、氟化钙和金属加工工业污泥浸出物的去除能力。

表 6.5　不同吸附剂对酸性石油污泥渗滤液的去除　（单位：μg/g）[a]

污染物	酸性粉煤灰	碱性粉煤灰	沸石	蛭石	伊利石	高岭石	活性氧化铝	活性炭
Ca	0	0	1390	686	721	10.5	200	128
Cu	2.4	1.9	5.2	1.1	0	0	0.35	0
Mg	0	102	746	67	110	595	107	8.6
Zn	1.6	1.7	10.8	4.5	0	0	0.40	1.1
F^-	8.7	6.2	4.1	0	9.3	3.5	3.4	1.2
CN^-	2.7	2.5	4.7	7.6	12.1	3.1	0	2.4
COD	3818	3998	468	6654	4807	541	411	3000
TOC	1468	737	170	2545	2175	191	176	1270

资料来源：美国环境保护署. 1980. 工业污泥渗滤液处理用吸附剂的评价. EPA-600/2-80-052. 辛辛那提。

注：+ Cl^-、Cd、Cr、Fe、Ni 和 Pb 检测浓度低。

a　每克吸附剂去除污染物的量（μg）。

表 6.6　不同吸附剂对中性氟化钙污泥渗滤液的去除　（单位：μg/g）[a]

污染物	酸性粉煤灰	碱性粉煤灰	沸石	蛭石	伊利石	高岭石	活性氧化铝	活性炭
Ca	261	0	5054	0	0	857	6140	357
Cu	2.1	0.36	8.2	0	0	6.7	2.9	2.0
Mg	230	155	0	0	0	0	214	3.0
F^-	102	51.8	27.7	0	175	132	348	0
COD	690	203	171	0	108	185	0	956
TOC	153	44.7	93	0	26.1	71	0	325

资料来源：美国环境保护署. 1980. 工业污泥渗滤液处理用吸附剂的评价. EPA-600/2-80-052. 辛辛那提。

注：+Cl^-、CN^-、Cd、Cr、Cu、Fe、Ni、Pb 和 Zn 检测浓度低。

a　每克吸附剂去除污染物的量（μg）。

表 6.7　不同吸附剂对金属加工工业污泥渗滤液的去除　（单位：μg/g）[a]

污染物	酸性粉煤灰	碱性粉煤灰	沸石	蛭石	伊利石	高岭石	活性氧化铝	活性炭
Ca	87.3	97.8	1240	819	1280	735	737	212
Cu	13.0	6.1	85.4	15.2	43.1	23.7	6.2	16.8
Mg	296	176	1328	344	1122	494	495	188
Ni	3.8	1.7	13.5	2.3	5.1	4.6	2.3	4.7
F^-	0	0	2.1	0	2.2	2.6	11.4	0
COD	1080	259	0	618	1744	0	0	1476
TOC	430	115	0	244	729		0	589

资料来源：美国环境保护署. 1980. 工业污泥渗滤液处理用吸附剂的评价. EPA-600/2-80-052. 辛辛那提。

注：+Cl^-、CN^-、Cd、Cr、Fe、Pb 和 Zn 检测浓度低。

a　每克吸附剂去除污染物的量（μg）。

生物吸附来源一般是生物质原料（如海藻和水藻）或其他工业生产产生的废弃物（如发酵过程中的真菌）。表 6.8 显示了利用 Freundlich 模型对丝状真菌吸附重金属的拟合常数。生物吸附剂的细胞壁主要由多糖类、蛋白质和脂类组成，能够聚集重金属离子。生物对重金属的吸附被认为是生物累积。此外，生物吸附剂可以通过自身所含的一些官能团如羧基、羟基、硫酸盐、磷酸盐和氨基等与金属离子结合，从而实现其对重金属的吸附。

表 6.8 利用 Freundlich 模型对丝状真菌吸附重金属的拟合常数

重金属	丝状真菌	k	n	r^2
Ag	*A.niger*	1.096	0.892	0.953
	M.rouxii	3.373	0.641	0.806
Cd	*A.niger*	0.156	0.679	0.861
	M.rouxii	0.039	0.875	0.994
Cu	*A.niger*	0.889	0.495	0.921
	M.rouxii	0.746	0.551	0.963
La	*A.niger*	2.877	0.426	0.971
	M.rouxii	5.702	0.314	0.968

资料来源：美国环境保护署. 1990. 完整的微生物、细胞壁和外壁复合材料对重金属的吸附. EPA/600/M-90/004. 辛辛那提[17]。
注：常数 k 表示平衡浓度为 1μm 时以 μmol/g 为单位吸收的金属量；n 为对数转换等温线的斜率。

生物吸附材料与金属之间的相互作用有络合、配位、分解、离子交换、吸附和沉淀作用。生物吸附剂对一种或多种重金属的吸附可能是上述不同作用机制的联合。

生物吸附剂主要有三方面的优点：①通常情况下，生物吸附剂对重金属离子的吸附能力不受离子如钙、镁、钠、氯化物、硫酸盐和钾等干扰；②生物吸附剂对重金属的去除效果通常可与商业离子交换设备相媲美；③在废物循环利用经济政策方面可起到促进作用，尤其在农业和工业副产品的再利用方面。

然而，生物吸附剂对金属去除能力受到众多因素的影响，如生物吸附剂特性和溶质物理化学参数（如温度、pH、初始金属离子浓度和生物量）。在多种金属共存的条件下，生物吸附剂对重金属的去除效果将取决于金属离子种类、金属浓度以及金属加入的顺序[18, 19]。

表 6.9 概述了上文所提及的常规去除重金属技术的优缺点。如何选择一种合适的技术处理重金属，经济成本是主要的考虑因素。图 6.4 显示了 Cd（Ⅱ）废水中各种处理技术的年费用总额。

表 6.9 常用重金属去除技术的比较

技术	优点	缺点
化学沉淀法	简单而廉价 所使用的化学物质易获取	污泥产量高 处置问题 对 pH 敏感 中等金属选择性（硫化物） 非金属选择性（氢氧化物）

续表

技术	优点	缺点
离子交换作用	高再生材料 达标纯水 金属选择性高 金属回收率高	成本高 对悬浮固体敏感
膜分离	减少固体废物的产生 纯流出物 金属回收高 化学消耗最小	技术投入和运行成本高 膜结垢 对悬浮固体敏感 高压 其他金属存在会降低效率
活性炭吸附	去除大部分重金属 高效	高分子量化合物会堵塞孔隙 再生成本高 重量损失和降低吸附容量
生物吸附	经济上有吸引力 利用自然资源， 可避免再生问题	受温度、pH、初始金属离子浓度和微生物生物量影响

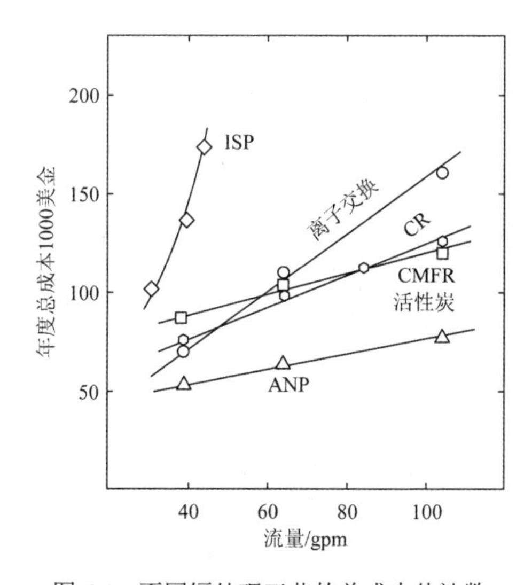

图6.4 不同镉处理工艺的总成本估计数

资料来源：美国环境保护署. 1983. 处理含镉废水的活性炭工艺. EPA/600/S2-83-061. 辛辛那提
CMFR为全混流反应器-活性炭；CR为柱反应器-活性炭；ANP为碱性中和沉淀；ISP为不溶性硫化物沉淀

6.3 低成本吸附剂在去除水体重金属上的应用

为了满足工业上减少废水排入地表水前的污染负荷以及突破现有常规去除重金属方法的局限，我们努力寻求一种低成本去除废水中重金属的方法。目前，吸附法一直被认为是一种最有效的方法。低成本吸附剂材料的应用使得吸附法更具吸引力和可行性。因此，低成本吸附剂材料可以被定义为那些通常免费和自然界中含量丰富的材料。利用自然产生的物质或当地可获得的工、农业废弃物作为吸附剂去除废水中的重金属不仅为去除重金属提供了一种经济的方法，还有其他方面的好处，如使废物循环利用。

目前关于利用这些低成本吸附剂吸附单个或多种重金属的研究已有很多报道。一些吸附剂在去除工业废水中重金属方面表现出优异的性能。本节讨论了从工业副产品、农业废弃物和生物吸附剂中选出吸附材料对重金属的去除效率。表 6.10～表 6.15 列出了最近报道的从上述三种物质中选出的吸附剂的吸附容量，以提供一些关于吸附剂有效性的信息。然而，表中显示的吸附容量是吸附剂在特定条件下的吸附容量，因为吸附剂的吸附容量受吸附剂的特性、实验条件以及化学修饰的程度影响。因此，必须通过查阅相关引用文献，获得关于实验条件的详细信息。

6.3.1 粉煤灰

燃煤电厂排出的主要固体废物是粉煤灰，通常呈灰色，表面粗糙，大部分为碱性，且耐火。粉煤灰的主要成分为三氧化二铝（Al_2O_3）、二氧化硅（SiO_2）、氧化钙（CaO）和三氧化二铁（Fe_2O_3），以及不同含量的碳、钙、镁和硫。因煤的来源和燃煤锅炉设计的不同，粉煤灰的化学成分和物理性能可能有所不同。下列是基于具有某些优势的关键元素的粉煤灰化学方程式[20]：

$$Si_{1.0}Al_{0.45}Ca_{0.51}Na_{0.047}Fe_{0.039}Mg_{0.020}K_{0.013}Ti_{0.011}$$

粉煤灰可分为两类：①C 型，通常由低等级煤（褐煤或亚烟煤）燃烧生成，具有胶凝性质（与 H_2O 反应时硬化）；②F 型，通常由高等级煤（烟煤或无烟煤）燃烧生成，是火山灰（与 $Ca(OH)_2$ 和 H_2O 反应时硬化）。主要区别在于所含 SiO_2、Al_2O_3 和 Fe_2O_3 含量不同。

目前，大部分粉煤灰通过垃圾填埋场进行填埋处理，但这种处理方式所产生的环境问题有待考量。因此，将粉煤灰作为原料用于开发新产品将有助于减轻环境负担。

粉煤灰的应用包括水泥和砖的生产，或作为道路工程中的填料。粉煤灰转化为沸石也引起了人们的极大兴趣。粉煤灰另一种潜力是在它能在满足工业生产需求量的前提下，制成一种处理气体和水的低成本吸附剂。大量调查报告显示，粉煤灰可以作为吸附剂吸附水溶液或烟气中个别污染物，也可去除工业废水中重金属和有机物。表 6.10 提供了粉煤灰对金属的吸附能力。

表 6.10　粉煤灰对重金属的吸附能力 [a]

重金属	吸附剂	吸附容量 [b]	温度/℃	参考文献
As（III）	粉煤灰煤焦	3.7～89.2	25	[21]
As（V）	粉煤灰	7.7～27.8	20	[22]
	粉煤灰煤焦	0.02～34.5	25	[21]
Cd（II）	粉煤灰	1.6～8.0	—	[23]
	粉煤灰沸石	95.6	20	[23]
	粉煤灰	0.67～0.83	20	[24]
	Afsin-Elbistan 粉煤灰	0.08～0.29	20	[25]
	Seyitomer 粉煤灰	0.0077～0.22	20	[25]
	粉煤灰	198.2	25	[26]
	水洗粉煤灰	195.2	25	[26]
	酸洗粉煤灰	180.4	25	[26]
	蔗渣粉煤灰	1.24～2.0	30～50	[27]
	粉煤灰	0.05	25	[28]
	煤灰	18.98	25	[29]
	煤灰球	18.92	—	[29]
	蔗渣粉煤灰	6.19	—	[30]
	粉煤灰沸石 X	97.78	—	[31]

续表

重金属	吸附剂	吸附容量[b]	温度/℃	参考文献
Co（Ⅱ）	粉煤灰沸石 4A	13.72	—	[32]
Cr（Ⅲ）	粉煤灰	52.6～106.4	20～40	[33]
	蔗渣粉煤灰	4.35	—	[34]
	粉煤灰沸石 4A	41.61	—	[32]
Cr（Ⅵ）	粉煤灰＋硅灰石	2.92	—	[35]
	粉煤灰＋瓷土	0.31	—	[35]
	粉煤灰	1.38	30～60	[36]
	铁基粉煤灰	1.82	30～60	[36]
	铝基粉煤灰	1.67	30～60	[36]
	Afsin-Elbistan 粉煤灰	0.55	20	[25]
	Seyitomer 粉煤灰	0.82	20	[25]
	蔗渣粉煤灰	4.25～4.35	30～50	[34]
	粉煤灰	23.86	—	[37]
Cs（Ⅰ）	粉煤灰沸石	443.9	25	[38]
Cu（Ⅱ）	粉煤灰	1.39	30	[39]
	粉煤灰＋硅灰石	1.18	30	[39]
	粉煤灰	1.7～8.1	—	[23]
	Afsin-Elbistan 粉煤灰	0.34～1.35	20	[40]
	Seyitomer 粉煤灰	0.09～1.25	20	[40]
	粉煤灰	207.3	25	[41]
	水洗粉煤灰	205.8	25	[41]
	酸洗粉煤灰	198.5	25	[41]
	粉煤灰	0.63～0.81	25	[42]
	蔗渣粉煤灰	2.26～2.36	30～50	[43]
	粉煤灰	0.76	32	[44]
	粉煤灰	7.5	—	[41]
	煤灰球	20.92	25	[29]
	粉煤灰沸石 4A	50.45	—	[32]
	粉煤灰	7.0	—	[45]
	粉煤灰（CFA）	178.5～249.1	30～60	[46]
	CFA-600	126.4～214.1	30～60	[46]
	CFA-NAOH	76.7～137.1	30～60	[46]
	粉煤灰沸石 X	90.86	—	[31]
	粉煤灰	7.0	—	[47]
Hg（Ⅱ）	粉煤灰	2.82	30	[48]
	粉煤灰	11.0	30～60	[36]
	铁基粉煤灰	12.5	30～60	[36]
	铝基粉煤灰	13.4	30～60	[36]
	硫钙粉煤灰	5.0	30	[41]
	硅铝灰	3.2	30	[41]
	粉煤灰-C	0.63～0.73	5～21	[49]
Ni（Ⅱ）	粉煤灰	9.0～14.0	30～60	[50]
	铁基粉煤灰	9.8～14.93	30～60	[50]
	铝基粉煤灰	10～15.75	30～60	[50]
	Afsin-Elbistan 粉煤灰	0.40～0.98	20	[40]
	Seyitomer 粉煤灰	0.06～1.16	20	[40]

续表

重金属	吸附剂	吸附容量[b]	温度/℃	参考文献
Ni（Ⅱ）	蔗渣粉煤灰	1.12～1.70	30～50	[27]
	粉煤灰	3.9	—	[41]
	粉煤灰沸石 4A	8.96	—	[32]
	Afsin-Elbistan 粉煤灰	0.98	—	[25]
	Seyitomer 粉煤灰	1.16	—	[25]
	蔗渣粉煤灰	6.48	—	[30]
	粉煤灰	0.03	—	[51]
Pb（Ⅱ）	粉煤灰沸石	70.6	20	[52]
	粉煤灰	444.7	25	[53]
	水洗粉煤灰	483.4	25	[53]
	酸洗粉煤灰	437.0	25	[53]
	粉煤灰	753	32	[53]
	蔗渣粉煤灰	285～566	30～50	[54]
	粉煤灰	18.8	—	[22]
	粉煤灰沸石 X	420.61	—	[31]
Zn（Ⅱ）	粉煤灰	6.5～13.3	30～60	[50]
	铁基粉煤灰	7.5～15.5	30～60	[50]
	铝基粉煤灰	7.0～15.4	30～60	[50]
	粉煤灰	0.25～2.8	20	[24]
	Afsin-Elbistan 粉煤灰	0.25～1.19	20	[40]
	Seyitomer 粉煤灰	0.07～1.30	20	[40]
	蔗渣粉煤灰	2.34～2.54	30～50	[43]
	蔗渣粉煤灰	13.21	30	[55]
	粉煤灰	4.64	23	[56]
	粉煤灰	0.27	25	[28]
	粉煤灰	0.068～0.75	0～55	[57]
	粉煤灰	3.4	—	[41]
	粉煤灰沸石 4A	30.80	—	[32]
	蔗渣粉煤灰	7.03	—	[30]
	粉煤灰	11.11	—	[47]
	稻壳灰	14.30	—	[58]
	粉煤灰	7.84	—	[47]

a 这些报道中的吸附容量是在特定条件下得到的值。建议读者查阅参考文献相关实验条件。

b mg/g。

6.3.2 稻壳

水稻在全球的种植面积和产量仅次于小麦，种植区为除南极洲以外的所有大陆地区。稻壳是废弃物，通常每脱壳 100kg 的稻谷将产生 20kg 稻壳。当然稻壳的产量可能会因水稻品种不同而存在差异。因此，在水稻生产国，这种丰富的废弃物资源利用具有重要的意义。

稻壳被认为是木质纤维素农业副产品，包含纤维素大约 32.24%、半纤维素大约 21.34%、木质素大约 21.44%、矿物灰分大约 15.05%[59]。其矿物灰分中二氧化硅的百分比为 96.34%[60]。这种含有高比例二氧化硅与木质素所形成的偶联聚合物在自然界中非常罕见。它不仅使稻壳具有抗渗透性和抗真菌分解的能力，同时还因稻壳不易生物降解而使其具有目前人类研究可达到的稻壳处理能力。

在所有谷物副产品中，稻壳占总可消化营养素的百分比最低（＜10%）。它所含的蛋白质和可用碳水化合物含量非常低，而粗纤维和灰含量却很高。由于稻壳具有磨蚀性、低营养价值、低容重、高灰分等特点，在一定条件下对动物会产生有害影响，因而未被广泛用作动物饲料。

从水稻种植的角度看，稻壳是一种废弃物。但从农副产品利用角度来看，稻壳是一种尚未被充分利用和开发的资源。因稻壳具有良好的隔热性、不散发气味或气体、不具有腐蚀性等性能，被人们作为建筑材料用于隔离墙壁、地板和屋顶空腔等。遗憾的是，以稻壳为原料所生产的建筑材料较其他原料在市场上没有经济竞争力。

另一种研究表明这种价低且易获取的资源可作为从水环境中去除重金属的低成本吸附剂。稻壳具有不溶于水、化学稳定性好、机械强度高、颗粒结构等特点，使其具有较高的化学稳定性。已有大量研究人员对未处理和改性的稻壳去除水中金属能力进行了研究。表 6.11 给出了未处理和改性稻壳对金属的吸附能力。

表 6.11　稻壳对重金属的吸附能力 [a]

重金属	吸附剂	吸附容量 [b]	温度/℃	参考文献
As（III）	铁和铝的共聚物浸渍来源于稻壳灰的二氧化硅	146	—	[61]
As（V）	稻壳	615.11	—	[62]
	季铵化稻壳	18.98	—	[63]
Au（I）	稻壳	64.10	40	[64]
	稻壳	50.50	30	[64]
	稻壳	39.84	20	[64]
	稻壳灰	21.2	—	[65]
Cd（II）	部分碱消化蒸压稻壳	16.7	—	[66]
Cd（II）	磷酸改性稻壳	103.09	20	[67]
	稻壳	73.96	—	[68]
	稻壳	21.36	—	[62]
	稻壳	4	—	[69]
	稻壳	8.58±0.19	—	[70]
	稻壳	0.16	—	[71]
	稻壳	0.32	—	[72]
	NaOH 改性稻壳	125.94	—	[68]
	NaOH 改性稻壳	7	—	[69]
	NaOH 改性稻壳	20.24±0.44	—	[70]
	$NaHCO_3$ 改性稻壳	16.18±0.35	—	[70]
	表氯醇改性稻壳	11.12±0.24	—	[70]
	稻壳灰	3.04	—	[73]
	聚丙烯酰胺稻壳	0.889	—	[74]
	HNO_3 和 K_2CO_3 改性稻壳	0.044±0.1 [c]	30	[75]
	部分碱消化蒸压稻壳	9.57	—	[66]
Cr（III）	稻壳	1.90	—	[72]
	稻壳灰	240.22	—	[76]

续表

重金属	吸附剂	吸附容量[b]	温度/℃	参考文献
Cr（Ⅵ）	稻壳	164.31	—	[62]
	稻壳	4.02	—	[71]
	稻壳灰	26.31	—	[37]
	稻壳基活性炭	14.2～31.5	—	[77]
	甲醛改性稻壳	10.4	—	[78]
	预煮稻壳	8.5		[78]
Cu（Ⅱ）	酒石酸改性稻壳	29	27	[79]
	酒石酸改性稻壳	22	50	[79]
	酒石酸改性稻壳	18	70	[79]
	酒石酸改性稻壳	31.85	—	[80]
	500℃稻壳生物炭	16.1	—	[81]
	稻壳	1.21	—	[72]
	稻壳	0.2	—	[73]
	稻壳	7.1	—	[81]
	稻壳灰	11.5191	—	[82]
	RH-纤维素	7.7	—	[81]
	300℃稻壳生物炭	6.5	—	[81]
	微波稻壳灰（800℃）	3.497	—	[83]
	微波稻壳灰（500℃）	3.279	—	[83]
	HNO_3和K_2CO_3改性稻壳	0.036±0.2[c]	30	[75]
	部分碱消化和高压灭菌稻壳	10.9	—	[66]
Fe（Ⅱ）	铁和铝的共聚物浸渍来源于稻壳灰的二氧化硅	222	—	[61]
Hg（Ⅱ）	稻壳灰	6.72	30	[84]
	稻壳灰	9.32	15	[84]
	稻壳灰	40.0～66.7	—	[85]
	聚苯胺/稻壳灰纳米复合材料	未检测	—	[86]
	部分碱消化蒸压稻壳	36.1	—	[66]
	铁和铝的共聚物浸渍来源于稻壳灰的二氧化硅	158	—	[61]
	部分碱消化蒸压稻壳	8.30	—	[66]
Ni（Ⅱ）	稻壳	0.23	—	[72]
	稻壳灰	4.71	—	[87]
	微波辐射稻壳（MIRH）	1.17	30	[88]
	部分碱消化蒸压稻壳	5.52	—	[66]
Pb（Ⅱ）	稻壳灰	12.61	30	[84]
	稻壳灰	12.35	15	[84]
	HNO_3和K_2CO_3改性稻壳	0.058±0.1[c]	30	[75]
	稻壳灰	207.50	—	[89]

续表

重金属	吸附剂	吸附容量[b]	温度/℃	参考文献
Pb（Ⅱ）	稻壳灰	91.74	—	[90]
	铁和铝的共聚物浸渍来源于稻壳灰的二氧化硅	416	—	[61]
	酒石酸改性稻壳	120.48	—	[79]
	酒石酸改性稻壳	108	27	[79]
	酒石酸改性稻壳	105	50	[79]
	酒石酸改性稻壳	96	70	[79]
	部分碱消化蒸压稻壳	58.1	—	[66]
	酒石酸改性稻壳	21.55	—	[69]
	稻壳	6.385	25	[91]
	稻壳	5.69	30	[92]
	稻壳	45	—	[69]
	稻壳	11.40	—	[62]
Zn（Ⅱ）	HNO_3 和 K_2CO_3 改性稻壳	0.037±0.2[c]	30	[75]
	稻壳	30.80	50	[93]
	稻壳	29.69	40	[93]
	稻壳	28.25	30	[93]
	稻壳	26.94	20	[93]
	稻壳灰	14.30	—	[58]
	稻壳灰	7.7221	—	[82]
	稻壳灰	5.88	—	[73]
	部分碱消化蒸压稻壳	8.14	—	[66]
	稻壳	0.75	—	[72]
	稻壳	0.173	—	[71]

a　这些报道中的吸附容量是在特定条件下得到的值。建议读者查阅参考文献相关实验条件。

b　mg/g。

c　以 mmol/g 计。

6.3.3　小麦秸秆和麦麸

小麦作为全球主要粮食作物，每年都会产生大量秸秆和麸皮等副产品/废料。目前麦秆已被用作饲料和造纸工业生产劣质板材或包装材料。但也有些地方将麦秆作为能源直接燃烧，从而严重污染大气环境，并造成资源浪费。

麦秆主要成分为纤维素（37%～39%）、半纤维素（30%～35%）、木质素（约 14%）和糖。从麦秆化学性质来看，麦秆通常由羧基、羟基、巯基、酰胺基、胺基等官能团组成。世界不同地区，麦秆所含这些物质几乎相似，但其百分比组成却有所不同。

已有研究人员对麦秆和麦麸吸附金属离子进行了大量研究（表 6.12）。这些研究中所报道的小麦基材料对金属的吸附容量与麦麸结构以及其他参数有关。除此之外，小麦原料来源、种植区域、土壤和种类的差异均可影响小麦基材料对金属吸附容量的变化。

表 6.12　小麦基材料对重金属的吸附能力 [a]

重金属	吸附剂	吸附容量 [b]	参考文献
Cd（Ⅱ）	小麦秸秆	14.56	[94]
	小麦秸秆	11.60	[95]
	小麦秸秆	40.48	[96]
	麦麸	51.58	[97]
	麦麸	15.71	[98]
	麦麸	21.0	[99]
	麦麸	101	[100]
Cr（Ⅲ）	小麦秸秆	21.0	[101]
	麦麸	93.0	[99]
Cr（Ⅵ）	小麦秸秆	47.16	[96]
	麦麸	35	[102]
	麦麸	40.8	[103]
	麦麸	310.58	[104]
	麦麸	0.942	[105]
Cu（Ⅱ）	小麦秸秆	11.43	[94]
	柠檬酸改性麦秆	78.13	[106]
	麦麸	12.7	[107]
	麦麸	17.42	[108]
	麦麸	8.34	[109]
	麦麸	6.85	[110]
	麦麸	51.5	[111]
	麦麸	15.0	[99]
Hg（Ⅱ）	麦麸	70.0	[99]
Ni（Ⅱ）	小麦秸秆	41.84	[96]
	麦麸	12.0	[99]
Pb（Ⅱ）	麦麸	87.0	[112]
	麦麸	62.0	[99]
	麦麸	79.4	[100]
Zn（Ⅱ）	麦麸	16.4	[107]
U（Ⅵ）	小麦秸秆	19.2～34.6	[113]

a　这些报道中的吸附容量是在特定条件下得到的值。建议读者查阅参考文献相关实验条件。

b　mg/g。

6.3.4 甲壳素、壳聚糖和壳聚糖复合材料

甲壳素是甲壳动物加工过程中所产生的副产物。甲壳素在自然环境中生物降解速度非常缓慢，因而甲壳素的利用可能有助于解决环境问题。事实上，几丁质和壳聚糖等生物聚合物的应用可以被看作是去除某些有害污染物的新兴技术之一。

自然界中，甲壳素是仅次于纤维素的第二大天然聚合物。它是一种天然的生物聚合物，其化学结构与纤维素相似，并通常存在于各种自然资源中，如甲壳类动物的外骨骼、真菌的细胞壁、昆虫、节肢动物和软体动物。它通过 β（1→4）连接 2-乙酰胺-2-脱氧-β-D-葡萄糖形成壳聚糖。壳聚糖是一种天然聚合物（氨基糖），其主要由壳聚糖脱乙酰化合成的聚（1→4）-2-乙酰胺-2-脱氧-D-葡萄糖单元组成。壳聚糖因具有亲水性、生物相容性、生物降解性、无毒性和良好的吸附性能等特点，而被认为是一种优良的生物材料。

除了上述理化特性外，从薄片类型到凝胶、珠子及纤维，甲壳素可以以多种形式得以应用，这也是甲壳素作为废料会引起特别关注的原因。由于甲壳素含有大量氨基和羟基，它可以为多种分子提供有效结合位点。然而，甲壳素对金属的吸附性能仍在很大程度上取决于甲壳素来源、*N*-乙酰化程度、结晶度及氨基含量。

壳聚糖形成凝胶态或溶解态取决于 pH，因而它对 pH 非常敏感。壳聚糖这一特性限制了其作为生物吸附剂在废水处理中的应用。为解决这一问题，通常采用乙二醛、甲醛、戊二醛、环氧氯丙烷、乙二醇二缩水甘油醚和异氰酸酯等交联剂在酸性介质中稳定壳聚糖。交联剂不仅可以防止壳聚糖在这些条件下溶解，而且可以提高其力学性能。因此，交联壳聚糖不仅具有较强的力学性能，而且对目标污染物有较高的亲和力。

利用壳聚糖衍生物和壳聚糖复合材料等壳聚糖基材料作为生物吸附剂去除重金属已得到广泛研究。壳聚糖衍生物包括以氮、磷、硫为杂原子的壳聚糖衍生物，以及壳聚糖冠醚与壳聚糖乙二胺四乙酸（EDTA）/二乙烯三胺五乙酸（DTPA）配合物等其他衍生物。壳聚糖复合材料中，壳聚糖与蒙脱石、聚氨酯、活性黏土、膨润土、聚乙烯醇、聚氯乙烯、高岭土、油棕灰、珍珠岩等多种物质形成复合材料。表 6.13 给出了壳聚糖和壳聚糖复合材料对金属的吸附能力。

表 6.13　壳聚糖及其复合材料对金属的吸附能力 [a]

吸附剂	重金属	吸附容量 [b]	温度/℃	参考文献
壳聚糖/棉纤维（席夫碱）	Hg（Ⅱ）	104.31	35	[114]
壳聚糖/棉纤维（C—N 单键）	Hg（Ⅱ）	96.28	25	[114]
壳聚糖/棉纤维（席夫碱）	Cu（Ⅱ）	24.78	25	[115]
壳聚糖/棉纤维（席夫碱）	Ni（Ⅱ）	7.63	25	[115]
壳聚糖/棉纤维（席夫碱）	Pb（Ⅱ）	101.53	25	[115]
壳聚糖/棉纤维（席夫碱）	Cd（Ⅱ）	15.74	25	[115]
壳聚糖/棉纤维（席夫碱）	Au（Ⅲ）	76.82	25	[116]
壳聚糖/棉纤维（C—N 单键）	Au（Ⅲ）	88.64	25	[116]
磁性壳聚糖	Cr（Ⅵ）	69.40	—	[117]
壳聚糖/磁铁矿	Pb（Ⅱ）	63.33	—	[118]

续表

吸附剂	重金属	吸附容量[b]	温度/℃	参考文献
壳聚糖/磁铁矿	Ni（Ⅱ）	52.55	—	[118]
壳聚糖/纤维素	Cu（Ⅱ）	26.50	25	[119]
壳聚糖/纤维素	Zn（Ⅱ）	19.81	25	[119]
壳聚糖/纤维素	Cr（Ⅵ）	13.05	25	[119]
壳聚糖/纤维素	Ni（Ⅱ）	13.21	25	[119]
壳聚糖/纤维素	Pb（Ⅱ）	26.31	25	[119]
壳聚糖/珍珠岩	Cu（Ⅱ）	196.07	—	[120]
壳聚糖/珍珠岩	Ni（Ⅱ）	114.94	—	[120]
壳聚糖/珍珠岩	Cd（Ⅱ）	178.6	25	[121]
壳聚糖/珍珠岩	Cr（Ⅵ）	153.8	25	[122]
壳聚糖/珍珠岩	Cu（Ⅱ）	104.0	25	[123]
壳聚糖/陶瓷氧化铝	As（Ⅲ）	56.50	25	[124]
壳聚糖/陶瓷氧化铝	As（Ⅴ）	96.46	25	[124]
壳聚糖/陶瓷氧化铝	Cu（Ⅱ）	86.20	25	[125]
壳聚糖/陶瓷氧化铝	Ni（Ⅱ）	78.10	25	[125]
壳聚糖/陶瓷氧化铝	Cr（Ⅵ）	153.8	25	[126]
壳聚糖/蒙脱土	Cr（Ⅵ）	41.67	25	[127]
壳聚糖/海藻酸钠	Cu（Ⅱ）	67.66	—	[128]
壳聚糖/海藻酸钙	Ni（Ⅱ）	222.2	—	[129]
壳聚糖/二氧化硅	Ni（Ⅱ）	254.3	—	[129]
壳聚糖/PVC	Cu（Ⅱ）	87.9	—	[130]
壳聚糖/PVC	Ni（Ⅱ）	120.5	—	[130]
壳聚糖/PVA	Cd（Ⅱ）	142.9	50	[131]
壳聚糖/PVA	Cu（Ⅱ）	47.85	—	[132]
壳聚糖/砂	Cu（Ⅱ）	10.87	—	[133]
壳聚糖/砂	Cu（Ⅱ）	8.18	—	[134]
壳聚糖/砂	Pb（Ⅱ）	12.32	—	[134]
壳聚糖/斜发沸石	Cu（Ⅱ）	574.49	—	[135]
壳聚糖/斜发沸石	Cu（Ⅱ）	719.39	25	[136]
壳聚糖/斜发沸石	Co（Ⅱ）	467.90	25	[136]
壳聚糖/斜发沸石	Ni（Ⅱ）	247.03	25	[136]
壳聚糖/纳米羟基磷灰石	Fe（Ⅲ）	6.75	—	[137]
聚甲基丙烯酸接枝壳聚糖/膨润土	Th（Ⅳ）	110.5	30	[138]
壳聚糖酸改性油棕榈壳炭（CCAB）	Cr（Ⅵ）	60.25	—	[139]
壳聚糖油棕榈壳炭（CCB）	Cr（Ⅵ）	52.68	—	[139]
酸处理油棕榈壳炭（AOPSC）	Cr（Ⅵ）	44.68	—	[139]

a　这些报道中的吸附容量是在特定条件下得到的值。建议读者查阅参考文献相关实验条件。

b　mg/g。

6.3.5 藻类植物

藻类植物是种类繁多的简单类植物生物，从单细胞到多细胞，生长在水生环境中（淡水、海洋和潮湿土壤）。藻类植物含叶绿素可进行光合作用。藻类植物在自然界中普遍存在，因而其作为生物吸附剂受到了广泛的研究。藻类植物在肥料、能源、污染控制、稳定物质、营养等方面都有应用。图 6.5 显示了各种藻类吸收重金属的效率。

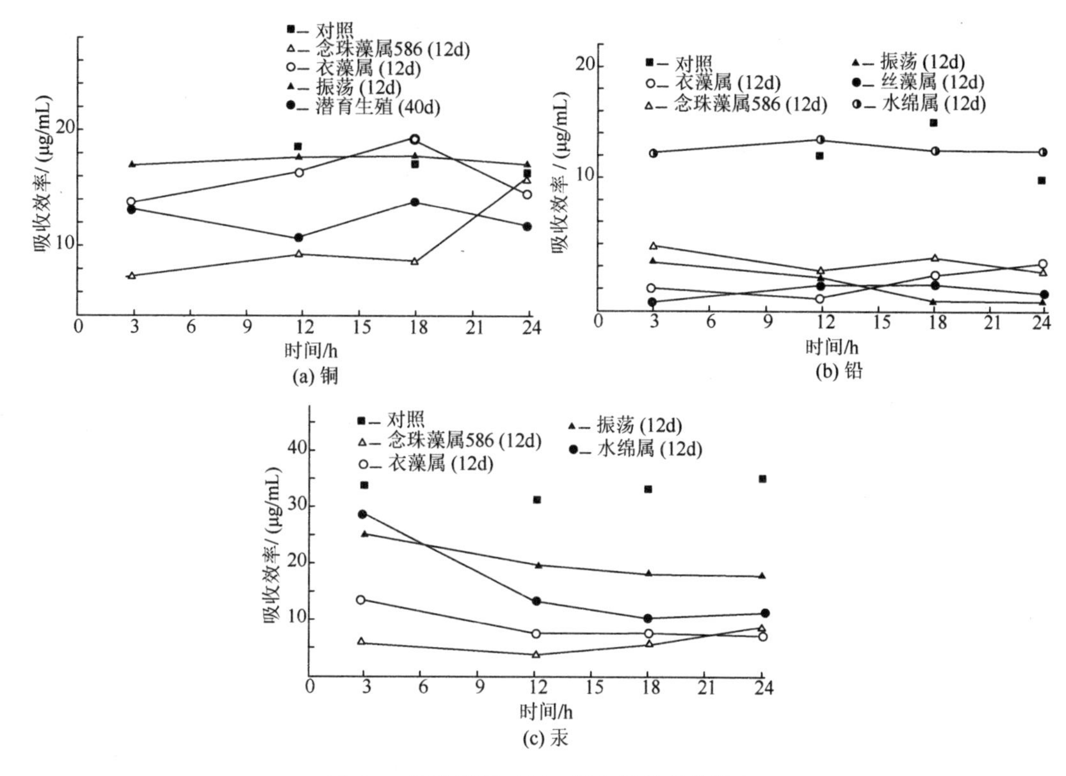

图 6.5 各种藻类对铜、铅和汞的吸收效率

资料来源：美国环境保护署. 1983. 影响藻类金属积累的因素. EPA-600/S2-82-100. 辛辛那提[140]

根据叶绿素的性质、产生的碳储备聚合物、细胞壁结构和运动类型等特征对藻类植物进行分类。虽然所有藻类都含有叶绿素 a，但也有一些藻类含有其他叶绿素。这些特殊叶绿素是特殊藻类群的特征。藻类植物主要类群包括金藻门（金褐藻，硅藻）、裸藻门（真绿藻也被认为是原生动物）、甲藻门（dino 鞭毛虫）、绿藻门（绿藻）、褐藻门（褐藻）和红藻植物（红藻）。表 6.14 显示了未处理和预处理的海藻基材料对金属的吸附能力。研究表明，褐藻是三类藻类（红藻、绿藻和褐藻）中被研究最广泛的一类，褐藻能够比红藻或绿藻提供更多的吸附位点[141, 142]。同时，研究人员也用不同方法处理褐藻以提高它们对金属的吸附能力[141]。

藻类细胞被一个薄而坚硬的细胞壁包围，在其细胞壁上有 3～5nm 宽的孔，可以让水、离子、气体和其他营养物质等低分子量组分自由通过，使藻类进行新陈代谢和生长。细胞壁通常由多层微纤维框架构成，中间散布着非晶质材料，因而它基本不能渗透大分子[168]。

众多研究人员研究了各种藻类对水溶液中重金属的去除。藻类对金属的吸附能力主要取决于细胞组分，特别是通过细胞表面和细胞壁的空间结构对金属进行吸附。藻类细胞壁多糖中的羧基、羟基、硫酸盐和氨基等多种官能团在藻类结合金属方面起着非常重要的作用。同时，藻类生物量特性、靶向金属的理化性质和溶液的酸碱度也对生物剂的吸附性有显著影响。

表 6.14　未处理和预处理的海藻基材料对金属的吸附能力 [a]

藻类	金属	吸附容量 [b]	参考文献
岩衣藻（B）	Cd（Ⅱ）	0.338～1.913	[143]
岩衣藻	Ni（Ⅱ）	1.346～2.316	[144]
岩衣藻	Pb（Ⅱ）	1.313～2.307	[144]
$CaCl_2$ 改性岩衣藻	Cd（Ⅱ）	0.930	[145]
$CaCl_2$ 改性岩衣藻	Cu（Ⅱ）	1.090	[145]
$CaCl_2$ 改性岩衣藻	Pb（Ⅱ）	1.150	[145]
双（乙腈）砜改性岩衣藻	Pb（Ⅱ）	1.733	[144]
二乙烯基砜改性岩衣藻	Cd（Ⅱ）	1.139	[143]
甲醛改性岩衣藻	Cd（Ⅱ）	0.750	[146]
甲醛改性岩衣藻	Cd（Ⅱ）	0.750	[147]
甲醛改性岩衣藻	Cd（Ⅱ）	0.854	[147]
甲醛改性岩衣藻	Cu（Ⅱ）	0.990	[146]
甲醛改性岩衣藻	Cu（Ⅱ）	1.306	[147]
甲醛改性岩衣藻	Cu（Ⅱ）	1.432	[147]
甲醛改性岩衣藻	Pb（Ⅱ）	1.3755	[147]
甲醛改性岩衣藻	Ni（Ⅱ）	1.618	[147]
甲醛改性岩衣藻	Ni（Ⅱ）	1.431	[147]
甲醛改性岩衣藻	Zn（Ⅱ）	0.680	[146]
甲醛改性岩衣藻	Zn（Ⅱ）	0.719	[147]
甲醛改性岩衣藻	Zn（Ⅱ）	0.8718	[147]
甲醛改性岩衣藻（$3CdSO_4$，H_2O）	Cd（Ⅱ）	1.121	[143]
甲醛 + CH_3COOH 改性岩衣藻	Ni（Ⅱ）	0.409	[144]
甲醛 + CH_3COOH 改性岩衣藻	Pb（Ⅱ）	1.308	[144]
甲醛 + 尿素改性岩衣藻	Cd（Ⅱ）	1.041	[143]
甲醛 + 尿素改性岩衣藻	Ni（Ⅱ）	0.511	[144]
甲醛 + 尿素改性岩衣藻	Pb（Ⅱ）	0.854	[144]
甲醛 + $Cd(CH_3COO)_2$ 改性岩衣藻	Cd（Ⅱ）	1.326	[143]
戊二醛改性岩衣藻	Cd（Ⅱ）	1.259	[143]
戊二醛改性岩衣藻	Cd（Ⅱ）	0.480	[147]
戊二醛改性岩衣藻	Cd（Ⅱ）	0.4626	[147]
戊二醛改性岩衣藻	Cu（Ⅱ）	0.8497	[147]

续表

藻类	金属	吸附容量 [b]	参考文献
戊二醛改性岩衣藻	Cu（Ⅱ）	0.803	[147]
戊二醛改性岩衣藻	Ni（Ⅱ）	0.9199	[147]
戊二醛改性岩衣藻	Ni（Ⅱ）	1.959	[147]
戊二醛改性岩衣藻	Pb（Ⅱ）	1.318	[144]
戊二醛改性岩衣藻	Pb（Ⅱ）	0.898	[147]
戊二醛改性岩衣藻	Pb（Ⅱ）	0.8157	[147]]
戊二醛改性岩衣藻	Zn（Ⅱ）	0.3671	[147]
戊二醛改性岩衣藻	Zn（Ⅱ）	0.138	[147]
长茎葡萄蕨藻（G）	Cu（Ⅱ）	0.042～0.088	[148]
长茎葡萄蕨藻（G）	Cd（Ⅱ）	0.026～0.042	[148]
长茎葡萄蕨藻（G）	Pb（Ⅱ）	0.076～0.139	[148]
长茎葡萄蕨藻（G）	Zn（Ⅱ）	0.021～0.141	[148]
长茎葡萄蕨藻（G）	Cu（Ⅱ）	0.112	[149]
长茎葡萄蕨藻（G）	Cd（Ⅱ）	0.0381	[149]
长茎葡萄蕨藻（G）	Pb（Ⅱ）	0.142	[149]
角毛藻（G）	Cd（Ⅱ）	0.48	[150]
小型小球藻（G）	Cu（Ⅱ）	0.366	[151]
小型小球藻	Ni（Ⅱ）	0.237	[151]
小球藻（G）	Cd（Ⅱ）	0.30	[152]
小球藻	Ni（Ⅱ）	0.205～1.017	[152]
小球藻	Pb（Ⅱ）	0.47	[152]
小球藻	Zn（Ⅱ）	0.37	[152]
小球藻	Cr（Ⅵ）	0.534	[153]
小球藻	Cr（Ⅵ）	1.525	[154]
小球藻	Cu（Ⅱ）	0.295	[151]
小球藻	Cu（Ⅱ）	0.254～0.549	[153]
小球藻	Cu（Ⅱ）	0.758	[154]
小球藻	Fe（Ⅲ）	0.439	[153]
小球藻	Ni（Ⅱ）	1.017	[154]
小球藻	Ni（Ⅱ）	0.205	[151]
人工培养小球藻	Cr（Ⅳ）	1.525	[154]
人工培养小球藻	Cu（Ⅱ）	0.759	[154]
人工培养小球藻	Ni（Ⅱ）	1.017	[154]
小球藻（G）	Pb（Ⅱ）	0.355	[155]
角叉菜（R）	Ni（Ⅱ）	0.443	[144]
1-氯-2, 3-环丙烷改性角叉菜	Pb（Ⅱ）	1.009	[144]
角叉菜	Pb（Ⅱ）	0.941	[144]

续表

藻类	金属	吸附容量[b]	参考文献
刺松藻（G）	Cd（Ⅱ）	0.0827	[156]
泰勒松藻（G）	Ni（Ⅱ）	0.099	[144]
泰勒松藻	Pb（Ⅱ）	1.815	[144]
珊瑚藻（R）	Cd（Ⅱ）	0.2642	[156]
$CaCl_2$ 改性海洋巨藻（B）	Cd（Ⅱ）	0.260	[157]
$CaCl_2$ 改性海洋巨藻	Cd（Ⅱ）	1.130	[157]
$CaCl_2$ 改性海洋巨藻	Cd（Ⅱ）	1.100	[157]
$CaCl_2$ 改性海洋巨藻	Cd（Ⅱ）	1.100	[157]
$CaCl_2$ 改性海洋巨藻	Cd（Ⅱ）	1.120	[157]
$CaCl_2$ 改性海洋巨藻	Cu（Ⅱ）	0.040	[158]
$CaCl_2$ 改性海洋巨藻	Cu（Ⅱ）	0.180	[158]
$CaCl_2$ 改性海洋巨藻	Cu（Ⅱ）	0.990	[158]
$CaCl_2$ 改性海洋巨藻	Cu（Ⅱ）	1.210	[158]
$CaCl_2$ 改性海洋巨藻	Cu（Ⅱ）	1.310	[158]
$CaCl_2$ 改性海洋巨藻	Ni（Ⅱ）	0.17	[159]
$CaCl_2$ 改性海洋巨藻	Ni（Ⅱ）	0.68	[159]
$CaCl_2$ 改性海洋巨藻	Ni（Ⅱ）	1.13	[159]
$CaCl_2$ 改性海洋巨藻	Pb（Ⅱ）	0.020	[158]
$CaCl_2$ 改性海洋巨藻	Pb（Ⅱ）	0.760	[158]
$CaCl_2$ 改性海洋巨藻	Pb（Ⅱ）	1.290	[158]
$CaCl_2$ 改性海洋巨藻	Pb（Ⅱ）	1.470	[158]
$CaCl_2$ 改性海洋巨藻	Pb（Ⅱ）	1.550	[158]
$CaCl_2$ 改性巨型螺旋藻（B）	Cd（Ⅱ）	1.150	[145]
$CaCl_2$ 改性巨型螺旋藻	Cu（Ⅱ）	1.220	[145]
$CaCl_2$ 改性巨型螺旋藻	Pb（Ⅱ）	1.400	[145]
$CaCl_2$ 改性边花昆布（B）	Cd（Ⅱ）	1.040	[145]
$CaCl_2$ 改性边花昆布	Cu（Ⅱ）	0.070	[158]
$CaCl_2$ 改性边花昆布	Cu（Ⅱ）	0.450	[158]
$CaCl_2$ 改性边花昆布	Cu（Ⅱ）	0.950	[158]
$CaCl_2$ 改性边花昆布	Cu（Ⅱ）	1.060	[158]
$CaCl_2$ 改性边花昆布	Cu（Ⅱ）	1.110	[158]
$CaCl_2$ 改性边花昆布	Pb（Ⅱ）	0.050	[158]
$CaCl_2$ 改性边花昆布	Pb（Ⅱ）	0.420	[158]
$CaCl_2$ 改性边花昆布	Pb（Ⅱ）	0.990	[158]
$CaCl_2$ 改性边花昆布	Pb（Ⅱ）	1.170	[158]
$CaCl_2$ 改性边花昆布	Pb（Ⅱ）	1.260	[158]
囊褐藻（B）	Cd（Ⅱ）	0.649	[143]

续表

藻类	金属	吸附容量[b]	参考文献
囊褐藻	Ni（Ⅱ）	0.392	[144]
囊褐藻	Pb（Ⅱ）	1.105～2.896	[144]
甲醛改性囊褐藻	Ni（Ⅱ）	0.559	[144]
甲醛改性囊褐藻	Pb（Ⅱ）	1.752	[144]
甲醛 + HCl 改性囊褐藻	Pb（Ⅱ）	1.453	[144]
腹扁乳节藻（R）	Ni（Ⅱ）	0.187	[144]
腹扁乳节藻	Pb（Ⅱ）	0.121	[144]
$CaCO_3$ 改性腹扁乳节藻	Ni（Ⅱ）	0.187	[144]
$CaCO_3$ 改性腹扁乳节藻	Pb（Ⅱ）	1.530	[144]
龙须菜（R）	Pb（Ⅱ）	0.2017～0.2606	[155]
帚状江蓠（R）	Cd（Ⅱ）	0.24	[150]
缢江蓠（R）	Cd（Ⅱ）	0.16	[150]
$CaCl_2$ 改性极北海带（B）	Cd（Ⅱ）	20.820	[145]
$CaCl_2$ 改性极北海带	Cu（Ⅱ）	1.220	[145]
$CaCl_2$ 改性极北海带	Pb（Ⅱ）	21.350	[145]
$CaCl_2$ 改性海带（B）	Cd（Ⅱ）	1.110	[145]
$CaCl_2$ 改性海带	Cu（Ⅱ）	1.200	[145]
$CaCl_2$ 改性海带	Pb（Ⅱ）	1.330	[145]
$CaCl_2$ 改性 *Lessonia flavicans*（B）	Cd（Ⅱ）	1.160	[145]
$CaCl_2$ 改性 *Lessonia flavicans*	Cu（Ⅱ）	1.250	[145]
$CaCl_2$ 改性 *Lessonia flavicans*	Pb（Ⅱ）	1.450	[145]
$CaCl_2$ 改性 *Lessonia nigrescens*（B）	Cd（Ⅱ）	1.110	[145]
$CaCl_2$ 改性 *Lessonia nigrescens*	Cu（Ⅱ）	1.260	[145]
$CaCl_2$ 改性 *Lessonia nigrescens*	Pb（Ⅱ）	1.460	[145]
团扇藻（B）	Cd（Ⅱ）	0.53	[160]
$CaCl_2$ 改性团扇藻	Cd（Ⅱ）	0.52	[160]
$CaCl_2$ 改性团扇藻	Cu（Ⅱ）	0.8	[161]
大团扇藻（B）	Ni（Ⅱ）	0.170	[144]
大团扇藻	Pb（Ⅱ）	0.314	[144]
$CaCO_3$ 改性大团扇藻	Ni（Ⅱ）	0.238	[144]
$CaCO_3$ 改性大团扇藻	Pb（Ⅱ）	0.150	[144]
四叶藻（B）	Pb（Ⅱ）	1.049	[155]
四叶藻	Cd（Ⅱ）	0.53	[150]
多管藻（*Polysiphoniaviolacea*）（R）	Pb（Ⅱ）	0.4923	[155]
条斑紫菜（R）	Cd（Ⅱ）	0.4048	[156]
马尾藻（B）	Cd（Ⅱ）	1.40	[162]
马尾藻	Cr（Ⅵ）	1.3257	[163]

续表

藻类	金属	吸附容量[b]	参考文献
马尾藻	Cr（Ⅵ）	1.30	[164]
马尾藻	Cu（Ⅱ）	1.08	[164]
棒托马尾藻（B）	Cd（Ⅱ）	0.74	[150]
马尾藻（*Sargassum fluitans*）（B）	Ni（Ⅱ）	0.409	[144]
马尾藻（*Sargassum fluitans*）	Pb（Ⅱ）	1.594	[144]
环氧氯丙烷改性马尾藻（*Sargassum fluitans*）	Pb（Ⅱ）	0.975	[144]
环氧氯丙烷改性马尾藻（*Sargassum fluitans*）	Ni（Ⅱ）	0.337	[144]
甲醛改性马尾藻（*Sargassum fluitans*）	Cd（Ⅱ）	0.9519	[147]
甲醛改性马尾藻（*Sargassum fluitans*）	Cu（Ⅱ）	1.7938	[147]
甲醛改性马尾藻（*Sargassum fluitans*）	Ni（Ⅱ）	1.9932	[147]
甲醛改性马尾藻（*Sargassum fluitans*）	Pb（Ⅱ）	1.8244	[147]
甲醛改性马尾藻（*Sargassum fluitans*）	Zn（Ⅱ）	0.9635	[147]
甲醛＋HCl 改性马尾藻（*Sargassum fluitans*）	Ni（Ⅱ）	0.749	[144]
戊二醛改性马尾藻（*Sargassum fluitans*）	Cd（Ⅱ）	1.0676	[147]
戊二醛改性马尾藻（*Sargassum fluitans*）	Cu（Ⅱ）	1.574	[147]
戊二醛改性马尾藻（*Sargassum fluitans*）	Ni（Ⅱ）	0.7337	[147]
戊二醛改性马尾藻（*Sargassum fluitans*）	Pb（Ⅱ）	1.6603	[147]
戊二醛改性马尾藻（*Sargassum fluitans*）	Zn（Ⅱ）	0.9942	[147]
NaOH 改性马尾藻（*Sargassum fluitans*）	Al（Ⅲ）	0.950	[165]
NaOH 改性马尾藻（*Sargassum fluitans*）	Al（Ⅲ）	1.580	[165]
NaOH 改性马尾藻（*Sargassum fluitans*）	Al（Ⅲ）	3.740	[165]
NaOH 改性马尾藻（*Sargassum fluitans*）	Cu（Ⅱ）	0.650	[165]
NaOH 改性马尾藻（*Sargassum fluitans*）	Cu（Ⅱ）	1.350	[165]
NaOH 改性马尾藻（*Sargassum fluitans*）	Cu（Ⅱ）	1.540	[165]
质子化马尾藻（*Sargassum fluitans*）	Cd（Ⅱ）	0.710	[166]
质子化马尾藻（*Sargassum fluitans*）	Cu（Ⅱ）	0.800	[166]
马尾藻（B）	Pb（Ⅱ）	1.3755	[155]
马尾藻（B）	Cd（Ⅱ）	1.174	[143]
马尾藻	Ni（Ⅱ）	0.409	[144]
马尾藻	Pb（Ⅱ）	1.221	[144]
马尾藻	Pb（Ⅱ）	1.1487	[155]
荚托马尾藻（M）	Cd（Ⅱ）	0.73	[150]
普通马尾藻（M）	Ni（Ⅱ）	0.085	[144]
普通马尾藻	Pb（Ⅱ）	1.100	[144]
质子化普通马尾藻	Cd（Ⅱ）	0.790	[166]
质子化普通马尾藻	Cu（Ⅱ）	0.930	[166]
绿藻（G）	Cu（Ⅱ）	0.524	[154]

续表

藻类	金属	吸附容量[b]	参考文献
绿藻（G）	Ni（Ⅱ）	0.5145	[154]
绿藻（G）	Cr（Ⅵ）	1.131	[154]
人工绿藻	Cr（Ⅵ）	1.131	[154]
人工绿藻	Cu（Ⅱ）	0.524	[154]
人工绿藻	Ni（Ⅱ）	0.514	[154]
海莴苣（G）	Pb（Ⅱ）	0.61	[155]
裙带菜（B）	Pb（Ⅱ）	1.945	[167]

注：B—褐藻；G—绿藻；R—红藻。

a　这些报道中的吸附容量是在特定条件下得到的值。建议读者查阅参考文献相关实验条件。

b　mg/g。

6.3.6　细菌

细菌是一种微型生物，它们既没有细胞核，也没有与其他膜结合的细胞器，如线粒体和叶绿体。细菌形态简单，通常有三种基本形态：球形或卵球形（球菌）、棒状（芽孢杆菌，呈椭圆柱形）和螺旋状。由于遗传学和生态学的不同，细菌的大小和形状也不同。最小的细菌约为0.3μm，少数细菌则较大，如一些螺旋状细菌有时长度可达500μm，而 *Oscillatoria* 蓝藻直径约为7μm。

一个“典型”的细菌细胞（如大肠杆菌）包含细胞壁、细胞膜和由若干组分组成的细胞质基质。这些组分不被膜包裹，它们是内含体、核糖体和类核体及其遗传物质。有些细菌具有特殊的结构，如鞭毛和 S 层。细胞壁的主要功能体现在三个方面：①提供细胞形状并保护其不被渗透分解；②保护细胞免受有毒物质的侵害；③为几种抗生素提供作用部位。此外，它是正常细胞分裂的必要组成部分。细胞壁形状和强度主要取决于肽聚糖。细胞壁中肽聚糖的数量和确切的相对位置在各细菌群之间存在差异。

细菌的可用性强、体积小，具有普遍性，在受控条件下生长的能力以及对各种环境条件的适应性较强，因而其在开发新生物吸附材料方面具有很好的前景。细菌对金属的吸附能力见表 6.15。

表 6.15　细菌对金属的吸附能力[a]

金属	吸附剂	吸附容量[b]	参考文献
Cd（Ⅱ）	豚鼠气单胞菌	155.3	[169]
	肠杆菌	46.2	[170]
	人苍白杆菌	—	[171]
	绿脓杆菌	42.4	[172]
	恶臭假单胞菌	8.0	[173]
	恶臭假单胞菌	500.00	[174]
	假单胞菌	278.0	[175]
	少动鞘氨醇单胞菌	—	[176]

续表

金属	吸附剂	吸附容量[b]	参考文献
Cd（Ⅱ）	木糖葡萄球菌	250.0	[175]
	Pimprina 链霉菌	30.4	[177]
	土霉素链霉菌	64.9	[178]
Cr（Ⅵ）	豚鼠气单胞菌	284.4	[169]
	凝固芽孢杆菌	39.9	[179]
	巨大芽孢杆菌	30.7	[179]
	凝固芽孢杆菌	39.9	[179]
	地衣形芽孢杆菌	69.4	[180]
	巨大芽孢杆菌	30.7	[179]
	苏云金杆菌	83.3	[181]
	假单胞菌	95.0	[175]
	荧光假单胞菌	111.11	[174]
	木糖葡萄球菌	143.0	[175]
	分支菌胶团	2	[182]
Cu（Ⅱ）	强固芽孢杆菌	381	[183]
	芽孢杆菌	16.3	[184]
	枯草芽孢杆菌	20.8	[185]
	肠杆菌	32.5	[170]
	藤黄微球菌	33.5	[185]
	绿脓杆菌	23.1	[172]
	洋葱假单胞菌	65.3	[186]
	恶臭假单胞菌	6.6	[173]
	恶臭假单胞菌	96.9	[187]
	恶臭假单胞菌	15.8	[188]
	恶臭假单胞菌	163.93	[174]
	施氏假单胞菌	22.9	[185]
	浮游球衣细菌	60	[189]
	浮游球衣细菌	5.4	[189]
	天蓝色链霉菌	66.7	[190]
	铁氧化硫杆菌	39.8	[191]
Fe（Ⅲ）	土霉素链霉菌	122.0	[192]
Ni（Ⅱ）	苏云金杆菌	45.9	[193]
	恶臭假单胞菌	556	[174]
	土霉素链霉菌	32.6	[194]
Pb（Ⅱ）	芽孢杆菌	92.3	[184]
	强固芽孢杆菌	467	[183]
	谷氨酸棒状杆菌	567.7	[195]

续表

金属	吸附剂	吸附容量[b]	参考文献
Pb（Ⅱ）	肠杆菌	50.9	[170]
	绿脓杆菌	79.5	[172]
	绿脓杆菌	0.7	[196]
	恶臭假单胞菌	270.4	[187]
	恶臭假单胞菌	56.2	[173]
	土霉素链霉菌	135.0	[197]
Pd（Ⅱ）	脱硫弧菌	128.2	[198]
	果聚糖脱硫弧菌	119.8	[198]
	普通脱硫弧菌	106.3	[198]
Pt（Ⅳ）	脱硫弧菌	62.5	[198]
	果聚糖脱硫弧菌	32.3	[198]
	普通脱硫弧菌	40.1	[198]
Th（Ⅳ）	烟草节杆菌	75.9	[199]
	地衣形芽孢杆菌	66.1	[199]
	巨大芽孢杆菌	74.0	[199]
	枯草芽孢杆菌	71.9	[199]
	马棒状杆菌	46.9	[199]
	谷氨酸棒状杆菌	36.2	[199]
	藤黄微球菌	77.0	[199]
	分支菌胶团	67.8	[199]
	U（Ⅵ）烟碱节杆菌	68.8	[199]
	地衣形芽孢杆菌	45.9	[199]
	巨大芽孢杆菌	37.8	[199]
	枯草芽孢杆菌	52.4	[199]
	马棒状杆菌	21.4	[199]
	谷氨酸棒状杆菌	5.9	[199]
	藤黄微球菌	38.8	[199]
	红粉诺卡（氏）菌	51.2	[199]
	分支菌胶团	49.7	[199]
Zn（Ⅱ）	土霉素链霉菌	30	[200]
	强固芽孢杆菌	418	[183]
	盐生隐杆藻	133.0	[201]
	恶臭假单胞菌	6.9	[173]
	恶臭假单胞菌	17.7	[188]
	土霉素链霉菌	30.0	[200]
	土霉素链霉菌	80.0	[200]
	双孢链霉菌	21.3	[202]

续表

金属	吸附剂	吸附容量[b]	参考文献
Zn（Ⅱ）	铁氧化硫杆菌	82.6	[206]
	铁氧化硫杆菌	172.4	[191]

a　这些报道中的吸附容量是在特定条件下得到的值。建议读者查阅参考文献相关实验条件。

b　mg/g。

6.4　化学性质表征技术

傅里叶变换红外光谱（FTIR）是研究吸附剂官能团的常用方法。利用紫外-可见光谱法通过在 540nm 处测定 Cr（Ⅵ）与 1, 5-二苯基咔嗪酸溶液形成的配合物吸光度，并以总 Cr 浓度与 Cr（Ⅵ）浓度之差来表示 Cr（Ⅲ）浓度，从而研究 Cr（Ⅵ）去除是否存在将 Cr（Ⅵ）还原为 Cr（Ⅲ）。

为了阐明吸附剂吸附前后的表面形貌变化，可采用扫描电子显微镜（scanning electron microscopy，SEM）、透射电子显微镜（transmission electron microscopy，TEM）以及原子力显微镜（atomic force microscopy，AFM）技术。SEM 和 TEM 使用聚焦电子束代替光来“成像”目标材料，并获得材料结构和组成的信息。而对于 AFM 来说，它是一种触针式仪器，一个尖锐的探针，在整个样品中扫描光栅，用来检测原子尺度上表面结构的变化。当悬臂尖端与表面之间的作用力发生变化时，悬臂会产生偏转。这些偏转可以用来编译表面的形貌图像。颜色映射是一种常用的数据显示方法，其中浅色表示高形貌，而较深颜色表示低形貌。通常情况下，如果对吸附剂进行化学修饰，修饰后的材料会更加强烈地呈现出更高的形貌特征。

6.5　影响吸附剂吸附重金属的因素

6.5.1　pH

吸附剂对金属的吸附性能是否优异在很大程度上受 pH 的影响。因而，在考察各种低成本吸附剂对重金属的吸附性能时，pH 是常用的检测参数之一。一般来说，pH 的变化可以改变金属化学性质和吸附剂表面的吸附位点，从而能显著影响吸附剂对金属的吸附性能。已有研究显示，金属离子在特定的 pH 条件下能够形成氢氧化物而沉淀。在研究吸附剂对金属离子的吸附性能时，形成强氧化物沉淀时的 pH 不会作为研究对象。这是因为当溶液体系中形成氢氧化物沉淀时，吸附剂对金属去除主要被沉淀现象干扰。已有研究证实大多数木质素吸附剂中含有羧基官能团。在低 pH（pH＜2.0）时，吸附剂表面的羧基以质子化（—COOH）为主而不能与阳离子结合；随着 pH 的增加，吸附位点可以与带正电金属离子结合从而对吸附作用更加有利。利用天然稻壳和乙二胺改性稻壳吸附 Cr（Ⅵ）的结果表明，乙二胺改性稻壳对 Cr（Ⅵ）的吸附能力较天然稻壳强，且吸附量随 pH 的增加而降低[203]。这是由于 Cr 的存在形态受离子平衡和总 Cr 浓度的影响。在实验条件下，Cr 主要以 $HCrO_4^-$ 形态存在，且主要以该形态与吸附剂结合。在低 pH 下，乙二胺改性稻壳表面的胺基被 H^+质子化，这将有利于 $HCrO_4^-$和带正电荷金属离子之间发生静电作用。在 pH<1 时，天然稻壳和乙二胺改性稻壳对 Cr（Ⅵ）吸附量较低，这与 Cr（Ⅵ）被还原为 Cr（Ⅲ）密切相关。已有研究表明，在酸性条件下，Cr（Ⅵ）具有很高的正氧化还原电位，在电子供体的存在条件下它具有强氧化性和不稳定性[204]。与乙二胺改性稻壳相比，天然稻壳不存在孤对电子，从而使其还原能力较低，进而降低了其对金属离子的吸附容量。此外，天然稻壳对金属离子的吸附容量随 pH 的增加而降低。

通常情况下，吸附过程伴随着 H^+的释放而使溶液体系中 pH 降低。然而，在吸附剂吸附 Cr（Ⅵ）和 As（Ⅴ）时，吸附剂被质子化使得 OH^-离子释放到溶液中从而使溶液中 pH 升高。

6.5.2　初始浓度和反应时间

吸附剂特性及其表面有效位点对吸附平衡时间起着至关重要的作用。然而，吸附剂对重金属离子的吸附动力学过程中，快速吸附驱动力为离子交换作用，而慢速吸附则是化学吸附。快吸附归因于重金属离子在吸附剂表面的快速附着，而慢吸附与内部渗透（颗粒内扩散）有关。从初始重金属浓度来看，吸附过程中的吸收量变化通常遵循正常的趋势即低浓度时吸附率最高而吸附量最少。与单一重金属离子相比，多种重金属共存会使吸附剂对金属离子的吸附快速达到平衡。多种重金属离子共存体系中吸附剂对重金属离子快速吸附的原因可能是体系中金属离子总浓度较高，从而导致金属离子与吸附剂之间碰撞概率和驱动力较大。

通过比较多种或单一金属离子存在条件下吸附剂对重金属离子的吸附容量，发现金属离子之间可能是协同作用或拮抗作用。吸附剂的吸附亲和力受竞争效应、离子大小、金属离子与吸附剂之间键的稳定性、金属离子吸附剂的性质、相互作用以及反应基团在吸附剂上的分布的影响[205]。

6.5.3　螯合剂

在常规处理重金属过程中，螯合剂是影响重金属去除效率的常见因素之一。螯合剂可以与重金属离子相结合，从而使其难以或者不能够被吸附剂从溶液中去除。因此，研究人员经常测试环境中常见的螯合剂［如乙二胺四乙酸（EDTA）、硝化钛酸（NTA）和水杨酸（SA）］对吸附剂吸附重金属的影响。NTA 是洗涤剂中聚磷酸盐的替代品，而 SA 是天然废弃物中腐殖酸的代表，因而选择 NTA 和 SA 为代表，研究螯合剂对吸附剂吸附 Cu（Ⅱ）和 Pb（Ⅱ）的影响。研究表明，NTA 和 EDTA 都能抑制改性吸附剂对 Cu（Ⅱ）和 Pb（Ⅱ）的吸附[79]。这是因为 NTA 和 EDTA 与 Cu（Ⅱ）和 Pb（Ⅱ）形成了稳定的螯合物，使得螯合剂与两种金属离子的结合位点竞争更为有效。螯合剂的有效性用螯合剂稳定常数 $\log K_1$ 表示，其中 $\log K_1$ 值越大，螯合效率越高。实验所得稳定常数 $\log K_1$ 分别符合 5.55、9.80 和 16.28。因此，如果在吸附体系中存在螯合剂，严格评价螯合剂对吸附剂吸附重金属的影响则显得至关重要，因为螯合剂可能对吸附剂吸附重金属具有显著的抑制作用。

6.6　吸附实验方法与计算模型

6.6.1　批量吸附实验

在批量吸附实验中，吸附剂须与吸附质接触，保证溶液中吸附质浓度与吸附剂表面吸附质浓度相平衡。通常，吸附实验达到平衡所需时间与 pH、吸附质浓度和吸附剂粒径等有关。批量吸附实验一般用于吻合吸附等温线和吸附动力学过程，粒径较小的多孔吸附剂更受青睐。粒径较小的多孔吸附剂具有较高的比表面积，因而能够为吸附质提供更多有效吸附位点并降低吸附质在吸附剂孔内的扩散阻力。吸附平衡后，通过沉降、过滤或离心等方法分离固体（吸附剂）和液相（溶液中的残留的吸附质）。使用过的吸附剂可能被废弃或者被再生利用。

6.6.2　吸附模型

吸附特性和平衡数据通常称为吸附等温线，是吸附实验设计的基本且关键的要素。等温吸附数据能够较好地描述吸附质与吸附剂之间的相互影响，并且能够优化吸附剂的应用。除了对等温吸附数据建立恰当而正确的关联外，准确的数学模型对于吸附参数的可靠预测也至关重要。不同操作条件下，需要对不同吸附体系中吸附质在吸附剂上的吸附行为进行量化比较。

吸附平衡指吸附质在吸附剂上的吸附量等于解吸量。平衡条件可以用固相和液相的吸附质浓度来表示。吸附过程的平衡点是根据吸附质在吸附剂和液相之间的分布来测量的。通常可以等温线模型中的一个或多个模型来表示。等温吸附模型通常用于预测吸附体系中吸附过程的“有利”行为，也提供了溶质-吸附剂表面相互作用的定性信息。同时，吸附等温线也被广泛应用于测定吸附剂对某一特定吸附质的吸附容量。

另外，用于气相吸附的二维和三维模型可适用于与液相吸附相关的吸附平衡。这些模型的不同参数和基本热力学假设为我们深入认识吸附机理、表面性质及亲和力提供了信息。显然，建立最合适的等温吸附模型对于优化吸附条件至关重要，从而有利于改进吸附体系。

1. 双参数等温线

在众多吸附等温线中，Langmuir、Freundlich 和 Brunauer-Emmet-teller（BET）模型更为实用，而 Dubinin-Radushkevich（D-R）和 Temkin 模型应用则较少。本节也对其他一些双参数模型如 Halsey 和 Hurkins-Jura（H-J）做简单介绍。

1）Langmuir 模型

Langmuir 模型是最常用的等温线模型之一，用于作为特定温度下浓度的函数，定量描述吸附质在吸附剂上的吸附量[207]。Langmuir 模型通过假设有效吸附的过程是溶质在吸附剂表面形成均匀单层覆膜。吸附剂上的所有位点都是等价的，即该位点一旦被一个溶质分子占据就不能被其他溶质分子所占据。在 q_e/C_e 吸附等温线图上，Langmuir 等温线有个稳定期，吸附平衡时，溶质不会进一步被吸附剂吸附。此外，Langmuir 方程适用于均相吸附，其中被吸附的每个分子具有相等的吸附活化能。因此，该等温吸附模型用于描述吸附质分子在液体溶液中的吸附。

$$q_e = \frac{q_{max} K_L C_e}{1 + K_L C_e} \tag{6.1}$$

式中，q_{max} 为完全单层吸附条件下，吸附物质量/吸附剂质量比；K_L 为 Langmuir 常数，它与吸附焓有关。

Langmuir 方程其他线性方程式：

$$\frac{C_e}{q_e} = \frac{1}{q_{max}} C_e + \frac{1}{K_L q_{max}} \tag{6.2}$$

$$\frac{1}{q_e} = \left(\frac{1}{K_L q_{max}}\right)\frac{1}{C_e} + \frac{1}{q_{max}} \tag{6.3}$$

$$q_e = q_{max} - \left(\frac{1}{K_L}\right)\frac{q_e}{C_e} \tag{6.4}$$

$$\frac{q_e}{C_e} = K_L q_{max} - K_L q_e \tag{6.5}$$

在某些情况下，使用上述 Langmuir 方程[式（6.2）～式（6.5）]得到不同的等温吸附参数，但当采用非线性方法时，它们是相同的。因此，非线性方法是一种获得等温线参数较好的方法[208]。然而线性最小二乘法由于简单、方便等优点，在研究人员中使用更广泛。

Langmuir 等温线是定量最大吸附容量和估算不同吸附剂吸附量 q_{max} 的常用方法。与其公式不同的是，吸附剂表面官能团并不与吸附饱和极限时的表面吸附位点相同。实际上，吸附容量总是受吸附剂上活性位点数量、位点化学状态、位点之间亲和力以及吸附质可到达位点的影响。

Langmuir 模型的缺点是不能解释吸附剂表面粗糙度。粗糙的非均匀表面会产生多个有效吸附位点，以及某些参数在不同吸附位点之间的变化（如吸附热），使得模型在许多情况下都产生较大偏差。此外，该模型还忽略了吸附质与吸附剂之间的相互作用，即直接作用和间接作用。在直接相互作用中，相邻的被吸附分子会靠近吸附分子，而间接相互作用中，通过改变吸附质吸附部位表面来影响吸附行为。

K_L 值随温度升高而降低是吸附过程放热的一个指标。在物理吸附过程中，吸附质与表面的结合主要受物理力作用，在较高的温度下，物理力会减弱。同时，吸附质与活性位点结合的吸热过程需要热能，因此，温度升高更有利于化学吸附（吸热）。吸附过程的放热或吸热特征可以使用范托夫方程进一步证实。范托夫方程与 Langmuir 常数有关。

$$K_L = K_0 \exp\left(-\frac{\Delta H}{RT}\right) \tag{6.6}$$

式中，K_0 为范托夫方程参数；ΔH 为吸附焓。

2）Freundlich 模型

Freundlich 等温线是另一个最常用描述吸附异质性的等温线[209]。事实上，Freundlich 模型是最传统的非线性等温模型。它既不假设吸附剂表面能量均匀分布，也不假定吸附容量有限。因此，随着体系中吸附剂浓度的增加，吸附质在吸附剂表面的浓度逐渐增加。Freundlich 模型方程式表示如下：

$$q_e = K_F C_e^{1/n} \tag{6.7}$$

其中，q_e 为吸附量，即吸附质质量/吸附剂质量；C_e 为吸附平衡时溶液中吸附质浓度；K_F 和 n

均为 Freundlich 模型常数，且与吸附剂、吸附质种类及温度有关，$n>1$。

式（6.1）也可以用线性化的对数形式表示，如下：

$$\log q_e = \log K_F + \frac{1}{n}\log C_e \tag{6.8}$$

对 $\log q_e$ 与 $\log C_e$ 做图，并从图中斜率和截距中分别得到 $1/n$ 和 $\log K_F$ 的值。当 $\log C_e$ 为 0 时，$\log K_F$ 等于 $\log q_e$。如果 $1/n\neq1$，K_F 则取决于表示 q_e 和 C_e 的单位。通常，Freundlich 常数 n 从 1 到 10 变化以获得良好的吸附。n 值越大，吸附剂与吸附质的相互作用越强。相反，当 $1/n$ 等于 1 时，线性吸附导致所有吸附位点的吸附能相同[210]。因 Freundlich 等温线几乎能拟合所有吸附-解吸过程的数据而被广泛应用于研究中。尤其是它能够拟合高度不均匀吸附体系的吸附数据。但 Freundlich 模型不适合应用于高浓度吸附质的情况。

3）Temkin 模型

Temkin 模型考虑了吸附质分子之间的间接相互作用对吸附等温线的影响[211]。Temkin 方程的推导假设吸附剂表面被吸附质占据，吸附质分子间的间接作用使得吸附层中所有分子的吸附热随吸附质覆盖率增加呈线性下降。与 Freundlich 模型不同，Temkin 模型意味着吸附热的对数减少。Temkin 模型方程式表示如下：

$$q_e = \frac{RT}{b}\ln aC_e \tag{6.9}$$

式中，a、b 均为 Temkin 模型常数，且 b 与吸附热有关。

Temkin 方程式（6.10）的线性形式适用于中浓度吸附质下的吸附数据拟合。其中，两个常数 a 和 b 都可以从对 q_e 和 $\ln C_e$ 的绘图中确定：

$$q_e = \frac{RT}{b}\ln a + \frac{RT}{b}\ln C_e \tag{6.10}$$

与气相吸附不同，吸附质分子在液相吸附过程中不一定以相同的方向排列在紧密堆积的结构中。此外，体系中吸附质分子形成的胶体及溶剂分子的存在增加了液相吸附的复杂性。事实上，液相吸附过程还受到其他因素的影响，如 pH、吸附质溶解度、温度和吸附剂表面化学性质等。因此，这个方程很少用于拟合复杂吸附体系的实验数据。

4）BET 模型

Brunauer、Emmer 和 Teller 可以推导出多分子层吸附的等温线[212]。BET 理论假设吸附剂表面由固定的单个吸附位点组成，可以在吸附剂表面吸附多层溶质分子；该模型表示多个吸附分子随机分布覆盖在吸附位点。此外，各吸附层之间不存在相互作用。在上述假设条件下，建立了 BET 模型，并将 Langmuir 理论应用于吸附的每一层。Langmuir 提出的动力学概念适用于这种多层吸附过程，即任何一层的吸附速率等于该层的解吸速率。BET 模型简化方程式如下：

$$q_e = q_{max}\frac{K_B C_e}{(C_e - C_s)\left[1+(K_B-1)\left(\frac{C_e}{C_S}\right)\right]} \tag{6.11}$$

式中，q_{max} 为吸附容量，即 q_{max} = 吸附质的量/吸附剂质量；C_s 为吸附平衡时溶液中吸附质的浓度；K_B 为与吸附能量相关的常数。

方程［式（6.11）］也可以用线性化的对数形式，如式（6.12）所示：

$$\frac{C_e}{(C_s - C_e)q} = \frac{1}{K_B q_{max}} + \left(\frac{K_B - 1}{K_B q_{max}}\right)\left(\frac{C_e}{C_s}\right) \tag{6.12}$$

BET 模型基于理想的假设，它适用于涉及非均质材料和简单非极性气体的系统，但对于生物吸附剂和吸附质等非均质复杂系统则不适用。

5）D-R 模型

在假设吸附剂表面不均匀或吸附势不恒定的前提下，Dubinin 和 Radushkevich 提出了 D-R 模型用于描述吸附等温线[213]。该模型表明等温吸附特征曲线与吸附剂孔结构密切相关。该模型除了可以估算孔隙率和吸附特性外，还可用来确定吸附过程的表面自由能。其方程式如下：

$$q_e = Q_m \exp(-K\varepsilon^2) \tag{6.13}$$

式中，K 为常数，且与吸附能有关；Q_m 为单位质量吸附剂的吸附容量；ε 与温度有关。

D-R 方程另一种线性形式如下：

$$\ln q_e = \ln Q_m - K\varepsilon^2 \tag{6.14}$$

对 q_e-ε^2 绘图，图中斜率为 K，截距为吸附容量 Q_m。常数 K 与在溶液中吸附质从无限大到固体表面的过程中每摩尔吸附质的平均自由能（E）有关。因此，E 可以使用 K 值计算得到，如式（6.15）所示：

$$E = \frac{1}{\sqrt{2K}} \tag{6.15}$$

事实上，能量 E 可以用式（6.16）来计算[214]：

$$\varepsilon = RT\ln\left(1 + \frac{1}{C_e}\right) \tag{6.16}$$

因 D-R 等温线与温度有关，所以通过不同温度下的吸附数据绘制一条适合所有数据的特征曲线（$\ln q_e$ 相对于 ε^2）。显然，当拟合所给出校正值较高时，方程所确定参数的有效性将会被质疑，而由数据生成的特征曲线则显示出偏差。由于它可能表现出不切实际的渐进行为，D-R 等温线只适用于中浓度范围吸附质。

6）Hasley 等温线

与 Freundlich 等温线一样，Hasley 模型[215]也适用于多层吸附。该等温线的优点在于它能很好地将实验数据拟合到该模型，从而确定吸附剂的多孔性。Hasley 方程表示为

$$q_e = \exp\left(\frac{\ln k_H - \ln C_e}{n}\right) \tag{6.17}$$

式中，k_H 为 Hasley 等温线常数；n 为 Hasley 等温线指数。

7）H-J 等温线

H-吸附等温线[216]适用于多层吸附。该模型表明吸附剂中存在非均相孔隙分布。H-J 等温线如下：

$$q_e = \sqrt{\frac{A_H}{B_2 + \log C_e}} \tag{6.18}$$

式中，A_H 为等温线参数；B_2 为等温线常数。

2. 三参数等温线

有些情况下，两个参数模型不足以关联和描述平衡数据。因此，需要涉及两个以上参数的模型来解释数据。

1）Redlich-Peterson 等温线

通过结合 Langmuir 方程和 Freundlich 方程中的元素，Redlich-Peterson（R-P）等温线模型[217]被认为吸附机理是两者的结合，而不是遵循理想的单层吸附。该等温线模型能够在广泛的浓度范围内拟合吸附平衡：

$$q_e = \frac{K_{RP}C_e}{1+\alpha_{RP}C_e^{\beta}} \tag{6.19}$$

式中，K_{RP}、α_{RP} 和 β 都作为 R-P 等温方程中的参数；指数 β 介于 0～1 之间。

极限情况下总结如下：当 $\beta=1$ 时，R-P 方程类似于 Langmuir 方程：

$$q_e = \frac{K_{RP}C_e}{1+\alpha_{RP}C_e} \tag{6.20}$$

当 $\beta=0$ 时，方程式可代表亨利定律：

$$q_e = \frac{K_{RP}C_e}{1+\alpha_{RP}} \tag{6.21}$$

β 值在大多数生物吸附情况下几乎一致，且吸附数据更符合 Langmuir 模型。

方程［式（6.19）］的线性化形式写为

$$\ln\left(K_{RP}\frac{C_e}{q_e}-1\right) = \ln\alpha_{RP} + \beta\ln C_e \tag{6.22}$$

方程的线性形式允许确定 Langmuir 和 Freundlich 模型的参数。然而，R-P 等温线包含三个参数，因此无法从线性方程中获得 R-P 等温线的参数。要解决这个问题，必须采用最小化程序，通过使用 Microsoft Excel 的解算器外接函数最大实验数据和理论模型预测数据点之间的相关系数来验证方程［式（6.22）］的参数。

2）Sips 等温线

为了避免在 Freundlich 模型中观察到随着浓度升高时吸附量持续增加的问题，提出了 Sips 等温线[218]。事实上，Sips 表达式[式（6.21）]与 Freundlich 等温线类似，但在足够高浓度下吸附量的极限值时的情况下，表达会有所不同：

$$q_e = q_{max}\frac{(K_S C_e)^{\gamma}}{1+(K_S C_e)^{\gamma}} \tag{6.23}$$

式中，K_S 为 Sips 等温线常数。

此外，方程［式（6.23）］类似于 Langmuir 方程[式（6.1）]。式（6.23）的显著特征是存在一个附加参数 γ。参数 γ 表示系统的特异性，这可能源于生物吸附剂或吸附质或两者的结合。当 γ 为 1 时，式（6.23）相当于式（6.3）。

3）Toth 方程

Freundlich 和 Sips 方程描述吸附数据时有局限性。显然，在低浓度极限值时，这两个方程都不能简化为准确的亨利定律，因此提出了在低浓度下遵循亨利定律并在高浓度下达到最大吸附量的 Toth 等温线[219]。由位势理论导出 Toth 等温线，可以描述非均相体系的吸附行为。它假设一个不对称的准高斯能量分布左侧加宽，也就是说，大多数点位的吸附能量小于平均值：

$$q_e = q_{max} \frac{C_e}{\left[\alpha_t + C_e^t\right]^{1/t}} \tag{6.24}$$

式中，α_t 为吸附电位常数；t 为吸附剂的非均质性系数（$0<t\leqslant 1$）。

Toth 方程是表征系统非均匀性的参数。当表面是均匀的，即 $t=1$ 时，Toth 方程可简化为 Langmuir 方程。

6.6.3　间歇系统中生物吸附的动力学模型

高吸附量和高吸附速率是理想吸附剂的两个重要指标，吸附过程的效率很大程度上取决于吸附质在吸附剂表面的吸附速率。动力学研究的结果也可预测吸附速率。在吸附过程中，常用的三种动力学模型是颗粒内扩散模型、伪一阶动力学模型和伪二阶动力学模型。这些动力学模型适用于考察吸附过程的速率，以及吸附表面的作用、所涉及的化学反应或扩散机制。在实践中，使用不同的吸附剂剂量和粒径、初始吸附质浓度、搅拌速度、pH 和温度以及不同类型的吸附剂和吸附质分批反应进行动力学对比研究。然后，用线性回归法确定最佳的动力学速率模型。为了验证实验数据与采用的确定系数动力学速率方程的一致性，通常将线性最小二乘法应用于线性变换的动力学速率方程。

一般来说，吸附过程去除吸附质的机理可假设如下：

（1）本体扩散，将吸附质从本体溶液输送到吸附剂表面。

（2）膜扩散，吸附质通过边界层扩散到吸附剂表面。

（3）孔扩散或颗粒内扩散，吸附质从表面迁移到颗粒孔内。

（4）吸附，吸附质在孔内表面活性位点的吸附。

许多研究表明，在搅拌过程中，为了避免颗粒和溶质在配料系统中的浓度梯度，可以忽略体积扩散。再者，吸附机理的最后一个步骤，特别是在物理吸附的情况下不产生阻力，可以认为是一个瞬时过程。因此，吸附过程的总速率由薄膜、颗粒内扩散或两者的结合来决定。

在化学反应的情况下，吸附速率可以由其自身的动力学速率控制。通常可以通过分离扩散步骤来简化系统。假设初始吸附速率为外扩散，然后受粒为内扩散控制，分别考虑扩散机理。

吸附的第一步，膜扩散是一个重要的速率控制步骤。吸附质浓度随时间的变化如下：

$$\frac{dC}{dt} = -k_L A(C - C_s) \tag{6.25}$$

式中，C 为吸附质在任何时刻 t 的体积液相浓度；C_s 为吸附质的表面浓度；k_L 为外部传质系数；A 为传质比表面积。

假设在吸附初始阶段，颗粒内阻力可以忽略不计，迁移主要由膜扩散机制决定。当 $t=0$ 时，吸附质的表面浓度 C_s 可以忽略，$C=C_0$。这些假设可以使式（6.25）写成以下简化形式：

$$\frac{d(C / C_0)}{dt} = -k_L A \tag{6.26}$$

1. 粒内扩散模型

Weber 和 Morris[220]通过将吸附能力与吸附质在颗粒内的有效扩散率关联起来，建立了描述颗粒内扩散的模型。模型表示为

$$q_t = f\left(\frac{Dt}{r_{\mathrm{p}}^2}\right)^{1/2} = K_{\mathrm{WM}} t^{1/2} \tag{6.27}$$

式中，r_{p} 为颗粒半径；D 为颗粒内溶质的有效扩散率；q_t 为时间 t 时的吸附能力；K_{WM} 为粒内扩散速率常数。

粒子内扩散是决定速度唯一的一个步骤，q 与 $t^{1/2}$ 的曲线能给出一条穿过原点的直线。颗粒内扩散速率常数 K 可由直线的斜率求得。第一部分图形结构区表明，在吸附的早期粒子周围的质量传递具有明显的外部阻力。第二个线性区，粒子内扩散占主导地位，是一个逐渐吸附的阶段。由于第三部分溶液中溶质浓度极低，颗粒内扩散开始变慢，是最后的平衡阶段。显然，K 值可以通过曲线 $q = f$（$t^{0.6}$）的线性化来确定。

由于如下原因：①表面分子或表面层对运动造成更大的机械阻碍；②吸附质和吸附剂之间的化学吸引力受到抑制，颗粒内的扩散过程比吸附质从溶液到外部固体表面的运动慢得多。吸附质在间歇体系中吸附时，吸附质分子到达吸附剂表面的速度大于扩散到固体中的速度。吸附质在表面的积累趋向于建立一个（伪）平衡。由于向内吸附耗尽了表面浓度，吸附质的进一步吸附只能以相同的速率进行。

伪一阶和伪二阶是两个简化的动力学模型，已适用于测试吸附剂吸附动力学。这两个模型基本上考虑了所有的吸附步骤，包括外膜扩散、粒内扩散和吸附。

2. 伪一阶动力学模型

伪一阶动力学模型又称 Lagergren 模型[221]。在这个模型中，吸附被认为是一级吸附能力，化学吸附是决定速率的步骤，因此它只支持研究和预测整个有效范围内的吸附行为。基于固体容量的 Lagergren 一阶速率表达式一般为

$$\frac{\mathrm{d}q}{\mathrm{d}t} = k_1(q_{\mathrm{e}} - q_t) \tag{6.28}$$

式中，q_{e} 为平衡状态下的吸附能力；q_t 为时间 t 时的吸附能力；k_1 为伪一阶吸附速率常数。

方程［式（6.28）］在 $t = 0$，$q_t = 0$ 和 $t = t$，$q_t = q_t$ 的边界条件时的积分结果：

$$\ln(q_{\mathrm{e}} - q_t) = \ln q_{\mathrm{e}} - k_1 t \tag{6.29}$$

方程［式（6.27）］的非线性形式如下：

$$q_t = q_{\mathrm{e}}[1 - \exp(-k_1 t)] \tag{6.30}$$

在不同初始吸附质浓度下绘制 ln（q_{e}–q_t）与式（6.29）中 t 的直线图，以验证速率常数和吸附质吸收平衡。该方法得到的 q_{e} 值与实验值比较，ln（q_{e}–q_t）与 t 的线性关系证实了该动力学模型。即使最小二次方拟合过程产生了较高的相关系数，但如果观察到与 q_{e} 值存在较大差异，就不能将其反应归类为一级反应。在吸附过程开始时，外部传质或边界层扩散引起的时间滞后可能是导致 q_{e} 值差异的原因。方程［式（6.30）］的非线性过程拟合是预测 q_{e} 和 k_1 的另一种方法。

3. 伪二阶动力学模型

由于系统的动力学决定了吸附质的停留时间和反应器的尺寸，预测指定系统的吸附速率是吸附系统设计中最重要的环节之一。吸附能力很大程度上取决于各种因素，但动力学模型只考虑可观察的参数对总速率的影响。

基于固相的吸附能力，推导了 Ho 和 McKay 的伪二阶模型[222]。这个模型可以表示为

$$\frac{\mathrm{d}q}{\mathrm{d}t}=k_2(q_\mathrm{e}-q_t)^2 \tag{6.31}$$

式中，k_2 为伪二阶吸附速率常数。

方程［式（6.31）］是 $t=0$，$q=0$ 和 $t=t$，$q_t=q_t$ 边界条件时的积分，得出

$$\frac{1}{q_\mathrm{e}-q}=\frac{1}{q_\mathrm{e}}+k_2t \tag{6.32}$$

式（6.32）可转换为如下线性形式：

$$\frac{t}{q}=\frac{t}{q_\mathrm{e}}+\frac{1}{k_2q_\mathrm{e}^2} \tag{6.33}$$

Ho 和 McKay 方程适用于在不同吸附质浓度和吸附剂剂量条件下的大多数吸附系统中的整个吸附实验过程。最重要的是，它可以在不确定实验参数的情况下计算吸附容量、伪二阶吸附速率常数和初始吸附速率。

6.6.4　重金属生物吸附连续填料床系统

间歇式吸附法对于体积小的吸附质吸附系统是较可行的。对于大规模生物吸附工艺，连续流动处理系统是较好的选择。该方法是将溶液中的吸附质连续地送入固体吸附剂固定床的顶部或底部。连续流动条件下的吸附过程中，吸附质的量随着时间的增加而增加，吸附和解吸之间很难达到平衡。当吸附剂的吸附能力接近极限时，吸附剂通常可被再生利用。由于这类试验可提供与商业系统更吻合的模拟条件，通常用于吸附剂对特定吸附质的适用性评估。在各种不同的实验装置中，填充床是最有效的连续操作装置。

在下流式填充床中，吸附质进料溶液通入塔，与塔顶的新鲜吸附剂反应。当溶液沿着填料柱向下流动时，弯管填料从溶液中逐渐吸附大部分吸附质。当废水中吸附质的浓度很低甚至无法检测到时，说明吸附质溶液通过吸附区被去除。由于平衡和动力学因素，更多的吸附质溶液进入塔中，出水中的吸附质浓度缓慢上升。当填料吸附剂的上部吸附饱和时，吸附区像一个缓慢移动的波形向下移动。最后，吸附区下边缘到达塔底时，导致废水中的吸附质浓度显著增加，整个床层接近与进料浓度平衡的状态。当吸附不再发生时，流动停止。这一点称为突破点。吸附物出水浓度随时间变化的曲线称为穿透曲线，用来描述连续填料床的吸附性能。

影响穿透点和穿透曲线的因素有：吸附质和吸附剂的性质，塔的几何结构和操作条件。突破点通常随着床层高度的增加、吸附剂粒径的减小、流速的减小而增大。沿时间或体积轴的穿透曲线的通常位置可指示将从固定床溶液中去除的吸附质的负载行为。它通常用标准化浓度来表示，即在给定床高下，废水吸附质浓度与入口吸附质浓度（C/C_0）之比是废水（V_eff）时间或体积的函数。如果吸附等温线有利且吸附速率无穷大，则穿透曲线将接近一条直线。随着传

质速率的降低，穿透曲线变得平缓。由于传质终究是有限的，穿透曲线就呈弥散的 S 形。

为了预测柱的动态行为，许多简单的数学模型得以开发。下面介绍用于表征生物吸附过程固定床性能的各种模型。

1. Adams-Bohart 模型

Adams-Bohart 模型为气体吸附反应而设计。用来描述 C/C_0 和 t 之间的关系，是表达在固定床柱上的木炭吸附氯的吸附方程。假设吸附速率与吸附剂的剩余容量和吸附质的浓度成正比。通过求解固、液相传质速率的微分方程，使 Adams-Bohart 模型适用于不同吸附条件下的固定床柱。模型的线性形式如式（6.34）所示：

$$\ln\frac{C}{C_0}=k_{AB}C_0t-k_{AB}N\frac{Z}{U_0} \tag{6.34}$$

式中，C 为每次接触时残留的吸附质浓度；C_0 为初始吸附质浓度；k_{AB} 为 Adams-Bohart 动力学常数；N 为液体中的金属浓度；Z 为柱底深度；U_0 为通过将流速除以柱的截面积计算的线速度。

式（6.34）是根据 $C<0.15C_0$ 的低浓度情况的假设得出的，一般在突破点的初始阶段有效。因此，该模型仅用于描述穿透曲线的初始部分。色谱柱操作参数的特征值可以通过给定床高和流速下的 $\ln C/C_0$ 与 t 的曲线图来确定。

2. 床层深度-工作时间模型

从 Adams 和 Bohard 模型出发，床层深度-工作时间（BDST）模型[223]通过忽略粒内质量阻力和外膜阻力，将服务时间（t）与过程变量关联起来。该模型通常用于确定不同穿透值下固定床的承载能力。通过假设吸附质被直接吸附到吸附剂表面，该模型表明柱的工作时间：

$$t=\frac{N_0}{C_0U_0}Z-\frac{1}{K_aC_0}\ln\left(\frac{C_0}{C}-1\right) \tag{6.35}$$

式中，K_a 为 BDST 中的速率常数；N_0 为吸附能力。

在 50%的突破点（C_0/C）$=2$ 和 $t=t_{0.5}$ 时，式（6.35）简化为如下方程式：

$$t_{0.5}=\left(\frac{N_0}{C_0U_0}\right)Z \tag{6.36}$$

$$t_{0.5}=\text{constant}\times Z \tag{6.37}$$

如果吸附数据与模型吻合，在 50%穿透深度的 BDST 图中，要获得穿过原点的直线，则应使用式（6.36）。

3. Yoon-Nelson 模型

Yoon-Nelson 模型[224]不需要关于吸附剂和溶质特性、吸附剂类型以及吸附床吸附剂物理性质的详细信息。假设每个吸附质分子的吸附概率的降低率与吸附质的吸附概率和吸附质在吸附剂上的穿透概率成正比。关于单组分系统的 Yoon-Nelson 方程由下式给出：

$$\ln\frac{C}{C_0-C}=k_{YN}t-\tau k_{YN} \tag{6.38}$$

式中，k_{YN} 为 Yoon-Nelson 速率常数；t 为 50%的吸附质突破所需时间；τ 为突破（取样）时间。

计算单组分系统的理论穿透曲线需要确定相关吸附质的参数 k_{YN} 和 τ。这些值可根据实际的实验数据确定。如果模型与实验数据充分吻合，可通过 $\ln[C/(C_0-C)]$ 与采样时间（t）得到一条直线，其斜率和截距分别为 k_{YN} 和 τk_{YN}。

4. Thomas 模型

Thomas 模型[225]是基于 Langmuir 吸附-解吸动力学假设和无轴向分散的最常用近似模型之一。该模型通常用于获取吸附柱设计中最大的吸附量（吸附质）。考虑速率驱动力服从二阶可逆反应动力学，Thomas 模型的吸附柱表达式如下：

$$\frac{C}{C_0}=\frac{1}{1+\exp[k_{\text{Th}}/Q(q_0X-C_0V_{\text{eff}})]} \tag{6.39}$$

式中，k_{Th} 为 Thomas 速率常数；Q 为流量；q_0 为溶质的最大固相浓度；X 为塔中吸附剂的量；V_{eff} 为污水量。

Thomas 模型可转换为线性形式，如下：

$$\ln\left(\frac{C_0}{C}-1\right)=\frac{k_{\text{Th}}q_0X}{Q}-\frac{k_{\text{Th}}C_0}{Q}V_{\text{eff}} \tag{6.40}$$

在给定流速的条件下，$\ln[(C_0/C)-1]$与 t 的曲线图可用于决定动力学系数 k_{Th} 和床层 q_0 的吸附能力。

5. Clark 模型

Clark 模型[226]结合了 Freundlich 方程和传质概念，定义了一个新的突破曲线。基于该模型生成的方程式如下：

$$\frac{C}{C_0}=\left(\frac{1}{1+Ae^{-rt}}\right)^{1/n-1} \tag{6.41}$$

$$A=\left(\frac{C_0^{n-1}}{C_{\text{break}}^{n-1}}-1\right)e^{rt_{\text{break}}} \tag{6.42}$$

$$R(n-1)=r \text{ 和 } R=\frac{k_{\text{cl}}}{U_0}v \tag{6.43}$$

式中，C_{break} 为突破点处的出口浓度（或污水的限制浓度）；t_{break} 为突破时间；k_{cl} 为 Clark 速率常数；v 为迁移率。

对于固定床上的特定吸附过程和选定的处理目标，可通过非线性回归分析，利用方程［式（6.42）和式（6.43）］确定 A 和 r 的值，从而根据方程［式（6.42）和式（6.43）］中 C/C_0 和 t 之间的关系预测穿透曲线。

6.6.5　响应面法

响应面法（RSM）是一个数学集的统计方法，用于设计实验、建立模型、评估变量的影响以及搜索变量的最佳条件以预测目标响应值。在开发新工艺、优化其性能、改进新产品的设计和配方方面，它是实验设计的重要分支和关键技术。它更适用于存在大量变量影响生产过程或产品的性能测量或质量等特性的情况下。这种性能指标或质量特性被称为响应。

在重金属处理过程中识别和拟合适当的响应面模型是提高去除率以及降低过程变量、时间和总成本的一种极有效的方法。同时，可以识别、优化影响实验的因素，并评估各因素之间的协同或拮抗作用。开发和优化过程涉及三个主要步骤：①实验设计；②建模；③优化。

一个过程的优化可以通过经验或统计方法来进行。然而，经验方法需要消耗大量的时间。这可以通过统计过程来解决。RSM 的优化过程包括三个主要步骤：①依据统计方法设计实验；②估算数学模型中的系数；③预测响应并评估模型的充分性。

RSM 用以下定量形式[227]表示独立的过程变量：

$$Y = f(A_1, A_2, A_3, \cdots, A_n) \tag{6.44}$$

式中，Y 为金属吸附量（mg/L）；f 为响应函数；A_1，A_2，A_3，…，A_n 为自变量。

通过绘制预期响应得到响应面，但 f 值未知，且可能会非常复杂。因此，RSM 可用低阶多项式来近似得到它的值。如果响应以线性方式变化，那么响应可以用线性函数方程表示为

$$Y = b_0 + b_1 A_1 + b_2 A_2 + \cdots + b_n A_n \tag{6.45}$$

但是，如果系统中存在曲率，则使用高阶多项式的二次模型表达，可以用以下公式表示：

$$Y = b_0 + \Sigma b_i A_i + \Sigma b_{ii} A_i^2 + \Sigma b_{ij} A_i A_j \tag{6.46}$$

式中，b_0 为抵消项；b_i 为一阶主效应；b_{ii} 为二阶主效应；b_{ij} 为干扰效应。

RSM 在重金属吸附研究的应用可最大限度减少实验次数，对有效参数进行综合优化。

6.7　小　　结

应用低成本吸附剂去除重金属将创造很高的经济价值，并具有较大的竞争力，特别是在金属电镀和金属精整加工、采矿和矿石加工、电池和蓄电池制造、火力发电厂废水排放、火力发电（特别是燃煤电厂）、核能发电等环境保护的实际应用中。许多研究表明，生物吸附是一种从水溶液中去除重金属的有效替代方法。这项技术不一定要取代常规处理方法，但可以使技术更完善。

通过物理或化学方法进行预处理或改性，可提高低成本吸附剂材料的吸附能力。化学改性通常可提高吸附剂的吸附能力，增加活性位点数量，离子交换性能更好，以及形成有利于金属吸收的新官能团。但为了能批量生产“低成本”吸附剂，必须考虑改性所用化学品的成本和方法。

尽管有几种低成本吸附剂具有很好的去除能力，但在工业规模中的应用还远未实现。因此需要更多的研究投入，并且在生产生活废水处理中积累实际工程经验。同时，需要建立更准确的数学模型，以开发出一种适用于包含多种复杂金属的工业废水的低成本吸附剂。

参考文献

[1] VOLESKY B. Biosorption and biosorbents//VOLESKY B. Biosorption of Heavy Metals. Florida：CRC Press，1990：3-44.

[2] US ENVIRONMENTAL PROTECTION AGENCY. Evaluation of sorbents for industrial sludge leachate treatment. Cincinnati：US EPA，1980.

[3] THEOPOLD K H. Chromium：inorganic and coordination chemistry//KING R B. Encyclopedia of inorganic chemistry. New York：John Wiley & Sons，1994：666-677.

[4] KOTAŚ J，STASICKA Z. Chromium occurrence in the environment and methods of its speciation. Environmental pollution，2000，107：263-283.

[5] US ENVIRONMENTAL PROTECTION AGENCY，NATIONAL PRIMARY DRINKING WATER REGULATIONS. Technical fact sheet on chromium. 2018. http：//www.epa.gov/ogwdw/pdfs/factsheets/ioc/tech/chromium.pdf.

[6] SALEM H. The chromium paradox in modern life：introductory address to the symposium. Science of the total environment，1989，86：1-3.

[7] WETTERHAHNK E，HAMILTONJ W. Molecular basis of hexavalent chromium carcinogenicicity：effect on gene expression. Science of the total environment，1989，86：113-129.

[8] COTTONF A，WILKINSON G，MURILL O C A，et al. Advanced inorganic chemistry. 6th ed. New York：John Wiley and Sons，1999.

[9] CONSIDINED M，CONSIDINE G D. Encyclopedia of chemistry. 4th ed. New York：Van Nostrand Reinhold Company，1984：287-293.

[10] SCHEINBER G H. Copper//MERIAN E. Metals and their compounds in the environment. Weinheim：VCH Publishers，1991：893-908.

[11] US ENVIRONMENTAL PROTECTION AGENCY. National primary drinking water regulations：consumer fact sheet on copper. 2018. http：//www. epa. gov/ogwdw/pdfs/factsheets/ioc/copper. pdf.

[12] US ENVIRONMENTAL PROTECTION AGENCY. Control and treatment technology for the metal finishing industry sulfide precipitation. Cincinnati：US EPA，1980.

[13] BESZEDITS S. Chromium removal from industrial wastewaters. Advances in environmental science and technology，1988，20：231-261.

[14] US ENVIRONMENTAL PROTECTION AGENCY. Waste treatment：upgrading metal-finishing facilities to reduce pollution. Cincinnati：US EPA，1973.

[15] US ENVIRONMENTAL PROTECTION AGENCY. Traces of heavy metals in water removal processes and monitoring. Cincinnati：US EPA，1973.

[16] HUANG C P. Activated carbon process for the treatment of cadmium（Ⅱ）-containing wastewaters. Cincinnati：US EPA，1983.

[17] US ENVIRONMENTAL PROTECTION AGENCY. Sorption of heavy metals by intact microorganisms，cell walls，and clay-wall composites. Cincinnati：US EPA，1990.

[18] TINGY P，LAWSON F，PRINCE I G. Uptake of cadmium and zinc by the alga *Chlorella vulgaris*：Ⅱ. Multiion situation. Biotechnology and bioengineering，1991，37：445-455.

[19] PASCUCCI P R. Simultaneousmultielement study on the binding of metals in solution by algal biomass *Chlorella vulgaris*. Analytical letters，1993，26：1483-1493.

[20] IYER R S，SCOTT J A. Power station fly ash—a review of value-added utilization outside of the construction industry. Resources，conservation and recycling，2001，31：217-228.

[21] PATTANAYAK J，MONDAL K，MATHEW S，et al. A parametric evaluation of the removal of As（Ⅴ）and As（Ⅲ）by carbon-based adsorbents. Carbon，2000，38：589-596.

[22] DIAMADOPOULOS E，LOANNIDIS S，SAKELLAROPOULOS G P.As（Ⅴ）removal from aqueous solutions by fly ash. Water research，1993，27：1773-1777.

[23] AYALA J，BLANCO F，GARCIA P，et al. Asturian fly ash as a heavy metals removal material. Fuel，1998，77：1147-1154.

[24] BAYAT B. Combined removal of zinc（Ⅱ）and cadmium（Ⅱ）from aqueous solutions by adsorption onto high calcium Turkish fly

ash. Water，air，and soil pollution，2002，136：69-92.

[25] BAYAT B. Comparative study of adsorption properties of Turkish fly ashes：Ⅱ. The case of chromium（Ⅵ）and cadmium（Ⅱ）. Journal of hazardous materials，2002，95：275-290.

[26] APAK R，TUTEM E，HUGUL M，et al. Heavy metal cation retention by unconventional sorbents（red muds and fly ashes）. Water research，1998，32：430-440.

[27] GUPTA V K，ALI I，JAIN C K，et al. Removal of cadmium and nickel from wastewater using bagasse fly ash—a sugar industry waste. Water research，2003，37：4038.

[28] WENG C H，HUANG C P. Treatment of metal industrial wastewater by fly ash and cement fixation. Journal of environmental engineering，1994，120：1470-1487.

[29] PAPANDREOU A，STOURNARAS C J，PANIAS D. Copper and cadmium adsorption on pellets made from fired coal fly ash. Journal of hazardous materials，2007，148：538-547.

[30] HO G E，MATHEW K，NEWMAN P W G. Leachate quality from gypsum neutralized red mud applied to sandy soils. Water，air，and soil pollution，1989，47：1-18.

[31] APIRATIKUL R，PAVASANT P. Sorption of Cu^{2+}，Cd^{2+}，and Pb^{2+}using modified zeolite from coal fly ash. Chemical engineering journal，2008，144：245-258.

[32] HUI K S，CHAO C Y，KOT S C. Removal of mixed heavy metal ions in wastewater by zeolite 4A and residual products from recycled coal fly ash. Journal of hazardous materials，2005，127：89-101.

[33] CETIN C，PEHLIVAN E. The use of fly ash as a low cost，environmentally friendly alternative to activated carbon for the removal of heavy metals from aqueous solutions. Colloids and surfaces A：physicochemical and engineering aspects，2007，298：83-87.

[34] GUPTA V K，ALI I. Removal of lead and chromium from wastewater using bagasse fly ash—a sugar industry waste. Journal of colloid and interface science，2004，271：321-328.

[35] PANDAY K K，PRASAD G，SINGH V N. Removal of Cr（Ⅵ）from aqueous solutions by adsorption on fly ash-wollastonite. Journal of chemical technology and biotechnology，1984，34：367-374.

[36] BANERJEE S S，JOSHI M V，JAYARAM R V. Removal of Cr（Ⅵ）and Hg（Ⅱ）from aqueous solution using fly ash and impregnated fly ash. Separation science and technology，2005，39：1611-1629.

[37] BHATTACHARYA A K，NAIYA T K，MANDAL S N，et al. Adsorption，kinetics and equilibrium studies on removal of Cr（Ⅵ）from aqueous solutions using different low-cost adsorbents. Chemical engineering journal，2008，137：529-541.

[38] MIMURA H，YOKOTA K，AKIBA K. Alkali hydrothermal synthesis of zeolites from coal fly ash and their uptake properties of cesium ion. Journal of nuclear science and technology，2001，38：766-772.

[39] PANDAY K K，PRASAD G，SINGH V N. Copper（Ⅱ）removal from aqueous solutions by fly ash. Water research，1985，19：869-873.

[40] BAYAT B. Comparative study of adsorption properties of Turkish fly ashes：I. The case of nickel（Ⅱ），copper（Ⅱ）and zinc（Ⅱ）. Journal of hazardous materials，2002，95：251-273.

[41] RICOU P，LECUYER I，CLOIRECP L. Removal of Cu^{2+}，$Zn^{2+}$and $Pb^{2+}$by adsorption onto fly ash and fly ash/lime mixing. Water science and technology，1999，39：239-247.

[42] LIN C J，CHANG J E. Effect of fly ash characteristics on the removal of Cu（Ⅱ）from aqueous solution. Chemosphere，2001，44：1185-1192.

[43] GUPTA V K，ALI I. Utilisation of bagasse fly ash（a sugar industry waste）for the removal of copper and zinc from wastewater. Separation and purification technology，2000，18：131-140.

[44] RAO M，PARWATE A V，BHOLE A G，et al. Performance of low-cost adsorbents for the removal of copper and lead. Journal of water supply：research and technology-AQUA，2003，52：49-58.

[45] HOSSAINM A，KUMITA M，MICHIGAM I Y，et al. Optimization of parameters for Cr（Ⅵ）adsorption on used black tea leaves. Adsorption，2005，11：561-568.

[46] HSU T C，YU C C，YEH C M. Adsorption of $Cu^{2+}$from water using raw and modified coal fly ashes. Fuel，2008，87：1355-1359.

[47] GUPTA V K. Equilibrium uptake，sorption dynamics，process development，and column operations for the removal of copper and nickel from aqueous solution and wastewater using activated slag，a low-cost adsorbent. Industrial and engineering chemistry

research，1998，37：192-202.

[48] SENA K，DEA K. Adsorption of mercury（Ⅱ）by coal fly ash. Water research，1987，21：885-888.

[49] KAPOOR A，VIRARAGHAVAN T. Adsorption of mercury from wastewater by fly ash. Adsorption science and technology，1992，9：130-147.

[50] BANERJEE S S，JAYARAM R V，JOSHIM V. Removal of nickel and zinc（Ⅱ）from wastewater using fly ash and impregnated fly ash. Separation science and technology，2003，38：1015-1032.

[51] RAO M，PARWATE A V，BHOLE A G. Removal of $Cr^{6+}$and $Ni^{2+}$from aqueous solution using bagasse and fly ash. Waste management，2002，22：821-830.

[52] GAN Q. A case study of microwave processing of metal hydroxide sediment sludge from printed circuit board manufacturing wash water. Waste management，2000，20：695-701.

[53] YADAVA K P，TYAGI B S，PANDAY K K，et al. Fly ash for the treatment of Cd（Ⅱ）rich effluents. Environmental technology letters，1987，8：225-234.

[54] GOSWAMI D，DAS A K. Removal of arsenic from drinking water using modified fly-ash bed. International journal of water，2000，1：61-70.

[55] GUPTA V K，SHARMA S. Removal of zinc from aqueous solutions using bagasse fly ash—a low cost adsorbent. Industrial & engineering chemistry research，2003，42：6619-6624.

[56] WENGCH，HUANG C P. Removal of trace heavy metals by qdsorption onto fly ash. Environmental engineering，1990：923-924.

[57] WENG C H，HUANG C P. Adsorption characteristics of Zn（Ⅱ）from dilute aqueous solution by fly ash. Colloids and surfaces A：physicochemical and engineering aspects，2004，247：137-143.

[58] BHATTACHARYA A K，MANDAL S N，DAS S K. Adsorption of Zn（Ⅱ）from aqueous solution by using different adsorbents. Chemical engineering journal，2006，123：43-51.

[59] RAHMAN I A，ISMAIL J，OSMAN H. Effect of nitric acid digestion on organic materials and silica in rice husk. Journal of materials chemistry，1997，7：1505-1509.

[60] RAHMAN I A，ISMAIL J. Preparation and characterization of a spherical gel from a low-cost material. Journal of materials chemistry，1993，3：931-934.

[61] ABO-EL-ENEIN S A，EISSA M A，DIAFULLAH A A，et al. Removal of some heavy metals ions from wastewater by copolymer of iron and aluminum impregnated with active silica derived from rice husk ash. Journal of hazardous materials，2009，172：574-579.

[62] ROY D，GREENLAW P N，SHANE B S. Adsorption of heavy metals by green algae and ground rice hulls. Journal of environmental science and health，part A：environmental science and engineering and toxicology，1993，28：37-50.

[63] LEE C K，LOW K S，LIEW S C，et al. Removal of arsenic（Ⅴ）from aqueous solution by quaternized rice husk. Environmental technology，1999，20：971-978.

[64] NAKBANPOTE W，THIRAVAVETYAN P，KALAMBAHETI C. Comparison of gold adsorption by Chlorella vulgaris，rice husk and activated carbon. Minerals engineering，2002，15：549-552.

[65] NAKBANPOTE W，THIRAVAVETYAN P，KALAMBAHETI C. Preconcentration of gold by rice husk ash. Minerals engineering，2000，13：391-400.

[66] KRISHNANI K K，MENG X，CHRISTODOULATOS C，et al. Biosorption mechanism of nine different heavy metals onto biomatrix from rice husk. Journal of hazardous materials，2008，153：1222-1234.

[67] AJMAL M，RAO R A K，ANWAR S，et al. Adsorption studies on rice husk：removal and recovery of Cd（Ⅱ）from wastewater. Bioresource technology，2003，86：147-149.

[68] YE H，ZHU Q，DU D. Adsorptive removal of Cd（Ⅱ）from aqueous solution using natural and modified rice husk. Bioresource technology，2010，101：5175-5179.

[69] TARLEY C R T，FERREIRA S L C，ARRUDA M A Z. Use of modified rice husks as a natural solid adsorbent of trace metals：characterisation and development of an on-line preconcentration system for cadmium and lead determination by FAAS. Microchemical journal，2004，77：163-175.

[70] KUMAR U，BANDYOPADHYAY M. Sorption of cadmium from aqueous solution using pretreated rice husk. Bioresource

technology，2006，97：104-109.

[71] MUNAF E，ZEIN R. The use of rice husk for removal of toxic metals from waste water. Environmental technology，1997，18：359-362.

[72] MARSHALL W E，CHAMPAGNE E T，EVANS W J. Use of rice milling byproducts（hulls and bran）to remove metal ions from aqueous solution. Journal of environmental science & health，part A：environmental science and engineering and toxicology，1993，28：1977-1992.

[73] SRIVASTAVA V C，MALL I D，MISHRA I M. Removal of cadmium（Ⅱ）and zinc（Ⅱ）metal ions from binary aqueous solution by rice husk ash. Colloids and surfaces A：physicochemical and engineering aspects，2008，312：172-184.

[74] SHARMA N，KAUR K，KAUR S. Kinetic and equilibrium studies on the removal of Cd^{2+}ions from water using polyacrylamide grafted rice（Oryza sativa）husk and（Tectonagrandis）saw dust. Journal of hazardous materials，2009，163：1338-1344.

[75] AKHTAR M，IQBAL S，KAUSAR A，et al. An economically viable method for the removal of selected divalent metal ions from aqueous solutions using activated rice husk. Colloids and surfaces B：biointerfaces，2010，75：149-155.

[76] WANG L H，LIN C I. Adsorption of chromium（Ⅲ）ion from aqueous solution using rice hull ash. Journal of the Chinese Institute of Chemical Engineers，2008，39：367-373.

[77] GUO Y，QI J，YANG S，et al. Adsorption of Cr（Ⅵ）on micro-and meso-porous rice husk-based active carbon. Materials chemistry and physics，2002，78：132-137.

[78] BANSAL M，GAR G U，SING H D，et al. Removal of Cr（Ⅵ）from aqueous solutions using pre-consumer processing agricultural waste：a case study of rice husk. Journal of hazardous materials，2009，162：312-320.

[79] WONG K K，LEE C K，LOW K S，et al. Removal of Cu and Pb by tartaric acid modified rice husk from aqueous solutions. Chemosphere，2003，50：23-28.

[80] WONG K K，LEE C K，LOW K S，et al. Removal of Cu and Pb from electroplating wastewater using tartaric acid modified rice husk. Process biochemistry，2003，39：437-445.

[81] NAKBANPOTE W，GOODMAN B A，THIRAVETYAN P. Copper adsorption on rice husk derived materials studied by EPR and FTIR. Colloids and surfaces A：physicochemical and engineering aspects，2007，304：7-13.

[82] FEROZE N，RAMZAN N，KHAN A，et al. Kinetic and equilibrium studies for Zn（Ⅱ）and Cu（Ⅱ）metal ions removal using biomass（Rice Husk）Ash. Journal of the chemical society of pakistan，2011，33：139-146.

[83] JOHAN N A，KUTTY S R M，ISA M H，et al. Adsorption of copper by using microwave incinerated rice Husk Ash（MIRHA）. International journal of civil and environmental engineering，2011，3：211-215.

[84] FENG Q，LIN Q，GONG F，et al. Adsorption of lead and mercury by rice husk ash. Journal of colloid and interface science，2004，278：1-8.

[85] TIWARI D P，SINGH D K，SAKSENA D N. Hg（Ⅱ）adsorption from solutions using rice-husk ash. Journal of environmental engineering，1995，121：479-481.

[86] GHORBAN I M，LASHKENARI M S，EISAZADEH H. Application of polyaniline nanocomposite coated on rice husk ash for removal of Hg（Ⅱ）from aqueous media. Synthetic metals，2011，161：1430-1433.

[87] SRIVASTAVA V C，MALL I D，MISHRA I M. Competitive adsorption of cadmium（Ⅱ）and nickel（Ⅱ）metal ions from aqueous solution onto rice husk ash. Chemical engineering and processing：process intensification，2009，48：370-379.

[88] PILLAI M G，REGUPATHI I，KALAVATHY M H，et al. Optimization and analysis of nickel adsorption on microwave irradiated rice husk using response surface methodology（RSM）. Journal of chemical technology and biotechnology，2009，84：291-301.

[89] WANG L H，LIN C I. Adsorption of lead（Ⅱ）ion from aqueous solution using rice hull ash. Industrial and engineering chemistry research，2008，47：4891-4897.

[90] NAIYA T K，BHATTACHARYA A K，MANDAL S，et al. The sorption of lead（Ⅱ）ions on rice husk ash. Journal of hazardous materials，2009，163：1254-1264.

[91] SURCHI K M M. Agricultural wastes as low cost adsorbents for Pb removal：kinetics，equilibrium and thermodynamics. International journal of chemistry，2011，3：103-112.

[92] ZULKALI M M D，AHMAD A L，NORULAKMAL N H，et al. Comparative studies of *Oryza sativa* L. husk and chitosan as lead adsorbent. Journal of chemical technology and biotechnology，2006，81：1324-1327.

[93] MISHRA S P，TIWARI D，DUBEY R S. The uptake behaviour of rice（Jaya）husk in the removal of Zn（Ⅱ）ions—a radiotracer study. Applied radiation and isotopes，1997，48：877-882.

[94] DANG V B H，DOAN H D，DANG-VU T，et al. Equilibrium and kinetics of biosorption of cadmium（Ⅱ）and copper（Ⅱ）ions by wheat straw. Bioresource technology，2009，100：211-219.

[95] TAN G，XIAO D. Adsorption of cadmium ion from aqueous solution by ground wheat stems. Journal of hazardous materials，2009，164：1359-1363.

[96] DHIR B，KUMAR R. Adsorption of heavy metals by *Salvinia* biomass and algricultural residues. International journal of environmental research，2010，4：427-432.

[97] NOURI L，HAMDAOUI O. Ultrasonication-assisted sorption of cadmium from aqueous phase by wheat bran. The journal of physical chemistry A，2007，111：8456-8463.

[98] NOURI L，GHODBANE I，HAMDAOUI O，et al. Batch sorption dynamics and equilibrium for the removal of cadmium ions from aqueous phase using wheat bran. Journal of hazardous materials，2007，149：115-125.

[99] FARAJZADEH M A，MONJI A B. Adsorption characteristics of wheat bran towards heavy metal cations. Separation and purification technology，2004，38：197-207.

[100] ÖZER A，PIRINCCI H B. The adsorption of Cd（Ⅱ）ions on sulfuric acid-treated wheat bran. Journal of hazardous materials，2006，137：849-855.

[101] CHOJNACKA K. Biosorption of Cr（Ⅲ）ions by wheat straw and grass：a systematic characterization of new biosorbents. Polish journal of environmental studies，2006，15：845-852.

[102] DUPONT L，GUILLON E. Removal of hexavalent chromium with a lignocellulosic substrate extracted from wheat bran. Environmental science & technology，2003，37：4235-4241.

[103] WAN G X S，LI Z Z，SUN C. Removal of Cr（Ⅵ）from aqueous solutions by lowcostbiosor-bents：marine macroalgae and agricultural by-products. Journal of hazardous materials，2008，153：1176-1184.

[104] SINGH K K，HASAN H S，TALA M，et al. Removal of Cr（Ⅵ）from aqueous solutions using wheat bran. Chemical engineering journal，2009，151：113-121.

[105] NAMENI M，MOGHADAM M R A，ARAM M. Adsorption of hexavalent chromium from aqueous solutions by wheat bran. International journal of environmental science & technology，2008，5：161-168.

[106] GONG R，GUAN R，ZHAO J，et al. Citric acid functionalizing wheat straw as sorbent for copper removal from aqueous solution. Journal of health science，2008，54：174-178.

[107] DUPONT L，BOUANDA J，DUMONCEAU J，et al. Biosorption of Cu（Ⅱ）and Zn（Ⅱ）onto a lignocellulosic substrate extracted from wheat bran. Environmental chemistry letters，2005，2：165-168.

[108] AYDIN H，BULUT Y，YERLIKAYA C. Removal of copper（Ⅱ）from aqueous solution by adsorption onto low-cost adsorbents. Journal of environmental management，2008，87：37-45.

[109] BASCI N，KOCADAGISTAN E，KOCADAGISTAN B. Biosorption of copper（Ⅱ）from aqueous solutions by wheat shell. Desalination，2004，164：135-140.

[110] WANG X S，LI Z Z，SUN C. A comparative study of removal of Cu（Ⅱ）from aqueous solutions by locally low-cost materials：marinemacroalgae and agricultural by-products. Desalination，2009，235：146-159.

[111] ÖEZER A，ÖEZER D，ÖEZER A. The adsorption of copper（Ⅱ）ions on to dehydrate wheat bran（DWB）：determination of the equilibrium and thermodynamic parameters. Process biochemistry，2004，39：2183-2191.

[112] BULUT Y，BAYSAL Z. Removal of Pb（Ⅱ）from wastewater using wheat bran. Journal of environmental management，2006，78：107-113.

[113] WANG X，XIA L，TAN K，et al. Studies on adsorption of uranium（Ⅵ）from aqueous solution by wheat straw. Environmental progress & sustainable energy，2011，31（4）：566-576.

[114] QU R J，SUN C M，FANG M，et al. Removal of recovery of Hg（Ⅱ）from aqueous solution using chitosan-coated cotton fibers. Journal of hazardous materials，2009，167：717-727.

[115] ZHANG G Y，QU R J，SUN C M，et al. Adsorption for metal ions of chitosan coated cotton fiber. Journal of applied polymer

science，2008，110：2321-2327.

[116] QU R J, SUN C M, WANG M H, et al. Adsorption of Au(Ⅲ)from aqueous solution using cotton fiber/chitosan composite adsorbents. Hydrometallurgy，2009，100：65-71.

[117] HUANG G L, ZHANG H Y, JEFFREY X S, et al. Adsorption of chromium(Ⅵ) from aqueous solutions using cross-linked magnetic chitosan beads. Industrial&engineering chemistry research，2009，48：2646-2651.

[118] TRAN H V，TRAN L D，NGUYEN T N. Preparation of chitosan/magnetite composite beads and their application for removal of Pb（Ⅱ）and Ni（Ⅱ）from aqueous solution. Materials science and engineering：C，2010，30：304-310.

[119] SUN X Q，PENG B，JING Y，et al. Chitosan（chitin）/cellulose composite biosor-bents prepared using ionic liquid for heavy metal ions adsorption. AIChE journal，2009，55：2062-2069.

[120] KALYANI S，AJITHA P J，SRINIVASA R P，et al. Removal of copper and nickel from aqueous solutions using chitosan coated on perlite as biosorbent. Separation science and technology，2005，40：1483-1495.

[121] SHAMEEM H，ABBURI K，TUSHAR K G，et al. Adsorption of divalent cadmium（Cd（Ⅱ））from aqueous solutions onto chitosan-coated perlite beads. Industrial & engineering chemistry research，2006，45：5066-5077.

[122] SHAMEEM H，ABBURI K，TUSHAR K G，et al. Adsorption of chromium（Ⅵ）on chitosan-coated perlite. Separation science and technology，2003，38：3775-3793.

[123] SHAMEEM H，TUSHAR K G，DABIR S V，et al. Dispersion of chitosan on perlite for enhancement of copper（Ⅱ）adsorption capacity. Journal of hazardous materials，2008，152：826-837.

[124] VEERA M B，KRISHNAIAH A，JONATHAN L T，et al. Removal of arsenic（Ⅲ）and arsenic（Ⅴ）from aqueous medium using chitosan-coated biosorbent. Water research，2008，42：633-642.

[125] VEERA M B, KRISHNAIAH A, ANN J R, et al. Removal of copper(Ⅱ)and nickel(Ⅱ)ions from aqueous solutions by a composite chitosan biosorbent. Separation science and technology，2008，43：1365-1381.

[126] VEERA M B，KRISHNAIAH A，JONATHAN L T，et al. Removal of hexavalent chromium from wastewater using a new composite chitosan biosorbent. Environmental science & technology，2003，37：4449-4456.

[127] FAN D H，ZHU X M，XU M R，et al. Adsorption properties of chromium（Ⅵ）by chitosan coated montmorillonite. Journal of biological sciences，2006，6：941-945.

[128] WAN NGAH W S，FATINATHAN S. Adsorption of Cu（Ⅱ）ions in aqueous solution using chitosan beads，chitosan-GLA beads and chitosan-alginate beads. Chemical engineering journal，2008，143：62-72.

[129] VIJAYA Y, SRINIVASA R P, VEERA M B, et al. Modified chitosan and calcium algi-nate biopolymer sorbents for removal of nickel（Ⅱ）through adsorption. Carbohydrate polymers，2008，72：261-271.

[130] SRINIVASA R P，VIJAYA Y，VEERA M B，et al. Adsorptive removal of copper and nickel ions from water using chitosan coated PVC beads. Bioresource technology，2009，100：194-199.

[131] KUMAR M, BIJAY P T, VINOD K S. Crosslinked chitosan/polyvinyl alcohol blend beads for removal and recovery of Cd（Ⅱ）from wastewater. Journal of hazardous materials，2009，172：1041-1048.

[132] WAN NGAH W S，KAMARI A，KOAY Y J. Equilibrium kinetics studies of adsorption of copper（Ⅱ）on chitosan and chitosan/PVA beads. International journal of biological macromolecules，2004，34：155-161.

[133] WAN M W，KAN C C，LIN C H，et al. Adsorption of copper（Ⅱ）by chitosan immobilized on sand. Chia-Nan annual bulletin，2007，33：96-106.

[134] WAN M W，KAN C C，ROGEL B D，et al. Adsorption of copper（Ⅱ）and lead（Ⅱ）ions from aqueous solution on chitosan-coated sand. Carbohydrate polymers，2010，80：891-899.

[135] DRAGAN E S，DINU M V，TIMPU D. Preparation and characterization of novel composites based on chitosan and clinoptilolite with enhanced adsorption properties for Cu^{2+}. Bioresource technology，2010，101：812-817.

[136] DINU M V，DRAGAN E S. Evaluation of Cu^{2+}，Co^{2+}，and Ni^{2+}ions removal from aqueous solution using a novel chitosan/clinoptilolitecomposites：kinetics and isotherms. Chemical engineering journal，2010，160：157-163.

[137] KOUSALYA G N，MUNIYAPPAN R G，SAIRAM S C. Synthesis of nano-hydroxy-apatite chitin/chitosan hybrid biocomposites for the removal of Fe（Ⅲ）. Carbohydrate polymers，2010，82：549-599.

[138] ANIRUDHAN T S，RIJITH S，THARUN A R. Adsorptive removal of thorium（Ⅳ）from aqueous solutions using poly（methacrylic acid）-grafted chitosan/bentonite composite matrix：process design and equilibrium studies. Colloids and surfaces A：physicochemical and engineering aspects，2010，368：13-22.

[139] SAIFUDDIN M，KUMARAN P. Removal of heavy metal from industrial wastewater using chitosan coated oil palm shell charcoal. Electronic journal of biotechnology，2005，8：43-53.

[140] US ENVIRONMENTAL PROTECTION AGENCY. Factors influencing metal accumulation by algae，Cincinnati：US EPA，1983.

[141] ROMERA E，GONZALEZ F，BALLESTER A，et al. Biosorption with algae：a statistical review. Critical reviews in biotechnology，2006，26：223-235.

[142] BRINZA L，DRING M J，GAVRILESCU M. Marine micro-and macro-algal species as biosorbents for heavy metals. Environmental engineering and management journal，2007，6：237-251.

[143] HOLAN Z R，VOLESKY B，PRASETYO I. Biosorption of cadmium by biomass of marine algae. Biotechnology and bioengineering，1993，41：819-825.

[144] HOLAN Z R，VOLESKY B. Biosorption of lead and nickel by biomass of marine algae. Biotechnology and bioengineering，1994，43：1001-1009.

[145] YU Q，MATHEICKAL J T，YIN P，et al. Heavy metal uptake capacities of common marine macro algal biomass. Water research，1999，33：1534-1537.

[146] CHONG K H，VOLESKY B. Description of two-metal biosorption equilibria by Langmuir-type models. Biotechnology and bioengineering，1995，47：451-460.

[147] LEUSCH A，HOLAN Z，VOLESKY B. Biosorption of heavy metals（Cd，Cu，Ni，Pb，Zn）by chemically-reinforced biomass of marine algae. Journal of chemical technology and biotechnology，1995，62：279-288.

[148] PAVASANT P，APIRATIKUL R，SUNGKHUM V，et al. Biosorption of Cu^{2+}，Cd^{2+}，Pb^{2+}，and Zn^{2+}using dried marine green macroalga Caulerpa lentil-lifera. Bioresource technology，2006，97：2321-2329.

[149] APIRATIKUL R，PAVASANT P. Batch and column studies of biosorption of heavy metals by Caulerpalentillifera. Bioresource technology，2008，99：2766-2777.

[150] HASHIM M A，CHU K H. Biosorption of cadmium by brown，green，and red seaweeds. Chemical engineering journal，2004，97：249-255.

[151] LAU P S，LEE H Y，TSANG C C K，et al. Effect of metal interference，pH and temperature on Cu and Ni biosorption by Chlorella vulgaris and Chlorella miniata. Environmental technology，1999，20：953-961.

[152] KLIMMEK S，STAN H J，WILKE A，et al. Comparative analysis of the biosorption of cadmium，lead，nickel，and zinc by algae. Environmental science & technology，2001，35：4283-4288.

[153] AKSU Z，AÇIKEL Ü，KUTSAL T. Application of multicomponent adsorption isotherms to simultaneous biosorption of iron（Ⅲ）and chromium（Ⅵ）on C. vulgaris. Journal of chemical technology andbiotechnology，1997，70：368-378.

[154] DÖNMEZ G C，AKSU Z，ÖZTÜRK A，et al. A comparative study on heavy metal biosorption characteristics of some algae. Process biochemistry，1999，34：885-892.

[155] JALALI R，GHAFOURIAN H，ASEF Y，et al. Removal and recovery of lead using nonliving biomass of marine algae. Journal of hazardous materials，2002，92：253-262.

[156] BASSO M C，CERRELLA E G，CUKIERMAN A I. Empleo de algas marinas para la biosorción de metalespesados de aguascontaminadas. Avancesenenergíasrenovables y medioambiente，2002，6：69-74.

[157] MATHEICKAL J T，YU Q，WOODBURN G M. Biosorption of cadmium（Ⅱ）from aqueous solutions by pre-treated biomass of marine alga Durvillaea potatorum. Water research，1999，33：335-342.

[158] MATHEICKAL J T，YU Q. Biosorption of lead（Ⅱ）and copper（Ⅱ）from aqueous solutions by pretreated biomass of Australian marine algae. Bioresource technology，1999，69：223-229.

[159] YU Q，KAEWSARN P. Adsorption of Ni^{2+} from aqueous solutions by pretreated biomass of marine macroalga *Durvillaea potatorum*. Separation science and technology，2000，35：689-701.

[160] KAEWSARN P，YU Q. Cadmium（Ⅱ）removal from aqueous solutions by pre-treated biomass of marine alga *Padina* sp.

Environmental pollution，2001，112：209-213.

[161] KAEWSARN P. Biosorption of copper(Ⅱ)from aqueous solutions by pre-treated biomass of marine algae *Padina* sp. Chemosphere，2002，47：1081-1085.

[162] TOBIN J M，COOPER D G，NEUFELD RJ. Uptake of metal ions by *Rhizopus arrhizus* biomass. Applied and environmental microbiology，1984，47：821-824.

[163] COSSICH E S，TAVARES C R G，RAVAGNANI T M K. Biosorption of chromium（Ⅲ）by *Sargassum* sp. Biomass. Electronic journal of biotechnology，2002，5：44-52.

[164] SILVA E A，COSSICH E S，TAVARES C G，et al. Biosorption of binary mixtures of Cr（Ⅲ）and Cu（Ⅱ）ions by *Sargassum* sp. Brazilian journal of chemical engineering，2003，20：213-227.

[165] LEE H S，VOLESKY B. Interference of aluminum in copper biosorption by an algal biosorbent. Water quality research journal of Canada，1999，34：519-533.

[166] DAVIS T A，VOLESKY B，VIEIRARHSF. Sargassum seaweed as biosorbent for heavy metals. Water research，2000，34：4270-7278.

[167] KIM Y H，PARK Y J，YOO Y J，et al. Removal of lead using xanthated marine brown alga，*Undaria pinnatifida*. Process biochemistry，1999，34：647-652.

[168] MADIGAN M T，MARTINKO J M，PARKER J. Brock Biology of Microorganisms. 9th ed. Upper Saddle River，NJ：Pearson Prentice Hall，2000.

[169] LOUKIDOU M X，KARAPANTSIOS T D，ZOUBOULISAI，et al. Diffusion kinetic study of cadmium（Ⅱ）biosorption by Aeromonascaviae. Journal of chemical technologyand biotechnology，2004，79：711-719.

[170] LU W B，SHI J J，WANG C H，et al. Biosorption of lead，copper and cadmium by an indigenous isolate Enterobacter sp. J1 possessing high heavy-metal resistance. Journal of hazardous materials，2006，134：80-86.

[171] OZDEMIR G，OZTURK T，CEYHAN N，et al. Heavy metal biosorption by bio-mass of *Ochrobactrum anthropi* producing exopolysaccharide in activated sludge. Bioresource technology，2003，90：71-74.

[172] CHANG J S，LAW R，CHANG C C. Biosorption of lead，copper and cadmium by biomass of Pseudomonas aeruginosa PU21. Water research，1997，31：1651-1658.

[173] PARDO R，HERGUEDAS M，BARRADO E，et al. Biosorption of cadmium，copper，lead and zinc by inactive biomass of Pseudomonas putida. Analytical and bioanalytical chemistry，2003，376：26-32.

[174] HUSSEIN H，IBRAHIM S F，KANDEEL K，et al. Biosorption of heavy metals from waste water using *Pseudomonas* sp. Electronic journal of biotechnology，2004，17：38-46.

[175] ZIAGOVA M，DIMITRIADIS G，ASLANIDOU D，et al. Comparative study of Cd（Ⅱ）and Cr（Ⅵ）biosorption on *Staphylococcus xylosus* and *Pseudomonas* sp. in single and binary mixtures. Bioresource technology，2007，98：2859-2865.

[176] TANGAROMSUK J，POKETHITIYOOK P，KRUATRACHUE M，et al. Cadmium biosorption by *Sphingomonas paucimobilis* biomass. Bioresource technology，2002，85：103-105.

[177] PURANIK P R，CHABUKSWAR N S，PAKNIKAR K M. Cadmium biosorption by *Streptomyces pimprina* waste biomass. Applied microbiology and biotechnology，1995，43：1118-1121.

[178] SELATNIA A，BAKHTI M Z，MADANI A，et al. Biosorption of $Cd^{2+}$from aqueous solution by a NaOH-treated bacterial dead *Streptomyces rimosus* biomass. 2004，Mineralsengineering，75：11-24.

[179] SRINATH T，VERMA T，RAMTEKE P W，et al. Chromium（Ⅵ）biosorption and bioaccu-mulation by chromate resistant bacteria. Chemosphere，2002，48：427-435.

[180] ZHOU M，LIU Y，ZENG G，et al. Kinetic and equilibrium studies of Cr（Ⅵ）biosorption by dead *Bacillus licheniformis* biomass. World journal of microbiology & biotechnology，2007，23：43-48.

[181] ŞAHIN Y，ÖZTÜRK A. Biosorption of chromium（Ⅵ）ions from aqueous solution by the bacte-rium *Bacillus thuringiensis*. Process biochemistry，2005，40：1895-1901.

[182] NOURBAKHSH M，SAG˜ Y，ÖZER D，et al. A comparative study of various biosorbents for removal of chromium（Ⅵ）ions from industrial waste waters. Process biochemistry，1994，29：1-5.

[183] SALEHIZADEH H，SHOJAOSADATI S A. Removal of metal ions from aqueous solution by polysac-charide produced from

Bacillus firmus. Water research，2003，37：4231-4235.

[184] TUNALI S，ÇABUK A，AKAR T. Removal of lead and copper ions from aqueous solutions by bacterial strain isolated from soil. Chemical engineering journal，2006，115：203-211.

[185] NAKAJIMA A，YASUDA M，YOKOYAMA H，et al. Copper biosorption by chemically treated *Micrococcus luteus* cells. World journal of microbiology & biotechnology，2001，17：343-347.

[186] SAVVAIDIS I，HUGHES M N，POOLE R K. Copper biosorption by *Pseudomonas cepacia* and other strains. World journal of microbiology & biotechnology，2003，19：117-121.

[187] USLU G，TANYOL M. Equilibrium and thermodynamic parameters of single and binary mixture biosorption of lead（Ⅱ）and copper（Ⅱ）ions onto *Pseudomonas putida*：effect of temperature. Journal of hazardous materials，2006，135：87-93.

[188] CHEN X C，WANG Y P，LIN Q，et al. Biosorption of copper（Ⅱ）and zinc（Ⅱ）from aqueous solution by *Pseudomonas putida* CZ1. Colloids and surfaces B：biointerfaces，2005，46：101-107.

[189] BEOLCHINI F，PAGNANELLI F，TORO L，et al. Ionic strength effect on copper biosorption by *Sphaerotilus natans*：equilibrium study and dynamic modelling in membrane reactor. Water research，2006，40：144-152.

[190] ÖZTÜRK A，ARTAN T，AYAR A. Biosorption of nickel（Ⅱ）and copper（Ⅱ）ions from aqueous solution by *Streptomyces coelicolor* A3（2）. Colloids and surfaces B：biointerfaces，2004，34：105-111.

[191] LIU H L，CHEN B Y，LAN Y W，et al. Biosorption of Zn（Ⅱ）and Cu（Ⅱ）by the indigenous *Thiobacillus thiooxidans*. Chemical engineering journal，2004，97：195-201.

[192] SELATNIA A，OUKAZOULA A，KECHID N，et al. Biosorption of Fe^{3+} from aqueous solution by a bacterial dead *Streptomyces rimosus* biomass. Process biochemistry，2004，39：1643-1651.

[193] ÖZTÜRK A. Removal of nickel from aqueous solution by the bacterium *Bacillus thuringiensis*. Journal of hazardous materials，2007，147：518-523.

[194] SELATNIA A，MADANI A，BAKHTI M Z，et al. Biosorption of Ni^{2+} from aqueous solution by a NaOH-treated bacterial dead *Streptomyces rimosus* biomass. Minerals engineering，2004，17：903-911.

[195] CHOI S B，YUN Y S. Lead biosorption by waste biomass of *Corynebacterium glutamicum* generated from lysine fermentation process. Biotechnology letters，2004，26：331-336.

[196] LIN C C，LAI Y T. Adsorption and recovery of lead（Ⅱ）from aqueous solutions by immobilized *Pseudomonas Aeruginosa* PU21 beads. Journal of hazardous materials，2006，137：99-105.

[197] SELATNIA A，BOUKAZOULA A，KECHID N，et al. Biosorption of lead（Ⅱ）from aqueous solution by a bacterial dead *Streptomyces rimosus* biomass. Biochemical engineering journal，2004，19：127-135.

[198] de VARGAS I，MACASKIE L E，GUIBAL E. Biosorption of palladium and platinum by sulfate-reducing bacteria. Journal of chemical technology and biotechnology，2004，79：49-56.

[199] NAKAJIMA A，TSURUTA T. Competitive biosorption of thorium and uranium by *Micrococcus luteus*. Journal of radioanalytical and nuclear chemistry，2004，260：13-18.

[200] MAMERI N，BOUDRIES N，ADDOUR L，et al. Batch zinc biosorption by a bacterial nonliving *Streptomyces rimosus* biomass. Water research，1999，33：1347-1354.

[201] INCHAROENSAKDI A，KITJAHARN P. Zinc biosorption from aqueous solution by a halotolerant cyanobacterium *Aphanothece halophytica*. Current microbiology，2002，45：261-264.

[202] PURANIK P R，PAKNIKAR K M. Biosorption of lead and zinc from solutions using *Streptoverticillium cinnamoneum* waste biomass. Journal of biotechnology，1997，55：113-124.

[203] TANG P L，LEE C K，LOW K S，et al. Sorption of Cr（Ⅵ）and Cu（Ⅱ）in aqueous solution by ethylenediamine modified rice hull. Environmental technology，2003，24：1243-1251.

[204] KOTAS J，STASICKA Z. Chromium occurrence in the environment and methods of its speciation. Environmental pollution，2000，107：263-283.

[205] LOW K S，LEE C K，LEO A C. Removal of metals from electroplating wastes using banan pith. Bioresource technology，1995，51：227-231.

[206] CELAYA R J，NORIEGA J A，YEOMANS J H，et al. Biosorption of Zn（Ⅱ）by *Thiobacillus ferrooxidans*. Bioprocess engineering，2000，22：539-542.

[207] LANGMUIR I. The adsorption of gases on plane surfaces of glass，mica and platinum. Journal of the American Chemical Society，1918，40：1361-1368.

[208] HO Y. Isotherms for the sorption of lead onto peat：comparison of linear and non-linear methods.Polish journal of environmental studies，2006，15：81-86.

[209] FREUNDLICH H. Adsorption in solution. Journal of Physical Chemistry，1906，40：1361-1368.

[210] SITE A D. Factors affecting sorption of organic compounds in natural sorbent/water systems and sorption coefficients for selected pollutants：a review. Journal of physical and chemical reference data，2001，30：187-439.

[211] TEMKIN M I. Adsorption equilibrium and the kinetics of processes on nonhomogeneous surfaces and in the interaction between adsorbed molecules. ZhurnalFizcheskoiChimii，1941，15：296-332.

[212] BRUNAUER S，EMMETT P H，TELLER E. Adsorption of gases in multimolecular layers. Journal of the American Chemical Society，1938，60：309-319.

[213] DUBININ M M，RADUSHKEVICH L V. Equation of the characteristic curve of activated charcoal. Proc acad sci phys chem sec，USSR，1947，55：331-333.

[214] HASANY S M，CHAUDHARY M H. Sorption potential of hare river sand for the removal of anti-mony from acidic aqueous solution. Applied radiation and isotopes，1996，47：467-471.

[215] HALSEY G. Physical adsorption on non-uniform surfaces. The journal of chemical physics，1948，16：931-937.

[216] HARKINS W D，JURA E J. The decrease of free surface energy as a basis for the development of equations for adsorption isotherms；and the existence of two condensed phases in films on solids. The journal of chemical physics，1944，12：112-113.

[217] REDLICH O J，PETERSON D L. A useful adsorption isotherm. Journal of physical chemistry，1959，63：1024.

[218] SIPS R J. On the structure of a catalyst surface. Chemical physics，1948，16：490-495.

[219] MTOTH J. State equations of the solid gas interface layer. ActaChemicaAcademiaeHungaricae，1971，69：311-317.

[220] WEBER W J，MORRIS J C. Kinetic of adsorption on carbon from solution. Journal of the Sanitary Engineering Division，American Society of Civil Engineers，1963，89（2）：31-59.

[221] LAGERGREN S. Zurtheorie der sogenannten adsorption gelösterstoffe，KungligaSvenskaVetenskapsakademiens. Handlingar，1898，24：1-39.

[222] HO Y S，MCKAY G. Pseudo-second order model for sorption processes. Process biochemistry，1999，34：451-465.

[223] BOHART G，ADAMS E Q. Some aspects of the behaviour of charcoal with respect to chlorine. Journal of the American Chemical Society，1920，42：523-544.

[224] YOON Y H，NELSON J H. Application of gas adsorption kinetics I. A theoretical model for respirator cartridge service time. American Industrial Hygiene Association journal，1984，45：509-516.

[225] THOMAS H C. Heterogeneous ion exchange in a flowing system. Journal of the American Chemical Society，1944，66：1664-1666.

[226] CLARK R M. Evaluating the cost and performance of field-scale granular activated carbon systems. Environmental science & technology，1987，21：573-580.

[227] KIRAN B，KAUSHIK A. Chromium binding capacity of Lyngbyaputealis exopolysaccharides. Biochemical engineering journal，2008，38：47-54.

第7章　硫化物沉淀法处理重金属废物

电镀和其他金属精整工艺通常将工艺废水排放到下水道或者公共污水管网系统中，对比其他工业行业排放的污水，通常排放量更大。然而，这些排放废水中所含污染物通常含有潜在毒性。因此，废水在排入下水道或者公共污水管网前应该按照《清洁水法》（*The Clean Water Act*，CWA）的要求进行适当处理。《清洁水法》的相关规定要求废水控制氧化氰化物、减少六价铬、移除重金属以及调控 pH。

硫化物沉淀法是去除金属精整加工过程所产生废水中重金属的方法之一。本章主要介绍已经在实际工程中实施的不同技术体系。通过对各系统的工艺描述、优缺点及每个环节经济特征的分析，评估金属加工废水控制处理技术中涉及的高效技术体系。

7.1　引　　言

电镀行业和其他金属精整加工工艺所排放的污染物具有潜在的毒性，因此，许多工艺产生的废水须遵守《资源保护和修复法案》（*The Resource Conservation and Recovery Act*，RCRA）[1, 2]以及《危险/固体废物修正案》（*The Hazardous and Solid Waste Amendments*，HSWA）[3]相关法律法规。同时，金属加工行业也受到《清洁水法》[4]的约束。因此，依据上述联邦条例，金属加工过程所产生的废水须经过处理后才能排放到下水道或者公共污水管网系统中。并要求控制氧化氰化物、减少六价铬、移除重金属以及调控 pH。

废水中的重金属通常可以通过添加碱来去除，如通过氢氧化钙[$Ca(OH)_2$]或者是氢氧化钠（NaOH）将废水的 pH 调整到重金属析出的最小值。重金属的沉淀物如金属氢氧化物可以通过沉淀和絮凝等作用从废水中除去。在许多实例中，该工艺通常会加入一个末端过滤的步骤[5]，通过去除每一个重金属的氢氧根来达到减少更多重金属的目的，常见方法如下。

（1）在实际工作中，不同金属在不同 pH 条件下均对应具体的理论最小溶解值（图 7.1）。对于多种金属离子共存体系而言，需要确保一个合适的 pH 使得废水中存在的金属离子的溶解度最小，从而使废水中重金属含量足够低，但很难达到最小[6]。

（2）溶液 pH 在其溶解度最低点增大或减小会使形成的氢氧化物沉淀物逐渐溶解，因而要使废水中重金属去除率达到最大就需将溶液 pH 控制在小范围内波动。

（3）当利用氢氧化物沉淀法去除重金属离子时，清洁剂和电镀工艺中常见复合离子（如磷酸盐、酒石酸盐、EDTA 和氨根离子）的存在可能会对金属去除效果产生不利影响。图 7.2 显示了某些离子存在使化学镀镍废液中的镍与其他金属离子产生沉淀，废液 pH 与溶解镍浓度的关系。

尽管有这些限制，但氢氧化物沉淀法（特别是在絮凝和过滤过程中）在许多废水处理上的应用均可使处理后的废水符合较高处理标准。与最佳pH下废水中所形成单一金属沉淀物相比，多种金属离子形成共同沉淀物会使废水中残余金属溶解度较低。在其他情况下，氢氧化物工艺的改良可提高其处理含复杂重金属废水的性能。例如，可以将带正电的离子（如 Fe^{2+}或 Ca^{2+}）

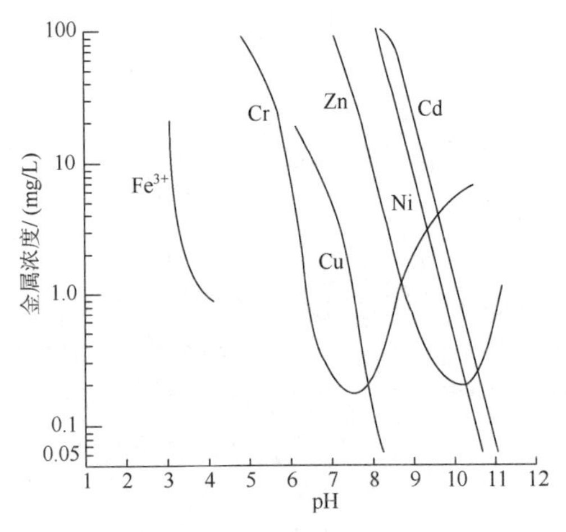

图 7.1　金属浓度随 pH 变化

资料来源：美国环境保护署. 废物处理：提升金属精整设备以减少污染物. EPA625/3-73-002. 华盛顿特区，1973 年 7 月

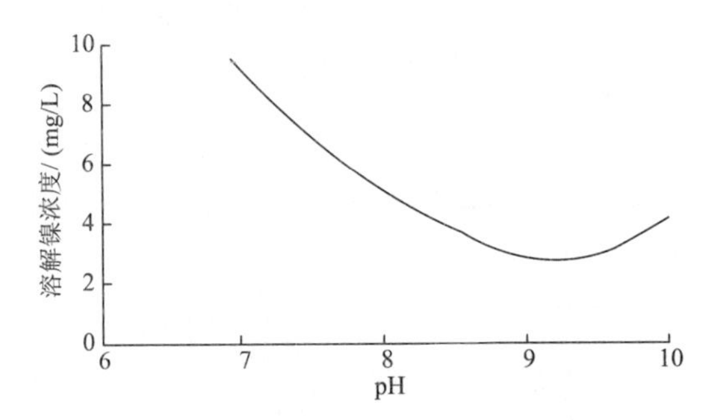

图 7.2　氢氧化钠沉淀时络合镍的溶解度

资料来源：美国环境保护署.金属加工工业控制和处理技术：硫化物沉淀，总结报告. EPA625/8-80-003. 工业环境研究实验室，俄亥俄州辛辛那提，1980 年 4 月

添加到废水中，再通过共同沉淀作用实现金属离子的沉淀。高 pH 石灰和硫酸亚铁（$FeSO_4$）共沉淀处理技术均使用了这一原理。

硫化物沉淀是一种有效去除工业废水中各种重金属的氧化沉淀法。与氢氧化物沉淀法相比，硫化物（S^{2-}、HS^-）与重金属离子的高反应活性以及重金属硫化物在较宽的 pH 范围内的难溶性使得硫化物沉淀法更具优势（图 7.3）。在某些螯合剂的存在下，硫化物沉淀也可达到较低的金属溶解度。

使用硫化物沉淀的两个过程的主要区别在于将硫化物离子引入废水中的途径。在可溶性硫化物沉淀（the soluble sulfide precipitation，SSP）过程中，硫化物离子以水溶性硫化物试剂的形式加入，如硫化钠（Na_2S）或硫氢化钠（NaHS）。最新硫化物沉淀过程是稍添加了一点可溶性硫化亚铁（FeS）浆料，为废水提供硫化物离子预沉淀重金属。

选择性离子电极领域的技术进步提供了一种已被应用的可行方法。它通过控制添加可溶性硫化物以匹配试剂需求，防止硫化物试剂过量可避免气味问题（通常需要试剂配制系统）。在没有自动调节试剂用量设备的可溶性硫化物系统中，必须将工艺罐封闭并抽真空，以使工作区中的硫化物气味最小。作为絮凝细小金属硫化物颗粒的聚电解质调节剂能有效地解决沉淀剂与排放物分离困难的问题，同时可产出容易脱水的污泥[7]。

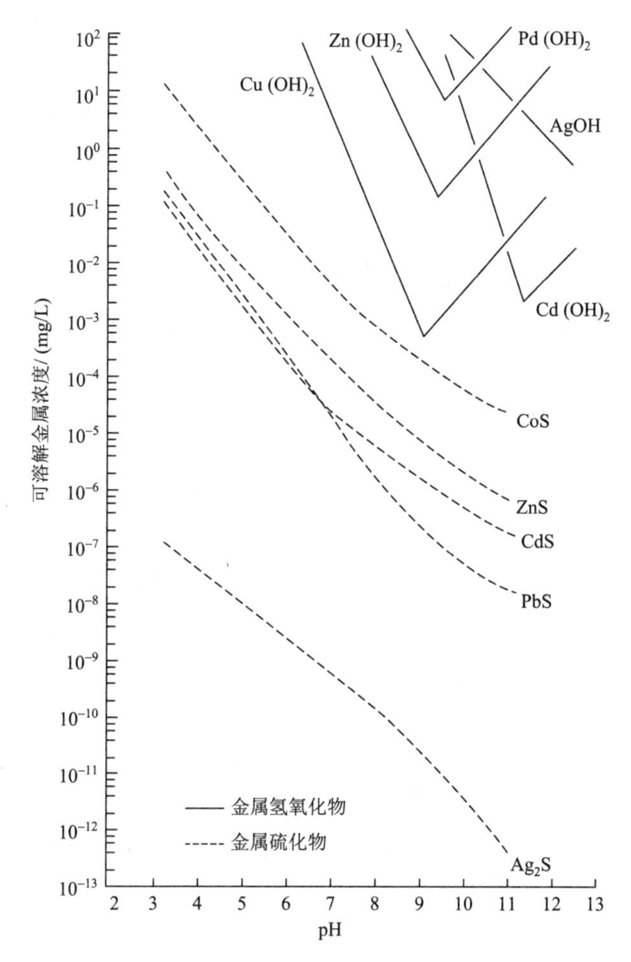

图 7.3　金属氢氧化物和硫化物的溶解度与 pH 的关系

基于 SelDel 的实验数据列出的金属硫化物溶解度；资料来源：美国环境保护署. 金属精整工业控制和处理技术：硫化物沉淀. EPA625/8-80-003. 工业环境研究实验室，俄亥俄州辛辛那提，1980 年 4 月

一种名为 SulfeX™ 硫化物沉淀工艺的专利已被证实可以有效地从电镀废水中分离重金属。该方法所使用的沉淀金属所需硫化物离子来源于现场制备的硫化亚铁浆料（通过 $FeSO_4$ 和 NaHS 反应制备）。工艺过程原理是将 FeS 分解成亚铁离子和硫化物离子，达到其产物所需的溶解量。当硫化物离子被消耗时，FeS 会解离以维持硫化物离子的平衡浓度。在碱性溶液中，亚铁离子会沉淀为亚铁氢氧化物。这是因为大多数重金属的硫化物比硫化亚铁的溶解性差，它们会优先沉淀为金属硫化物。

不溶性硫化物沉淀（the insoluble sulfide precipitation，ISP）工艺的优点在于它不会产生可检测的硫化氢（H_2S）气体，这是一个重要的与 SSP 处理系统对比的改良工艺。其另一个优点是在相同的金属沉淀工艺条件下，ISP 工艺可将六价铬还原成三价铬，从而剔除了对铬废料进行分离和预处理的前提条件。ISP 工艺的缺点包括明显高于化学计量的试剂消耗和显著高于氢氧化物或可溶性硫化物处理工艺的污泥生成。

图 7.4 对比了一种典型的氢氧化物处理系统和两种硫化物处理系统的工艺流程。硫化物系统大多数元素的给药顺序和氢氧化物沉淀处理程序是相似的。硫化物处理工艺也可作为常规的氢氧化物沉淀/澄清工艺后的修正系统，以显著降低硫化物试剂的消耗。

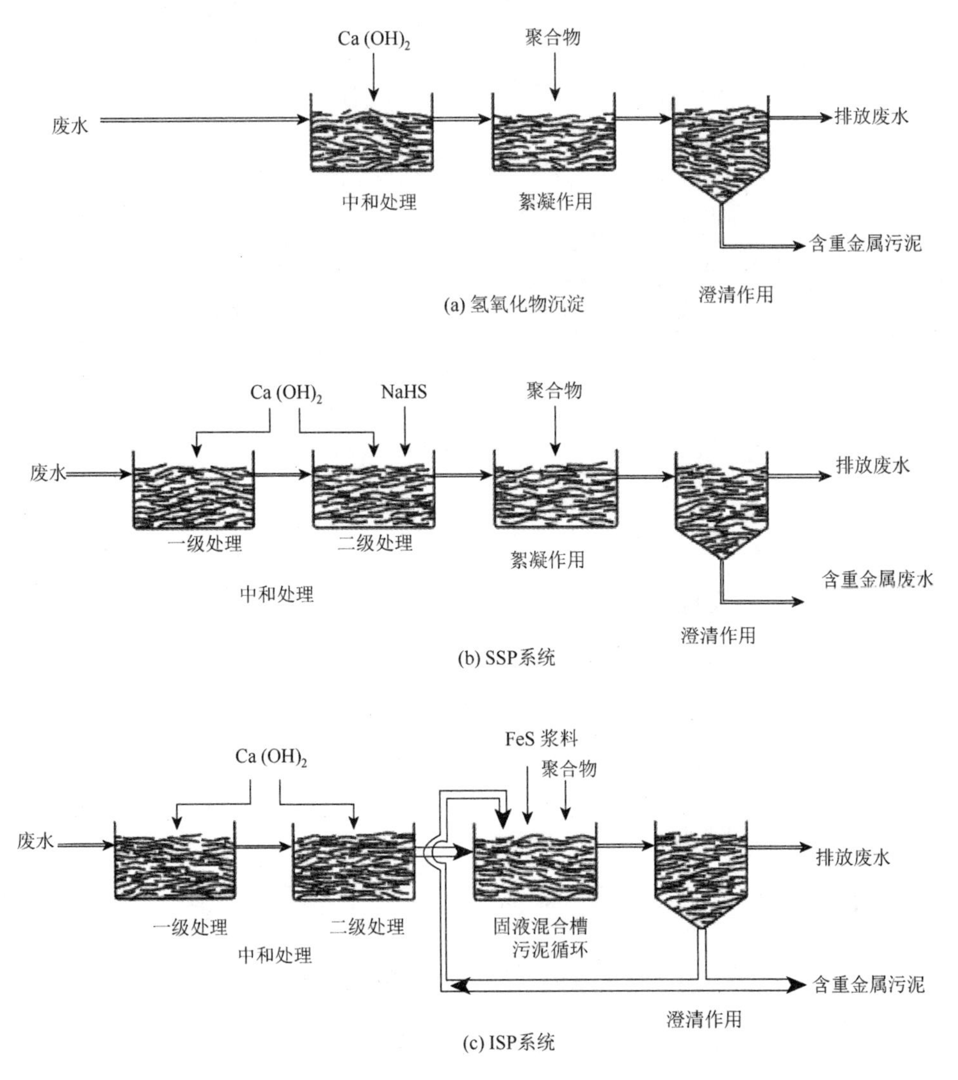

图 7.4　去除重金属后的废水处理工艺

资料来源：美国环境保护署. 金属精整工业控制和处理技术：硫化物沉淀. EPA625/8-80-003. 工业环境研究实验室，俄亥俄州辛辛那提，1980 年 4 月

最终选择氢氧化物或硫化物工艺应考虑处理后所产生污泥的不同的要求条件。初步研究表明，金属硫化物污泥的金属离子浸出能力低于氢氧化物污泥。然而，尚未评估硫化物的风化作用和污泥的细菌及空气氧化的长期影响。

为了避免与硫化物沉淀过程相关的潜在危险，有必要强调设计防护措施的重要性。例如，与酸性废水接触的硫化物试剂可导致工作区中产生有毒的 H_2S 烟雾。潜在的危险可以通过常规的设计达到最小化，但必须有良好的安全保障。另一个潜在的危险是工程排放到封闭下水道的废水与硫化物的残留水平有关。该问题主要发生在 SSP 过程中，因为在 ISP 过程中 FeS 的低溶解性可维持很低水平的残余硫化物浓度。消除 H_2S 对下水道工人的毒害需要在排放或过程控制之前对废水进行氧化，以确保排放中很低的硫化物残留物。

本章旨在解释用硫化物沉淀法去除工业废水中的重金属。本章包括硫化物沉淀过程理论和可溶性以及不溶性硫化物处理系统在性能、成本和运行方面的可靠性评估。

7.2 过 程 理 论

可溶性金属离子（M^{2+}）与硫化物离子（S^{2-}）接触可形成金属硫化物（MS）沉淀：

$$M^{2+} + S^{2-} \longrightarrow MS \tag{7.1}$$

除三价铬离子和三价铁离子外，电镀废水中大多数重金属可形成稳定的金属硫化物。

将金属沉淀为硫化物的两个方法区别主要是将硫化物离子引入废水中的方法不同。SSP 法使用一种水溶性硫化物，因此，溶解的硫化物的浓度取决于添加的试剂的量。ISP 工艺将废水与微溶性 FeS 浆料混合，将其解离以满足过程所需溶解离子，在废水中产生约 0.02μg/L 的可溶解硫化物浓度。使用硫化物离子作为原料来控制硫化溶解物的水平，其浓度足以低于 H_2S 的任何可检出限，但仍需提供未溶解硫化物的浓度，让其自动提供沉淀反应中所消耗的硫化物量。

在 ISP 过程中，溶解度小于 FeS 的金属硫化物离子均会絮凝形成金属硫化物沉淀。表 7.1 所示的金属硫化物中只有硫化锰比 FeS 更易溶解。在碱性溶液中，FeS 解离过程产生的亚铁离子会以氢氧化物形式沉淀。若在废水中维持低水平的亚铁离子需要将 pH 控制在 8.5～9.5。

表 7.1　自动取代沉淀反应中消耗的硫化物溶解性

金属硫化物	K_{sp}（64～77°F）[a]	硫化物浓度/(mol/L)
硫化锰	1.4×10^{-15}	3.7×10^{-8}
硫化亚铁	3.7×10^{-19}	6.1×10^{-10}
硫化锌	1.2×10^{-23}	3.5×10^{-12}
硫化镍	1.4×10^{-24}	1.2×10^{-12}
硫化亚锡	1.0×10^{-25}	3.2×10^{-13}
硫化钴	3.0×10^{-26}	1.7×10^{-13}
硫化铅	3.4×10^{-28}	1.8×10^{-14}
硫化镉	3.6×10^{-29}	6.0×10^{-15}
硫化银	1.6×10^{-49}	3.4×10^{-17}
硫化铋	1.0×10^{-97}	4.8×10^{-20}
硫化铜	8.5×10^{-45}	9.2×10^{-23}
硫化汞	2.0×10^{-49}	4.5×10^{-25}

资料来源：美国环境保护署. 金属精整工业控制和处理技术：硫化物沉淀. EPA625/8-80-003. 工业环境研究实验室，俄亥俄州辛辛那提，1980 年 4 月。

a　金属硫化物的溶度积；K_{sp} 等于金属和硫化物的摩尔浓度的乘积。

ISP 工艺的优点是硫化物和亚铁离子将六价铬还原成三价铬，消除了单独分离和处理废铬污染物的步骤。在碱性条件下，铬会以氢氧化铬[$Cr(OH)_3$]沉淀存在。还原反应方程式为

$$H_2CrO_4 + FeS + 4H_2O \longrightarrow Cr(OH)_3 + Fe(OH)_3 + S + 2H_2O \tag{7.2}$$

在 SSP 工艺中，硫化物离子还原六价铬的方程式如下：

$$2H_2CrO_4 + 3NaHS + 8H_2O \longrightarrow 2Cr(OH)_3 + 3S + 7H_2O + 3NaOH \tag{7.3}$$

美国海军[8]对可溶性硫化物试剂能否在同一步骤中降低六价铬浓度和沉淀六价铬进行了研究。结果表明，还原反应可以在亚铁离子存在下进行（或其他合适的二价金属离子存在下）。亚铁离子主要用作铬还原的催化剂，需要小于化学计量的亚铁离子来减少大部分铬。然而要达

到其他典型的还原过程的水平，用量需接近化学计量。

7.2.1　SSP 的化学工艺

与 ISP 工艺相比，在废水中加入高溶解性硫化物试剂将产生相对高浓度的溶解硫化物。这种高浓度的溶解硫化物使溶于水中的金属离子迅速转化为金属硫化物沉淀，这往往导致小颗粒和水溶胶细颗粒产生。由此产生的超细粒沉淀比成核沉淀（粒子从溶液中絮凝到已经存在的粒子上）更难沉降，絮凝物很难过滤，很难与废水分离排放。通过单独或联合使用混凝剂和絮凝剂来助推形成大的、快速沉降的颗粒絮凝物，基本可以解决这个问题。

SSP 系统的另一个缺点是常伴有 H_2S 气味。参照美国职业安全和健康管理局（the Occupational Safety and Health Administration，OSHA）规定的工作场所 H_2S 浓度的限值，硫化氢的可检测范围为 $0\sim1.0\times10^{-6}$。

水溶液中 H_2S 的生成速率与 pH（氢离子浓度）和硫化物离子浓度有关。溶解的硫化物离子中生成 H_2S 的过程如下：

$$S^{2+} + H^+ \longrightarrow HS^-\text{①} \tag{7.4}$$

$$HS^- + H^+ \longrightarrow H_2S \tag{7.5}$$

事实上，除了在高 pH 条件下，任何强碱中均不存在大量的 S^{2-}。例如，在 pH 为 11 时，只有小于 0.05%的溶解硫化物以 S^{2-}形式存在；其余为 HS^-或 H_2S 的形式。图 7.5 是用于确定溶解的硫化物以 H_2S 形式存在的百分比与溶液 pH 关系的曲线图。该图表明，在 pH 为 9 时，H_2S 仅占溶液中游离硫化物的 1%，H_2S 从每单位水-空气界面到硫化物溶液中的转化速率取决于溶液的温度（这由 H_2S 的溶解性决定）、溶解性硫化物浓度和 pH。实践中，考虑仪器响应滞后和试剂添加量的增加。控制溶解性硫化物和 pH 的水平需要精确调整和严格保持，同时要防范工作区中的 H_2S 气味问题。在操作处理系统中，可通过封闭容器和抽真空工艺来消除 H_2S 气味。

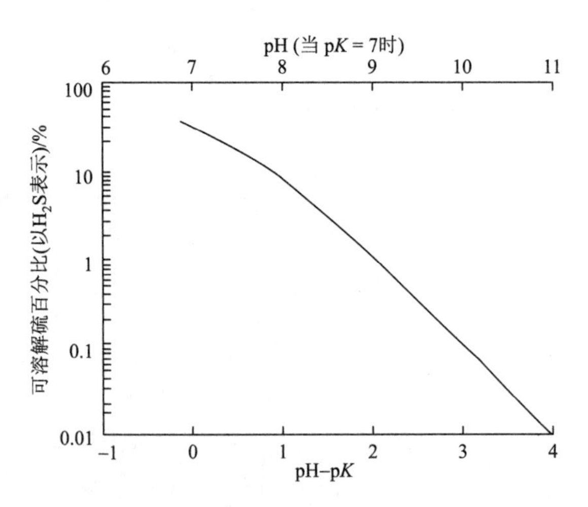

图 7.5　以 H_2S 形式存在的可溶性硫化物

pK（对数实用电离常数）用于测量弱酸的解离度；资料来源：美国环境保护署. 金属精加工工业的控制和处理技术：硫化物沉淀. EPA725/880-03. 工业环境研究实验室，辛辛那提，1980 年 4 月

① 译者注：应为 $S^{2-}+H^+ \longrightarrow HS^-$。

在含有沉淀金属氢氧化物的废水中加入硫化物试剂将导致金属氢氧化物的溶解。金属氢氧化物的溶解发生是因为溶解性金属离子浓度低于氢氧化物溶解度平衡水平。这些新释放的金属离子将由存在的过量硫化物捕捉后沉淀。该过程的反应式如下：

$$M^{2+} + S^{2-} \longrightarrow MS \tag{7.6}$$

$$M(OH)_2 \longrightarrow M^{2+} + 2(OH)^- \tag{7.7}$$

$$M^{2+} + S^{2-} \longrightarrow MS \tag{7.8}$$

通常固体沉淀物与废液接触时间足够长，可导致金属氢氧化物几乎完全转化为金属硫化物。硫化物试剂的需求取决于废水中所含的总金属浓度。因此，在加入硫化物试剂之前，可以通过先将沉淀的金属氢氧化物从废水中分离出来，从而减少硫化物试剂的消耗量。

77°F 时溶液的特定电导率	p*K* 值		
/（μΩ/cm）	50°F	68°F	104°F
0[a]	7.24	7.10	6.82
100	7.22	7.08	6.80
1000	7.18	7.04	6.76
50000[b]	7.09	6.95	6.67

a　蒸馏水。

b　海水。

7.2.2　ISP 的化学工艺

Sulfex 方法通过在固/液接触室中将废水与 FeS 淤浆混合形成金属硫化物沉淀。FeS 溶解后使硫化物离子浓度保持在 0.02μg/L 的水平。当 FeS 注入含有金属离子和金属氢氧化物的溶液中时，会发生下列反应：

$$FeS \longrightarrow Fe^{2+} + S^{2-} \tag{7.9}$$

$$M^{2+} + S^{2-} \longrightarrow MS \tag{7.10}$$

$$M(OH)_2 \longrightarrow M^{2+} + 2(OH)^- \tag{7.11}$$

$$Fe^{2+} + 2(OH)^- \longrightarrow Fe(OH)_2 \tag{7.12}$$

向废水中加入亚铁离子反应为氢氧化亚铁[$Fe(OH)_2$]沉淀的结果是，从该过程中产生的固体废物量远高于传统氢氧化物沉淀过程所产生的固体废物量。

与 SSP 一样，ISP 过程几乎完全将已沉淀的金属氢氧化物转化为金属硫化物。反应是否完全是由放电前固体能否在处理系统中有足够长的滞留时间决定。

图 7.6 显示了 3 个不同因素影响 FeS 从含有金属络合物的溶液中沉淀铜的能力。因此，必须基于这 3 个因素解决设计的标准。

（1）密实的污泥层必须保持在固液接触区。

（2）适当的混合时间是完成沉淀反应平衡所必需的。

（3）需要 2～4 倍的试剂要求量才能达到低溶解度，通过硫化物沉淀实现铜的产出。

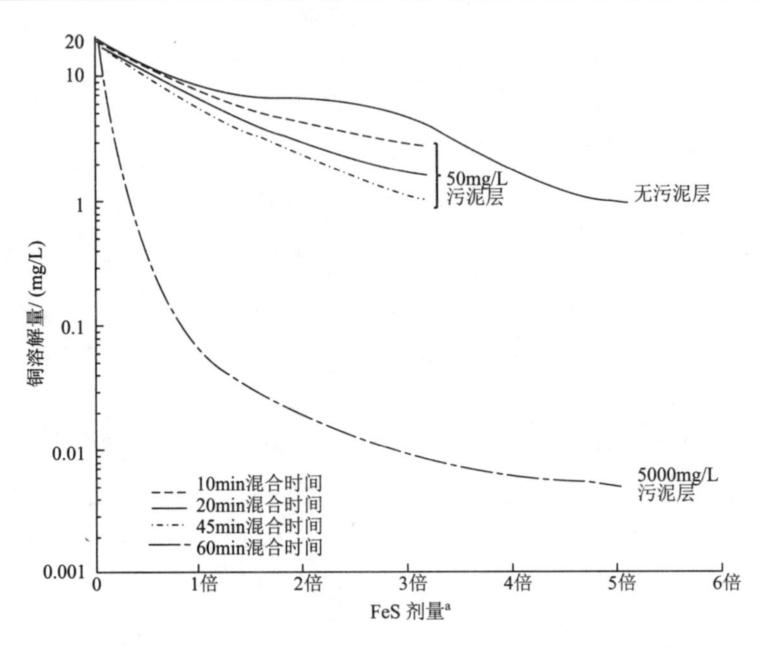

图 7.6　FeS 用量、污泥浓度和混合时间对铜溶解度的影响

当量浓度 Fe 需要沉淀 20mg Cu^{2+}/L=27.7mg FeS/L。用络合铜进水的 JAR 试验结果表明；pH 在测试期间保持在 7～8。
资料来源：美国环境保护署. 垃圾处理：金属精加工设施升级以减少污染. EPA625/3-73-02. 华盛顿特区，1973 年 7 月

为了说明硫化物沉淀的相对有效性，图 7.7 表示不同 pH 中 Cu 在同一络合溶液中的溶解度。即使 pH 等于 12，Cu 溶解浓度也不会低于 2mg/L。

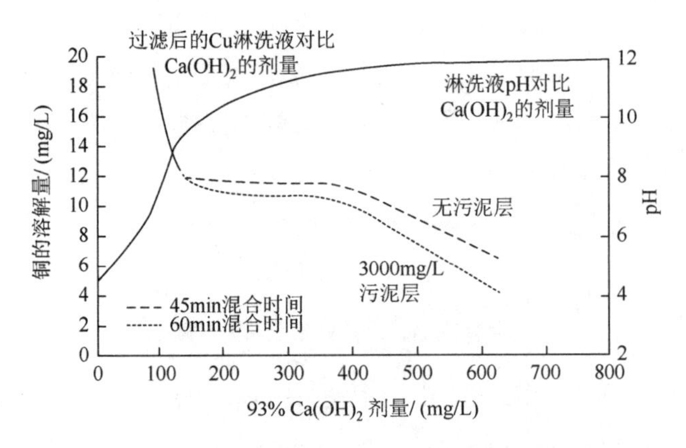

图 7.7　$Ca(OH)_2$ 用量、污泥浓度和 pH 对铜溶解度的影响

烧杯中氢氧化物与足量的铜淋洗液反应的实验结果。资料来源：美国环境保护署. 垃圾处理：金属精加工设施升级以减少污染. EPA625/3-73-02. 美国环境保护署，华盛顿特区，1973 年 7 月

7.3　可溶性硫化物沉淀

使用可溶性硫化物来降低重金属在废水排放中的溶解度是改善氢氧化物沉淀处理系统性能的有效方法。本节描述了使用 SSP 系统的测试结果，并介绍了该技术系统的操作过程。

7.3.1　生产线操作评估

1. 测试描述

美国环境保护署（USEPA）工业环境研究实验室资助的试验，比较并评估了 5 个不同的 SSP 和氢氧化物沉淀法处理金属精加工废水的系统。中试模拟设计了三个系统处理过程（图 7.8），由一个对使用 SSP 处理过程感兴趣的公司提供需要的数据。5 个过程变量试验如下。

（1）石灰，澄清的（LO-C）——传统工艺使用石灰作为中和剂使溶解态的重金属沉淀，从排放废水中分离澄清悬浮固体（系统 A）。

（2）石灰，澄清，过滤（LO-CF）——LO-C 工艺系统，在澄清的下游增加一个过滤步骤以提高悬浮固体去除效率（系统 A）。

（3）硫化钙，澄清（LWS-C）——在一个中和室（系统 B）中控制加入可溶性硫化物试剂的 LO-C 工艺系统。

（4）石灰与硫化物，澄清，过滤（LWS-CF）——LWS-C 工艺中下游的过滤澄清步骤用于改善悬浮固体的去除（系统 B）。

（5）石灰，硫化物精整，过滤（LSPF）——一种精整硫化物沉淀工艺，用石灰中和后澄清过滤金属氢氧化物，然后加入可溶性硫化物试剂以降低金属溶解度，再用过滤步骤除去金属氢氧化物沉淀固体（系统 C）。

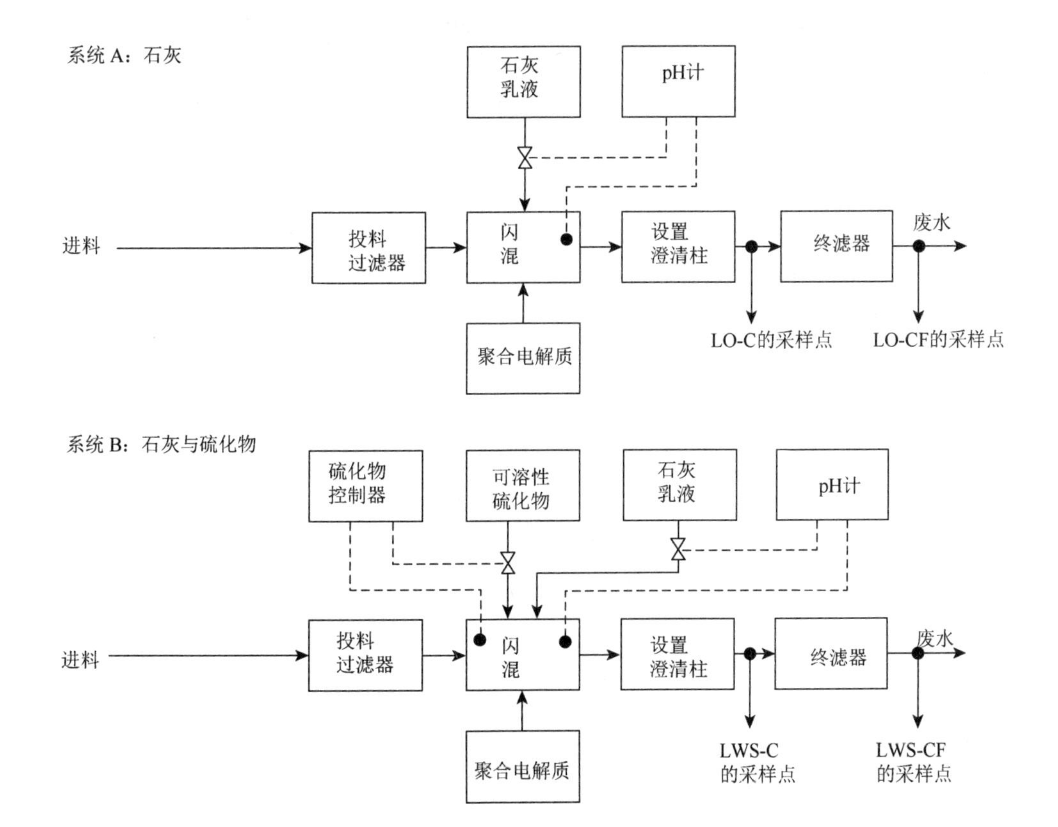

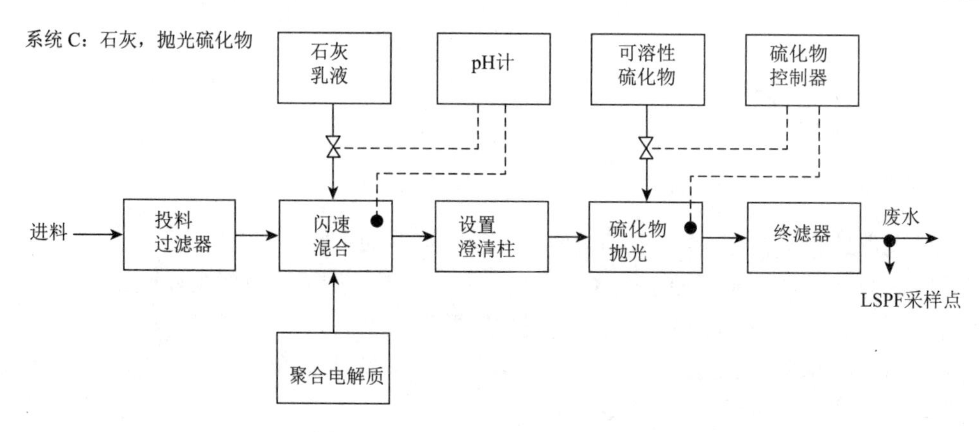

图 7.8　金属沉淀过程评估中试研究

工业应用中不需要设置投料过滤器。缩写：LO-C，纯石灰，澄清；LO-CF，石灰，澄清，过滤；LWS-C，硫化物石灰，澄清；LWS-CF，硫化氢，澄清，过滤；LSPF，石灰，硫化物精整，过滤。资料来源：美国环境保护署. 金属加工工业的控制和处理技术：硫化物沉淀. EPA625 / 880-03 工业环境研究实验室，辛辛那提，1980 年 4 月

用电镀和金属加工工业流程获得 14 个实际生产中的原料废水样品，对这些工艺的变化进行了评估。中试装置可以选择五种模式中的任何一种运行，并且可以持续处理 0.034gal/min（130mL/min）的废水。样品需进行预处理，以减少铬的还原和氰化物的氧化。中试过程中并没有尝试用硫化物试剂来减少六价铬。

在硫化物的变化过程中，添加可溶性硫化物试剂由特定的离子硫化物参比电极对来自动控制，保持参考电极的预选电位为 550mV，对应约 0.5mg/L 的游离硫化物，选择这样的控制点是因为需要满足浓度要求：①电势与硫化物浓度的曲线具有最大的梯度；②废水溶液中没有可检测的硫化物气味。研究表明，硫化物特异性离子电极在 6 个月的测试期间具有优异的性能。

2. 测试结果

表 7.2 和表 7.3 显示了上述 5 项试验的结果。表 7.2 列出了处理前废水的特性、产生的污泥体积和处理过程中消耗的试剂量。表 7.3 比较了使用 5 个不同工艺处理前每升原料的金属含量和处理后的废水的量。

表 7.2　污水处理工艺中试试验细节

项目		中试[a]				
		1	2[b]	3	4	5
处理前的原料	pH	1.7	1.2	6.4	2.4	7.1
	电导率/（$\mu\Omega^{-1}\cdot cm^{-1}$）	10600（72°F）	149000（68°F）	12100（77°F）	5600（66°F）	1500（70°F）
	颜色	黄色	无色	无色	无色	浅绿色
	LO 和 LWS 过程的沉淀物 pH	8.5	6.2/9.0	9	10	8.5
	污泥体积/%[c]					
	LO 工艺	18	78/23	（[d]）	43	5
	LWS 工艺	16	78/13	（[d]）	37	6

续表

项目		中试[a]				
		1	2[b]	3	4	5
工艺损耗/（mg/L）	Cr^{6+}还原硫酸	0	0	0	0	339
	Cr^{6+}还原亚硫酸钠	226	31	0	41	25
	氧化钙中和	1530	14380	911	2.68	145
	LWS 硫化物工艺	8	381	([d])	400	91
	LSPF 硫化物工艺	1	5	([d])	141	67

资料来源：美国环境保护署. 用于金属精整工业的控制和处理技术：硫化物沉淀. EPA625／880-03. 工业环境研究实验室，俄亥俄州辛辛那提，1980 年 4 月。

注：LO 表示石灰；LWS 表示含硫化物的石灰；LSPF 表示石灰，硫化物精整，过滤。

a　废水中试试验：1—铝清洗、阳极氧化和电镀的高价铬漂洗；2—从电镀中漂洗 Cr、Cu 和 Zn；3—高价锌从电镀中漂洗；4、5—重金属从电镀中漂洗。

b　由于该余水产生的污泥量特别大，沉淀分为两个阶段。第一和第二阶段值由对角线分隔；单个值适用于整个过程。

c　每溶液体积中污泥体积，1h 后沉降百分数。

d　数据不可用。

表 7.3　中试余水的化学分析

污染物/(μg/L)		处理前的原料	处理后的余水[a]				
			LO-C	LO-CF	LWS-C	LWS-CF	LSPF
中试 1	镉	45	15	8	11	7	20
	总铬	163000	3660	250	1660	68	159
	铜	4700	135	33	82	18	3
	镍	185	30	38	33	31	18
	锌	2800	44	10	26	2	11
	负荷	119	119	88	104	59	120
中试 2	镉	58	7	12	＜5	＜5	＜5
	总铬	6300	4	2	5	7	3
	六价铬	＜5	＜1	＜1	＜1	＜1	＜1
	铜	1100	860	848	13	13	132
	镍	160	30	34	33	23	34
	锌	650000	2800	2300	104	19	242
	汞	＜1	NA	NA	NA	NA	NA
	银	16	NA	NA	NA	NA	NA
中试 3	镉	34	21	21	1	1	1
	总铬	3	NA	NA	NA	NA	NA
	铜	20	7	8	2	1	4
	镍	64	29	29	72	34	31
	锌	440000	37000	29000	730	600	2000
	汞	＜10	NA	NA	NA	NA	NA
	负荷	45	13	14	9	11	13
	银	61	4	4	1	3	4
	锡	200	＜10	＜10	＜10	＜10	＜10
	铵	([b])	NA	NA	NA	NA	NA

续表

污染物/(μg/L)		处理前的原料	处理后的余水[a]				
			LO-C	LO-CF	LWS-C	LWS-CF	LSPF
中试 4	镉	58000	1130	923	26	<10	<10
	总铬	5000	138	103	49	50	37
	铜	2000	909	943	60	160	929
	镍	3000	2200	2300	1800	1900	2.6
	锌	290000	1200	510	216	38	12
	铁	740000	2000	334	563	229	305
	汞	<0.3	<0.3	<0.3	<0.3	<0.3	<0.3
	银	14	14	10	7	7	8
	锡	5000	129	81	71	71	71
中试 5	镉	<40	<1	<1	<1	<1	<1
	总铬	1700	109	39	187	17	20
	铜	21000	1300	367	2250	169	11
	镍	119000	12000	9400	11000	3500	5300
	锌	13000	625	10	192	8	5
	铁	NA	2	<2	5	<2	<2
	负荷	13	7	5	4	3	3
	银	6	NA	NA	NA	NA	NA

资料来源：美国环境保护署. 金属精整工业的控制和处理技术：硫化物沉淀. EPA625 / 880-03. 工业环境研究实验室，俄亥俄州辛辛那提，1980 年 4 月。

注：中试 2—电镀铬、铜、锌清洗；中试 3—高价锌电镀漂洗；中试 4 和中试 5—混合重金属电镀漂洗。

a　LO-C，纯石灰，澄清；LO-CF，石灰，澄清，过滤；LWS-C，硫化物石灰，澄清；LWS-CF，硫化氢，澄清，过滤；LSPF，石灰，硫化物精整，过滤；NA，不适用。

b　定性试验表明存在大量的铵。

中试 1 模拟了含高浓度铬和中浓度铜、锌的废水。从 LO-CF 工艺的出水水质可以看出，在该废水中金属氢氧化物溶解度很低，不需要再使用硫化物试剂来实现较低的金属溶解度。通过比较 LO-C 和 LO-CF 工艺的出水质量，可以看出过滤器中铬浓度的明显降低。这种情况说明，去除痕量固体对其他金属的沉淀处理系统会产生显著的不利影响。

中试 2 和中试 3 验证了氢氧化物沉淀法并不是有效的废水处理方法。在这些实验中，硫化物预沉淀处理可明显改善出水水质。在中试 2 中，由 LO-CF 工艺产生的出水分别含有较高浓度的锌和铜，分别为 2.3mg/L 和 0.8mg/L。用可溶性硫化物处理可大大降低排出时这些金属的浓度。在中试 3 中，处理高浓度可溶性锌废水的硫化物沉淀比氢氧化物沉淀更有效。

还对含有不同高浓度的重金属废水进行了实验对比。中试 4 和中试 5 的结果（表 7.3）表明，通过用氢氧化物或硫化物沉淀的方法处理这些特定的废水，不能实现所有金属低浓度污染物的排放。在中试 4 中，镉、铜和锌硫化物沉淀比氢氧化物沉淀工艺低得多，但这两种方法在余水中都有较高的镍残留浓度。在中试 5 中镍也出现了类似的情况。

根据试验研究的出水水质数据，用氢氧化物或硫化物沉淀处理废水去除重金属的结论如下：

（1）大多数情况下，与金属氢氧化物沉淀法相比，金属硫化物沉淀法对金属去除率高。

（2）一些情况下，利用氢氧化物或硫化物沉淀工艺可以有效处理一些废水中所残留的低浓度金属；而另一些情况下氢氧化物或硫化物沉淀法则不能有效去除废水中金属。

（3）金属浓度低于 1mg/L，需要过滤才能去除残留悬浮固体。这是因为细颗粒（包括金属沉淀物）在密度上与水的差别极小，不能通过澄清过程有效分离而影响出水时金属浓度。

此外，该项研究还发现可以通过废水中金属离子总量来计算沉淀金属所消耗的硫化物量。基于在废水中形成硫化物的金属总量，在 LWS 工艺中，大部分实际试验消耗是理论上化学计量硫化物试剂需求的 1～2.5 倍。该试剂需求量被普遍认同的计量方法是以最初金属氢氧化物转化为金属硫化物沉淀，并且直至所有金属都被硫化为硫化物。

LSPF 工艺中，在加入硫化物试剂之前，析出沉淀物被认为就是金属氢氧化物。大多数 LSPF 工艺实验注入的硫化物剂量范围是 2～6 倍的理论硫化物化学计量。在这种情况下的化学计量需求可以从 LO-C 工艺的余水中的金属浓度计算得到。但研究人员未对要求的硫化物化学试剂剂量偏高的原因进行讨论。

7.3.2　SSP 系统的描述和性能

在重金属废水处理中，SSP 工艺已被证实可有效沉淀电镀废水中的许多金属。SSP 主要应用于含有低浓度金属和络合剂的废水，通过氢氧化物干扰沉淀去除金属。

图 7.9（a）是大型机械设备制造商用于处理重金属废水的连续 SSP 系统示意图。这些废水部分来自电镀工艺废水。在第一级中和罐中，将废水 pH 调节到 7.5，第二级中和罐中 pH 约 8.5。操作中，如果 pH 在第一阶段降到 7 以下，则会触发低 pH 警报器，然后关闭第二级中和器的泵。因此，在系统中需要一个涌量器来存储废水直到 pH 返回到设定控制点。在第二级中和罐中加入硫氢化钠，其用量维持在每升废水含 5～10mg 游离态硫化物。定期测试所需硫化物试剂加入速率，而不再用自动控制系统调整硫化物试剂进料速率以适应需求的变化。

图 7.9（a）所示的系统使用单独的六价铬还原系统，游离硫离子可以潜在地实现还原。该方法尚未评估的原因是在第二级中和罐中铬还原操作将使试剂的需求量增加到 35～50mg/L 的进料（基于化学计量试剂需求的 2 倍计算），同时可使硫化物试剂满足更多变量需求。如果没有自动硫化物添加系统来满足供应与需求，试剂需求的增加将降低处理系统的可靠性。现有的铬还原装置采用亚硫酸氢钠（$NaHSO_3$）作为还原剂，将六价铬还原到所要求的水平。因此，我们可以仅使用硫化物沉淀来实现排放标准所严格要求的金属去除量。

表 7.4 说明可将 NaHS 添加到该流程废水中以降低金属溶解度。数据表明，随着硫化物试剂的增加，金属溶解度降低。

表 7.4　镉、锌、汞的硫化物沉淀

金属 /（mg/L）	原始废物	上清液[a]			
		pH=8.5 时氢氧化物溶解度	添加的硫化物/（mg/L）		
			1	5	10
钙	2.1	2	1.6	0.39	0.06
锌	3	2.25	1.8	1.5	1.1
汞	0.006	0.0027	0.0013	0.001	0.0008

资料来源：美国环境保护署. 用于金属精整工业的控制和处理技术：硫化物沉淀，总结报告，EPA625 / 880-03. 工业环境研究实验室，俄亥俄州辛辛那提，1980 年 4 月。

注：对沉淀混合物要求的硫化物计量是基于原料废物组成的硫化物的 2.1mg/L。

a　聚电解质剂量 = 1mg/L；沉降时间为 2h。

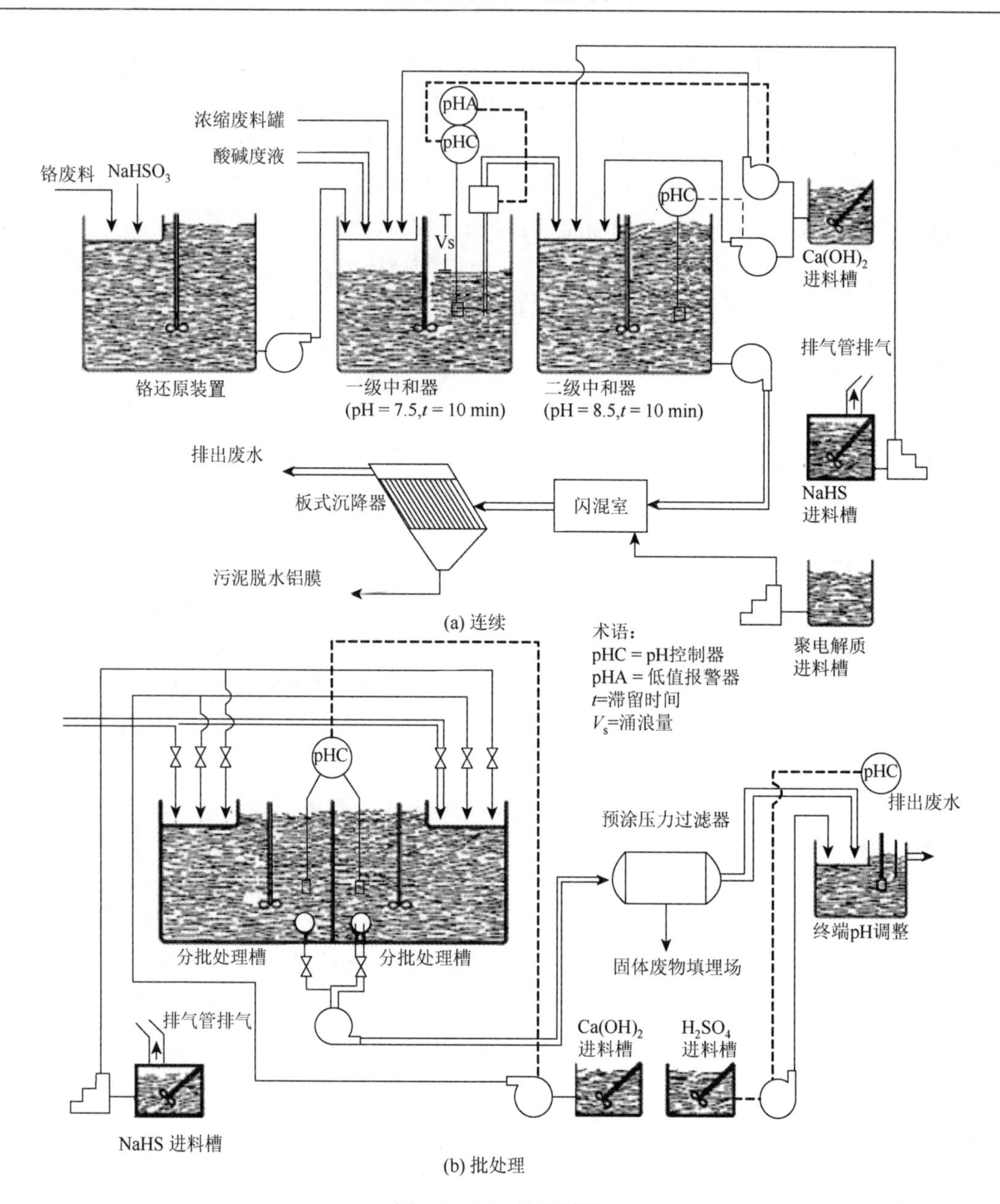

图 7.9　SSP 处理系统

资料来源：美国环境保护署. 金属加工行业的控制和处理技术：硫化物沉淀. EPA625 / 880-9003. 工业环境研究实验室，俄亥俄州辛辛那提， 1980 年 4 月

表 7.4 还显示了 pH 调整后金属氢氧化物的溶解度为 8.5。在硫化物用量为 5～10mg/L 的试剂范围内，该处理系统有有效的金属去除率。

图 7.9（b）显示商业化的可溶性硫化物试剂注入废水间歇处理系统。该系统包括两个批次处理罐，每个处理罐可容纳 1d 的废水流量。处理顺序如下：

（1）通过加入氢氧化钙使满槽、非流通槽的 pH 自动升高到 11。

（2）根据罐内废水的体积，将大量的 NaHS 剂量注入罐中。

（3）罐内搅拌约 30min 后取样、过滤和分离难去除的典型金属元素。

（4）如果金属浓度足够低，则通过硅藻土预涂层压力过滤器[9]泵送罐，并在 pH 精整后进行电解。如果参考金属的电位不够低，则添加额外的 NaHS 并且重复步骤（3）和（4）。

表 7.5 给出了间歇系统在降低排放废水中总金属含量方面的性能。如表 7.5 所示，在加入 NaHS 之前，废水的 pH 提高到 11。实验发现 pH 为 8.5 时，硫化物的加入也会使溶解的金属浓度降到同样低的水平。然而，要去除生产废水中存在的氰化物，需要将 pH 升高到 11。

表 7.5　电镀废水中络合铜及其他金属的去除

金属/（mg/L）	未处理的废水	滤液
铜	17	0.4
镍	0.3	<0.2
铅	1.85	<0.2
锌	0.86	0.4
锡	4.29	<1.0

资料来源：美国环境保护署. 金属精整工业的控制和处理技术：硫化物沉淀. EPA625 / 880-03. 工业环境研究实验室，俄亥俄州辛辛那提，1980 年 4 月。

注：批处理顺序：添加石灰以提高 pH 为 11；NaHS 加入等量硫化物离子浓度 20mg/L（剂量要求为 10mg/L；通过硅藻土过滤器；最终在排放前将 pH 调整到 8）。

本节所述的连续和批量式 SSP 系统都安置于隔离的废物处理区。尽管小心地控制废水的 pH 和硫化物添加量，但该处理区的 H_2S 气味还是非常浓重的。为了降低环境中 H_2S 的溢出量，在硫化物试剂添加到废水时将敞开式处理罐改为封闭式真空处理罐。在图 7.9（b）所示的批量式处理系统中，终端 pH 调节罐进行了类似的修改，有助于减轻气味。低含量的 H_2S，废气溢出罐外，保持室外通风。这些变化，加上 pH 和硫化物剂量水平的严格控制，保障了废物处理区域中几乎检测不到 H_2S 的气味。

7.3.3　SSP 修正处理系统

图 7.9（a）所示的 SSP 处理系统的硫化物试剂需求是原废水中总金属浓度的函数。硫化物试剂量将所有流入的金属转化为金属硫化物。在处理含高金属负荷的废水时，通过常规的 pH 调整/澄清处理顺序（图 7.10）后使用 SSP 系统精整处理排出物，可显著减少硫化物试剂以节约成本。LSPF 过程中评估了中试试验，讨论了早期使用 SSP 系统作为模拟精细化处理的程序。

除了可减少硫化物试剂消耗外，使用硫化物沉淀作为精细处理系统可减少试剂需求的变量。精细处理系统的试剂需求是废水中以及从第一级澄清池溢出的金属浓度的函数。废水中的金属浓度在这时是表征原废水注入的金属浓度，而不受广泛的变量影响。在没有自动的试剂添加控制回路的情况下，用预备量的硫化物试剂定量供给废水在精细处理中更为适用。

图 7.9（a）所示的生产运行处理系统评估了使用 SSP 作为一种精整处理来减少硫化物试剂的变化需求。在加入硫化物试剂之前澄清废水会导致难以从废水中移除沉降颗粒。当前处理序列的第二级中和器中加入硫化物试剂能更有效地去除沉淀金属。因此，进入第二级中和剂的废水中沉淀的金属氢氧化物和存在的石灰固体提供了成核位点，促进了金属硫化物的沉淀凝聚。

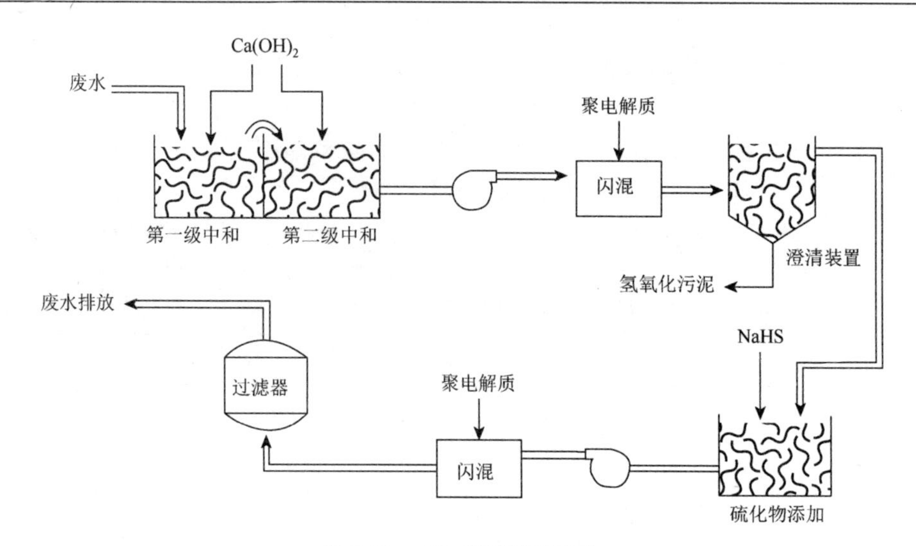

图 7.10　SSP 精整处理系统

资料来源：美国环境保护署. 金属精工业的控制和处理技术：硫化物沉淀. EPA625 / 880-9003. 工业环境研究实验室，俄亥俄州辛辛那提，1980 年 4 月

一个 SSP 中试研究报道了金属硫化物颗粒的成功形成，尽管沉淀在缺乏成核位点的溶液中也很容易从废水中除去。研究人员发现，用阳离子絮凝剂调节胶体金属硫化物沉淀剂以增大颗粒，然后絮凝时加入阴离子絮凝剂来连接颗粒，可产生大的、快速沉降的颗粒。在前面讨论的中试研究中，硫化物精整过程产生金属硫化物沉淀，在澄清废水中除去悬浮固体。研究表明，过滤可以有效地去除金属硫化物固体。

精整处理系统的附加设备要求包括添加硫化物试剂的第二级混合槽和安装在金属氢氧化物澄清步骤下游的第二级固液分离单元（使用澄清器或过滤器）。还需要第二级聚电解质投料系统，以提高金属硫化物固体分离步骤的效率。

7.3.4　SSP 的氢氧化物系统优化

用加强的 SSP 结合氢氧化物沉淀处理系统实现废水排出物中含较低水平的金属是一种经济有效的手段。使用特定离子硫化物参比电极控制下硫化物试剂加入的相关性和可靠性将显著影响可溶性硫化物处理的成本。如果残留的硫化物浓度可以在废水中保持 0.3～0.5mg/L 的水平，则不必为了消除工作区中的硫化物气味来改进现有的处理罐。由于控制系统的可靠性尚未确定，转换氢氧化物系统至 SSP 有两种不同的方法。

由于没有废水中残留硫化物水平的自动监测系统，将传统的氢氧化物沉淀系统[图 7.11（a）]转换为 SSP 系统[图 7.11（b）]需要进行多次工艺改造。以下段落中讨论到的修改内容包括：

（1）NaHS 试剂进料罐和进料泵；

（2）第二级中和剂/可溶性硫化物处理槽；

（3）澄清池和真空卸污；

（4）控制系统；

（5）砂滤或其他精整过滤装置；

（6）曝气系统。

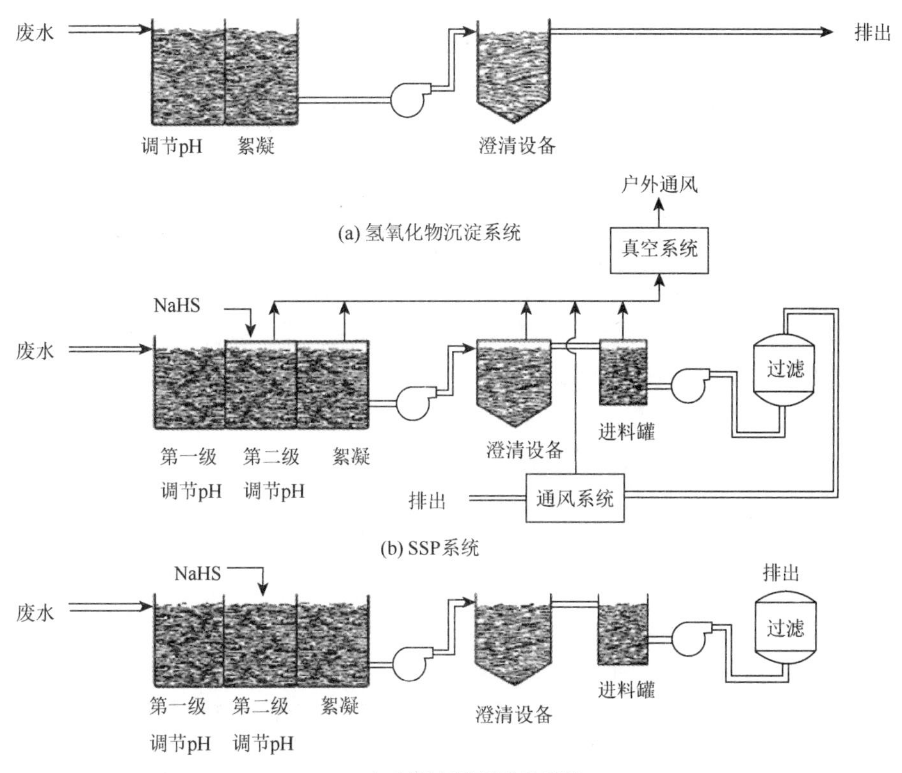

(a) 氢氧化物沉淀系统

(b) SSP系统

(c) SSP自动控制残留硫化物系统

图 7.11　氢氧化物处理系统转化为 SSP

资料来源：美国环境保护署. 金属加工行业的控制和处理技术：硫化物沉淀. EPA625/8-80-00. 工业环境研究实验室，俄亥俄州辛辛那提，1980 年 4 月

NaHS 给料箱应该配备一个封闭的顶部，排气口连接到排气系统。在装置排放任何气味的物质都被认为是有害时，排气口可以连接到气体洗涤器系统上。洗涤器可消除排放物的气味，更简单的户外通风设备可消除工作人员在试剂准备过程中的风险。进料泵应该是一个可调进料量的容积泵，便于计量试剂进入系统时的用量。

第二级中和剂/可溶性硫化物处理槽用于将硫化物试剂添加到废水中。该罐还提供了改进的 pH 控制系统，应将罐内的内容物搅拌均匀，以确保硫化物试剂不和酸性废水接触。该罐的设计尺寸应按最小停留时间 20min，并且应该配备 pH 控制回路和酸碱中和试剂进料系统。为了尽量减少处理时的 H_2S 气味，容器应完全封闭和真空抽空。

将传统的氢氧化物沉淀系统转化为 SSP 系统，还需安装完全封闭和抽真空的澄清池。

为了避免硫化物试剂与低 pH 废水的混合，需要一个控制系统。如果循环水的 pH 低于设定值，则将注入硫化物处理槽的废水中断，回路设备是将潜在危害最小化的一种方式。低 pH 时也会发出警报，并中断硫化物到系统的进料过程。此类控制系统需要在上流安装硫化物处理缓冲罐，以存储缓冲进料流直到 pH 恢复到设定点以上。

砂滤器或其他精过滤单元将澄清池溢流中的悬浮固体去除到非常低的水平，以适用于须达到流出物中要求较低水平金属含量的处理系统。但该处理措施失去了通过硫化物沉淀降低污染物中重金属污染物的意义，除非要求悬浮固体（包括不溶性金属）的含量也控制在一个较低水平。

在废水排放之前，可能需要曝气系统来氧化残留硫化物。如果废水被排放到下水道系统中，则必须采取预防措施以确保含高浓度的硫化物不被排放。排放废水中含有大量硫化物对处于通风不良的下水道系统中的工作人员是有害的。硫化物的直接排放尚未有特定限制，但硫化物的存在将会使废水中生化需氧量（BOD）增加。易氧化的硫化物可以利用空气喷射罐进行处理，其处理时间大约为30min。在室内环境中，空气喷射罐应该是完全封闭和抽真空的状态。

对于添加硫化物试剂的自动控制过程[图 7.11（c）]，将氢氧化物系统转化为 SSP 系统所需的改进措施包括以下方面：

（1）NaHS 试剂进料罐和进料泵——与之前情况中的罐和泵相同，不同之处是进料泵是由硫化物试剂控制系统发出的信号驱动，以保持废水中恒定的残余硫化物浓度；

（2）第二级中和剂/可溶性硫化物处理槽——用于将硫化物试剂添加到废水中，在这个试验中，通过硫化物离子控制回路系统将剩余的游离硫化物离子浓度控制在 0.5mg/L 水平以下；

（3）避免硫化物试剂与低 pH 废水混合的控制系统；

（4）砂滤器。

若仔细控制 pH（在 8～9.5）和硫化物离子浓度，第二阶段中和剂/硫化物处理罐和下游处理罐将不需要被封闭和真空抽空，也可排除废水排放前曝气的必要性。图 7.11 第一阶段 pH 调节、聚电解质控制和澄清系统，以上是氢氧化物沉淀所需的过程。

对于间歇处理 SSP 系统，需要两槽系统交替收集和处理废水。批处理系统的处理顺序已经在上文提到。如果不能控制硫化物的残留水平，在处理过程中除了有封闭和真空抽空罐外，还需要化学处理后的废水曝气。废水在絮凝（如果需要）和固液分离之前可在处理槽中曝气。

改造氢氧化物系统以使用可溶性硫化物精整处理系统需要在混合罐中将硫化物试剂添加到现有澄清池和第二级固体分离单元下游的废水中。由于可溶性硫化物精整处理系统步骤中的固体生成率较低，砂滤器或混合介质过滤器适用于在排污前去除废水中的悬浮固体。

硫化物试剂罐和去除固体过滤器两者之间可能需要聚电解质调理和絮凝。若无可控制残余硫化物浓度的仪器，将需要密封和通风硫化物试剂混合罐及下游设备，还可能需要给污水曝气。

7.3.5　SSP 成本评估

通过使用 SSP 来提高氢氧化物沉淀系统的性能需要增加资金投资，这会增加操作系统的成本。

在预备将氢氧系统转换成 SSP 系统时所需的改进措施存在一些不确定性，需要硫化物试剂进料的自动控制的可靠性来消除。表 7.6 列出了可能需要的不同设备部件的成本（包括硬件和安装）[7, 10]。所有费用参照 2012 版美国陆军工程兵团年度公用事业平均成本指数[11]：

（1）NaHS 进料罐和计量泵；

（2）硫化物试剂的自动控制系统；

（3）低 pH 响应系统；

（4）混合槽；

（5）悬浮固体精过滤器；

（6）曝气装置。

表 7.6 给出的是不同组件的安装成本，但不包括工程和设计费用、场地准备和设备运费。

硫化钠进料罐成本是基于 400gal（1514L）、封闭顶部、碳钢罐、可拆卸的盖、排气口、适当的喷嘴数量核算的。隔膜计量泵额定输送值 0～20gal/h（0～76L/h）。

表 7.6 SSP 处理系统的设备成本因素

设备组件	安装成本（$1000），废水排放率/(gal/min)		
	30	60	90
硫化钠进料罐及计量泵	8	8	8
硫化物自动添加器	8.5	8.5	8.5
低 pH 控制响应器	3.7～4.9	3.7～4.9	3.7～4.9
第二阶段 pH 调节和硫化物试剂混合罐：			
开顶装置	44	54	59
全封闭通风装置	56	68	73
悬浮固体精滤装置	59	80	100
曝气器	10	17	22

资料来源：美国环境保护署. 金属精整工业的控制和处理技术：硫化物沉淀. EPA625/880-03. 工业环境研究实验室，辛辛那提，1980 年 4 月；美国环境保护署. 环境污染控制方案：电镀工业废水处理的经济学. EPA625/5-79-016. 1979 年 6 月。

注：成本上升至 2012 美元（USACE. 公用事业年度平均成本指数//土木工程造价指数体系手册，110-2-1304，美国陆军工程兵团，华盛顿特区：44.PDF 文件可访问 http：//www.nww.usace.army.mil/cost，2015）。

特制的硫化物参比电极自动控制硫化物试剂进料泵。如果废水 pH 低于控制设定点，则控制响应系统通过自动关闭废水进料泵和硫化物进料泵来防止硫化物处理槽的 pH 持续降低。该成本预算了 pH 探针和保持分流溢流的涌水量测试系统。

第二阶段 pH 调节计和硫化物试剂添加过程发生在设计容量为 20min 的废水滞留量的搅拌槽中。该阶段成本预算含开顶装置和全封闭通风装置。

悬浮固体精滤器成本预算含双混合介质过滤器、橇装设备和尺寸，过滤器符合处理反冲洗过程中的最大流量。该装置配备有低压空气吹风机、反冲洗储存罐和泵，以便将冲洗液注入回处理系统中。

曝气器成本包含一个容量为 30min 废水停留时间的封闭真空罐与空气发生器。

更高的运行成本——操作人员和处理试剂——将 SSP 加入现有的处理系统中。这需要额外的操作人员来准备硫化物试剂，并维护和操作额外设备。硫化物试剂的消耗将会产生额外费用。硫化物试剂消耗率取决于废水处理的体积和所需的剂量。每体积的废水处理量是废水中金属浓度的函数。图 7.12 给出了每 1000gal（3800L）废水的硫化物试剂作为金属浓度的函数用于处理金属总量在精整处理的 SSP 系统成本。

与传统的氢氧化物处理系统相比，由于提高了金属去除率，污泥生成速率随着使用 SSP 系统而增加，但增加量可以忽略。例如，从废水流中沉淀额外的 5mg/L 溶解金属将通过每 1000gal 废水处理污泥少于 1gal 来增加澄清底流率，是基于 1%固体重量的底流浓度而来的。此外，硫化物污泥的脱水性能被认为优于氢氧化物污泥。

若要使气味减少，需增高中和废水的 pH，但会消耗更多的碱，导致成本增加。除大容量处理系统外，碱的成本增加量不明显。pH 高于 10 时，需调节降低到可接受的流量范围。

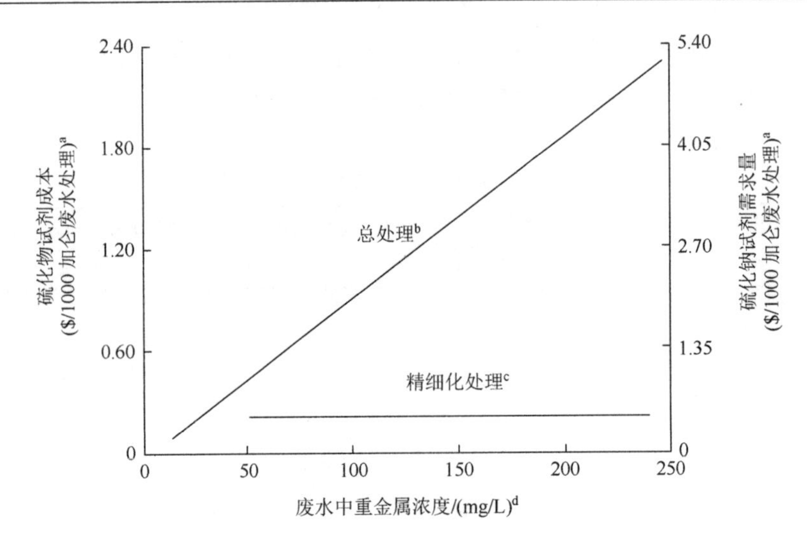

图 7.12　可溶性硫化物试剂成本

a 基于 NaHS（72%片状）为 900 美元/t。b 总处理 2 倍的化学计量试剂需求。c 化学计量试剂 4 倍的精细化处理和 10mg/L 的总金属氢氧化物溶解度。d 包括平均金属分子量为 62.6（Ni、Cu 和 Zn）所有形成硫化物的金属。成本 2012 美元（美国环境保护署. 金属处理工业的控制和处理技术：硫化物沉淀. EPA625/880-00. 工业环境研究实验室，辛辛那提，1980 年 4 月；美国环境保护署. 环境污染控制方案：电镀工业的废水处理经济学. EPA625/5-79-016. 1979 年 6 月）

7.4　不可溶硫化物沉淀

之后开发出一种处理工艺——一种市场化的 ISP 废水处理系统，该处理工艺对硫化物沉淀系统具有较好的金属去除能力，且不产生常规的与可溶性硫化物系统相关的 H_2S 难闻气味。自 1978 年的第一次商业试点运行以来，更多的设备已经投入使用。该工艺已申请专利，它的使用需要向专利持有者支付专利许可费。本节描述该工艺，给出当前操作系统的三个性能数据，并评估该工艺在电镀废水处理中的应用成果。

7.4.1　工艺描述

1. 工艺设备组件

图 7.13 描述了用于控制 pH 和重金属沉淀的氢氧化物中和/ISP 处理工艺。在该系统中，六价铬通过存在于混合装置/澄清池中的硫化物和亚铁离子还原为三价铬，从而不需要设置单独的铬还原单元。除铬和铁外，废水中其他所有重金属以硫化物形式沉淀。系统的关键要素是：

（1）pH 控制；

（2）混合器/澄清池；

（3）混合器/澄清器中的试剂添加；

（4）FeS 进料速度控制设备；

（5）砂滤器。

采用硫化物或氢氧化物沉淀法有效地去除重金属需要将废水的pH控制在中性至弱碱性范围内。尽管金属溶解度对 pH 的依赖性相对硫化物沉淀系统来说不太重要，但它仍然影响金属去除效果（图 7.3）。更重要的是，要消除 FeS 浆料与酸性废水接触的风险，FeS 可溶于酸性溶液中，与低 pH 废水混合后会在工作区域排放有毒的 H_2S 烟雾。通过在混合器/澄清池的进料系统上安装循环控制装置可使风险最小化。如果阀门自动反应装置重新变更至第二级中和器，进料的 pH 下降到 7 以下。为此，需要如图 7.13 所示中的 V_s 的涌量装置来存储废水积液，直到工艺控制点位重新设置。

图 7.13 所示的混合器/澄清池有两个目的。首先，它可增加废水和 FeS 浆料之间的固液接触面积，这是维持废水硫化物离子浓度在其饱和点所必需的条件。如图 7.6 所示，固/液接触区中的混合时间和污泥覆盖层密度均会影响金属去除效率。其次，排出澄清后悬浮物。

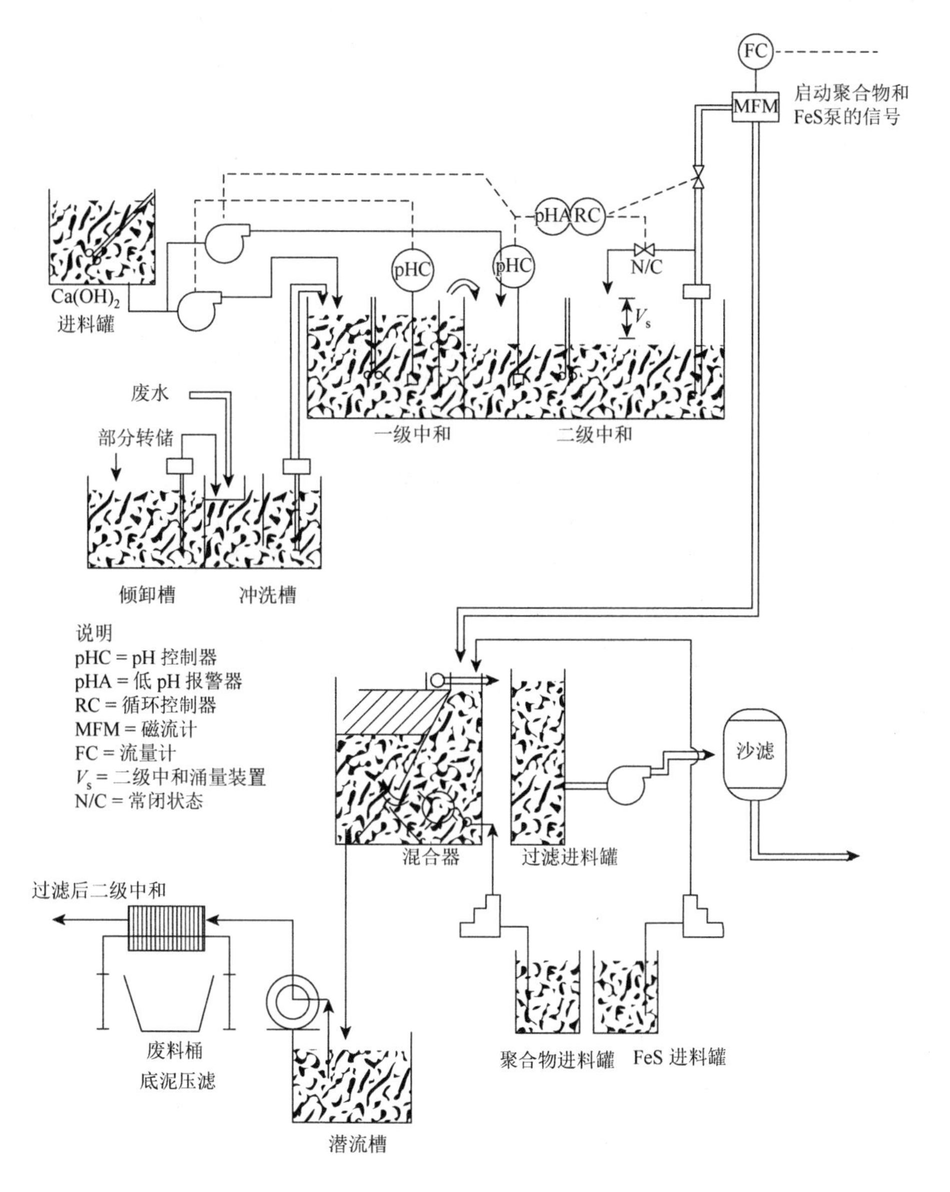

图 7.13　磺化 ISP 处理系统

美国环境保护署. 金属加工业的控制和处理技术：硫化物沉淀. EPA625/8-80-003. 工业环境研究实验室，俄亥俄州辛辛那提，1980 年 4 月

为了获得金属硫化物中低浓度溶解性金属，混合器/澄清池的固/液接触区中的液体停留时间必须足以完成金属沉淀反应。在接触区中适当的搅拌将提高反应速率，并促进金属硫化物沉淀的颗粒生成。大颗粒、快速沉降颗粒的形成有利于通过澄清池来去除固体。

加入混合器/澄清池的试剂由流量剂控制，流量剂监测到混合器/澄清池的进料量，将信号发送到计量器并计算累积流量。控制 FeS 和聚合物的添加量，用以设定计量器达到设定好的累积流量。通过一系列的小试实验确定两种试剂的滴定率。从第二级中和器取样并测试来确定所需的 FeS 添加量。

小试实验设置四个样品用以确定使金属去除率达到最佳的最低 FeS 剂量。因为聚电解质需求应该与 FeS 需求成正比，所以它以 FeS 需求恒定比来供给。通常，小试实验每批次进行一次或两次用以确定所需的添加速率。

FeS 进料速率控制回路在每次废水增量进入混合器/澄清池时自动添加预设量的试剂。当得到添加的 FeS 试剂量到小试实验结果后可手动设定，但是不能根据试剂需求的变化自动调整，这会使 ISP 处理系统的操作更复杂。为了弥补自动控制的不足，在系统设计中必须考虑两个特征：

（1）FeS 试剂需求平均法；

（2）记录在混合器/澄清池中未反应的 FeS。

试剂需求平均法是为了避免废水流速和进入处理系统的污染物浓度的巨大偏差。通常通过在处理过程的上游提供涌量装置并以恒定的平均速率处理废水来消除流量变化。使用平均罐——在加工前用于储存和混合处理系统进料的搅拌罐，可以减少污染物浓度的变化。图 7.14 给出了平均罐体积和停留时间对试剂需求变化的影响。如图所示，在上游工艺槽中保留 1h，混合器/澄清池（混合进料）试剂需求的变化率等于生产进料试剂需求变化的 54%；当上游工艺槽中保留 4h 时，混合器/澄清池试剂需求的变化率减少到 15%的生产进料变化率。该图给出了试剂需求在恒定的平均需求周围波动的理想情况。然而，在实际操作中，偏差可能是长期存在的，并且不可能平均到恒定需求率。该处理过程不会自动调整试剂供应以适应需求的变化，所以上游混合罐的保留时间与需求波动的关系是操作任何处理过程的关键因素。

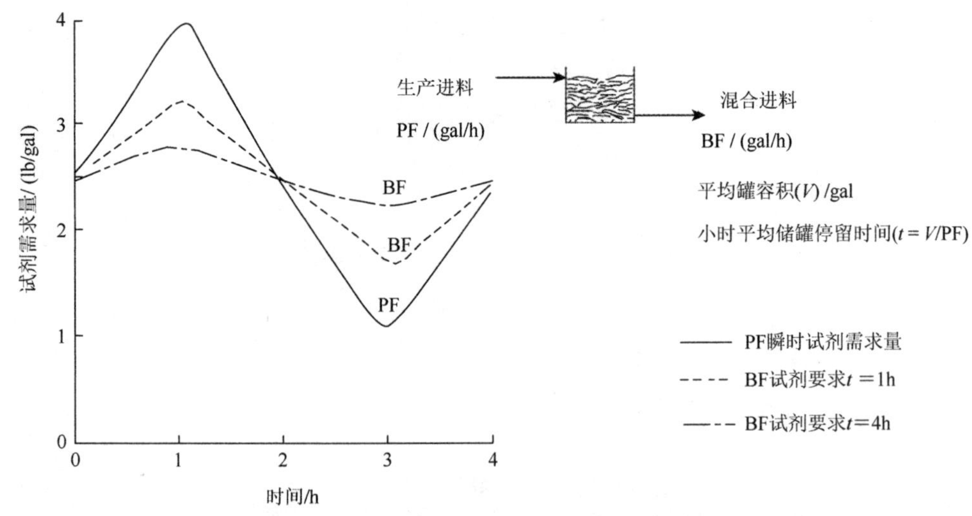

图 7.14　平均罐体积对试剂需求的不同影响

美国环境保护署. 金属加工业的控制和处理技术：硫化物沉淀. EPA625/8-80-003. 工业环境研究实验室，俄亥俄州辛辛那提，1980 年 4 月

当试剂需求超过供应量时，需要提供硫化试剂维持混合器/澄清池中未反应的 FeS 的存储量。因为需求波动是不可避免的，所以试剂的存储量对于最终实现金属最大去除至关重要。储存在混合器/澄清池中的FeS与保持在单元中的固体需求量以及这些固体中的FeS浓度成正比。

该系统包括砂滤器，以确保废水排放含有最小浓度的悬浮固体。为了满足严格的金属排放要求，必须将废水排放中溶解的和不溶的金属含量都降至最低。对于硫化物和氢氧化物沉淀系统，砂滤器确保在处理系统中产生扰动，不会导致澄清池溢流水的浊度影响出水质量。

2. FeS 试剂的消耗

如图 7.6 所示，将溶解金属沉淀到金属硫化物的低溶解度水平通常需要 2～4 倍的 FeS 化学计量。添加试剂量与化学计量需求的比例建立了污泥床固体中 FeS 的平衡浓度。超过化学计量需求的 FeS 可提供超过消耗供应的未反应试剂的库存。

污泥床层中 FeS 的浓度和试剂添加量与化学计量试剂需求的比值关系如图 7.15 所示。同时，该图还显示了所消耗的试剂量与上述比值的函数关系。因为底流速率被设置为平衡固体装载速率，所以污泥床层中的 FeS 浓度也决定了污泥底流中的损失量。

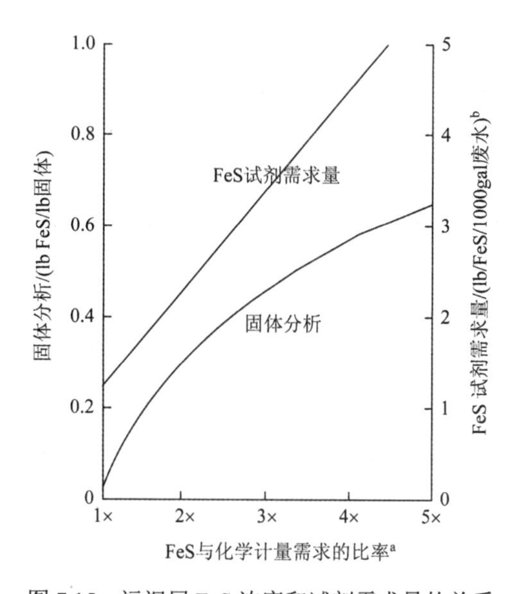

图 7.15　污泥层 FeS 浓度和试剂需求量的关系

a ×表示化学计量 FES 试剂需求。b 基于含 100mg/L Cu^{2+}的废水处理工艺（美国环境保护署. 金属加工业的控制和处理技术：硫化物沉淀. EPA625/8-80-003. 工业环境研究实验室，俄亥俄州辛辛那提，1980 年 4 月）

通过确定固/液接触区的体积和污泥覆盖层在该区域的密度，可近似地估算 FeS 的储存量。FeS 保持在污泥床层中未反应量越大，系统自动补偿试剂需求量越大。FeS 供应可以通过 3 个方面获取：

（1）提高 FeS 试剂的进料速度；

（2）在系统中设计较大的固/液接触体积；

（3）在固液接触容积中保持混合器/澄清器的沉降区中的最大污泥层固体浓度。

前两种增加 FeS 存储量的方法存在经济上的缺点：试剂成本和污泥体积随着投加量的增加而增加，而初始成本和空间要求随着混合量的增加而增加。因此，在混合区保持稠密的污泥层是实现试剂充分利用和提供试剂需求增加所需的 FeS 库存的最有效方法。在实践中，这需要监控覆盖层水平并调整污泥排出速率以匹配系统中的固体累积速率。

3. 操作规范

图 7.13 所示的 ISP 系统需要有一个操作员在一个完整的班次中全职工作，而在其他班次中需要操作员不间断工作 2～4h。操作员的职责如下：

（1）每次换班后，从第二级中和器中取出混合器/澄清池进料的样品，用于小试试验，以确定所需的 FeS 添加速率。

（2）根据小试实验结果，设置 FeS 和聚电解质添加控制系统，以适应每次进入混合器/澄清池所需的进料试剂增量。

（3）控制调试污泥排污计时器反映固体负荷率的变化（这与第一步骤实施的小试实验相关）。

（4）通过将混合器/澄清池的混合区移出的样品进行沉降试验，定期（通常每隔 1h 或 2h）监测混合器/澄清池中的固体含量。保持混合区中的最大固体浓度，调整污泥排放速率以符合澄清废水中的低浊度标准。

该系统通常需要操作员的其他职责、处理和系统运行包括：

（1）处理剂的制备——在这种情况下，试剂包括石灰浆、磺化试剂（图 7.16）和聚电解质；

（2）污泥脱水滤池的运行；

（3）砂滤装置定期反冲洗；

（4）pH 探针的定期校正；

（5）依据排放标准的样品收集；

（6）系统设备的定期润滑养护。

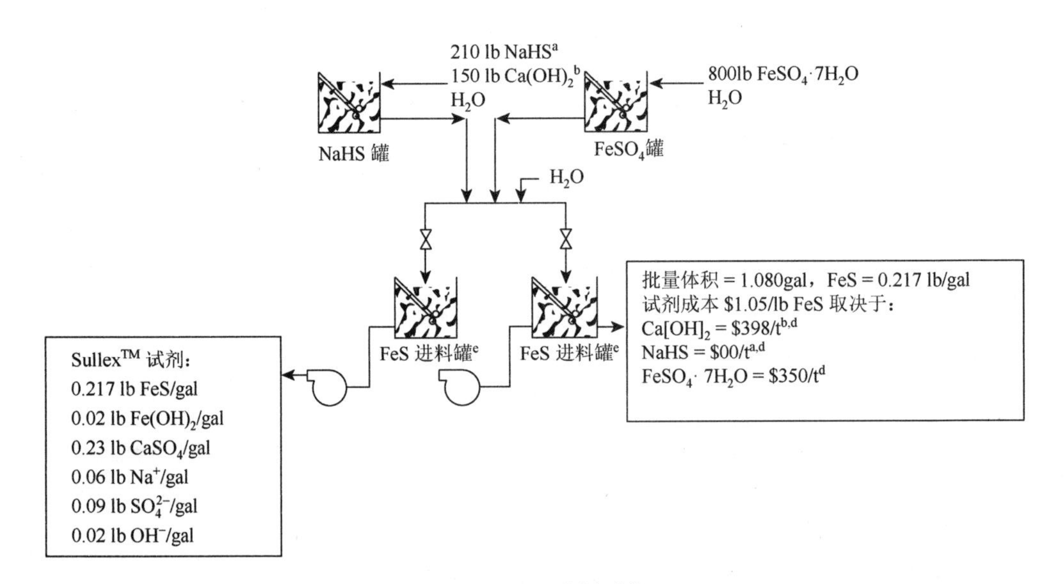

图 7.16　FeS 进料系统

a　70%～72%片状；b　93%纯度；c　包括运输和装卸；d　包括航运；e　一备一用。资料来源：美国环境保护署. 金属加工业的控制和处理技术：硫化物沉淀. EPA625/8-80-003. 工业环境研究实验室，俄亥俄州辛辛那提，1980 年 4 月；美国环境保护署. 环境污染控制替代方案建议：电镀工业废水处理替代方案经济学. EPA625/5-79-016. 1979 年 6 月

7.4.2　ISP 修正处理系统

图 7.17 所示系统的 FeS 试剂需求是进入混合器/澄清池的金属总负荷的函数。添加足够的 FeS，不仅要使溶解的金属沉淀，同时要使沉淀的金属氢氧化物转化为金属硫化物。对于具有金属流量较大的处理系统，FeS 消耗将很大，并且将产生相当多的固体废物（金属硫化物、金属氢氧化物和未反应的 FeS 的混合物）。减少试剂消耗和固体废物处理费用证明常规过程之后使用 ISP 精细处理氢氧化物沉淀/澄清的溢流是合理的（图 7.17）。

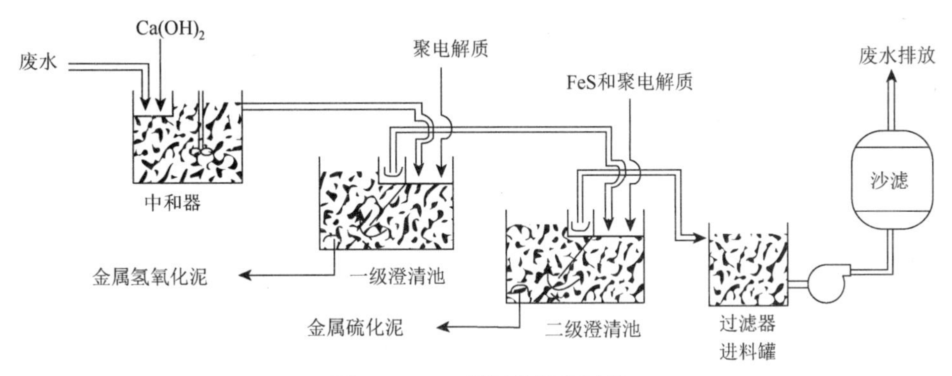

图 7.17　ISP 精细化处理系统

资料来源：美国环境保护署. 金属加工业的控制和处理技术：硫化物沉淀. EPA625/8-80-003. 工业环境研究实验室，俄亥俄州辛辛那提，1980 年 4 月

在该精细系统中，FeS 需求量可以通过一级澄清池溢流中的金属含量确定。如果废水中含有六价铬，将在二级混合器/澄清池中被还原，随可溶性金属一起沉淀。与图 7.17 所示系统相比，该方法有两个优点：一是同时减少了 FeS 试剂的需求和污泥的产生，且是金属负荷和试剂消耗的函数；二是第一级澄清池溢流中的金属浓度不会受到废水金属浓度变化的影响。金属氢氧化物的平衡溶解度将决定溢流中溶解金属的浓度，用该浓度来确定试剂需求。试剂供应没有设置自动调节，因此溢流浓度确定试剂需求可使稳定性提高。不受氢氧化物处理影响的六价铬浓度仍然会变化，但由于精细处理系统中上游工艺槽的体积较大，会缓冲变化。

确定最佳的系统——精细化硫化物沉淀或处理总金属负荷——需要确定节省精细化处理系统的操作成本是否可以抵消第二混合器/澄清池和聚电解质进料器的额外成本。

7.4.3　ISP 系统性能

在没有废水处理系统的电镀车间，设置了三个从排放的废水中去除重金属的硫化法生产线。其中两个生产线（生产线 A 和生产线 B）用 FeS 处理金属总量，而第三个生产线（生产线 C）在氢氧化物沉淀/澄清之后采用 ISP 作为精细化步骤。

生产线 A 对塑料部件进行镀铜、镀镍和镀铬（电镀和化学镀）。废水中的重金属与多种螯合剂络合。在中试评估时，显然不能通过氢氧化物沉淀将金属去除到排放许可中所要求的水平（表 7.7）。经过初步评估，ISP 可以达到要求的排放值，该公司聘请供应商设计 ISP 这样的处理系统。设计者保证系统能满足所有的排放法规。该系统被设计用于处理 40gal/min（151L/min）

废水，并且与图 7.13 所示的系统基本相同。该系统在 60h 试验期间去除铜、镍、总铬和六价铬（Cr^{6+}）的性能如图 7.18 和图 7.19 所示。图 7.20 显示了相应的采样点位置。

表 7.7　工厂排放许可要求

项目	排放限值[a]			
	质量/(lb/d)		浓度/(mg/L)	
	平均值[b]	最大值[c]	平均值[b]	最大值[c]
悬浮固体	35.3	53	NA[d]	NA[d]
总铜	0.89	1.77	1	1.5
总镍	0.89	1.77	1	1.5
总铬	0.89	1.77	1	1.5
六价铬	0.089	0.177	0.05	0.1

资料来源：美国环境保护署. 金属加工业控制和处理技术：硫化物沉淀. EPA625/8-80-003. 工业环境研究实验室，俄亥俄州辛辛那提，1980 年 4 月。

a　所需 pH 介于 6～9.5。

b　每天 24h 复合样品的月平均值。

c　每日最高 24h 混合在一个月中。

d　不适用。

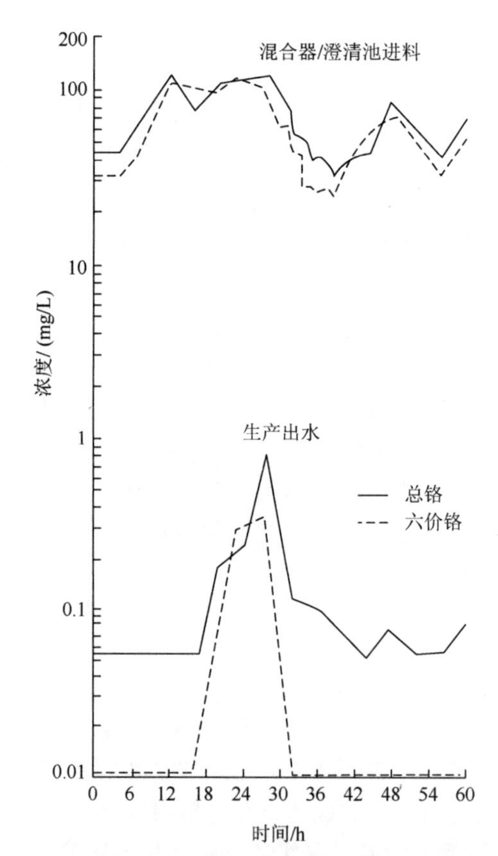

图 7.18　生产线 A 在去除铬方面的性能

资料来源：美国环境保护署. 金属加工业的控制和处理技术：硫化物沉淀. EPA625/8-80-003. 工业环境研究实验室，俄亥俄州辛辛那提，1980 年 4 月

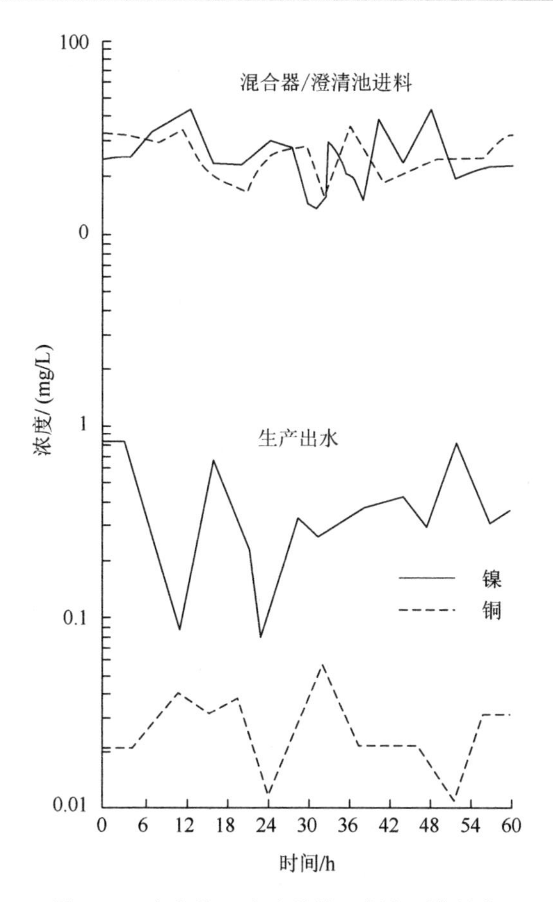

图 7.19　生产线 A 在去除镍、铜方面的性能

资料来源：美国环境保护署. 金属加工业的控制和处理技术：硫化物沉淀. EPA625/8-80-003. 工业环境研究实验室，俄亥俄州辛辛那提，1980 年 4 月

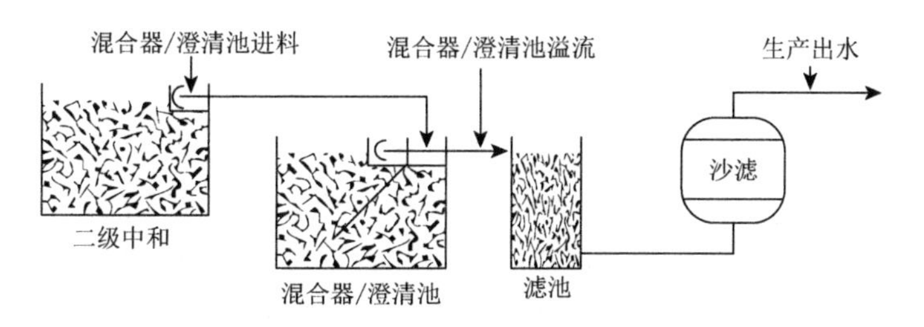

图 7.20　阴离子和阳离子聚合物进料系统的采样点

资料来源：美国环境保护署. 金属加工业控制和处理技术：硫化物沉淀. EPA625/8-80-003. 工业环境研究实验室，俄亥俄州辛辛那提，1980 年 4 月

铬的去除性能显示出 16h 和 28h 之间的去除效率的偏差，这相当于在 8～28h 混合器/澄清池进料中六价铬的增量。比较 FeS 的化学计量与所供给的量和相关的混合器/澄清池去除效率（图 7.21）后可知，没有增加足够的 FeS 进料量来满足增量需求。因此，污泥床层中未反应的 FeS 逐渐耗尽，在 16h 后，床层中 FeS 不足以满足正常的高去除效率，这种情况一直持续至第 28h。尽管 FeS 试剂的供需比很低，但留存在污泥层中的 FeS 在 8～16h 仍保持了较高的去除效率。

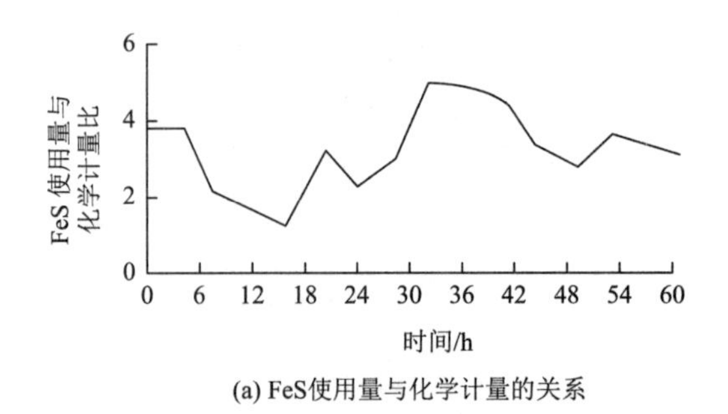

(a) FeS使用量与化学计量的关系

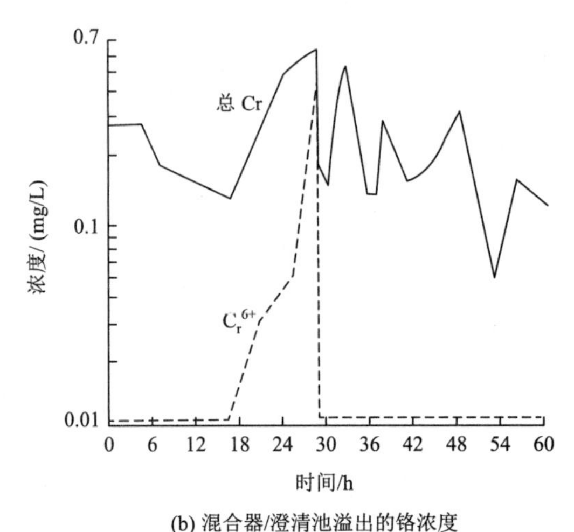

(b) 混合器/澄清池溢出的铬浓度

图 7.21　生产线 A 中 FeS 供需比对六价铬还原的影响

资料来源：美国环境保护署. 金属加工控制和处理技术：硫化物沉淀. EPA625/8-80-003. 工业环境研究实验室，俄亥俄州辛辛那提，1980 年 4 月

图 7.21 显示了 FeS 用量约为化学计量需求的 3 倍时，能够使铬去除效率最佳。化学计量的需求通过混合器/澄清池进料样品的小试分析来确定。镍和铜的去除效率相对恒定，试验期间的剂量没有明显的变化趋势。

基于 3 倍化学计量需求的 FeS 投加率和观察到的其他处理试剂的消耗量，该 ISP 系统的化学处理成本和污泥生成影响因素如表 7.8 所示。生产线 B 是汽车零部件制造业。该金属工艺产生的废水含有不同数量的铬（六价和三价）、锌和铁，其溶液中含有磷酸盐、有机螯合剂和在工艺中使用的各种化学品。废水以中和/ISP/澄清处理的顺序处理，类似于图 7.13。然后将其与来自工厂的剩余废水混合后排放到城市污水处理系统。

表 7.8　生产线 A、B 和 C 的废水处理工艺特征

特征		生产线 A	生产线 B	生产线 C
废水	平均流量/（gal/min）	39	21	16
	pH：			
	进料	2.0～4.0	4.5～6.0	2.5～3.0
	出水	9.0～10.0	8.5～9.5	7.5～8.5

续表

特征		生产线 A	生产线 B	生产线 C
平均进料浓度/（mg/L）	镍	31	NA	NA
	铜	28	NA	NA
	六价铬	76	27	0.07
	总铬	88	39	8
	锌	NA	48	24
	铁	NA	1.4	127
	磷	NA	NA	289
化学处理	石灰[b]/(lb/h)	8.8	2	8.1
	氯化钙（磷酸盐去除）[b]/(lb/h)	NA	NA	17
	阳离子聚合物[b]/(lb/h)	0.1	0.17	0.02
	阴离子聚合物[b]/(lb/h)	NA	NA	0.01
	硫化亚铁/(lb/h)	12.5[c]	4.5[d]	0.30[b]
	总化学品/（$/h）	5.78	2.23	2.48
	化工成本/（$/1000gal）	6.03	4.32	6.30[e]
污泥生成因素	干固体/(lb/h)	23.7	7.2	16.4
	第一阶段	NA	NA	16
	第二阶段	NA	NA	0.4
	lb/1000gal 废水	10.1	5.7	17e
	潜流体积/（gal/h 含 0.75%固体）	380	114	262
	滤饼体积/（gal/h 含 30%固体）	7.9	2.4	5.3

资料来源：美国环境保护署. 金属精整工业控制和处理技术：硫化物沉淀. EPA625 / 880-03. 工业环境研究实验室，辛辛那提，1980 年 4 月；美国环境保护署. 环境污染控制替代方案. 电镀工业废水处理的替代方案，EPA625/5-79-016. 1979 年 6 月。

注：NA＝不适用。成本上升到 2012 美元（引自美国 ACE.公用事业年度平均成本指数//土木工程施工成本指数系统手册，110-2-1304. 美国陆军工程兵团，华盛顿特区：44. PDF 文件可查阅 http：//www.nww.usace.army.mil/cost，2015）。

a　3 类生产线都使用 ISP 工艺从废水中去除金属，但是生产线 C 使用 ISP 作为精整系统。

b　观察频率。

c　基于化学计量要求的 3 倍。

d　基于化学计量要求的 4 倍。

e　如果不存在磷酸盐，处理成本等于 2$/1000gal，固体生成等于 6.4lb/1000gal。

废水到污水处理系统的流速平均为 20gal/min（76L/min）。在从废水中去除铬（总铬和六价铬）、锌和铁的 2d 试验期间，系统的性能如图 7.22 和图 7.23 所示。图 7.20 中规定使用相同的采样位置。图 7.24 说明了相同测试期间 FeS 供应与化学计量需求的比值。在测试期间，化学计量的比例从 3 倍到 5 倍不等。废水中污染物含量低于地方和国家标准，在这个试剂供需比值范围内，没有明显的变化趋势。

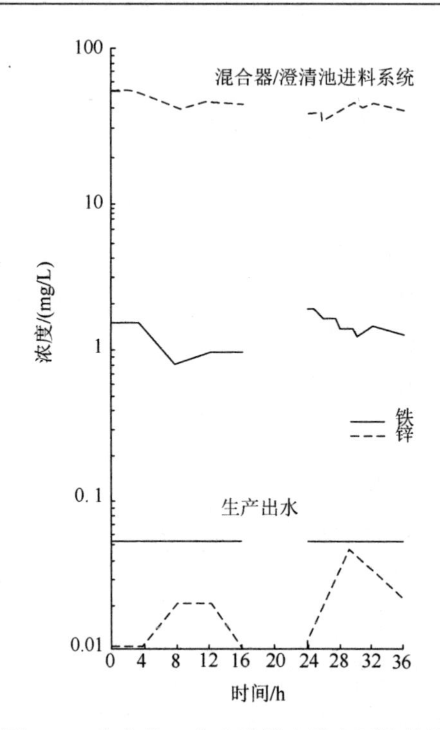

图 7.22　生产线 B 在去除铁和锌方面的性能

工厂每天运行两班，在 16h 和 24h 之间没有废水排出（美国环境保护署. 金属加工业控制和处理技术：硫化物沉淀. EPA625/8-80-003. 工业环境研究实验室，俄亥俄州辛辛那提，1980 年 4 月）

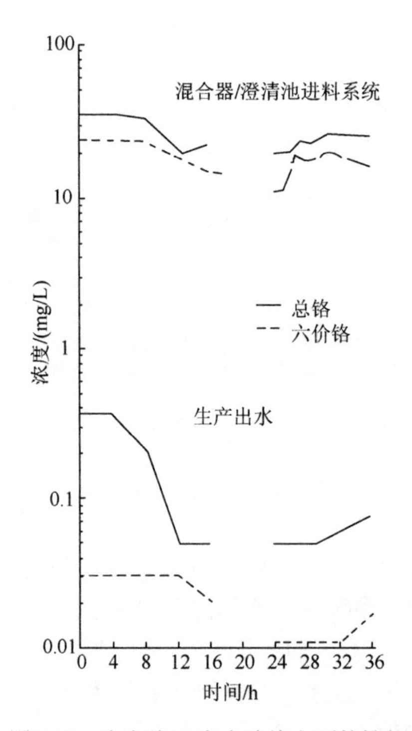

图 7.23　生产线 B 在去除铬方面的性能

系统在 16h 和 24h 之间没有废水排出（美国环境保护署. 金属加工业的控制和处理技术：硫化物沉淀. EPA625/8-80-003. 工业环境研究实验室，俄亥俄州辛辛那提，1980 年 4 月）

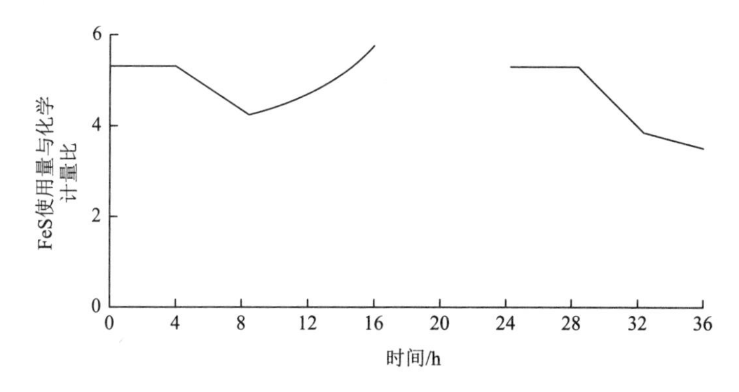

图 7.24　提供生产线 B 的 FeS 用量与所需的化学计量比

16～24h 没有废水进入系统（美国环境保护署. 金属加工业的控制和处理技术：硫化物沉淀. EPA625/8-80-003. 工业环境研究实验室，俄亥俄州辛辛那提，1980 年 4 月）

该设施中，将 ISP 系统中化学品的处理成本和产生污泥的影响因素列于表 7.8 中。化学处理费用约为 4.32$ / 1000gal 废水。生产线 C 利用 ISP 精整工艺进行常规氢氧化物沉淀/澄清处理产生的澄清溢流。该系统处理来自预调、桶浸、锌磷化电镀生产线的 15～18gal/min（57～68L/min）废水，该系统类似于图 7.17；包括安装在第二级中和装置之后的第二混合器/澄清池和聚合物进料系统，以除去金属氢氧化物和磷酸盐沉淀。由于在澄清池中使用阴离子聚合物去除氢氧化物，并且使用阳离子聚合物来增强金属硫化物的沉降，需要设置双重聚电解质进料系统。与用硫化物沉淀处理金属总负荷的系统相比，污泥的产量和 FeS 消耗量显著降低。系统中硫化物沉淀这一步骤可除去不到 5%的固体废物。

表 7.8 列出了生产线 C 的化学品消耗和污泥生成速率。废水中磷酸盐的处理占处理成本的很大百分比，磷酸盐固体造成绝大部分污泥产生。去除废水所含重金属的化学成本估计为 1.98$/1000gal。在没有磷酸盐的情况下，废水中固体生成速率等于 6.4lb/1000gal（0.76kg/m^3）。

表 7.9 列出了生产线 C 排放的废物和废水中污染物浓度，以及排放标准所要求的水质质量。

表 7.9　SP 精整系统的进水和出水特性

项目	废水分析		
	进水	出水	达标要求[a]
pH	2.9	8.5	6.6～9.5
磷含量/(mg/L)	289	0.3	＜1.2
悬浮固体总量/(mg/L)	320	6	＜23
总铬含量/(mg/L)	8	＜0.10	＜0.6
六价铬含量/(mg/L)	0.07	＜0.02	＜0.06
镍含量/(mg/L)	0.77	＜0.1	＜0.6
锌含量/(mg/L)	24	0.12	＜0.6
铁含量/(mg/L)	127	0.6	＜1.2

资料来源：美国环境保护署. 金属加工业控制和处理技术：硫化物沉淀. EPA625/8-80-003. 工业环境研究实验室，俄亥俄州辛辛那提，1980 年 4 月。

a　月平均日复合样品。

在此精整系统应用中，FeS 被投入第二级混合器/澄清池后在废水中浓度大约 40mg/L。生产线 A 和生产线 B 中处理不溶性固体系统的总金属负荷的剂量分别为 640mg/L 和 430mg/L。

7.4.4 ISP 的氢氧化物系统优化

氢氧化物沉淀系统的金属去除效率可以通过增加 ISP 过程而得到改善。硫化物沉淀可用于在澄清池之前将金属转化成金属硫化物，或用在澄清池去除不溶金属氢氧化物处理之后的废水，进一步沉淀可溶性金属的精整系统。

1. 设备的需求

ISP 系统的关键组成部分是固-液接触室，其中废水与污泥层中所含的不溶性硫化物充分混合。这一设备必须按照三个设计要求设计：

（1）混合区液体停留时间；

（2）污泥层体积和密度；

（3）混合效率。

图 7.25 是为这个设备专门设计的混合器/澄清器的示意图。在目前使用的 ISP 系统中，单元的尺寸设计要求是提供混合区约 1h 的液体停留时间。因为混合区体积等于固体储存体积，所以在单元中可以储存大量未反应的 FeS。混合区中的搅拌器被设计成保持致密的流化态污泥。采样端口位于单元的不同区域以便检查污泥密度。该设备还具有定时污泥排出阀，该阀可设置自动固体平衡排放累积速率。

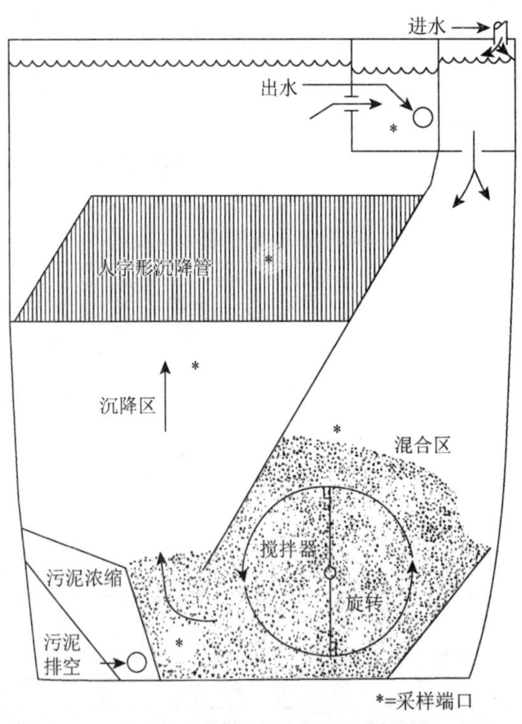

图 7.25 混合器/澄清池的横截面

资料来源：美国环境保护署. 金属加工业的控制和处理技术：硫化物沉淀. EPA625/8-80-003. 工业环境研究实验室，俄亥俄州辛辛那提，1980 年 4 月

其他改进 ISP 处理系统所需的要点包括：

（1）FeS 试剂制备槽、试剂储存和进料泵；

（2）试剂剂量控制系统，使试剂用量与废水流量相匹配；

（3）在低 pH 条件下控制废水进料的响应系统。

将氢氧化物沉淀转换为硫化物沉淀的过程中，添加精过滤系统以从澄清池溢流中去除残留的悬浮固体可以显著降低出水金属浓度。满足严格的重金属排放限值会要降低流出物中悬浮液和可溶性重金属的水平。

2. 处理系统的评估

选用 ISP 作为精整处理系统的经济优势必须与较高的设备成本和第二澄清池的空间要求进行权衡。对于金属负荷较小的生产线来说，在现有澄清池的上游加入 ISP，可避免增设第二澄清池的费用，更具经济效益。

改造含有絮凝区的氢氧化物处理系统，提高沉淀金属在澄清前的沉降性能，可用简单的方式和最少的投资完成。许多现有的系统包括单独的容器或作为澄清池本身一部分的絮凝室。如图 7.26 所示，可在这类系统中安装 ISP 处理装置：

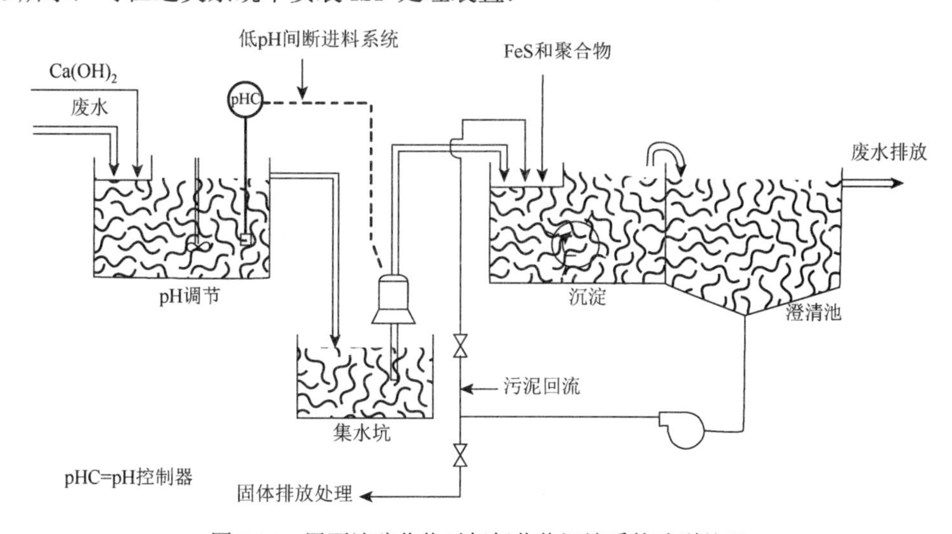

图 7.26　用不溶硫化物对氢氧化物沉淀系统改型处理

资料来源：美国环境保护署. 金属加工业控制和处理技术：硫化物沉淀. EPA625/8-80-003. 工业环境研究实验室，俄亥俄州辛辛那提，1980 年 4 月

（1）一种 FeS 试剂添加系统和进料控制系统，将 FeS 与处理废水的体积按比例送入絮凝室；

（2）污泥再循环响应系统（如果尚未设置）将固体从澄清池底回流至絮凝池；

（3）pH 进料控制响应系统，如果该水流的 pH 低于设定值，将停止给絮凝池进料。

必须进行中试实验来确定在絮凝室中的停留时间、搅拌和污泥层密度是否可以有效去除重金属。图 7.6 设定了不同的变量用于评估中试或小试实验。尽管絮凝剂停留时间、混合效率等通常会增大试剂的消耗，但它们的不足之处是可以忽略的。

对于没有絮凝区的处理系统，一种方法是添加絮凝器，或者用为此系统设计的混合器/澄清池替换现有的澄清器（图 7.25）。使用 ISP 作为精整系统的最有效实用的方法是在现有澄清器的下游安装一套混合器/澄清池。

3. ISP 批量处理系统

与连续处理系统一样，使用 ISP 的间歇处理要求废水与密实污泥层接触以实现最大的金属去除。因此，每一批次都产生大量的固体，并需要在批处理之后储存沉降的污泥。图 7.27 显示了 ISP 批处理系统的配置和相关处理序列。系统的主要工艺部件是：

（1）装有机械搅拌器的两个储罐；

（2）沉淀池；

（3）石灰（或烧碱）、FeS 和聚合物的储存和进料系统。

两个搅拌槽交替作为废水收集槽和预处理槽。在酸性废水与金属硫化物污泥混合之前，需要预处理中和酸性废水。为维持系统中固体污泥的存量提供足够的储存体积，需要求废水与 FeS 浆液在沉淀池充分接触。在混合过程中需要缓慢地搅拌使固体污泥悬浮，促进可沉降固体颗粒的生长。

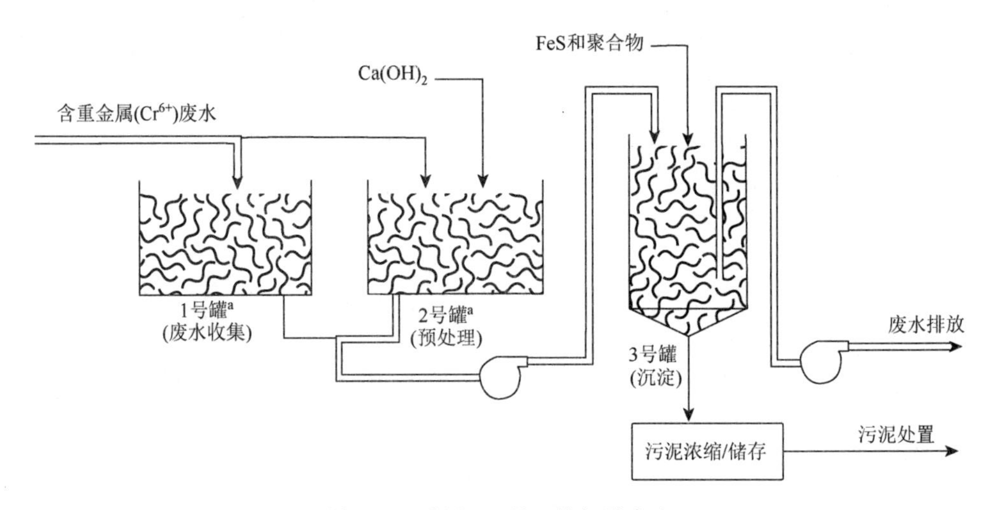

图 7.27　采用 ISP 处理的间歇废水

a　1 号罐和 2 号罐交替处理。处理顺序：当 2 号罐容量装满时，进入的废水转存至 1 号罐。将 2 号罐中的废水的 pH 调节到 8.5。从 2 号罐取出样品并通过小试实验分析以确定所需的 FeS 剂量。2 号罐中的废水，连同所需的 FeS 和聚合物的量，被装入 3 号罐。搅拌槽 3 中的废水/污泥混合物 1h。搅拌停止后固体沉降。对净化后的废水进行水质分析。3 号罐的废水溢出排放。一部分沉淀污泥排放到污泥处置系统，以保持稳定的污泥存量（美国环境保护署. 金属加工业的控制和处理技术：硫化物沉淀. EPA625/8-80-003. 工业环境研究实验室，俄亥俄州辛辛那提，1980 年 4 月）

7.4.5　ISP 处理费用

1. 运营成本

除了传统的氢氧化物沉淀系统的操作成本之外，使用 ISP 还包括下列成本：

（1）FeS 和聚电解质的试剂成本；

（2）前面描述的额外操作的工人职责成本；

（3）产生的任何其他固体废物的处理成本；

（4）专利持有人收取的使用该专利的许可费。

FeS的试剂成本取决于要沉淀的金属的数量（或者在六价铬的情况下化学还原的数量）和有效去除所需的试剂与化学计量试剂要求的比率。图7.28（a）显示了废水中不同金属浓度的FeS消耗率和试剂成本，以及试剂需求与化学计量需求的典型比率。废水金属浓度定义为除铁以外的金属形成硫化物。为了计算试剂消耗率，假设金属具有“+2”价，分子量等于铜、镍和锌的平均分子量。尽管确定最佳投加比需要试验，但是没有重金属络合剂的废水通常需要1.5～2倍化学计量试剂的要求，而含有络合重金属的废水需要3～4倍化学计量试剂的要求。图7.28给出了在六价铬浓度范围内废水处理的FeS试剂需求和成本。

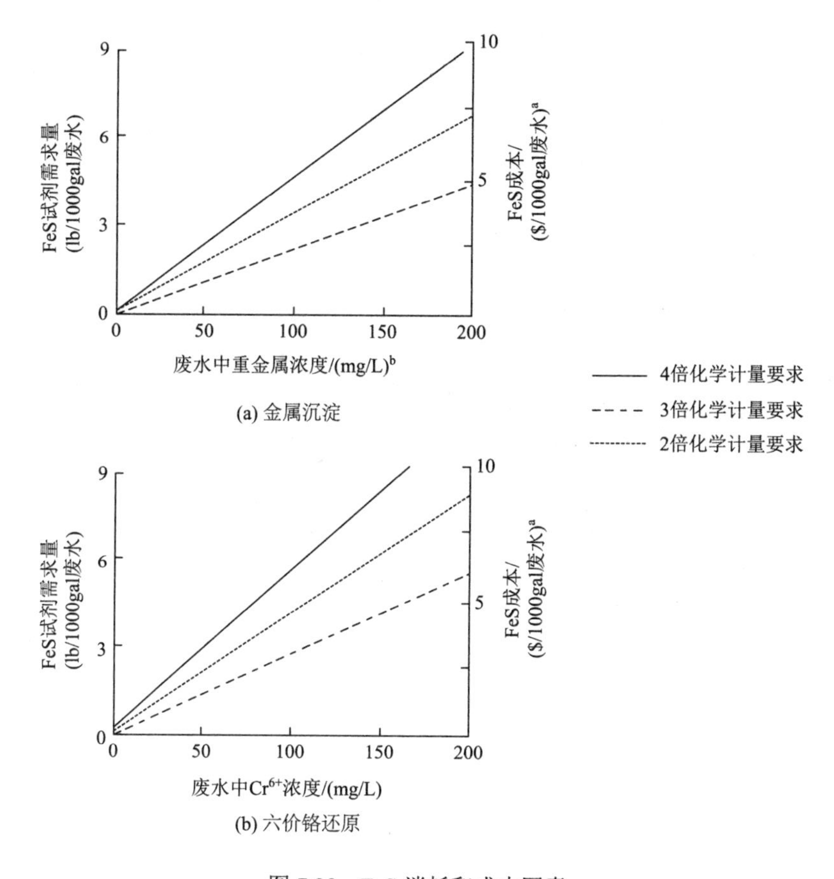

图7.28　FeS消耗和成本因素

a　基于FeS的价格为1.05$/lb。b　仅包括形成硫化物的那些金属（除了铁）；基于分子量为62.5（Ni、Cu和Zn的平均）的金属，价格成本参考2012年标准（美国环境保护署. 金属加工业的控制和处理技术：硫化物沉淀. EPA 625/8-80-003. 工业环境研究实验室，辛辛那提，1980年4月；美国环境保护署. 环境污染控制方案选择//电镀工业废水处理方案经济学. EPA625/5-79-016，1979年6月）

在三个生产线中，仅ISP系统的劳动力需求略有变化。每条生产线一个班次要雇佣一个全职操作员，其他班次也需要操作员用2～6h来处理。

用ISP系统处理大量废水时产生的污泥比传统的氢氧化物沉淀多得多。额外的污泥由处理过程中过剩的FeS产生，即硫化物试剂被自由的亚铁和铁离子的氢氧化物沉淀消耗。图7.29比较了ISP系统中固体生成速率与使用氢氧化物沉淀去除金属和二氧化硫（SO_2）还原铬的固体生成速率。该图还显示了固体废物处理费用，假设污泥以25%固体重量和每加仑0.25美元的处理成本。对于计算不同生产线的污泥处理成本，可以通过将图 7.29 所示的成本乘以实际处理成本与假定的每加仑 0.25 美元的比值得到。

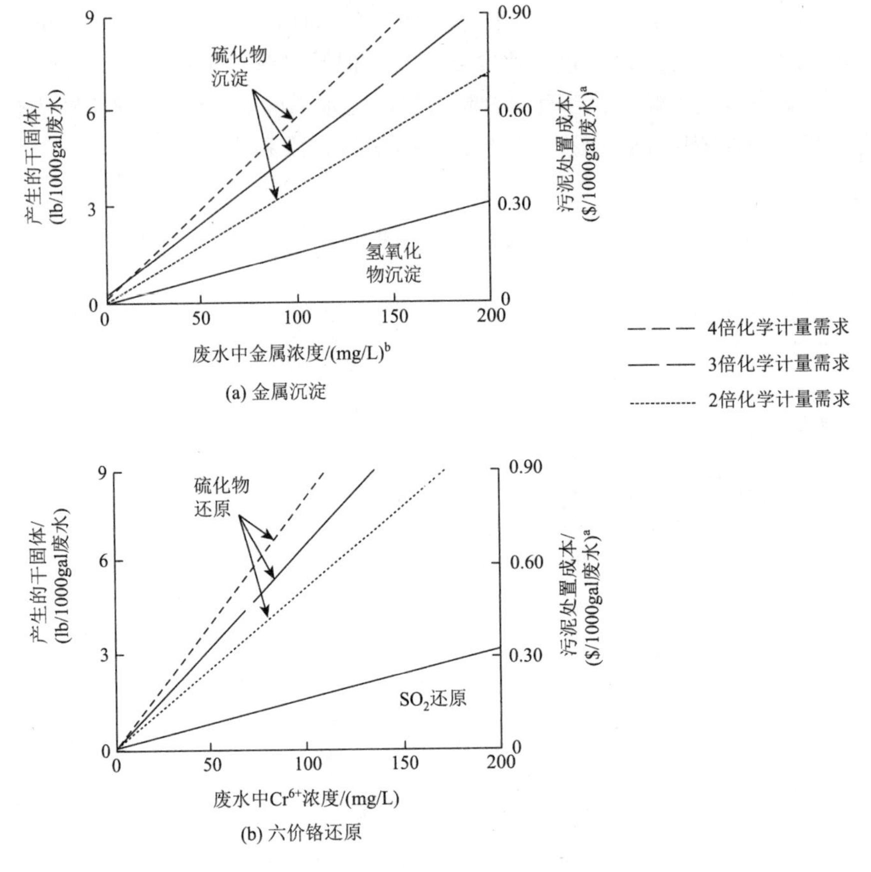

图 7.29　污泥的产生因素

a　固体仅包括金属氢氧化物和金属硫化物。b　仅包括除铁离子外其他形成金属硫化物的金属；基于分子量为 62.5 的金属（镍、铜和锌的平均分子量）；废水中的亚铁离子在 100mg/L 铁离子浓度下将生成 1.34lb/1000gal 固体，在浓度为 100mg/L 中亚铁离子将生成 1.6lb/1000gal 固体。以 25%的固体重量和处理费用 0.25$/gal 为基础。成本合计 2012 美元（美国环境保护署. 金属加工业的控制和处理技术：硫化物沉淀. EPA625/8-80-003. 工业环境研究实验室，辛辛那提， 1980 年 4 月；美国环境保护署. 环境污染控制替代方案，电工业废水处理方案经济学. EPA625/5-79-016，1979 年 6 月）

污泥处理的成本很高，通常为 0.12～0.50$/gal。成本效益来自于投资减小污泥体积的机械脱水设备。三个生产线均安装了凹板式压滤机，将污泥输送到处置场之前对污泥进行脱水。压滤机将底流污泥从低于 1%的固体重量脱水至 25%～30%的固体重量。

氢氧化物和硫化物系统的总污泥生成量将略高于图 7.29 所示的速率，这是由石灰固体、废水进料中的悬浮固体以及中和所产生的不溶性副产物所造成的。为了去除废水中的重金属，增加的固体量应当与系统的氢氧化物和硫化物固体生成量大致相同。对于铬还原，SO_2 还原系统通常要求废水被酸化，并且后续中和的碱量要大于硫化物还原所需的碱量。因此，用 SO_2 中和还原过程所需的额外石灰将导致污泥中产生更多的石灰固体。

每年收取使用 ISP 处理废水的许可费，并且该费用由处理的废水流速决定。然而，与其他常用的废水处理费用相比，ISP 处理许可费少很多。

2. 设备成本

表 7.10 列出了前文所述的三个 ISP 处理系统的实际安装总成本。三个系统都安装在无现成处理系统的工厂中。生产线 A 和生产线 B 中的系统类似于图 7.13。成本还包括许多备用泵和试剂储存罐、控制面板，以及流程图中未标示出的附加仪器的花费。生产线 C 是类似于图 7.17 的硫化物精细化系统。该系统的安装成本包括精细化系统所需的附加设备——第二澄清池（氢氧化物中和产生的不溶性化合物的分离）和第二聚电解质进料系统。

表 7.10 三套硫化 ISP 处理系统的安装成本

成本构成	ISP 系统成本（1000\$）		
	系统 A	系统 B	系统 C
工艺装备	492	258	NA
地下储罐	101	135	NA
安装后装运	81	62	NA
附加建筑空间	56	NA	NA
启动费用	8	NA	NA
工程类	NA	48	NA
其他	NA	3	NA
安装总成本	738[a]	506[b]	412[c]

资料来源：美国环境保护署. 金属加工业的控制和处理技术：硫化物沉淀. EPA625/8-80-003. 工业环境研究实验室，辛辛那提，1980 年 4 月；美国环境保护署. 环境污染控制交替//电镀工业废水处理方案经济学. EPA625/5-79-016. 1979 年 6 月。

注：NA = 不可用。成本上升到 2012 美元（引自 USACE。公用事业年度平均成本指数//土木工程施工成本指数系统手册，110-2-1304，美国陆军工程兵团，华盛顿特区，2015：44[11, 12]。

a ISP 系统设计流量 = 40gal/min。

b ISP 精整工艺系统设计流量 = 35 gal/min。

c ISP 精整工艺系统设计流量 = 15 gal/min。

ISP 系统中的大部分设备与氢氧化物系统是类似的。美国环境保护署的报告《电镀工业废水处理方案经济学》中列出了金属精整工业废水处理设备的成本数据。许多情况下，将氢氧化物系统更换为 ISP 只需要在现有澄清器的下游安装混合器/澄清池和进料系统以计量 FeS 和聚电解质进入废水的量。

表 7.11 列出了在现有处理系统中安装 ISP 工艺设备组件的成本（包括设备费用和安装费用）：

（1）混合器/澄清池；

（2）FeS 试剂制备及进料系统；

（3）聚合物进料系统；

（4）控制回路；

（5）悬浮固体精过滤装置。

为混合器/澄清器提供的安装成本用于一套仅需要管道和电气连接进行安装的预组装、撬装系统。FeS 试剂制备和进料系统包括两个带有低位报警器的 FeS 进料罐、两个试剂泵、一个混合罐和一个输送泵；由碳钢材料制成的撬装单元成本如图 7.16 所示。

表 7.11　构成 ISP 处理系统的设备成本因素

设备构成	安装成本/$1000
混合/澄清装置	
废水流量 30gal/min	44
废水流量 60gal/min	54
废水流量 90gal/min	59
硫化亚铁试剂制备及进料系统	
FeS 进料速率 5lb/h[a]	39
FeS 进料速率 10lb/h[a]	49
FeS 进料速率 15lb/h[a]	59
聚合物进料系统	12
控制回路	
试剂添加系统	11
低位 pH 进料中断控制	5
悬浮固体精滤装置	
废水流量 30gal/min	59
废水流量 60gal/min	80
废水流量 90gal/min	100

资料来源：美国环境保护署.金属加工业的控制和处理技术：硫化物沉淀. EPA625/8-80-003. 工业环境研究实验室，辛辛那提，1980 年 4 月；美国环境保护署.环境污染控制方案//电镀工业废水处理方案经济学. EPA625/5-79-016. 1979 年 6 月。

注：成本是指不同组件的基本安装成本，工程和设计费用、场地准备和设备运费不包括在内。成本上升到 2012 美元（美国环境保护署.公用事业年度平均成本指数//土木工程施工成本指数系统手册，110-2-1304. 美国陆军工程兵团，华盛顿特区：44. PDF 文件可查阅 http://www.nww.usace.army.mil/cost，2015）。

a　对于较低的进料速率，自动化程度较低的系统大约需要 12000 美元。

聚合物进料系统的成本由两个聚合物塑料进料罐和两个具有可调行程，不需回程管路的容积式泵构成。橇装式预组装部件配有低位报警器和稀释水混合装置。表 7.11 给出了两个控制回路的成本：带有磁流量计和流量计数器（将 FeS 和聚合物的添加量与废水的体积吞吐量相匹配）的试剂添加控制系统以及 pH 低位进料中断控制器。悬浮固体精过滤装置的成本由双混合介质过滤器，撬装和尺寸组成，使一个过滤器可以在反冲洗处理过程中达到最大流量。过滤器配有用于低压空气洗涤的鼓风机、反洗储罐和将洗涤物输入系统的泵。

3. 铬的常规化学削减和 ISP 系统削减的成本比较

某些情况下，考虑产生运营成本的效益时利用 FeS 还原系统替代传统的铬还原系统更为有利。用 FeS 还原铬的另一个优点是六价铬废水不需要单独分离处理，它可以在普通的中和/沉淀处理程序中得以实现。图 7.30 对典型的化学方法和 FeS 还原铬的处理方法进行了比较。FeS 处理工艺不需要降低和提高废水 pH，极大地节省了酸碱试剂消耗量。表 7.12 显示了图 7.30 所示的铬还原处理和污泥处理系统成本。化学消耗系数假设石灰消耗量是中和废水和沉淀溶解金属所需的化学计量的 2 倍。通常需要过量的石灰来缓冲中和废水。进一步假设在污泥中存在石灰固体，其质量等于所需中和的石灰质量的 50%。这些石灰固体是由中和反应中不溶性副产物的沉淀以及没有充分溶解的石灰结节增加污泥的体积造成的。因此，在化学还原处理时用石灰将 pH 从 2 提高到 8 会导致大量污泥产生。

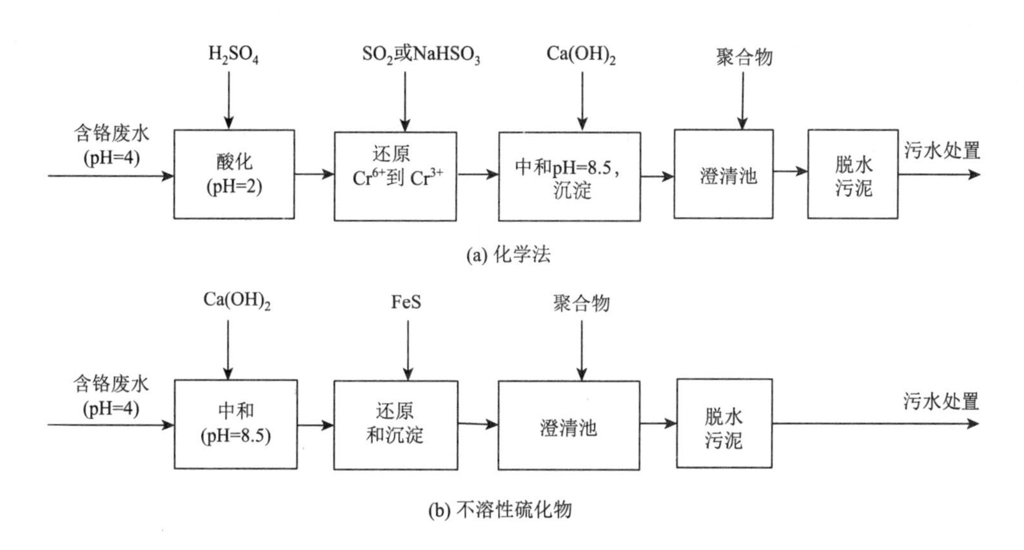

图 7.30　比较铬削减处理程序

由表 7.12 所示基于比较铬的化学和不溶性硫化物削减系统的典型成本（美国环境保护署. 金属加工业的控制和处理技术：硫化物沉淀. EPA625/8-80-003. 工业环境研究实验室，俄亥俄州辛辛那提，1980 年 4 月）

图 7.31 比较了铬还原系统中化学处理成本和污泥处理成本，在图 7.30 中说明了废水中六价铬浓度范围。与传统的化学还原相比，FeS 被认为成本较小。对于需要 2 倍 FeS 的化学计量投加量的废水，SO_2 处理含铬量小于 50mg/L 的废水和 $NaHSO_3$ 处理含铬量小于 100mg/L 的废水相比，有处理成本低的优势。对于需要 2 倍 FeS 化学计量投加量的还原系统，处理低于 150mg/L 的 Cr^{7+}废水也可节省固体废物处理成本。在较高的 FeS 用量要求下，如需要化学计量的 4 倍时，使用 FeS 还原铬处理稀铬废水更经济。

需要指出的是，前面的对比基于典型的操作条件和试剂成本；针对特定设备的对比分析应该使用实际操作数据（如试剂消耗和污泥生成）。

表 7.12　比较铬的化学和不溶性硫化物削减系统的成本基础

参数	2012 美元的成本[a]			
	处理系统[b]		污泥处置[c]	
	\$/lb Cr^{6+}	\$/1000gal 废水	\$/lb Cr^{6+}	\$/1000gal 废水
化学削减				
二氧化硫	1.05	1.39	0.39	0.29
亚硫酸氢钠	2	1.66	0.39	0.29

续表

参数	2012 美元的成本 [a]			
	处理系统 [b]		污泥处置 [c]	
不溶性硫化物还原				
硫化亚铁剂量等于化学计量要求的 2 倍	3.86	0.07	0.51	0.02
硫化亚铁剂量等于化学计量要求的 4 倍	7.61	0.07	0.81	0.02

资料来源：美国环境保护署. 金属加工业的控制和处理技术：硫化物沉淀. EPA625/8-80-003. 工业环境研究实验室，辛辛那提，1980 年 4 月；美国环境保护署. 环境污染控制方案//电镀工业废水处理方案经济学. EPA625/5-79-016. 1979 年 6 月。

注：基于 2012 成本统计。六价铬（Cr^{6+}）在 50mg/L 的浓度时，二氧化硫和亚硫酸氢钠的消耗量等于化学计量要求的 2 倍。石灰固体是石灰用量的 50%，产生污泥体积。成本上升到 2012 美元（美国环境保护署. 公用事业年度平均成本指数//土木工程施工成本指数系统手册，110-2-1304. 美国陆军工程兵团，华盛顿特区，2015：44。

a 是基于铬的质量减少和废水处理量来核算总处理成本。

b 计算基于石灰 0.035$/lb，二氧化硫 0.15$/lb，亚硫酸氢钠 0.20$/lb，硫酸 0.05$/lb，硫化亚铁 0.43$/lb。

c 基于固体含量为 25%的污泥处理成本为每加仑 0.10$。

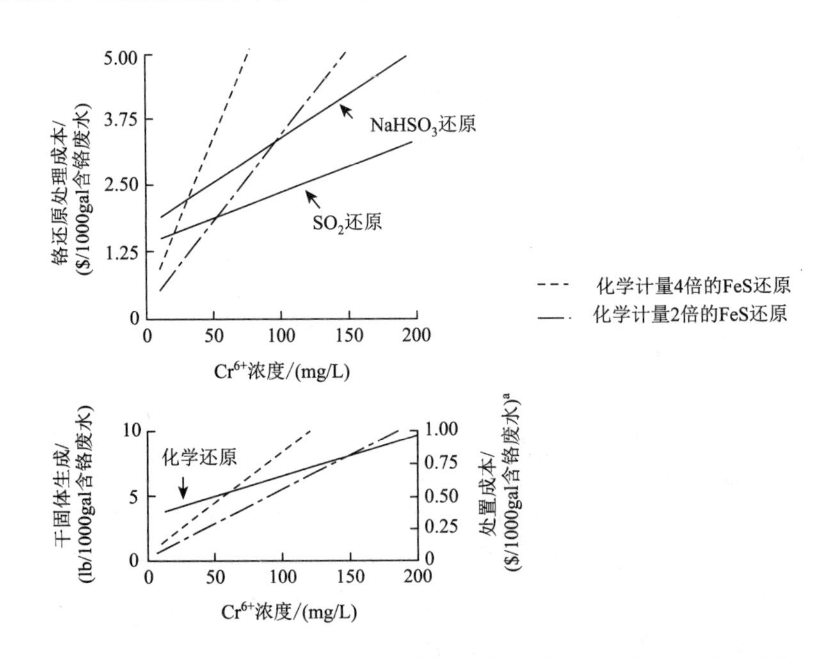

图 7.31 对比化学和不溶性硫化物在铬还原处理化学品和污泥处理的成本

基于处置固体含量为 25%的污泥成本为每加仑 0.25$。基于表 7.12 中定义的处置参数。成本为 2012 美元（美国环境保护署. 金属加工工业的控制和处理技术：硫化物沉淀. EPA625/8-80-003. 工业环境研究实验室，辛辛那提，1980 年 4 月；美国环境保护署. 环境污染控制方案//电镀工业废水处理方案经济学. EPA625/5-79-016. 1979 年 6 月）

4. ISP 精整工艺和金属处理的成本比较

将废水流中的所有金属通过硫化物沉淀转化成金属硫化物要使用相当多的 FeS，并有大量固体废弃物产生。在精整加工前用硫化物沉淀法从废水中分离出沉淀的金属氢氧化物，可以减少试剂消耗和固体废弃物的产生。在精整加工应用中，FeS 试剂的需求量和氢氧化物沉淀/澄清后废水中溶解金属浓度呈函数关系。将硫化物沉淀系统变更为精整系统需要安装第二澄清池和聚电解质进料系统，以在添加硫化物试剂之前将沉淀的金属氢氧化物从中和废水中分离出来。

处理金属总负荷的试剂消耗量和固体废弃物生成关系如图 7.28 所示。为了预估硫化物精整系统的试剂要求，有必要在氢氧化物中和/沉淀/澄清后测定废水中的金属浓度。精整系统的试剂消耗范围在化学计量需求的 1.5～4 倍。与图 7.28 中所示的试剂消耗系数相比，流程 C 的硫化物沉淀精整系统要求废水中的 FeS 投加量为 40mg/L。然而，要注意的是，该系统在废水中的六价铬水平不高；因此过氢氧化物沉淀法不能去除六价铬，且用于铬还原的试剂量在 ISP 和硫化物沉淀系统都是相同的。

A 流程使用 ISP 对废水中的金属进行全面处理。表 7.13 列出了与用于要沉淀 A 流程中的总金属负荷相比，用 ISP 作为精整步骤处理废水的成本。成本降低的主要原因是降低了 FeS 的消耗量，即在加入硫化物试剂之前，通过沉淀金属氢氧化物的分离来减少所需的 FeS 用量。

表 7.13　在流程 A 中使用 ISP 精整系统的潜在效益

项目	数值	
废水特性		
平均流速/(gal/min)	39	
pH		
进料	2～4	
出水	9～10	
平均进料浓度/(mg/L)		
镍	31	
铜	28	
六价铬	77	
总铬	88	
	运行系统	精整系统
化学品处理费用/($/h)		
石灰[a]	0.68	0.68
聚电解质[b]	1.02	0.85
硫化亚铁[c]	13.13	8.71
合计	14.83	10.24
节约成本	NA	4.59
污泥生成因素		
干固体生成/(lb/h)		
第一阶段	NA	6.2
第二阶段	NA	13.1
合计	23.6	19.3

续表

项目	数值	
泥饼体积（gal/h 含 30%固体）	7.9	6.4
处理费用为 0.46$/gal 污泥/（$/h）	3.63	2.94
处理成本节省/（$/h）	NA	0.69
净节省成本：化学品处理加上处理成本节省/（$/h）	NA	5.28
基于 6000h/a 运营时间的每年度节约成本/（$/a）	NA	31700

资料来源：美国环境保护署. 金属加工业的控制和处理技术：硫化物沉淀. EPA625/8-80-003. 工业环境研究实验室，辛辛那提，1980 年 4 月；美国环境保护署. 环境污染控制方案//电镀工业废水处理方案的经济学，EPA625/5-79-016. 1979 年 6 月。

注：参照 2012 年成本基础。NA＝不适用。

a 观察频率。

b 设计频率。

c 基于 3 倍的化学计量要求。

基于表 7.13 所示的成本节余，表 7.14 给出了转换为精整系统所需成本的经济分析。转换所需的 63000 美元投资将具有平均 13%的税后投资回报。

表 7.14　将工厂的 ISP 处理系统改造成运行 6000h/a 的 ISP 精整系统的经济可行性

项目		价格
安装费用/$	设备：	
	40gal/min 搅拌机/澄清器	44000
	聚电解质加料器	12000
	设备安装总计	56000
	附加安装：预计运费、现场准备和其他	7000
	安装总成本：	63000
年度额外运营成本/($/a)	劳务（100h/a，20$/h）	2000
	监督	0
	维护（投资的 6%）	3800
	一般设备管理费	2000
公用费用	电费	500
	水（聚合物进料机）	500
	总运营成本/($/a)	8800
年固定成本/($/a)	折旧（投资的 10%）	6300
	税收和保险（投资的 1%）	630
	合计固定成本	6930
	总运营和固定成本/($/a)	15730

续表

项目		价格
每年的储蓄额/($/a)	化学制品	27550
	污泥处置	4150
	年度储蓄总额	31700
非储蓄金：年储蓄金减去运营和固定成本/($/a)		15970
税后非储蓄金，税率 48%/($/a)		8300
税后平均投资回报率/%		13
投资现金流量：税后含折旧净储蓄/($/a)		14600
投资回收期：投资总额/现金流量/a		4.3

资料来源：美国环境保护署. 金属加工工业控制和处理技术：硫化物沉淀. EPA625/8-80-003. 工业环境研究实验室，俄亥俄州辛辛那提，1980 年 4 月；美国环境保护署. 环境污染控制替代方案//电镀行业废水处理替代方案经济学，EPA625/5-79-016. 1979 年 6 月。

注：2012 年成本基础。

图 7.32 进一步比较了对于处理每 1000gal（3785L）不同金属浓度的废水时 ISP 系统和硫化物精整系统所需的 FeS 试剂和固体废物处理的成本。将来自两个系统的污泥脱水到相同的水平后，固体废物处理成本假设处理固体质量 25%的污泥成本为每加仑 0.25 美元。该精整系统的 FeS 试剂成本取决于 40mg/L 的废水所需的 FeS 投加量。图 7.32 显示了用于硫化物沉淀和硫化物精整系统中硫化物试剂和固体废物处理的成本差异。不考虑总处理成本，这两个系统与治理相关的其他费用应该是相似的。

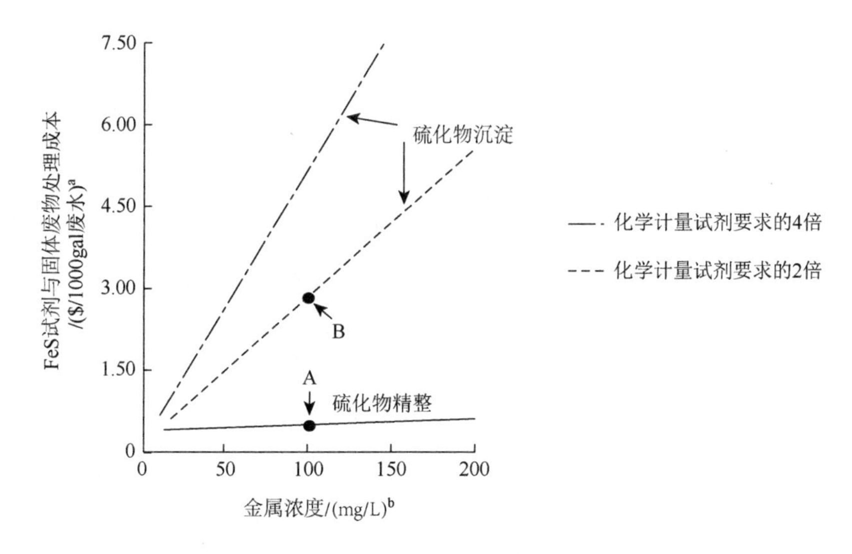

图 7.32　ISP 与不溶性硫化物精整系统的处理成本对比

根据废水中的金属总浓度 25%固体重量和每加仑 0.25 美元的固体废物处理；仅包括形成硫化物的金属（除铁以外）；基于分子量为 62.5 的金属（镍、铜和锌的平均）。2012 年成本（美元）（美国环境保护署. 金属加工工业控制和处理技术：硫化物沉淀. EPA625/8-80-003. 工业环境研究实验室，俄亥俄州辛辛那提，1980 年 4 月；美国环境保护署. 环境污染控制替代方案//电镀行业的废水处理替代方案经济学. EPA625/5-79-016. 1979 年 6 月）

精整系统可以在含较高的金属浓度废水中实现显著的成本效益。举例说明，如图 7.32 所示一个系统处理 3000gal/h（11340L/h），金属浓度为 100mg/L，需要 2 倍化学计量的 FeS 可以节省 7 美金每小时［（即：B–A）×3000 gal/L］。在相同的流速和金属浓度下，如果需要 4 倍于化学计量的 FeS，则节省 14.00$/h。

用图 7.32 所示的原理，图 7.33 显示了在一系列金属浓度和废水流速范围内安装精整系统所需的附加硬件设备的投资回报情况。

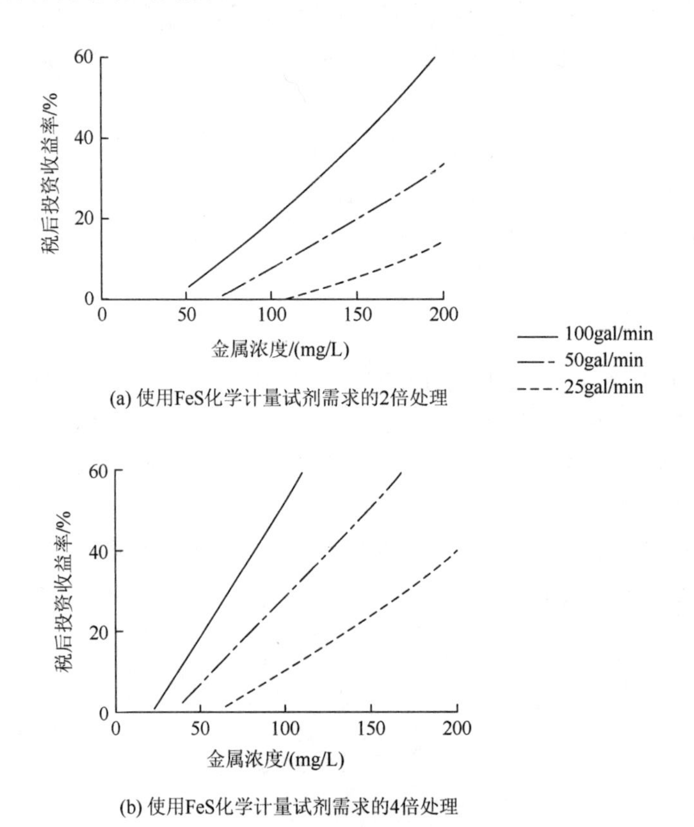

图 7.33　不溶性硫化物精整系统所需额外资本的投资收益

基于运行 4000h/a：投资回报率采用与表 7.14 相同的基础计算方式；化学和污泥处理节省（图 7.32）和设备成本（表 7.11）（美国环境保护署. 金属加工工业控制和处理技术：硫化物沉淀. EPA625/8-80-003. 工业环境研究实验室，俄亥俄州辛辛那提，1980 年 4 月）

参 考 文 献

[1] Federal Register，*Resource Conservation and Recovery Act*（RCRA），42 U.S. Code s/s 7901 et seq.1976，U.S. Government，Public Laws，www.federalregister.gov，U.S. Environmental Protection Agency，Washington，DC，2015.

[2] USEPA. *Resource Conservation and Recovery Act*（RCRA）—Orientation Manual，U.S. Environmental Protection Agency，Report # EPA530-R-02-016，Washington，DC，2003.

[3] USEPA. Federal Hazardous and Solid Wastes Amendments（HSWA），U.S. Environmental Protection Agency，Washington，DC，November 1984，http://www.epa.gov/，2015.

[4] Federal Register，*Clean Water Act*（CWA），33 U.S.C. ss/1251 et seq.（1977），U.S. Government，Public Laws，Available at: www.federalregister.gov，2015.

[5] CHEN J P，CHANG S Y，HUANG J Y，et al. Gravity filtration//WANG L K，HUNG Y T，SHAMMAS N K. Physicochemical treatment processes. Totowa，NJ：Humana Press，2005：501-541.

[6] USEPA. Control and treatment technology for the metal finishing industry：sulfide precipitation，summary report，EPA 625/8-80-003. Environmental Protection Agency，The Industrial Environmental Research Laboratory，Cincinnati，OH，1980.

[7] USEPA. Waste treatment：upgrading metal-finishing facilities to reduce pollution，EPA 625/3-73-002，U.S. Environmental Protection Agency，Washington，DC，1973.

[8] LANTZ J B. Evaluation of a developmental heavy metal waste treatment system. Technical report prepared for Civil Engineering Laboratory，Naval Construction Battalion Center and U.S. Army Medical Research and Development Command，1979.

[9] WANG L K. Diatomaceous earth precoat filtration//WANG L K，HUNG Y T，SHAMMAS N K. Advanced physicochemical treatment processes. Totowa，NJ：Humana Press，2006：155-190.

[10] USEPA. Environmental pollution control alternatives：economics of wastewater treatment alternatives for the electroplating industry，EPA 625/5-79-01 6 U.S. Environmental Protection Agency，Washington，DC，1979.

[11] USACE. Yearly average cost index for utilities//Civil Works Construction Cost Index System Manual，110-2-1304，U.S. Army Corps of Engineers，Washington，DC，2015：44.

第 8 章　新型纳米复合材料混合基质膜吸附去除水中砷

砷是公认的剧毒物。天然水体中砷浓度超标是当今一个世界性的问题，尤其在孟加拉国、印度、美国、加拿大等国家。纳米金属氧化物吸附剂的使用在于将污染水体中的砷含量降低至安全水平，达到相关标准或规定。将集成多孔介质与金属氧化物吸附剂相结合是一种实用、可靠的处理技术，使用聚合物微孔膜作为纳米颗粒的主体介质在砷去除应用中具有一定的优势。本章着重从新型混合基质膜（MMM）吸附去除砷的技术处理过程中探讨影响混合基质膜性能的重要因素，以及膜的再生过程。

8.1　引　　言

砷的毒性众所周知，全球许多组织都将受污染水体中砷的最大可接受浓度降至非常低的水平。例如，自 2006 年起，美国环境保护署和世界卫生组织决定将饮用水中砷的最大污染物浓度（MCL）从 50×10^{-9} 降低到 10×10^{-9}[1]。由于相关法规要求越来越严格，处理去除砷的方法、控制水处理砷残留物的技术急需改善。自 1995 年以来，与砷去除有关的研究出版物大幅增加，如图 8.1 所示。根据 Scopus 数据库的统计数据，2013 年发表的相关文章总数超过 500 篇，而 1995 年只有 32 篇。传统的砷去除方法有化学沉淀法、混凝絮凝法和离子交换法等，但对砷的去除效果并不能达到理想水平。为了满足法律要求的标准，往往需要增加相应的后处理过程，但间接增加了砷去除的总成本。有报道称膜技术在反渗透或纳滤模式下具有去除砷的潜力[2]，不过操作过程中需在高压环境中进行，此外，高能耗对操作过程也具有一定的影响。另外，微滤（MF）和超滤（UF）等低压驱动膜对砷去除没有实际效果，主要因为它们的多孔结构对砷的抗力极小甚至没有[3]。

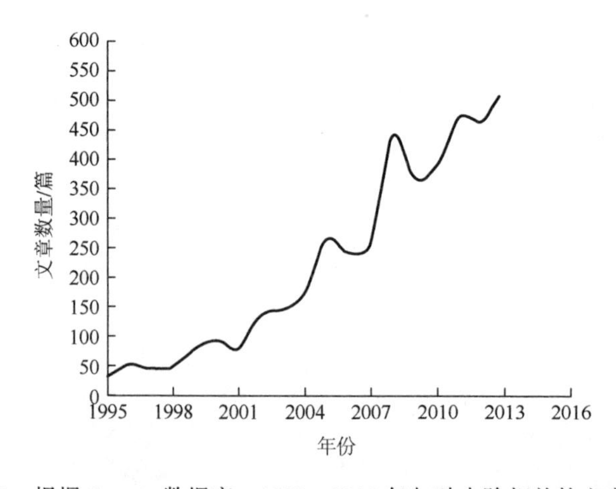

图 8.1　根据 Scopus 数据库，1995～2013 年与砷去除相关的文章数量

吸附是目前公认的对砷去除较有效且经济的方法。吸附过程在设计和操作上具有灵活性，大多数情况下都会产生高质量的处理水。此外，由于吸附有时是可逆的，使用的吸附剂可以通过适当的脱附过程再生。近期研究表明，许多金属氧化物纳米颗粒对污染水中的砷具有较好的吸附能力和较高的选择性。这主要归因于尺寸限定效应而带来的高比表面积和活性。然而，由于金属氧化物的粒径低至纳米级别，附加的表面能导致其稳定性较差。由于分子间作用力或其他相互作用，纳米尺寸的金属氧化物易于凝聚[4]。因此，它们的高吸附能力和选择性将显著降低甚至没有。此外，由于处理后压力过大或颗粒分离困难，金属氧化物纳米颗粒不适合在固定床或任何其他流通系统中使用。Li 等[5]认为，尽管纳米级的吸附剂具有独特的性质，但从水溶液中完全去除它们是极其困难的，克服这些技术瓶颈的有效方法是将颗粒浸渍或涂覆到较大尺寸的多孔载体上以制造混合吸附剂[4]。

8.2　砷 的 特 性

砷，化学元素符号为 As，原子序数 32，原子量 74.92，在元素周期表中位于第 15 族（ⅣA）。温度为 25℃时，熔点为 817℃，密度为 5.73g/cm^3。砷在文献中常被认为是一种重金属，但实际上它是半金属的，通常呈白色。环境中的砷可以以四种价态存在：−3、0、+3、+5。不过，它很少以单质即 As（0）的形式出现。在水溶液中，砷倾向于形成两类无色化合物，即砷酸盐 As（Ⅴ）和亚砷酸盐 As（Ⅲ）。在地表水中大多数砷化合物以 As（Ⅴ）的形式存在；与饮用水相关的砷化合物包括 $H_2AsO_4^-$、$HAsO_4^{2-}$、H_3AsO_3 和 $H_2AsO_3^-$，砷以何种形态存在主要取决于 pH 和氧化还原电位。砷在不同 pH 下水中的存在形态如图 8.2 所示，需注意的是 E_h 是水的氧化还原电位（ORP）[6]。

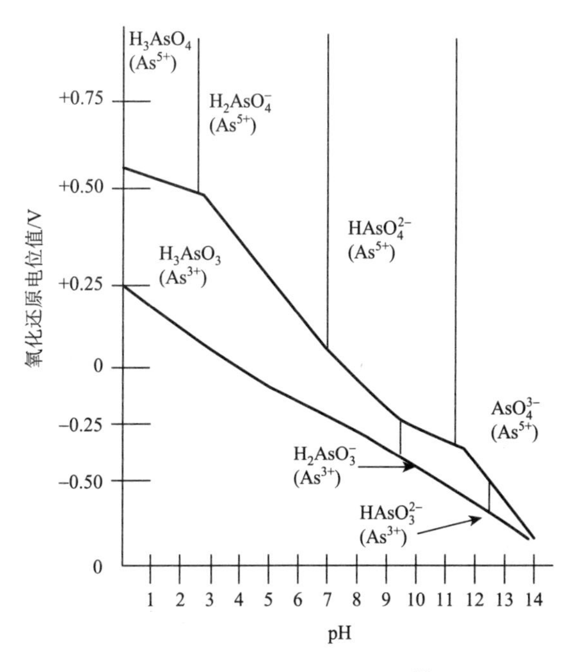

图 8.2　水中砷的存在形态[6]

As（Ⅲ）一般以亚砷酸形式存在于水中，砷酸的电离形式如下：

$$H_3AsO_3 \longrightarrow H^+ + H_2AsO_3^- \quad pK_a=9.22 \tag{8.1}$$

$$H_2AsO_3^- \longrightarrow H^+ + HAsO_3^{2-} \quad pK_a=12.3 \tag{8.2}$$

式中，pK_a 为反应物解离完成 50%时的 pH。

与地表水不同，地下水中的砷化合物大多以 As（Ⅲ）的形式存在。与 As（Ⅴ）相比，As（Ⅲ）的去除相对困难。此外，As（Ⅲ）比 As（Ⅴ）具有更强的毒性、可溶性和流动性。因此，通常需要通过添加氧化剂（通常是氯）将 As（Ⅲ）变为 As（Ⅴ）的形态以降低其毒性。与 As（Ⅲ）相比，As（Ⅴ）一般以砷酸形式存在于水中，可根据以下等式电离：

$$H_3AsO_4 \longrightarrow H^+ + H_2AsO_4^- \quad pK_a=2.2 \tag{8.3}$$

$$H_2AsO_4^- \longrightarrow H^+ + HAsO_4^{2-} \quad pK_a=7.08 \tag{8.4}$$

$$HAsO_4^{2-} \longrightarrow H^+ + AsO_4^{3-} \quad pK_a=11.5 \tag{8.5}$$

通过图 8.2 和上面所列方程式可知，在市政供水常见的 pH 范围内（6～9），三价砷主要以 H_3AsO_3 的形式存在，且未被电离。另外，在相同的 pH 范围内，五价砷主要为 $H_2AsO_4^-$ 和 $HAsO_4^{2-}$。这种五价形式的砷比三价形式的砷更容易从水中除去[6]。

8.2.1 砷在水中的化学特征和赋存形态

砷是地壳中天然存在的元素，其在地壳中的丰度列第 20 位，平均含量为 2mg/kg，是 245 种矿物质的主要成分。表 8.1 列出了各国土壤中砷的含量[7]。一般来说，环境中砷的来源可分为两大类：天然来源和人为来源。由于地热源或高砷地下水，某些地区可能出现相对浓度高的天然砷。尽管通常认为地热区河水中的砷浓度在 10～70ppb，但实际上已发现了更高浓度的砷。例如，据报道，由于黄石地热系统的地热输入，麦迪逊河水（怀俄明州和蒙大拿州）的水体砷的浓度高达 370ppb [8]。不受控制的人为活动，包括金属和合金制造、石油精炼、制药生产、农药制造和应用、化学制造、化石燃料燃烧和垃圾焚烧，也可能直接向环境中释放砷。由 Mukherjee 等[9]进行的调查表明，孟加拉国和印度是世界上砷污染最为严重的两个国家。除了这两个国家外，世界上许多其他国家也面临着类似砷污染的问题。

表 8.1 各国土壤中的砷含量[7]

地区	土壤/沉积物类型	样品数量	范围/(mg/kg)	平均值/(mg/kg)
印度西孟加拉邦	沉积物	2235	10～196	—
孟加拉国	沉积物	10	9.0～28	22.1
阿根廷	全部	20	0.8～22	5
中国	全部	4095	0.01～626	11.2
法国	全部	—	0.1～5	2
德国	柏林地区	2	2.5～4.6	3.5
意大利	全部	20	1.8～60	20
日本	全部	358	0.4～70	11
墨西哥	全部	18	2～40	14

续表

地区	土壤/沉积物类型	样品数量	范围/(mg/kg)	平均值/(mg/kg)
南非	全部	2	3.2～3.7	3
瑞士	全部	2	2～2.4	2.2
美国	主要州	52	1～20	7.5
美国	其他零星地区	1215	1.6～72	7.5

8.2.2　砷的毒性和其对人类健康的影响

砷是第一种已知具有致癌性质的化学物质。早在 1879 年，就有报道称矿工因吸入砷而患肺癌的比例很高[10]。在此之前，砷的毒性自罗马时代就已为人所知，当时氧化砷（As_2O_3）经常被当作毒药使用。可溶形式的无机砷从胃肠道吸收并分布在组织中，无机砷通过饮用水被吸收后几小时内便可从血液中清除。无机砷被肝脏吸收，通过连续还原转化为甲基砷酸（MMA）和二甲基砷酸（DMA），最后以甲基砷（五价砷）形态排泄至尿液中。

饮用水中砷的存在可能导致其他慢性疾病和健康问题，如胃肠道症状、呼吸道问题、心血管和神经系统异常、造血系统异常等。皮肤癌、肺癌、膀胱癌和肾癌等癌症与长期接触被砷污染的饮用水密切相关。用于灌溉的地下水中的砷对作物和水生生态系统的不利影响也是主要关注的问题，与地下水相比，农业土壤中砷的去向通常研究较少，并且一般都是在不同植物吸收砷的背景下进行的。作物质量以及砷对作物质量和产量的影响正成为全世界关注的主要问题，尤其是对水稻的影响。因为地下水被广泛用于水稻灌溉，而水稻是许多南亚国家的主食[11]。

8.2.3　适用于砷的法规和指南

一般来说，人类接触砷化合物的途径不仅有被污染的水，还有工业和农业活动污染的食物和空气。在自然状态中，液体形式的砷是无嗅、无色、无味的，通过肉眼检测几乎是不可能的。美国 1974 年的《安全饮用水法》（SDWA）要求制定国家饮用水标准，为污染物制定最大残留限值（MCL），并要求环境保护署（EPA）定期修订该标准。在 1942 年建立的公共卫生服务标准的基础上，EPA1975 年建立了饮用水中砷的最大浓度标准为 50ppb。1984 年，世界卫生组织也以此为标准依据。2001 年 1 月，美国环境保护署公布了一项修订后的标准，要求公共供水到 2006 年将砷减少到 10ppb。此外，大约还有 1.3 亿人只能饮用砷含量超过 10mg/L 的饮用水[12]。为提高阈值，曾经有人建议将砷的下限标准设为 2ppb，但最终由于涉及财政的影响未被采纳[10]。不过，包括中国和孟加拉国在内的许多人口众多的国家已将世界卫生组织提出的 50ppb 作为标准或临时目标。

8.3　砷的去除技术

传统的砷去除方法包括混凝和絮凝、离子交换、吸附和膜过滤。下面章节，将简要介绍每种技术以及相关成果。

8.3.1 混凝和絮凝

在去除砷的方法中，凝聚和絮凝是最常用的方法。凝聚是中性盐的作用下，双电层排斥电位降低使胶体体系不稳定的现象。阳离子混凝剂提供正电荷以减少胶粒的负电荷（zeta 电位），促使粒子碰撞形成更大的粒子，混凝剂需要快速混合才能分散在液体中。另外，絮凝作用是在较大的质量颗粒或絮凝体之间形成桥梁，并将颗粒凝聚成较大团块的过程。当聚合物链的片段吸附在不同的颗粒上并使颗粒聚集时，就会发生桥接作用。阴离子混凝剂会与带正电荷的悬浮液发生反应，吸附在颗粒上，通过桥接或电荷中和造成不稳定性。

最常用的混凝剂是金属盐。一般分为两类，即铝盐[如 $Al_2(SO_4)_3 \cdot 18H_2O$]和铁盐[如 $Fe_2(SO_4)_3 \cdot 7H_2O$]。铝盐和铁盐混凝剂因较低的成本和丰富的来源而被广泛研究。砷酸盐中的砷可以很容易地通过添加铁盐除去。但是，与 As（Ⅴ）相比，用铁盐去除 As（Ⅲ）的效率一般较低。研究结果表明，pH 在 5～7.5 的条件下，使用 $FeSO_4$ 有效去除 As（Ⅴ）的效率高达 95%[13]。据报道，除了 $FeSO_4$ 之外，pH 在 4～8 的条件下，$FeCl_3$ 能有效去除 As（Ⅴ）的效率高达 80%[14]。与铁盐类似，硫酸铝只对 As（Ⅴ）污染的水有效，而对 As（Ⅲ）污染的水无效[15]。

8.3.2 离子交换

离子交换是可逆的物理、化学反应。砷离子的交换通常发生在树脂和给水之间。树脂通常是具有弹性的三维碳氢化合物，含有大量静电结合在树脂上的可电离基团。离子交换法已广泛应用于废水中砷的去除[6]。该方法通常用于去除水中特定的不需要的阳离子或阴离子。当树脂耗尽时需要再生。以下反应显示了砷与树脂的交换以及树脂如何通过盐溶液实际再生的过程[16]。

砷与树脂交换：

$$2R—Cl + HAsO_4^- \longrightarrow R_2HAsO_4 + 2Cl^- \tag{8.6}$$

使用 NaCl 溶液再生树脂：

$$R_2HAsO_4 + 2Na^+ + 2Cl^- \longrightarrow 2R—Cl + HAsO_4^- + 2Na^+ \tag{8.7}$$

式中，R 代表离子交换树脂。

离子交换树脂耗尽时，必须使用化学试剂来再生离子交换树脂，因此会产生二次污染。此外，再生过程费用相当昂贵，特别对大量的低浓度金属离子的水处理。在离子交换过程中，砷的净化是在压力下通过一个或多个充满离子交换树脂的水柱不断地将受污染的水排出。离子交换树脂对 As（Ⅴ）的净化效果较好，但对 As（Ⅲ）的去除效果较差[13]。因此，该技术的广泛应用受到一定的限制。此外，离子交换树脂系统主要局限于中小型操作，处理成本相对于传统处理技术较高，并且溶液中硫酸根、氟离子、硝酸根等阴离子的存在会进一步与砷离子竞争，影响除砷效率，接触时间和再生处理时间等一些因素也会影响离子交换过程的使用。

8.3.3 吸附过程

吸附是利用固体作为吸附剂从液体溶液中去除砷的过程。工业上，活性炭（AC）和金属氢化物等固体吸附技术在水和废水的净化中得到了广泛的应用。吸附过程主要涉及从一种相中分离出一种物质，同时在另一种相的表面积累或浓缩。吸附体分子与组成吸附体表面的原子之间的范德瓦耳斯力和静电力是物理吸附的主要原因。因此，吸附剂的特征首先是表面性质，如比表面积和极性特征。在下面的章节中，将简要介绍几种常用的砷吸附剂。

1. AC 吸附剂

AC 也被称为活化煤、活性炭或活性木炭，是一种碳的形式，是具有高比表面积的渗透性产品。仅 1g 的 AC，就具有大于 500m^2 的比表面积，使其在去除特定杂质方面非常有效。古印度的印度教徒使用木炭过滤饮用水，古埃及（公元前 1500 年）使用碳化木材作为医用吸附剂和净化剂。粉末状的 AC 最早于 19 世纪初在欧洲用于木材商业化生产，并广泛应用于制糖业。在美国，AC 在 1930 年首次被报道用于水处理。

许多研究者报道了使用 AC 从水源中去除砷[17]。煤制工业碳的砷吸附能力可达 2860mg/g，一些用金属银和铜浸渍的 AC 也可用于砷修复[1]。一般来说，AC 的吸附能力与溶液的化学性质、温度、pH 等密切相关。因此，寻找改进和定制的材料是主要研究方向，这些材料将满足材料的再生能力、易得性、成本效益等几项需求。

2. 氧化铁包覆砂吸附剂

氧化铁包覆砂（IOCS）是一种稀有的吸附剂，主要应用于固定床柱中去除各种溶解的金属离子。采用酸性溶液对河沙进行处理，然后与比例为 10∶1 的硝酸铁（III）-水合物混合，在 110℃下加热至少 20h，制得具有一定除砷能力的 IOCS[18]。金属离子可与 IOCS 表面的氢氧化物交换。与其他吸附过程一样，当床层变窄时，需要通过一系列的操作进行再生，包括用水冲洗、漂洗，以及强酸中和。主要采用氢氧化钠（NaOH）作为再生剂，硫酸（H_2SO_4）作为中和剂[13]。多项研究表明，IOCS 对砷的去除是有效的。例如，采用 IOCS 进行的批量实验表明，砷含量在 10ppb 以下的，吸附能力可达 136μg/g[19]。另一项研究也表明，IOCS 对 As（III）和 As（V）的去除率分别为 68%和 83%。然而，高浓度碳酸钙（612.5mg/L $CaCO_3$）的存在会使水的硬度非常高，从而影响砷的去除效率[18]。pH、砷氧化态、竞争离子、再生过程等因素对 IOCS 脱砷也有显著影响。

3. 金属氧化物吸附剂

纳米技术是解决水和废水处理、污染控制、地表水和地下水修复等环境工程问题的一种十分有前景的新方法。许多不同类型的高比表面积金属氧化物纳米颗粒对砷具有特殊的亲和力，可用于水体的净化。其中包括二氧化钛（TiO_2）、含水 TiO_2、钛纳米管（TNT）、铁锰二元氧化物（FMBO）、氧化锆纳米颗粒等。近年来，纳米金属氧化物的合成新技术已成为研究的热点。金属氧化物的形状、大小和比表面积是影响其吸附能力的重要因素。一般来说，这些纳米材料可以表现为不同的形式，如粒子形态或管形态。表 8.2 列出了一些常用的金属氧化物吸附剂。

表 8.2　金属氧化物吸附剂去除砷

金属氧化物吸附剂	砷形态	吸附容量/（mg/g）	参考来源
活化铝	As（V）	11～24	[20]
赤铁矿	As（V）	0.2	[21]
二氧化钛	As（V）	4.65	[22]
	As（III）	59.93	
四方纤铁矿	As（V）	1.8	[23]
水合氧化铁	As（V）	7.0	[24]
	As（III）	28.0	
氧化铜	As（V）	26.9	[25]
纳米铁钛混合氧化物	As（V）	14.3	[26]
	As（III）	85	
铁锰二元氧化物	As（V）	69.8	[27]
氧化锆	As（V）	45.6	[28]
二元氧化铁锆	As（V）	46.1	[29]
	As（III）	120.0	

利用多孔介质吸附金属氧化物的重要性：金属氧化物纳米材料是一种高效的用于去除选择性重金属的吸附剂，具有动力学速度快、容量大、对金属离子吸附能力强等优点。然而，由于存在一些技术瓶颈，单凭纳米金属氧化物吸附剂治理砷污染在实际应用中仍具有困难。例如，当金属氧化物吸附剂在水溶液中使用时，由于范德瓦耳斯力或其他相互作用，往往会聚集成较大的颗粒，导致其失去吸附能力。此外，金属氧化物吸附剂由于压降过大（或难以与水体系分离）、机械强度较差，在固定床或其他任何渗流系统中都无法使用。制备新型纳米金属氧化物基复合吸附剂可以有效解决上述技术问题的一些弊端[4]。表 8.3 列出了一些用于砷净化的主体负载金属氧化物。

表 8.3　基于介质载体的金属氧化物去除砷的效果

金属氧化物吸附剂	主体介质	砷物种	吸附容量/（mg/g）	参考来源
氧化铁（III）	凝胶树脂	As（III）	31.56	[30]
二氧化钛	安伯来特（一种离子交换树脂，商标名）	As（V）	4.72	[31]
氧化铁（III）	负载螯合树脂	As（III）	9.74	[32]
		As（V）	60.0	
氧化铁	覆膜砂	As（III）	0.14	[33]
氧化铁	覆膜砂	As（III）	0.14	[19]
氧化锆	膜	As（V）	21.5	[34]
氧化锰	离子交换器	As（III）	47.6	[5]
铁锰二元氧化物	膜	As（III）	73.5	[35]
纳米锆	膜	As（V）	131.8	

8.3.4　基于膜技术的砷去除

膜过滤技术可去除水中多种污染物，膜是一种经济可行的，易于生产、获取、操作和维护的物质。膜表面上存在的数十亿个孔（或微观孔）往往起到选择性屏障的作用，允许某些成分通过，又排斥或阻止其他成分通过。分子穿过膜的运动需要驱动力，如膜两侧的电位差。压力驱动膜工艺通常按孔径分为四类：MF、UF、NF 和 RO。典型孔隙大小分类范围如图 8.3 所示。与低压工艺（即 MF 和 UF）相比，高压工艺（即 NF 和 RO）的孔径较小，不同膜工艺的典型压力范围如表 8.4 所示。在下面的章节中将简要介绍用于砷净化的不同类型的膜技术。

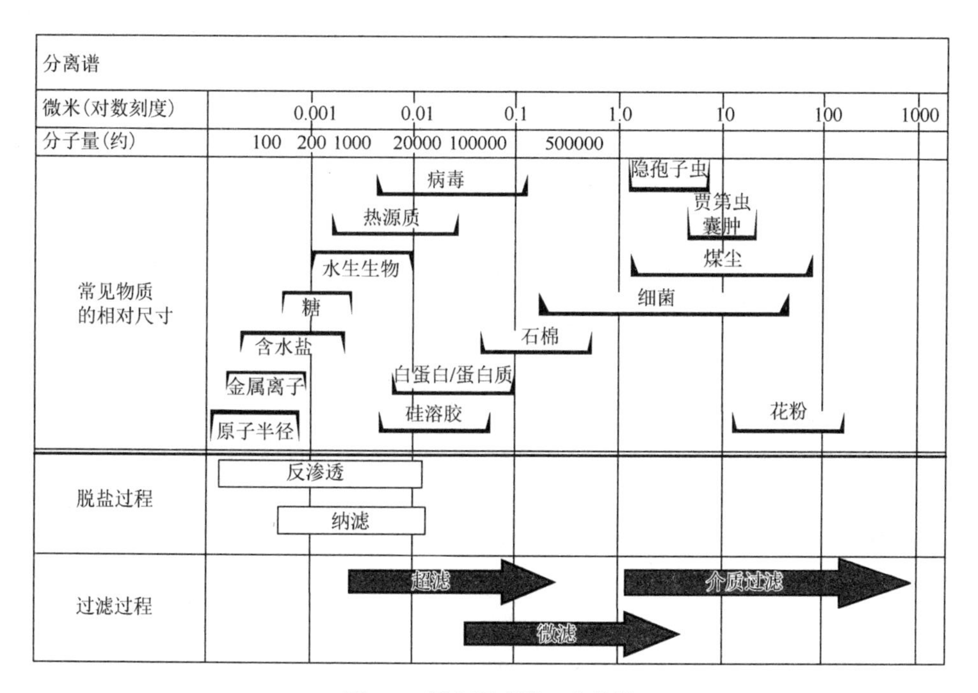

图 8.3　压力驱动膜工艺分类

资料来源：EPA. 2000. 从饮用水中去除砷的技术和成本. 美国环境保护署. http://www.epa/gov/

表 8.4　膜工艺的典型压力范围

膜工艺	典型压力范围/psi
MF	5～45
UF	7～50
NF	100～220
RO	＞220

1. 反渗透

反渗透是最早作为半透膜的一种膜技术，同时也被认为是推进小型水处理系统去除水中砷并符合 MCL 规定的最佳可行技术。在 20 世纪 80 年代，首次用纤维素醋酸酯反渗透膜对反渗透膜进行砷去除评估时，在操作压力约为 400psi（约 27.3bar）时，As（Ⅴ）的去除效率超过 90%，然而，它对 As（Ⅲ）的去除率并不理想，记录显示小于 70%。

氧化过程可以提高去除效率，但使用的氧化剂可能会破坏反渗透膜。表 8.5 总结了一些通过反渗透膜净化砷的早期研究成果。结果表明，该技术是一种可行的砷去除方法，膜的性质和操作条件是砷净化的重要因素。反渗透的主要问题在于泵送压力和膜内修复导致的高能耗。

表 8.5　反渗透除砷工艺

型号	供应商	水体	截留率/%	
			As（Ⅲ）	As（Ⅴ）
TFC 4921	流体系统	地下水	63	95
TFC 4820-ULPT	流体系统	地下水	77	99
AG 4040	脱盐	地下水	70	99
4040 LSA CPA2	液压	地下水	85	99
TFC ULP RO	科赫膜系统	地下水	99	100
ES 10	尼托电气工业公司	蒸馏水	75	95
NTR-729HF	尼托电气工业公司	蒸馏水	20～43	80～95
DK2540F	脱盐	湖水	5	96
HR3155	丰田汽车公司	地下水	55	95

2. 纳滤膜

与反渗透膜相似，NF 也能从溶液中去除重金属离子，但去除率较低。其分离程度一般取决于膜表面孔隙和电荷性质。此前，Brandhuber 和 AMy[3]使用了三种不同类型的 NF 膜来去除水溶液中的砷离子。结果表明，As（Ⅲ）的去除率为 20%～53%，而 As（Ⅴ）的去除率高达 90%。Saitua 等[36]利用 NF 实验装置进一步研究了天然污染地下水的砷去除。但结果显示，As（Ⅴ）排斥反应略有下降（<90%）。Figoli 等[37]用一种商用 NF 膜从合成水中去除 As（Ⅴ），对 pH 和操作温度对去除 As（Ⅴ）的性能的影响做了相关研究。结果表明，随着操作温度的降低和 pH 范围的增大，As（Ⅴ）的去除率提高。表 8.6 总结了使用工业纳滤膜除砷的一些相关结果。由表中可得出，纳滤膜除砷效果较好，特别是针对 As（Ⅴ），但其污染问题仍然不可避免。与 UF、MF 等微孔膜相比，纳滤膜孔径小，容易产生污垢。此外，若要实现高截留率，对资金和运行成本的要求也相应提高。

表 8.6　采用不同类型的纳滤工艺去除砷[38]

型号	供应商	水源	截留率/%	
			As（Ⅲ）	As（Ⅴ）
NF704040-B	影像技术	科罗拉多河	53	99
HL-4040F1550	液压	同上	21	99
4040-UHA-ESNA	影像技术	同上	30	97

续表

型号	供应商	水源	截留率/%	
			As（Ⅲ）	As（Ⅴ）
NF-45	尼托登科有限公司	合成水	10	90
ES-10	尼托电气工业公司	地下水	50～89	87～93
ES10	尼托电气工业公司	合成水	80	97
NTR-729HF	尼托电气工业公司	合成水	21	94
NTR-7250	尼托电气工业公司	地下水	10	86
NF70	影像技术	淡水	99	99
NF270	影像技术	地下水（奥西耶克）	—	99

3. *超滤/微滤*

如今，超滤工艺常被用于工业和水净化系统中。为了找到最佳的使用效率，人们正在进行更多的研究。然而，在低压下工作的超滤，只适用于去除大颗粒。这些离子很容易通过超滤膜，是由于超滤膜的孔径明显大于以水合离子或低分子量复合物的形式溶解的金属离子。此外，胶束增强超滤（MEUF）和聚合物增强超滤（PEUF）具有较高的砷去除效率。Iqbal 等[39]用四种不同的阳离子表面活性剂研究了 MEUF 对 As（Ⅴ）的去除特性。在研究的表面活性剂中，十六烷基吡啶氯化铵（CPC）对砷的去除率最高（96%），其次是十六烷基三甲基溴化铵（CTAB）（94%）、乙酸十八胺（ODA）（80%）和苯扎氯铵（BC）（57%）。在没有使用表面活性剂胶束的情况下，PES 膜（聚醚砜膜）对砷的去除效果较差。Brandhuber 和 Amy[3]在他们早期的工作中进行了一系列的实验，研究膜电荷对砷消除效率的影响。研究中选择带负电荷的 GM2540F 超滤膜和不带负电荷的 FV2450F 超滤膜。结果表明，GM2540F 膜在中性 pH 条件下对 As（Ⅴ）的去除率高于在酸性 pH 条件下的，而 FV2540F 膜对 As（Ⅴ）和 As（Ⅲ）的去除率均较差。带电膜的高去除率可能是由于砷离子与膜表面负电荷之间的静电相互作用[38]。但是，仅通过单独使用宏观结构的 MF 几乎不可能从被污染的水中消除溶解 As（Ⅴ）和 As（Ⅲ）物质。不过，要增强其砷去除能力可通过混凝和絮凝的方式增加含砷物质的粒径而实现。

8.4　混合基质膜吸附脱砷

8.4.1　膜作为宿主载体的优点

近年来的研究表明，许多金属氧化物吸附剂对砷具有良好的吸附能力和选择性，因此对砷的吸附要求也变得越来越高。金属氧化物吸附剂在间歇过程中的主要缺点是处理后颗粒分离困难。为促进纳米金属氧化物吸附剂在实际处理过程中的适用性，近年来许多研究人员一直致力于将纳米粒子浸渍到膨润土、沸石、硅藻土、纤维素和多孔聚合物等多孔介质中。

多孔聚合物宿主材料是一个极具吸引力的选择，主要是因为它们的孔隙大小和表面化学性质可控，并具有良好的机械强度。如果纳米颗粒浸渍在 MF 或 UF 膜中，可作为吸附剂进行污染物的消除，且纳米颗粒可以留在膜基质中，不需要额外的分离装置[21]。

为了克服单组分吸附和膜技术的不足，人们对制备吸附混合基质膜（MMM）产生了极大的兴趣。除了能够有效地去除水溶液中的污染物外，MMM 还可在较低的操作压力下进行吸附。到目前为止已进行了三次使用 MMM 去除砷的初试实验，下面章节中会提到一些重要成果。

8.4.2　聚偏二氟乙烯/氧化锆平板膜

此项工作采用了五种不同氧化锆负荷下（即 M0、M0.5、M1.0、M1.5 和 M2.0）的聚乙烯二氟化乙烯（PVDF）/氧化锆平板膜。利用薄膜涂布器将溶液浇铸在玻璃板上，用反相工艺成功制得[34]。图 8.4 为 pH 为 3～11 时，初始砷酸盐浓度为 1.0mg/L 时，pH 对 PVDF/氧化锆共混膜吸附 As（Ⅴ）的影响。实验结果表明，pH 为 3～8 的范围内，可消除 95%以上的 As（Ⅴ）。而当 pH 大于 9 时，As（Ⅴ）对膜的吸附量下降，在 pH 大于 11 时下降到小于 40%。在较高的碱值范围内，pH 的负作用有利于膜吸附能力的再生。在过滤过程中，共混膜中漏出的 Zr（Ⅳ）离子对人体没有危害，因此可以忽略不计。

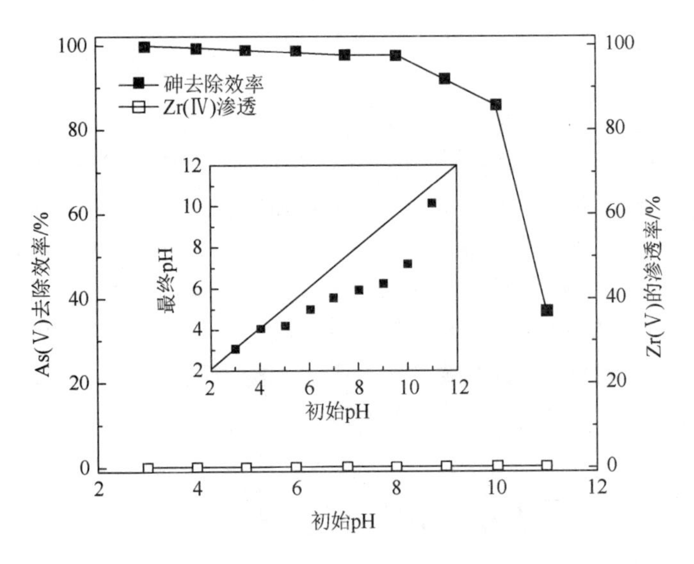

图 8.4　氧化锆负载量最高（M2.0）时，pH 对 PVDF/氧化锆膜上砷吸附的影响

实验条件：[As（Ⅴ）]$_0$ = 1.0mg/L，m = 1.0g/L，T = 293K，反应时间 = 48h

除此之外，还进行了两批不同浓度砷酸盐吸附实验，研究了砷酸盐在 PVDF/氧化锆共混膜上的水溶液相吸附动力学。如图 8.5 所示，PVDF/氧化锆共混膜在前 10h 内可以有效快速吸附大部分砷酸盐，25h 后达到吸附平衡，这种 MMM 的吸附动力学可以用伪二阶速率模型进行描述。

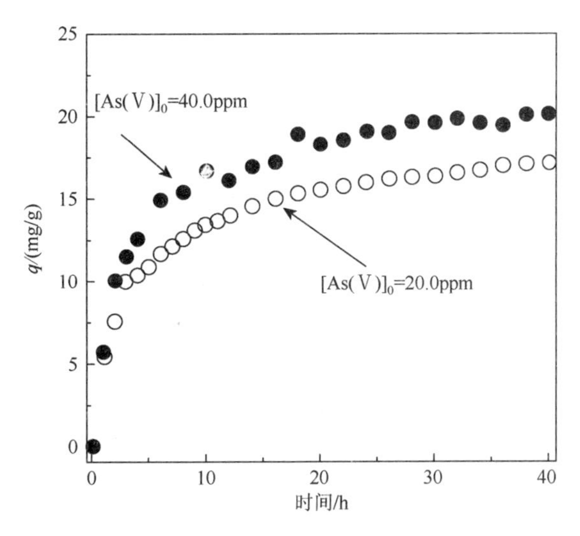

图 8.5　As（Ⅴ）在 PVDF/氧化锆共混物膜（M2.0）上的吸附动力学

实验条件：$m = 1.0$g/L，$T = 293$K，初始 pH = 3～4

图 8.6 为 PVDF 膜（标记为 M0）、氧化锆颗粒、PVDF/氧化锆共混膜（M0.5、M1.0、M1.5、M2.0）吸附等温线实验数据。氧化锆的吸附容量约为 39mg/g。PVDF 膜由于无吸附剂，因此无吸附能力。比较 PVDF/氧化锆膜，M0.5、M1.0、M1.5、M2.0 膜的吸附容量分别为 4.5mg/g、10.1mg/g、15.1mg/g、21.5mg/g。结果表明，PVDF 膜中氧化锆的含量越高，吸附能力越强。

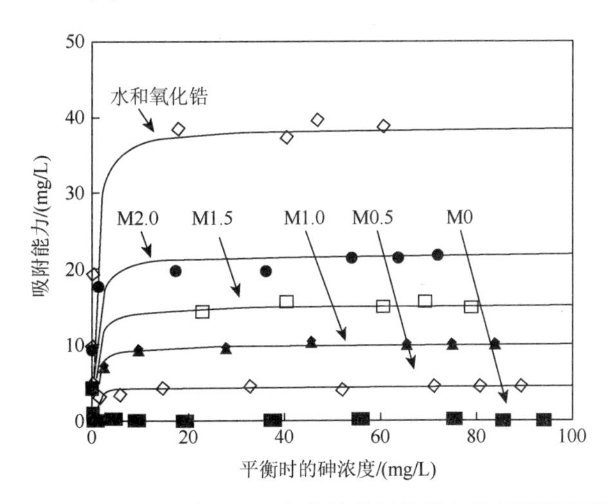

图 8.6　As（Ⅴ）在 PVDF/氧化锆共混物膜上的吸附等温线

图 8.7 表明，在连续过滤过程中，PVDF/氧化锆共混膜（M2.0）在再生前后对 As（Ⅴ）的净化效果最佳。根据图 8.5，进水 pH 为 3～4 时，M2.0 吸附能力最强。实验表明，不能达到高标准的渗透之前，在 1psi 的初始膜操作条件下也能够收集到维持在 10μg/L 的 MCL 以下 As（Ⅴ）浓度的将近 750cm^3 体积的渗透液。由于吸附速率较慢，需要较长的反应时间。

对 As（Ⅴ）吸附的 M2.0 膜进行脱附处理后，吸附能力再生，再用相同浓度的进料溶液进行试验。基于 pH 效应研究获得的结果，利用 pH 为 11 的稀释后的氢氧化钠溶液对含砷膜进行再生。如图 8.7 所示，通过产生 As（Ⅴ）浓度小于 10μg/L 的另一个 650cm^3 渗透物样品，再生膜可进一步处理含砷水。M2.0 膜的高去除率表明，As（Ⅴ）溶液在膜基质中失去吸附剂功能之前，可多次循环去除 As（Ⅴ）溶液。该混合膜预计将为砷酸盐污染地下水的处理提供较好的工程解决方案。

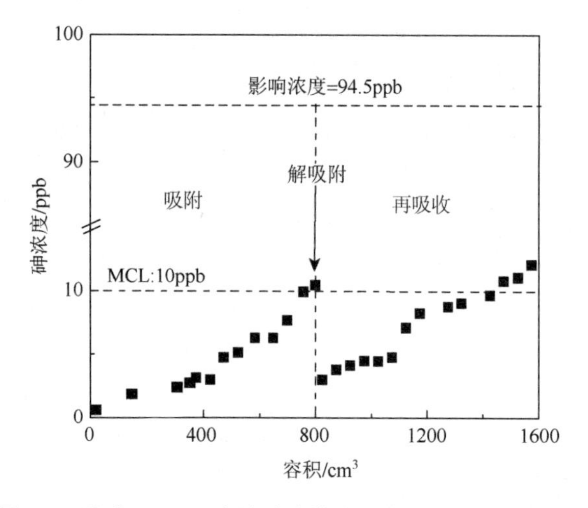

图 8.7　通过 M2.0 用连续过滤模式从水溶液中除去砷酸盐

8.4.3　聚醚砜/锰铁二元氧化物平板膜

Chakravarty 等[40]和 Deschamps 等[41]是使用天然 FMBO 颗粒去除污染水样中亚砷酸盐的先驱。2012 年，Zhang 等[27]通过共沉淀法成功合成了高容量的 FMBO 纳米粒子，用于 As（Ⅲ）和 As（Ⅴ）的去除。FMBO 颗粒也可用于 As（Ⅲ）的去除[42]。

为了提高 FMBO 颗粒在砷净化中的适用性，研究人员尝试将 FMBO 颗粒浸渍到多孔的宿主介质中，如硅藻土和阴离子交换树脂。Jamshidi Gohari 等[35]针对开发高效、实用的 As（Ⅲ）去除处理工艺的重要性，最近提出了一种新的方法，通过 PES/FMBOMMM 去除污染水样中的 As（Ⅲ）。通过反相成功制备了四种不同的 PES/FMBO 重量比分别为 0、0.5、1.0、1.5 的 PES/FMBO 平板 MMM（膜按比例分别标记为 M0、M0.5、M1.0、M1.5）。图 8.8 为（Ⅲ）不

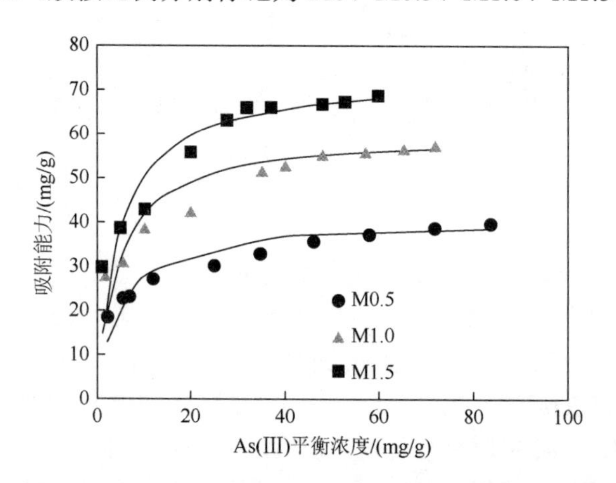

图 8.8　不同 FMBO/PES 的 MMM 对 As（Ⅲ）的吸附等温线

实验条件：膜重量 = 1.0g/L，pH = 3～4，温度 = 298K，反应时间 = 48h

同 FMBO/PES 重量比 0.5～1.5 制备的 MMM 的吸附能力。制备的 PES 膜不添加任何 FMBO 颗粒，因此对 As（III）没有吸附能力，不能进行吸附。结果表明，随着 FMBO/PES 比值从 0.5 提高到 1.5，MMM 的吸附能力显著提高。M0.5、M1.0、M1.5 膜对 As（III）的吸附能力均较高，分别为 41.3mg/g、60.6mg/g、73.5mg/g。吸附速率的增加可以归因于存在更多吸附 As（III）的吸附剂。

图 8.9 为 pH 在 2～11 范围内，M1.5 膜对 As（III）去除率和 Fe-Mn 损耗量随 pH 的变化情况。显然，当初始 As（III）浓度为 10mg/L 时，M1.5 膜在接触 48h 后 pH 范围从 2 变化到 8 时，可以很容易地去除至少 90%的 As（III）。由于地下水的 pH 在 6～8，这种膜不需要任何 pH 的调节就可直接用于处理水。此外，膜的 As（III）去除率在 pH 大于 9 时急剧下降，可能是电负性 H_2AsO_3 价态与 pH 大于 9 时带负电荷的吸附剂之间存在静电斥力所致。在 pH 大于 8 时，砷的主要形态为 H_2AsO_3。pH 为 2～8 时，砷的主要形态是 H_3AsO_3。另外，在研究的 pH 范围内，未检测到 PES 膜基质中 FMBO 的损耗，说明纳米颗粒与膜基质具有良好的相容性。结合 8.4.2 小节所强调的 PVDF/氧化锆膜吸附 As（III）的研究，二者研究结果一致。

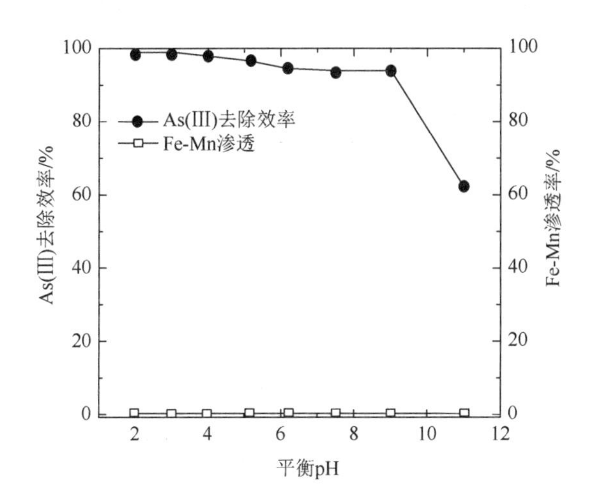

图 8.9　pH 对最佳 M1.5 膜的 As（III）吸收的影响

实验条件：初始 As（III）浓度 = 10mg/L，膜重量 = 1.0g/L，温度 = 298K，反应时间 = 48h

如图 8.10 所示，主要考察了采用最佳效果的 M1.5 膜吸附 25h 后，As（III）吸附动力学随时间的变化规律。可以看出，As（III）与 FMBO 颗粒的反应在前 2.5h 尤为迅速，在此期间吸附了近 75%的 As（III）含量。这主要归因于 FMBO 优良的粒径，提供了许多活性位点以吸附本体溶液中的 As（III）。原则上，As（III）首先通过对流或从本体溶液扩散被转运到固水界面，然后被吸附到纳米颗粒的表面。吸附在锰原子附近的亚砷酸盐离子被氧化，形成砷酸盐离子释放到水溶液中。此过程中，固体表面容易形成新的活性吸附位点。砷酸盐离子随后被转运到固水界面，吸附到 FMBO 吸附剂表面，占据空吸附位点或取代孢子性亚砷酸盐离子。整个过程可表示为

$$\mathrm{As(III)(aq)+(—S_{Fe\text{-}Mn})\longrightarrow As(III)—S_{Fe\text{-}Mn}} \tag{8.8}$$

$$\mathrm{As(III)—S_{Fe\text{-}Mn}+MnO_2+2H^+\longrightarrow As(V)(aq)+Mn^{2+}+H_2O} \tag{8.9}$$

$$As(V)(aq)+As(III)(aq) \longrightarrow As(V)—S_{Fe\text{-}Mn}+As(III)(aq) \quad (8.10)$$

式中，(—$S_{Fe\text{-}Mn}$) 代表 FMBO 颗粒表面的吸附位点；As(III)—$S_{Fe\text{-}Mn}$ 代表 As(III) 的表面形态；As(V)—$S_{Fe\text{-}Mn}$ 代表 As(V) 的表面形态。这个过程一直持续到 As（III）或可用的氧化锰完全耗尽。

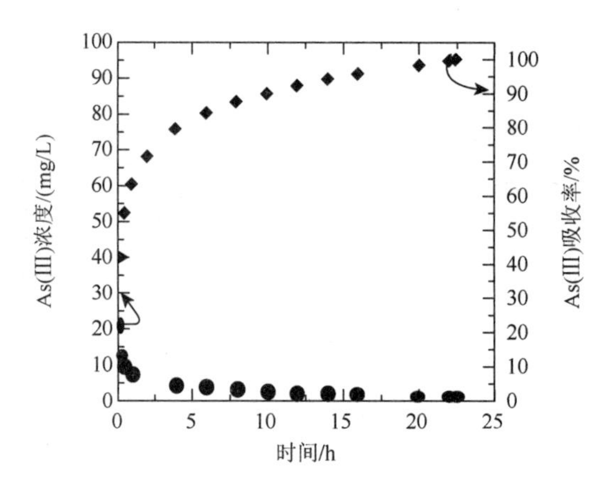

图 8.10　As（III）在最佳 M1.5 膜上的吸附动力学和水溶液中 As（III）浓度随时间的变化

实验条件：初始 As（III）浓度 = 20mg/L，膜重 = 1.0g/L，pH = 7.5，温度 = 298K

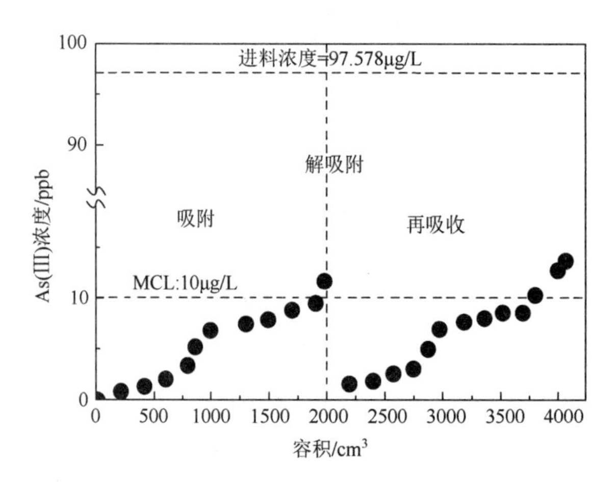

图 8.11　连续超滤实验中 M1.5 膜在再生前后去除 As（III）的性能的对比

实验条件：初始 As（III）浓度 = 97.58μg/L，pH = 7.5，压力 = 2bar，温度 = 298K

图 8.11 为连续超滤实验中 M1.5 膜在再生前后去除 As（III）的性能的对比。以 97.58ppb As（III）溶液作为进料，M1.5 膜在收集了近 2000cm^3 的渗透液后，仍能将 As（III）浓度保持在 MCL 10ppb 下。由式（8.8）～式（8.10）可知，在固相过程中，大量浸透在 M1.5 中的 FMBO 纳米粒子可以将 As（III）氧化为 As（V），但同时也可将 Mn（IV）还原为 Mn（II）。当渗透液中 As（III）浓度超过 10ppb 时，对负载 As 的 M1.5 进行脱附处理，使其吸附能力再生。采用含 NaOCl 和 NaOH 的溶液混合物对膜进行再生，脱附过程持续 2h 后，再进行过滤。原则上，NaOH 的作用是将膜上吸附的 As（III）进行解吸，NaOCl 的作用为将 Mn（II）氧化成 Mn（IV）。Nesbitt 等[43]的 X 射线光电子能谱（XPS）研究也表明，所有的 Mn 2p2/3 峰都可以分为 Mn（IV）、Mn（III）和 Mn（II）三个组分。吸附后，Mn（IV）的含量降低，Mn（III）和 Mn（II）的含量均增加。

再生后 Mn（Ⅳ）的含量恢复到接近原始值，而 Mn（Ⅲ）和 Mn（Ⅱ）的量减少。结果表明，As（Ⅲ）吸附过程中 Mn（Ⅳ）还原得到的 Mn（Ⅲ）和 Mn（Ⅱ）物质可以被有效地氧化回 Mn（Ⅳ)。再生过程后，M1.5 膜可恢复 87.5%吸附能力，表明该膜可以对 As（Ⅲ）溶液进行多次循环处理。

8.4.4　聚砜/氧化锆中空纤维膜

在最近的文献中，He 等[44]通过改变（PSF）/Zr 的重量比（0.5～1.5）描述了不同性能的聚砜（PSF）/Zr 共混膜吸附脱砷的方法。与前面提到的 PVDF/Zr 膜不同，这些 PSF/Zr 共混膜是通过纺丝技术在中空纤维结构中制备的。由图 8.12 可知，M1.5 膜对 As（Ⅴ）的去除率与 pH 有很大的关系，pH 在 3.5～4.5 对 As（Ⅴ）吸附量最大，吸附量约为 70mg/g。正如所预期的一样，对 As（Ⅴ）的吸附量随着 pH 由酸性向碱性的增加而降低。当初始 pH 增加到 11.5 时，As（Ⅴ）的吸附量急剧下降到 10mg/g 左右。pH 大于 7 时，As（Ⅴ）吸附量降低，这可能是氢氧根离子与砷离子在与硫酸盐交换反应中存在竞争关系所致。从图中还可以看出，在任何初始 pH 下，吸附实验后溶液中都没有检测到 Zr（Ⅳ）离子，说明吸附过程中没有 Zr 浸出。

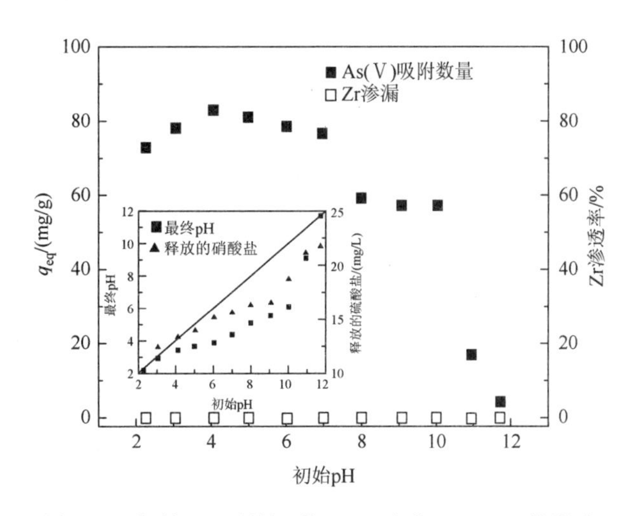

图 8.12　初始 pH 对共混膜 M1.5 吸附 As（Ⅴ）的影响

膜剂量 = 0.5g/L；初始 As（Ⅴ）浓度 = 53.30mg/L；T = 20℃

图 8.13 显示了添加和不添加纳米颗粒的 PSF 膜对 As（Ⅴ）吸附能力的影响。不添加任何氧化锆纳米颗粒（标记为 M0）的 PSF 膜对 As（Ⅴ）无吸附作用。然而，随着 Zr/PSF 比值从 0.5 增加到 1.5，纳米颗粒负载膜的吸附能力显著增加，M0.5、M1.0 和 M1.5 膜的吸附能力均有明显的增加。M0.5、M1.0、M1.5 膜的 As（Ⅴ）吸附能力最高，分别为 44.60mg/g、95.13mg/g、131.78mg/g。膜吸附能力的增加可能是由于大量吸附剂的存在，导致 As（Ⅴ）的吸附量随之增加。

图 8.14（a）为在连续过滤过程中用于 As（Ⅴ）去除的最优 M1.5 膜的性能。结果表明，M1.5 膜若能够保持 106L 渗透液中 As（Ⅴ）浓度低于 10ppb，才能生产出高质量的渗透液，以达到美国环境保护署和世界卫生组织的饮用水砷含量标准。图 8.14（b）显示了再生过程后膜的性能。先用 0.01mol/L NaOH 溶液反洗，然后用 0.01mol/L H_2SO_4 溶液反洗来进行膜的再生。

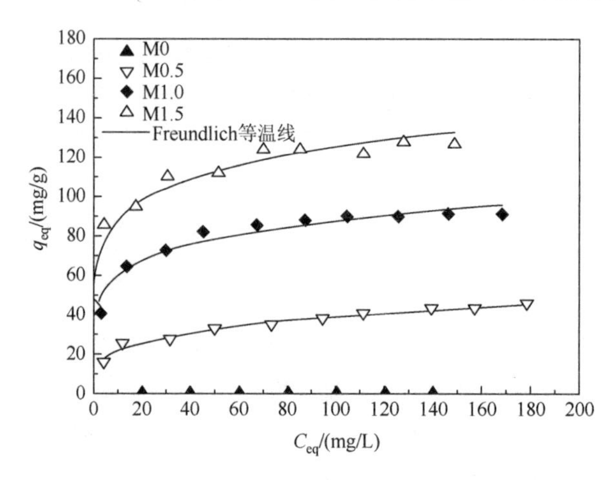

图 8.13　As（Ⅴ）对共混膜和纯 PSF 膜的吸附等温线

条件：膜剂量，0.5g/L；pH，3.5；T，20℃

实验表明，制备 95L As（Ⅴ）浓度小于 10ppb 的渗透样品，M1.5 的吸附能力可恢复 90.1%。这一结果证明，该共混膜可再生、再利用，可用于砷污染水的多次循环处理，具有较高的效益。

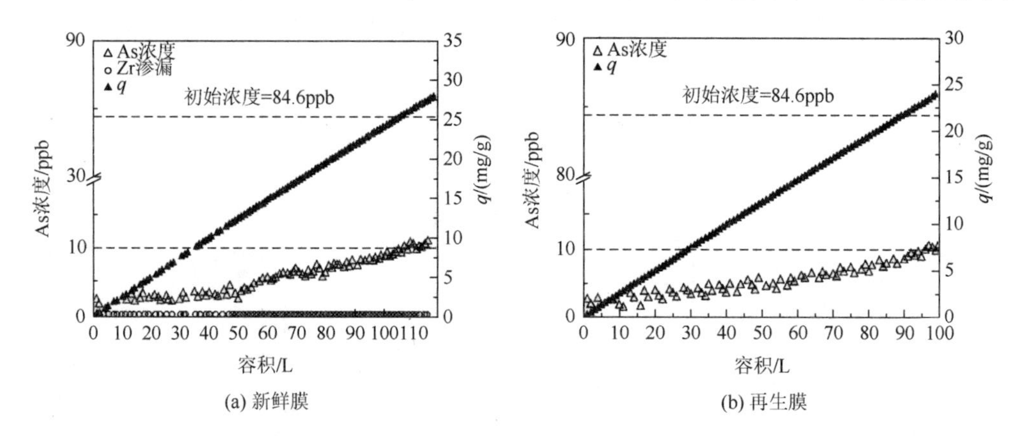

图 8.14　通过共混膜 M1.5 从水溶液中错流过滤除去 As（Ⅴ）

条件：初始 As（Ⅴ）浓度 = 84.6mg/L；膜重量 = 0.3282g；pH = 3.5～4.5；跨膜压力 = 0.4bar；T = 20℃

8.5　小　　结

近年来，人们进行了大量的研究以进一步发展新的砷去除技术，尤其在可以应用于农村和城市地区的低成本、低技术和环境友好的系统研发方面。从文献中获取的资料可知，许多金属氧化物纳米颗粒吸附剂对水体中砷等有选择性的有害金属离子具有较高的吸附能力，并具有一定的吸附选择性。然而，这些纳米吸附剂吸附后很难与水溶液彻底分离，在实际处理系统中并不适用。因此，近些年来研究人员一直在寻找理想的载体浸渍纳米粒子，高分子材料微孔支架是一种非常有前景的材料，可以有效解决上述技术问题的一些弊端。

通过典型的反相技术将纳米颗粒浸渍到聚合物膜基质中可制备 MMM。Zr、FMBO 等纳米粒子可实际嵌入平板或中空纤维膜中，在处理过程中无损耗。新一代 MMM 能够在低压操作下运行，且有效去除污染水源中的砷，因此维护成本很低。MMM 膜的使用，可达到饮用水中砷的最大浓度限值小于 10ppm 的法律要求，具有巨大的潜力。用氢氧化钠溶液或氢氧化钠/次氯酸钠混合溶液进行简单的脱附工艺，可以加速砷负载膜吸附能力的恢复速率。但是，由于中空纤维结构的膜面积更大，灵活性更好，MMM 的中空纤维膜比平板膜更受青睐。

参 考 文 献

[1] MOHAN D，PITTMAN Jr C U. Arsenic removal from water/wastewater using adsorbents—a critical review. Journal of hazardous materials，2007，142（1-2）：1-53.

[2] SHIH M C. An overview of arsenic removal by pressure-driven membrane processes. Desalination，2005，172（1）：85-97.

[3] BRANDHUBER P，AMY G. Alternative methods for membrane filtration of arsenic from drinking water. Desalination，1998，117（1）：1-10.

[4] HUA M，ZHANG S，PAN B，et al. Heavy metal removal from water/wastewater by nanosized metal oxides：a review. Journal of hazardous materials，2012，211-212：317-331.

[5] LI X，HE K，PAN B，et al. Efficient As（Ⅲ）removal by macroporous anion exchanger-supported Fe-Mn binary oxide：behavior and mechanism. Chemical engineering journal，2012，193：131-138.

[6] KARTINEN Jr E O，MARTIN C J. An overview of arsenic removal processes. Desalination，1995，103（1）：79-88.

[7] MANDAL B K，SUZUKI K T. Arsenic round the world：a review. Talanta，2002，58（1）：201-235.

[8] SMEDLEY P，KINNIBURGH D. A review of the source，behaviour and distribution of arsenic in natural waters. Applied geochemistry，2002，17（5）：517-568.

[9] MUKHERJEE A，FRYAR A E，ROWE H D. Regional-scale stable isotopic signatures of recharge and deep groundwater in the arsenic affected areas of West Bengal，India. Journal of hydrology，2007，334（1）：151-161.

[10] SMITH A H，LOPIPERO P A，BATES M N，et al. Arsenic epidemiology and drinking water standards. Science，2002，2965576：2145-2146.

[11] WINKEL L，BERG M，AMINI M，et al. Predicting groundwater arsenic contamination in Southeast Asia from surface parameters. Nature geoscience，2008，1（8）：536-542.

[12] MARCHISET-FERLAY N，SAVANOVITCH C，Sauvant-Rochat M P. 2012. What is the best biomarker to assess arsenic exposure via drinking water. Environment international，39（1）：150-171.

[13] EPA. Technologies and costs for removal of arsenic from drinking water. United States Environmental Protection Agency，2000. http://nepis.epa.gov/Exe/ZyPURL.cgi? Dockey = P1004WDI.txt.

[14] HERING J，CHEN P，WILKIE J，et al. Arsenic removal from drinking water during coagulation. Journal of environmental engineering，1997，123（8）：800-807.

[15] ALI I，KHAN T A，ASIM M. Removal of arsenic from water by electrocoagulation and electrodialysis techniques. Separation and purification reviews，2011，40（1）：25-42.

[16] AHMED M F. An overview of arsenic removal technologies in Bangladesh and India. BUET-UNU international workshop on technologies for arsenic removal from drinking water. Dhaka，2001：251-269.

[17] NAVARRO P，ALGUACIL F J. Adsorption of antimony and arsenic from a copper electrorefining solution onto activated carbon. Hydrometallurgy，2002，66（1）：101-105.

[18] YUAN T，HU J Y，ONG S L，et al. 2002. Arsenic removal from household drinking water by adsorption. Journal of environmental science and health，37（9）：1721-1736.

[19] THIRUNAVUKKARASU O S，VIRARAGHAVAN T，SUBRAMANIAN K S，et al. Arsenic removal in drinking water—impacts and novel removal technologies. Energy sources，2005，27（1/2）：209-219.

[20] GHOSH M M，YUAN J R. Adsorption of inorganic arsenic and organoarsenicals on hydrous oxides. Environmental progress，1987，6（3）：150-157.

[21] SINGH D B，PRASAD G，RUPAINWAR D C. Adsorption technique for the treatment of As(Ⅴ)-rich effluents. Colloids and surfaces a：physicochemical and engineering aspects，1996，111（1/2）：49-56.

[22] PENA M E，KORFATIS G P，PATEL M，et al. Adsorption of As（Ⅴ）and As（Ⅲ）by nanocrystalline titanium dioxide. Water research，2005，39（11）：2327-2337.

[23] DELIYANNI E A，BAKOYANNAKIS D N，ZOUBOULIS A I，et al. Sorption of As（Ⅴ）ions by akaganéite-type nanocrystals.

Chemosphere，2003，50（1）：155-163.

[24] LENOBLE V，BOURAS O，DELUCHAT V，et al. Arsenic adsorption onto pillared clays and iron oxides. Journal of colloid and interface science，2002，255（1）：52-58.

[25] MARTINSON C A，REDDY K J. Adsorption of arsenic（Ⅲ）and arsenic（Ⅴ）by cupric oxide nanoparticles. Journal of colloid and interface science，2009，336（2）：406-411.

[26] GUPTA K，GHOSH U C. Arsenic removal using hydrous nanostructure iron（Ⅲ）-titanium（Ⅳ）binary mixed oxide from aqueous solution. Journal of hazardous materials，2009，161（2/3）：884-892.

[27] ZHANG G，LIU H，QU J，et al. 2012. Arsenate uptake and arsenite simultaneous sorption and oxidation by Fe-Mn binary oxides：influence of Mn/Fe ratio，pH，Ca^{2+}，and humic acid. Journal of colloid and interface science，366（1）：141-146.

[28] ZHENG Y M，LIM S F，CHEN J P. Preparation and characterization of zirconium-based magnetic sorbent for arsenate removal. Journal of colloid and interface science，2009，338（1）：22-29.

[29] REN Z，ZHANG G，CHEN J P. Adsorptive removal of arsenic from water by an iron-zirconium binary oxide adsorbent. Journal of colloid and interface science，2011，358（1）：230-237.

[30] STYLES P M，CHANDA M，REMPEL G L. 1996. Sorption of arsenic anions onto poly（ethylene mercaptoacetimide）. Reactive and functional polymers，31（2）：89-102.

[31] DRIEHAUS W，JEKEL M，HILDEBRANDT U. Granular ferric hydroxide—a new adsorbent for the removal of arsenic from natural water. Journal of water supply：research and technology—AQUA，1998，47（1）：30-35.

[32] RAU I，GONZALO A，VALIENTE M. Arsenic（Ⅴ）removal from aqueous solutions by iron（Ⅲ）loaded chelating resin. Journal of radioanalytical and nuclear chemistry，2000，246（3）：597-600.

[33] VAISHYA R C，GUPTA S K. Modelling arsenic（Ⅲ）adsorption from water by sulfate-modified iron oxide-coated sand（SMIOCS）. Journal of chemical technology and biotechnology，2003，78（1）：73-80.

[34] ZHENG Y M，ZOU S W，NANAYAKKARA K G N，et al. Adsorptive removal of arsenic from aqueous solution by a PVDF/zirconia blend flat sheet membrane. Journal of membrane science，2011，374（1/2）：1-11.

[35] JAMSHIDI GOHARI R，LAU W J，MATSUURA T，et al. Fabrication and characterization of novel PES/Fe-Mn binary oxide UF mixed matrix membrane for adsorptive removal of As（Ⅲ）from contaminated water solution. Separation and purification technology，2013，118：64-72.

[36] SAITUA H，GIL R，PADILLA A P. Experimental investigation on arsenic removal with a nanofiltration pilot plant from naturally contaminated groundwater. Desalination，2011，274（1/2/3）：1-6.

[37] FIGOLI A，CASSANO A，CRISCUOLI A，et al. Influence of operating parameters on the arsenic removal by nanofiltration. Water research，2010，44（1）：97-104.

[38] TRINA DUTTA C B，BHATTACHERJEE S. Removal of arsenic using membrane technology—a review. International journal of engineering research and technology，2012，1（9）：1-23.

[39] IQBAL J，KIM H J，YANG J S，et al. Removal of arsenic from groundwater by micellar-enhanced ultrafiltration（MEUF）. Chemosphere，2007，66（5）：970-976.

[40] CHAKRAVARTY S，DUREJA V，BHATTACHARYYA G，et al. Removal of arsenic from groundwater using low cost ferruginous manganese ore. Water research，2002，36（3）：625-632.

[41] DESCHAMPS E，CIMINELLI V S T，HOLL W H. Removal of As（Ⅲ）and As（Ⅴ）from water using a natural Fe and Mn enriched sample. Water research，2005，39（20）：5212-5220.

[42] ZHANG G S，QU J H，LIU H J，et al. Removal mechanism of As（Ⅲ）by a novel Fe-Mn binary oxide adsorbent：oxidation and sorption. Environmental science and technology，2007，41（13）：4613-4619.

[43] NESBITT H W，CANNING G W，BANCROFT G M. XPS study of reductive dissolution of 7Å-birnessite by H_31AsO_3，with constraints on reaction mechanism. Geochimica et cosmochimica acta，1998，62（12）：2097-2110.

[44] HE J，MATSUURA T，CHEN J P. A novel Zr-based nanoparticle-embedded PSF blend hollow fiber membrane for treatment of arsenate contaminated water：material development，adsorption and filtration studies，and characterization. Journal of membrane science，2014，452：433-445.